NCS를 기초한 이론과정 교과서

친환경자동차 섀시문화

Eco-Friendly Power Automotive

이진구, 박경택, 이상근 지음

GoldenBell

미래형 차세대 자동차 기술을 논하다!

최근 글로벌 자동차 산업의 패러다임(paradigm)은 지구환경오염을 방지하기 위한 친환경을 비롯하여 고출력과 고성능 추구에 따른 안전성 및 정보화 기능을 확대하는 미래형 차세대 자동차 기술에 중점을 두고 발전하고 있는 것이 역력하다.

우리나라 자동차산업도 세계 환경규제에 맞추어 연료소모가 적은 하이브리드 자동차를 비롯하여 전기자동차 및 연료전지자동차를 미래의 자동차산업으로 집중 육성 발전시키고 있다.

친환경자동차는 연료소모를 비롯한 에너지 소모를 줄이기 위하여 소형 경량화를 추구하고 있다. 그러나 요즘 코로나 팬데믹(pandemic)에 따른 소비 패턴의 변화에 가족 중심의 RV(recreational vihicle) 또는 SUV(sport utility vehicle)자동차를 중심으로 대형화에 따른 고효율과 고성능, 편의성 및 안전성이 추구되고 있다.

즉, 인간의 생명을 지켜주는 안전기술, 오감을 만족시켜주는 감성기술, 지구의 미래를 생각하는 환경기술을 접목하는 글로벌 자동차산업의 경쟁력을 개척하고 있다.

요즘 소비자들의 욕구를 들여다보면 고출력, 고성능에 따른 가성비 등을 정보의 바다에서 사후에 벌어질 A/S의 충실도까지 면밀히 계산하여 고객 만족을 추구하는 것이 현실이다. 이러한 현장에서 고객이 만족하는 서비스를 제공하며 고객과 함께 자동차와의 삶이 더욱 안전하고 행복한 삶을 추구하는 인재를 육성하는 것 또한 우리의 사명이라 하겠다.

본 교재에서는 엔진, 섀시, 전기의 기본 장치에서부터 최신 첨단장치에 이르는 각 장치의 구조와 성능까지 다루고 있다. 지구온난화에 따른 연료소비율과 주행성능향상 및 안전운행, 편의장치 등 각종 전자제어장치들의 구조와 성능을 비교 분석하였다. 한편으로는 자동차를 공부하는 학생들의 표준 지침서가 되어 자동차 산업과 애프터 산업 및 서비스 산업의 발전을 도모하여 우리나라 경제발전에 초석이 되기를 간절히 바라는 마음이다.

끝으로 이 책의 출간을 위해 애써주신 ㈜골든벨 김길현 대표님을 비롯하여 편집 요원들의 노고에 감사드린다.

2022. 1
집필자 일동

차 례
Contents

차 례
Contents

자동차 섀시의 구성

💡 **학습목표**

1. 자동차를 엔진, 섀시, 차체(body)로 구분하여 각자의 기능을 설명할 수 있다.

자동차는 크게 섀시(chassis)와 차체(body)로 구분할 수 있다.

섀시(chassis)는 동력발생장치를 비롯하여 동력전달장치, 현가장치, 조향장치, 제동장치와 기타 안전 및 편의장치를 포함한다. 한편 차체는 섀시를 장착하고 사람이나 화물을 싣는 부분으로 자동차의 용도에 따라 다르며, 승용차는 프레임을 사용하지 않고 보디에 강도와 강성을 주어 제작한 모노코크 보디(monocoque body)에 직접 엔진과 주행에 필요한 모든 섀시장치를 장착하여 사용하고 있다. 섀시의 주요 구성은 다음과 같다.

❖ 그림 1-1 섀시 및 모노코크 보디

1 동력발생 장치(power unit or engine)

자동차의 주행에 필요한 동력을 발생시키는 장치로서 가솔린엔진, 디젤엔진, LPG엔진 및 전기에 의해 구동되는 모터 등을 동력발생 장치라고 한다.

2 동력전달 장치(power train)

엔진에서 발생한 동력을 주행조건에 적합하게 구동바퀴로 연결 또는 차단하고 구동력을 증감하여 구동바퀴까지 전달하는 일련의 장치를 동력전달장치라고 한다.

3 현가장치(suspension system)

현가장치는 노면으로부터 전달된 진동 및 충격을 흡수, 완화하는 장치이며, 프레임(또는 차체)과 차축을 연결하는 스프링, 스태빌라이저, 쇽업소버 등으로 구성되어 있다.

그림 1-2 자동차 섀시의 구조

4 조향장치(steering system)

조향장치는 자동차가 주행할 때 진행 방향을 바꾸기 위한 장치로서 핸들, 조향축, 조향기어 박스, 피트먼 아암 및 타이로드 등으로 구성되어 있으며 일반적으로 앞바퀴로 조향한다.

5 제동장치(brake system)

제동장치는 주행 중인 자동차의 주행속도를 감속하거나, 자동차를 정지하거나, 정지 상태를 유지하기 위한 장치이다.

6 휠 및 타이어(wheel & tire)

휠 및 타이어는 노면에서의 충격 일부를 흡수하며, 노면과의 접착력으로 자동차의 추진력을 발생시키는 장치이다.

7 기타 장치

자동차의 운전을 안전하고 용이하게 하는 각 계기류, 표시등, 방향지시기, 경음기, 에어백 등의 여러 장치가 탑재되어 있다.

그림 1-3 기타 장치

동력전달 장치

Chapter 01 동력전달 장치의 개요

1 동력전달 장치의 분류

동력전달 장치란 엔진에서 발생한 동력을 자동차의 주행 상태에 알맞게 변환시켜 구동 바퀴에 전달하는 장치로서 구동방식에 따라 차이가 있지만 일반적으로 클러치, 변속기, 드라이브 라인, 종감속기, 차동기어, 구동축, 구동바퀴 등으로 구성되어 있다. 동력전달 방식에는 앞 엔진 뒷바퀴 구동 방식, 앞 엔진 앞바퀴 구동 방식, 뒤 엔진 뒷바퀴 구동 방식, 4바퀴 구동 방식 등이 있다.

1. 앞 엔진 뒷바퀴 구동 방식(FR ; front engine rear drive)

앞 엔진 뒷바퀴 구동 방식은 자동차의 앞부분에 엔진, 클러치, 변속기 등을 설치하고, 뒷부분에 종감속기어 및 차동장치, 차축, 구동바퀴를 두고 그 사이를 드라이브 라인으로 연결한 것이다.

FR 방식 구동차량의 동력 전달 과정은 엔진 ⇨ 클러치 ⇨ 트랜스미션(변속기) ⇨ 추진축(프로펠러

FR

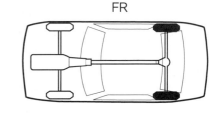

🔳 그림 2-1 앞 엔진 뒷바퀴 구동 방식

샤프트) ⇨ 차동장치(종감속기어, 디프렌셜기어) ⇨ 뒤 차축 ⇨ 뒷바퀴로 이어진다.

앞 엔진 뒷바퀴 구동 방식의 특징은 다음과 같다.

① 앞 차축의 구조가 간단하며, 적재 상태에 따른 축하중의 편차가 적다.

② 냉각수 순환경로와 난방용 공기의 경로가 짧아 난방이 빠르다.

③ 주행풍으로 인하여 엔진의 냉각이 용이하다.

④ 추진축이 길어 실내공간의 이용도가 낮다.

⑤ 공차 상태로 빙판 길이나 등판주행을 할 때 뒷바퀴가 미끄러지기 쉽다.

⑥ 차체중량의 배분으로 코너링에 유리하고 승차감이 좋다.

2. 앞 엔진 앞바퀴 구동 방식(FF ; front engine front drive)

앞 엔진 앞바퀴 구동 방식은 엔진과 동력전달 장치 일체가 앞쪽에 설치되어 있으며, 앞바퀴를 구동하고 앞바퀴로 조향하기 때문에 변속기와 종감속 기어 및 차동장치를 복합한 트랜스 액슬(trans axle)이 설치되어 있어서 기구적으로 복잡하고 취급이 곤란하지만 자동차의 연비특성은 우수하다.

FF 구동차량의 동력은 엔진 ⇨ 클러치 ⇨ 트랜스액슬(변속기, 차동장치) ⇨ 등속 축 ⇨ 앞바퀴 순으로 전달된다.

앞 엔진 앞바퀴 구동 방식의 특징은 다음과 같다.

① 동력전달 거리가 짧고, 적재 상태에서 앞·뒷바퀴의 하중분포가 비교적 균일하다.

② 선회 및 미끄러운 도로면에서 주행안정성이 크다.

③ 뒤 차축의 구조가 간단하며, 실내 공간을 넓게 할 수 있다.

④ 앞 차축의 구조가 복잡하며, 앞바퀴에 가해지는 하중이 커 조향핸들의 조작력이 커야
   한다.

⑤ 앞 타이어의 마모가 비교적 크다.

⑥ 고속선회시 적게 조향되는 언더 스티어(under-steer) 현상이 발생할 수 있다.

FF

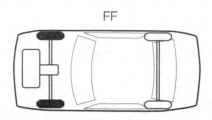

❖❖ 그림 2-2 앞 엔진 앞바퀴 구동 방식

3. 뒤 엔진 뒷바퀴 구동 방식(RR ; rear engine rear drive)

뒤 엔진 뒷바퀴 구동 방식은 엔진, 클러치, 변속기, 차동기어 등을 일체로 하여 자동차의 뒷부분에 장치하는 형식으로써 일반적으로 추진축은 필요로 하지 않으나, 운전석과 엔진 등의 각 장치가 떨어져 있기 때문에 로드나 와이어 등에 의해 원격조작(remote control)할 필요가 있다. 또 여러 장치가 일체로 되어 있으므로 취급이 불편하며, 특히 뒷바퀴에 자재이음(universal joint)을 사용하여 동력을 전달해야 한다. 이 방식은 차체 바닥면적을 크게, 바닥을 낮게 할 수 있으므로 소형 승용차, 버스 등에 사용한다. 이 방식의 특징은 다음과 같다.

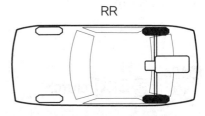

RR

❈ 그림 2-3 뒤 엔진뒷바퀴 구동 방식

🔍 **Reference** **오버 스티어링**(over steering)이란 자동차의 주행속도가 증가함에 따라 조향각도가 감소하는 현상이며, **언더 스티어링**(under steering)이란 조향각도가 증가하는 현상이다.

① 앞 차축의 구조가 간단하며, 동력전달 경로가 짧다.

② 뒷바퀴의 접지력이 커서 가속성능이 좋다.

③ 언덕 길 및 미끄러운 도로면에서 출발이 쉽다.

④ 엔진 냉각이 불리하며, 변속제어 기구의 길이가 길어진다.

⑤ 미끄러운 노면에서 가이드 포스(guide force)가 약하다.

⑥ 고속선회 시 오버 스티어(over-steer)현상이 발생할 수 있다.

4. 4바퀴 구동 방식(4WD ; 4 wheel drive)

4바퀴 구동 방식은 엔진의 회전력을 4바퀴에 분배하기 위한 트랜스퍼 케이스(transfer case)를 설치하여 구동하는 형식으로, 상시 4륜구동 방식(fulltime four wheel drive-AWD)과 일시 4륜구동 방식 (parttime four wheel drive-4WD)이 있다. AWD

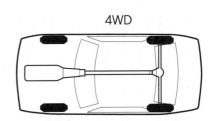

4WD

❈ 그림 2-4 4바퀴 구동 방식

방식은 항시 4바퀴에 구동력이 작용하는 방식이다. 전자 또는 기계적 제어장치로 각 바퀴의 접지력과 회전수를 감안하여 각 바퀴에 구동력을 배분하여 바퀴의 접지력을 최적화할 수 있어 안정적인 주행이 가능하다.

4WD방식은 운전자가 도로의 조건에 따라 일반 도로에서는 2륜구동, 등판주행 및 비포장도로 등 험로에서는 4륜구동을 선택하여 각 바퀴의 접지력을 높일 수 있어 안정적으로

주행할 수 있는 방식이다. 최근에는 이러한 장점 때문에 특수자동차 외 RV승용차에도 많이 적용되고 있다.

Chapter
02 **클러치**(clutch)

1 클러치의 개요

동력전달 장치는 클러치, 변속기(또는 트랜스 액슬), 드라이브 라인, 종감속기어, 차동 장치, 차축 및 구동바퀴 등으로 구성되어 있다.

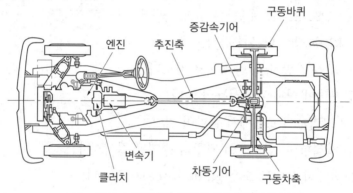

그림 2-5 동력전달 장치의 구조(FR 구동 방식)

클러치는 엔진과 변속기 사이에 설치되어 있으며, 엔진의 동력을 변속기에 연결 또는 차단하는 장치이다.

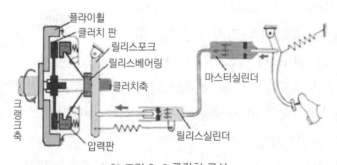

그림 2-6 클러치 구성

1. 클러치의 필요성

① 출발 시 엔진의 동력을 변속기에 부드럽게 전달하는데 필요하다.

② 시동할 때 엔진을 무부하 상태로 만들기 위하여 필요하다.

③ 변속기 기어를 변속할 때 엔진의 동력을 일시 차단할 경우에 필요하다.

④ 동력을 차단하고 관성운전을 할 경우에 필요하다.

2. 클러치의 구비 조건

① 회전관성이 적고 동력전달 토크는 클 것.

② 동력을 전달할 때에는 미끄럼을 일으키면서 서서히 전달되고, 전달된 후에는 미끄러지지 않아야 한다.

③ 회전부분의 평형(balance)이 좋아야 한다.

④ 방열이 잘 되고 과열하지 않아야 한다.

⑤ 구조가 간단하고, 다루기 쉬우며 고장이 적어야 한다.

⑥ 단속 작용이 확실하며, 조작이 간편하여야 한다.

2 클러치의 종류

1. 마찰클러치

(1) 원판 클러치(disc clutch)

원판 형식의 클러치 디스크에 원판형의 압력판으로 압착하여 동력을 전달하는 형식으로, 압력판(pressure plate)에 압력을 가하는 스프링의 형식에 따라 코일 스프링 형식과 다이어프램 스프링 형식이 있으며, 클러치 판의 수(數)에 따라 단판 클러치, 복판 클러치, 다판 클러치(건식 다판과 습식 다판)가 있다.

클러치디스크　압력판　클러치커버　다이어프램스프링　릴리이스베어링　베어링 허브　릴리이스포오크

(a) 클러치 어셈블리　　(b) 코일 스프링　　(c) 다이어프램스프링

❋ 그림 2-7 원판 클러치

(2) 원뿔 클러치(cone clutch)

원뿔 클러치는 쐐기의 원리를 이용하는 두 개의 원뿔형 회전체 표면의 마찰력으로 토크를 전달한다. 사용하는 표면적이 넓기 때문에 플레이트나 디스크 클러치보다 더 큰 토크를 전달할 수 있지만, 원뿔 클러치는 고회전으로 회전력을 전달하는 자동차에는 적합하지 않다.

2. 유체 클러치(fluid clutch)

(1) 유체 커플링

유체 커플링은 밀폐된 용기 속에 크랭크축에 연결된 펌프 임펠러(impeller 또는 pump)와 변속기 입력축에 연결된 터빈 러너(turbine 또는 runner), 그리고 작동유로 구성되었으며, 초기의 자동변속기 차량에 장착되었으나 최근에는 효율이 낮아 사용하지 않는다.

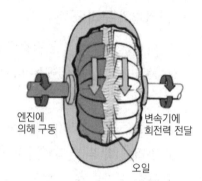

엔진에 의해 구동
변속기에 회전력 전달
오일

:: 그림 2-8 유체 클러치

(2) 토크 컨버터(torque convertor)

유체 클러치를 개량한 토크 컨버터(torque convertor)는 터빈 러너와 펌프 임펠러 외에 회전력을 증대시키기 위한 스테이터(stater)로 구성되어 있다. 스테이터는 프리휠링(free wheeling)을 위한 원웨이 베어링으로 지지되어 있으며, 클러치 포인트 이후에서 회전력 손실을 줄이기 위하여 록업 클러치(lock-up clutch, damper clutch)가 내부에 함께 설치되어 있다.

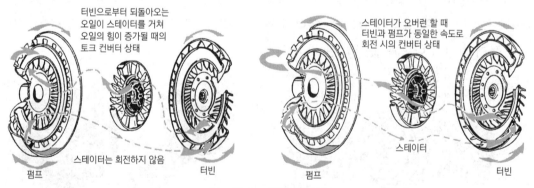

터빈으로부터 되돌아오는 오일이 스테이터를 거쳐 오일의 힘이 증가될 때의 토크 컨버터 상태

스테이터는 회전하지 않음
펌프
터빈

스테이터가 오버런 할 때 터빈과 펌프가 동일한 속도로 회전 시의 컨버터 상태

스테이터
펌프
터빈

:: 그림 2-9 토크 컨버터

3. 전자클러치(electronic clutch)

전자클러치는 회전하는 2개의 원판의 한쪽에 전자석(아마추어, 필드코일, 로터)을 설치하고 전류를 흐르게 하면 자력에 의하여 다른 쪽의 원판을 당겨 함께 회전하여 동력을 전달하는 형식이다. 그 종류는 자성 분체식(분체식)과 전자 디스크(전자식)로 구분하며, 통전 시 코일에 발생하는 전자력으로 동력을 연결 또는 분리하는 장치이다. 또 코일에 통전시킴으로써 작동하는 여자 작동형 클러치와 코일에 전기가 차단되었을 때 스프링의 힘으로 작동하는 무여자 작동형 클러치가 있다.

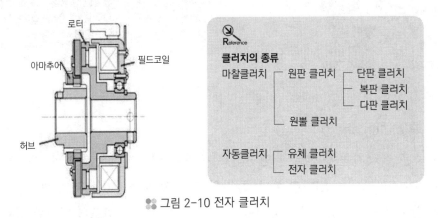

※ 그림 2-10 전자 클러치

3 클러치의 구조

클러치 장치는 클러치 본체와 클러치 조작기구로 구성되어 잇다. 클러치 본체는 엔진의 동력을 전달하거나 차단하는하며 클러치 조작기구에 의하여 기능을 수행한다.

1. 클러치 본체

클러치 본체는 클러치 판, 압력판, 다이어프램 스프링(클러치 스프링과 릴리스 레버),클러치 커버로 구성되어 있으며 엔진의 플라이휠과 변속기 입력축에 설치되어 있다.

(1) 클러치 판(clutch disc)

구조는 원형 강철판의 양면에 석면으로 된 원판 모양의 라이닝을 리벳으로 설치되어 있고, 중심부분에는 변속기 입력축에 끼우기 위한 허브와 스플라인(spline)으로 구성되어 있다. 또한 허브와 클러치 강철판 사이에 비틀림 코일 스프링(damper spring or torsion spring)을 설치하여 클러치 접속시 받는 비틀림 충격을 완화시키고, 클러치 강철판의 웨이브 스프링(wave spring)은 클러치를 급속히 접속시켰을 때 클러치 디스크가 받는 충격을 완화시켜 동력전달을 원활히 하는 쿠션스프링(cushion spring) 기능을 하고 있다.

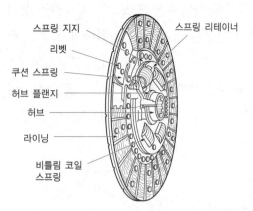

스프링 지지
리벳
쿠션 스프링
허브 플랜지
허브
라이닝
비틀림 코일 스프링
스프링 리테이너

Reference

❶ 비틀림 코일 스프링(토션 스프링, 댐퍼 스프링)은 클러치 판이 플라이휠에 접속될 때 회전충격을 흡수하는 일을 한다.

❷ 쿠션 스프링(웨이브 스프링)은 클러치 판의 편마멸, 변형, 파손 등의 방지를 위해 둔다.

❸ 클러치 라이닝은 마찰 계수가 알맞아야 하고, 내마멸성, 내열성이 크며 온도 변화에 따른 마찰 계수 변화가 없어야 한다. 예전에는 석면을 주재료로 한 것을 사용하였으나 최근에는 금속제 라이닝을 사용하기도 한다. 라이닝의 마찰 계수는 0.3~0.5 정도이다.

그림 2-11 클러치 판의 구조

(2) 클러치 축(clutch shaft)

클러치 축은 클러치판에 전달된 엔진의 회전력을 변속기에 전달하며 변속기 입력축(transmission input shaft)이라 한다. 클러치 축 앞쪽 스플라인 부분에 끼워진 클러치판의 허브는 앞뒤로 슬라이딩하면서 동력을 전달하고 차단할 수 있도록 미끄럼 접촉을 하고 있다. 또한 클러치 축의 앞 끝은 플라이휠 중앙부분에 설치된 파일럿 베어링에 의해 지지되고, 뒤끝은 볼 베어링에 의해 변속기 케이스에 지지되어 있다.

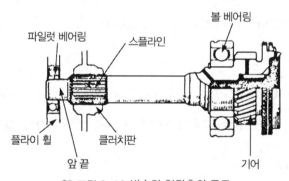

볼 베어링
파일럿 베어링
스플라인
플라이 휠
클러치판
앞 끝
기어

그림 2-12 변속기 입력축의 구조

(3) 압력판(pressure plate)

압력판은 클러치 스프링과 릴리스 레버와 같이 클러치 커버에 일체로 조립되어 있으며 클러치판을 플라이휠에 압착시키는 기능을 갖고 있다. 압력판의 앞면(접촉면)은 정밀 가공되어 있고 뒷면에는 코일 스프링(또는 다이어프램 스프링)이 설치되어 있으며 스프링의 장력이 압력판에 작용하여 클러치판을 플라이휠에 압착시켜 클러치판이 플라이휠과 같이 회전하도록 하여 동력을 전달한다. 압력판의 앞면은 이상 마모와 열변형(hot sport)이 없이 평면 상태가 좋아야 하며 동적 평형을 갖추어야 한다.

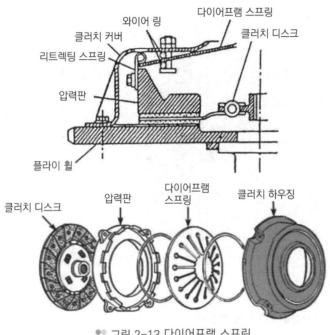

와이어 링
다이어프램 스프링
클러치 커버
클러치 디스크
리트렉팅 스프링
압력판
플라이 휠

클러치 디스크
압력판
다이어프램 스프링
클러치 하우징

🔹 그림 2-13 다이어프램 스프링

(4) 릴리스 레버(release lever)

릴리스 레버는 클러치 페달의 움직임이 릴리스 포크, 릴리스 베어링, 릴리스 레버로 전달되어 압력판을 움직임에 따라 동력이 차단 또는 전달하게 된다.

릴리스 레버의 높이가 서로 다르면 압력판에 작용하는 클러치 스프링 장력이 다르기 때문에 클러치의 슬립 현상과 동력차단이 불완전하며 변속 시 소음 및 진동이 발생할 수 있다. 릴리스 레버의 높이는 정반에서 버니어 캘리퍼스로 측정하고 조정나사로 조정할 수 있다.

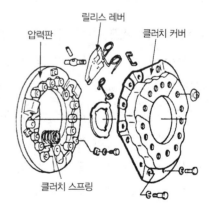

릴리스 레버
압력판
클러치 커버
클러치 스프링

🔹 그림 2-14 압력판

(5) 클러치 스프링(clutch spring)

클러치 스프링은 클러치 커버와 압력판 사이에 설치되어 있으며, 압력판에 압력을 발생시키는 작용을 한다. 사용되는 스프링에 따라 분류하면 코일 스프링 형식, 다이어프램 스프링형식, 크라운 스프링형식 등이 있다.

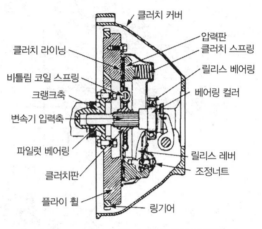

클러치 커버
압력판
클러치 스프링
릴리스 베어링
베어링 컬러
클러치 라이닝
비틀림 코일 스프링
크랭크축
변속기 입력축
파일럿 베어링
클러치판
릴리스 레버
조정너트
플라이 휠
링기어

❖ 그림 2-15 코일 스프링 형식의 구조

(가) 코일 스프링 형식(coil spring type)

이 형식은 몇 개의 코일 스프링을 클러치 압력판과 클러치커버 사이에 설치한 것이다.

(나) 다이어프램 스프링 형식(diaphragm spring type)

이 형식은 코일 스프링 형식의 릴리스 레버와 코일 스프링 역할을 동시에 하는 접시 모양의 다이어프램 스프링(dia- phragm spring)을 사용하고 있다.

1) 다이어프램 스프링 형식의 구조 및 설치 상태

다이어프램 스프링의 바깥쪽 끝은 압력판과 접촉하며, 피벗 링(pivot ring)에 의해 지지된다. 중앙의 핑거(finger)부분은 약간 볼록하게 되어 있으며, 바깥쪽 끝 약간 떨어진 부분에 피벗 링을 사이에 두고 클러치 커버에 설치되어 있다. 피벗 링을 기점으로 지렛대의 원리와 같이 운동하면서 리트랙트 스프링에 의해 압력판을 움직인다.

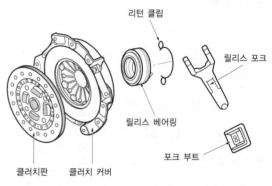

리턴 클립
릴리스 포크
릴리스 베어링
포크 부트
클러치판
클러치 커버

❖ 그림 2-16 다이어프램 스프링 형식의 구조

2) 다이어프램 스프링 형식의 작동

클러치 페달을 밟으면 릴리스 베어링이
스프링 핑거 부분에 압력을 가해 다이어프
램 스프링 전체가 안쪽으로 이동한다. 동시
에 피벗링에 의해 리트랙트스프링이 압력
판을 뒤로 잡아당겨 클러치 판을 플라이휠
로부터 분리시킨다. 클러치 페달을 놓으면
릴리이스 베어링이 리턴되면서 다이어프램
핑거부분의 압력이 제거되고, 다이어프램

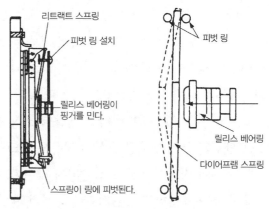

■ 그림 2-17 다이어프램 스프링 형식의 작동

스프링이 원위치 되어 클러치 판이 플라이 휠에 압착된다.

3) 다이어프램 스프링 형식의 특징

① 압력판에 작용하는 압력분포가 균일하다.

② 원판형으로 되어 있어 평형이 좋다.

③ 구조가 간단하여 취급이 용이하다.

④ 클러치 페달 조작력(답력)을 작게 할 수 있다.

⑤ 클러치 디스크의 페이싱이 어느 정도 마멸되어도 압력판에 가해지는 압력의 변화가
   작다.

⑥ 코일 스프링형식은 고속 회전 시에 원심력에 의해 스프링 장력이 감소하는 경향이 있으
   나, 다이어프램 스프링은 원심력을 받지 않으므로 스프링 장력이 감소하는 경향이 없다.

(바) 클러치 커버(clutch cover)

클러치 커버는 압력판, 다이어프램 스프링(코일 스프링 형식에서는 릴리스 레버, 클러
치 스프링) 등이 조립되어 플라이 휠에 함께 설치되는 부분이다. 그리고 코일 스프링 형식
에서는 릴리스 레버의 높이를 조정하는 스크루가 설치되어 있다.

2. 클러치 조작 기구

클러치 조작 기구는 클러치 페달에 작용하는 답력이 클러치를 작동하도록 조작력을 전달
하는 장치이다. 조작기구에는 페달, 링크기구(기계식, 유압식), 릴리스 포크, 릴리스 베어링
등으로 구성되어 있으며 기계식과 유압식이 있다. 기계식은 페달의 움직임을 케이블과 링
크를 이용하여 릴리스 베어링을 작동시키는 방식이며, 마찰저항 때문에 페달 조작력이 크

고 진동과 소음 발생 및 페달 유격이 커지는 단점이 있어서 최근에는 사용하지 않는다.

유압식은 클러치 페달이 작동하면 마스터 실린더, 릴리스 실린더, 릴리스 포크 및 릴리스 베어링이 작동하여 클러치가 작동하도록 되어 있으며 작동오일은 브레이크 오일을 사용한다. 유압식 조작기구의 특징은 다음과 같다.

① 각부의 마찰저항이 작아서 페달의 조작력이 적고 마모가 작다.

② 엔진과 클러치 페달의 설치 자유도가 크다.

③ 엔진이 진동이 실내로 전달되지 않는다.

④ 구조가 복잡하고 유압계통에 공기가 혼입하거나 오일이 누출되면 조작이 불가능하다.

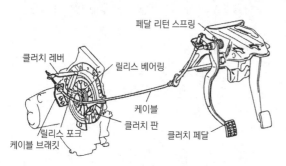

그림 2-18 기계조작 방식의 구조

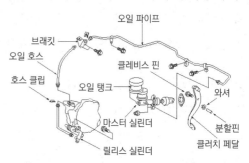

그림 2-19 유압조작 방식의 구조

(1) 클러치 페달(clutch pedal)

클러치 페달은 펜던트(pendent)타입으로 페달의 밟는 힘을 감소시키기 위해 지렛대 원리를 이용하며 마스터 실린더의 푸시로드를 작동시킨다. 페달은 일정한 자유간극(유격)을 두고 설치되어 있으며 유격이 너무 적으면 클러치가 미끄러지고 클러치판이 과열되어 손상될 수 있다. 반대로 유격이 너무 크면 클러치 차단이 불량하여 기어를 변속할 때 소음이 발생하고 기어가 손상될 수 있다. 페달의 자유간극은 일반적으로 10~20mm 정도이며 클러치가 미끄러지면 페달 자유간극부터 점검하고 푸시로드의 길이를 가감하여 조정한다.

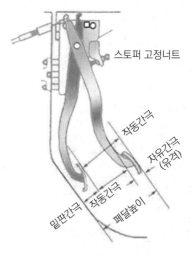

그림 2-20 페달 간극

reference/클러치 유격
-클러치 페달의 작동이 시작에서 클러치의 차단이 시작되기 직전까지 움직인 거리
-클러치 디스크의 마모가 크면 클러치 유격은 작아진다.
-페달 높이= 자유 간극+작동 간극+밑판 간극(유격=페달 높이-밑판 간극-작동 간극)

(2) 마스터 실린더(master cylinder)

마스터 실린더의 내부에는 피스톤, 피스톤 컵, 리턴스프링 등이 있으며 위쪽에는 오일 탱크가 조립되어 있다. 클러치 페달을 밟으면 푸시로드가 피스톤을 밀어 유압을 발생시켜 릴리스 실린더로 전달하며 페달을 놓으면 피스톤은 리턴 스프링 장력으로 제자리로 복귀하고, 릴리스 실린더로 보내졌던 오일이 리턴구멍을 거쳐 오일탱크로 복귀한다.

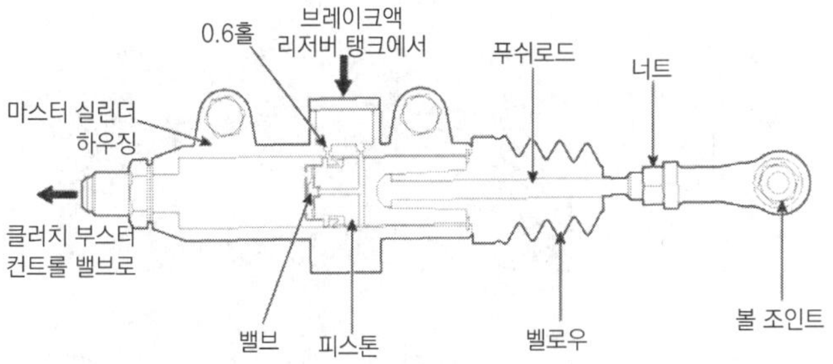

그림 2-21 클러치 마스터 실린더 구조도

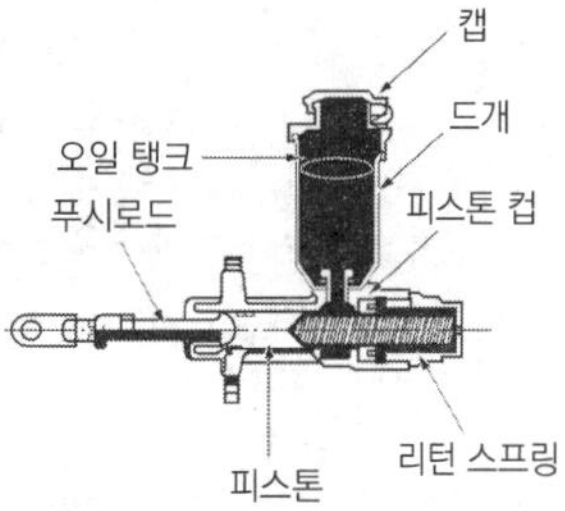

그림 2-22 마스터 실린더의 구조

(3) 릴리스 실린더(release cylinder or slave cylinder)

(가) 무 조정식 릴리스 실린더(release cylinder or slave cylinder)

릴리스 실린더는 마스터 실린더에서 작용한 유압을 받아 피스톤과 푸시로드가 작동하여 릴리스 포크를 미는 작용을 하며 슬레브 실린더(slave cylinder)라 한다. 또 릴리스 실린더에는 유압회로에 함유된 공기를 배출시키기 위한 공기빼기용 블리더 스크류와 푸시로드가 설치되어 있다. 릴리스 실린더는 클러치 마스터 실린더에서 가압된 오일의 유압으로 항시 일정한 잔압을 유지시켜 피스톤과 푸시로드가 밀착 상태를 유지하도록 하여 클러치 판 라이닝의 마모에 따른 자유 간극의 감소에 맞추어 조정이 필요없다.

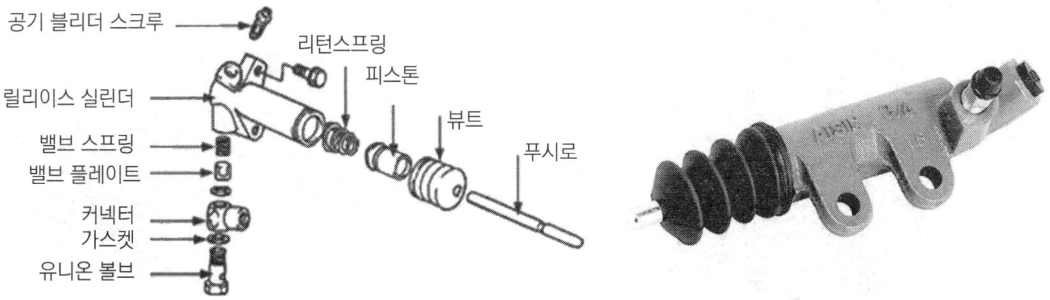

그림 2-23 무 조정식 릴리스 실린더

(나) 일체식 릴리스 실린더(CSC, concentric hydraulic clutch slave/bearing setup)

수동변속기 차량의 릴리스 실린더와 릴리스 베어링 즉 클러치 작동 제어부를 아래 그림과 같이 단일 모듈화한 일체형으로 부품수를 줄이고 무게를 감소시키며 작동효율을 향상시킨 장치이다.

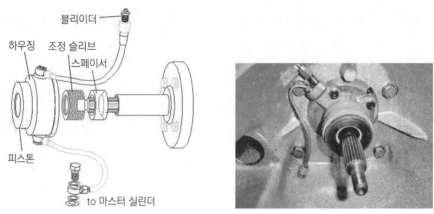

블리이더
하우징 조정 슬리브
스페이서
피스톤
to 마스터 실린더

그림 2-24 일체식 릴리스 실린더

(다) 에어 클러치 부스터(air clutch booster)

클러치 부스터는 압축공기와 클러치 마스터 실린더에서 발생된 유압을 이용하여 클러치 조작을 쉽게하는 장치이다. 클러치 마스터 실린더의 작동유압은 에어 클러치 부스터의 에어밸브를 작동하게 하여 부스터의 에어 피스톤을 작동하여 클러치 조작을 보다 가볍고 쉽게 하는 방식이며 페달의 조작력이 큰 버스, 트럭 등 대형자동차에 주로 사용되고 있다.

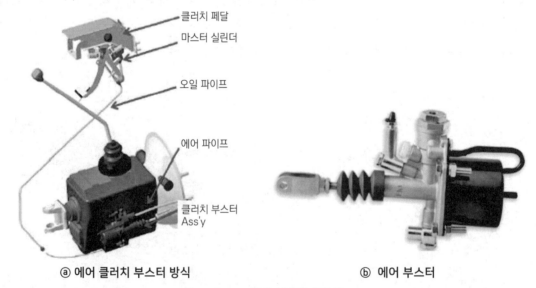

클러치 페달
마스터 실린더
오일 파이프
에어 파이프
클러치 부스터 Ass'y

ⓐ 에어 클러치 부스터 방식   ⓑ 에어 부스터

그림 2-25 에어 부스터 유압식

(4) 릴리스 포크(release fork)

릴리스 포크는 지렛대 원리를 이용하며 릴리스 베어링에 페달의 조작력(클러치 페달의 답력)을 릴리스 베어링 칼라(bearing collar)에 전달하는 작용을 한다. 구조는 요크와 핀 고정 부분이 있으며 끝부분에는 리턴 스프링을 두어 페달을 놓았을 때 신속히 원위치가 되도록 한다.

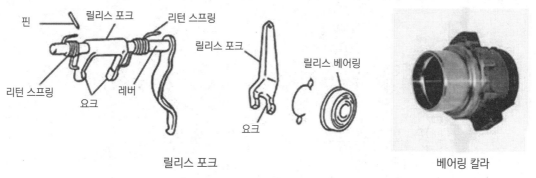

릴리스 포크   베어링 칼라

❖ 그림 2-26 릴리이스 베어링 및 포크

(5) 릴리스 베어링(release bearing)

릴리스 베어링은 페달을 밟았을 때 릴리스 포크에 의하여 변속기 입력축 길이 방향으로 이동하여, 회전 중인 다이어프램 스프링(또는 릴리스 레버)을 눌러 엔진의 동력을 차단하는 일을 한다. 릴리스 베어링은 스러스트 볼(thrust ball) 베어링이 내장된 케이스로 되어 있으며, 베어링 칼라에 압입되어 있다.

종류에는 주로 양질의 내열성 그리스를 밀봉한 무급유식 앵귤러 접촉형(angular contact type), 볼 베어링형, 카본형, 엔진과 변속기 중심의 벗어남을 흡수하는 자동 중심조정형이 있으며, 보통 영구주유 방식(oilless bearing)이므로 솔벤트 등의 세척제 속에 넣고 세척해서는 안 된다.

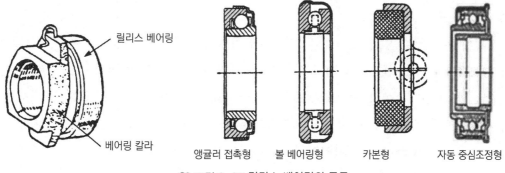

앵귤러 접촉형   볼 베어링형   카본형   자동 중심조정형

❖ 그림 2-27 릴리스 베어링의 종류

3. 클러치 작동

(1) 엔진의 동력을 차단할 때(클러치 페달을 밟으면)

클러치 페달을 밟으면 릴리스 베어링이 다이어프램 스프링(또는 릴리스레버)을 밀게 되므로 압력판이 뒤쪽으로 이동한다. 이에 따라 압착되어 있던 클러치 판이 플라이 휠과 압력판에서 분리되므로 엔진의 동력이 변속기로 전달되지 않는다.

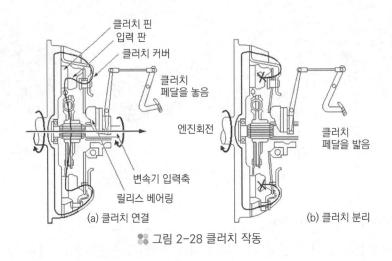

그림 2-28 클러치 작동

(2) 엔진의 동력을 전달할 때(클러치 페달을 놓으면)

클러치 페달을 놓으면 다이어프램 스프링(또는 클러치 스프링)의 장력에 의하여 압력판이 클러치 판을 플라이 휠에 압착시키므로 플라이 휠과 함께 회전하여 엔진의 동력은 변속기로 전달된다. 클러치 판은 변속기 입력축의 스플라인에 설치되어 엔진의 동력이 변속기로 전달된다.

4. 클러치 용량

(1) 클러치 용량

클러치가 전달할 수 있는 토크를 클러치 용량이라고 하며, 일반적으로 사용 엔진 회전력의 1.5~2.5배 정도이다. 클러치 용량이 너무 크면 클러치 조작이 어렵고, 급격한 접속으로 엔진이 정지하는 현상 즉, 엔진스톨(engine stall) 현상이 일어나기 쉽다. 반대로 클러치 용량이 너무 작으면 클러치가 미끄러지기 때문에 발열량이 크게 되어 동력을 충분히 전달할 수 없으며 클러치 라이닝(페이싱, facing)의 마멸이 촉진된다.

(2) 클러치가 미끄러지지 않을 조건

$Tfr \geqq C$ 　　여기서, T : 클러치 스프링 장력　　f : 클러치 판의 평균 반지름 :
　　　　　　　　　 r : 클러치 판과 압력판 사이의 마찰 계수　　C : 엔진 회전력

(3) 전달효율

자동차는 주행 중 노면상태 또는 주행조건에 따라 변화하는 주행저항과 엔진의 토크 변화 등의 조건에서 클러치가 미끄러지지 않아야 하며 전달효율을 식으로 나타내면 다음과 같다.

$$\text{전달효율} = \frac{\text{클러치에서 나오는 동력}}{\text{클러치로 들어가는 동력}} \times 100(\%)$$

또, 회전마력은 토크와 회전수의 곱에 비례하므로 위의 식은 다음과 같이 된다.

$$\eta = \frac{T_c \times N_c}{T_e \times N_e} \times 100(\%)$$

여기서　T_e : 엔진 발생 토크(m-kgf)　　　　T_c : 클러치 출력 토크(m-kgf)

　　　　N_e : 엔진 회전수(rpm)　　　　　　N_c : 클러치 출력 회전수(rpm)

(4) 페달의 답력

클러치 페달의 답력은 일반적으로 8~15kgf이며, 페달행정은 보통 150~200mm 정도이다.

$$F' \times \overline{OB} = F \times \overline{OA}, \quad \therefore F'(\text{압력}) = F \times \frac{\overline{OA}}{\overline{OB}}$$

여기서　F' : 막 스프링 혹은 릴리스 레버에 작용력　　F : 클러치 페달 압력

Chapter 03 수동변속기(MT: manual transmission)

1 수동변속기의 개요

엔진의 회전력은 회전속도의 변화와 관계없이 항상 일정하지만, 그 출력은 회전속도에 따라서 크게 변화하는 특징이 있다. 자동차가 필요로 하는 구동력은 도로의 상태, 주행속도, 적재 하중 등에 따라 변화하므로 변속기는 이에 대응하기 위해 엔진의 옆이나 뒤쪽에 설치되어 엔진의 출력을 자동차의 주행속도에 알맞게 회전력과 속도로 바꾸어서 구동

바퀴로 전달하는 장치이다. 또 엔진은 역회전할 수 없으므로 자동차를 후진시키기 위해서 후진기어장치를 동시에 갖추어야 한다.

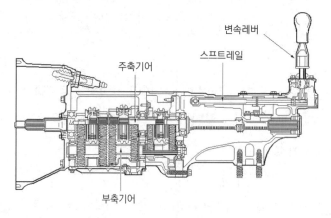

주축기어   스프트레일   변속레버

부축기어

🎯 그림 2-29 수동변속기의 구조(FR 구동 방식)

1. 변속기의 필요성

① 엔진과 차축 사이에서 회전력을 증대시킨다.

② 엔진을 시동할 때 무부하 상태로 한다(변속레버 중립위치).

③ 자동차를 후진시키기 위하여 필요하다.

2. 변속기의 구비 조건

① 소형, 경량이며, 고장이 없고 다루기 쉬울 것.

② 조작이 쉽고, 신속·확실·정숙하게 작동할 것.

③ 단계가 없이 연속적으로 변속이 될 것.

④ 전달효율이 좋을 것.

2 변속기의 종류

1. 수동변속기

수동변속기는 변속할 때마다 클러치 페달을 밟고 변속레버를 움직여 1단, 2단... 후진 등을 선택하여 변속이 가능한 변속기로 가격이 싸고 연비가 좋으며 힘이 좋다. 또한 엔진 브레이크와 강제시동이 가능하고 급출발 문제가 발생하지 않는 장점을 가지고 있다. 수동변속기는 구조 및 조작기구 등에 따라 분류하면 다음과 같다.

① 점진기어식(progressive gear type)

② 선택기어식(selective gear type)

㉮ 섭동물림식(sliding gear type)

㉯ 상시물림식(constant mesh type)

㉰ 동기물림식(synchro mesh type)

　　㉠ 일정부하형(constant load type) : 동기가 되지 않아도 원뿔형 클러치에 일정 이상의 힘을 가하면 기어 변속이 가능하고 작동 부하가 일정한 것이 특징이다.

　　㉡ 관성고정형(inertia lock type) : 키형(key type), 핀형(pin type) 록크형(lock type)기구를 사용하며 회전속도가 동기된 후 기어 변속이 가능하며 부드럽고 소음이 작아서 많이 사용한다.

③ 유성기어식(planetary gear type)

유성기어식은 기구가 복잡하여 수동변속기에는 거의 사용하지 않으며 토크 컨버터의 보조 장치로 자동변속기에 많이 사용한다.

(1) 점진기어 변속기(progressive gear type)

이륜자동차 또는 트렉터 등에 사용되며, 1단 → 2단 → 3단으로 점진적으로 변속이 가능하다. 이 변속기는 운전 중 제1속에서 직접 톱 기어(top gear)로 또는 톱 기어에서 제1속으로 변속이 불가능한 형식이다.

(2) 선택기어 변속기(selective gear type)

선택기어 변속기의 종류에는 섭동기어 방식, 상시물림 방식, 동기물림 방식 등 3가지가 있으나, 동기물림 방식을 주로 사용한다.

(가) 섭동기어 방식(sliding gear type)

섭동기어 방식 변속기는 주축(main shaft)과 부축(counter shaft)이 평행하다. 주축에 설치된 각 기어는 스플라인에 끼워져 축 방향으로 미끄럼 운동을 할 수 있다. 변속할 때에는 변속레버의

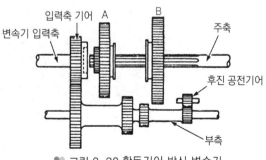

🎀 그림 2-30 활동기어 방식 변속기

조작으로 시프트 포크(shift fork)를 움직여 주축에 설치된 기어 1개를 선택하여 미끄럼 운동시켜서 부축의 각 기어와 물릴 수 있도록 하여 동력을 전달한다. 이 형식은 구조는 간단하지

만, 기어를 미끄럼 운동시켜서 직접 물림시키므로 변속조작 거리가 멀고, 가속성능이 저하되며, 기어와 주축의 회전속도 차이를 맞추기 어려워 기어가 파손되기 쉽다.

(나) 상시물림 방식(constant mesh type)

상시물림 방식 변속기는 주축기어와 부축기어가 항상 물려 있는 상태로 작동하며, 주축에 설치된 모든 기어는 공회전을 한다. 변속 할 때에는 주축의 스플라인에 설치된 도그 클러치(dog clutch or clutch gear)가 변속레버에 의하여 이동해 공전하고 있는 주축기어

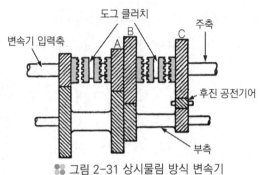

그림 2-31 상시물림 방식 변속기

안쪽의 도그 클러치에 끼워져 주축과 기어에 동력을 전달한다. 이 형식은 변속 시 변속기어의 원주 속도가 도그 클러치의 원주 속도와 일치하지 않으면 물릴 때 소음이 발생하고 심하면 기어 이가 파손된다.

(다) 동기물림 방식(synchro mesh type)

동기물림 방식 변속기는 주축기어와 부축기어가 항상 물려 있으며 주축 위의 제1속, 제2속, 제3속 기어 및 후진기어가 공회전하며, 엔진의 동력을 주축기어로 원활히 전달하기 위하여 기어에 동기물림 기구(싱크로메시 기구)를 두고 있다. 동기물림 기구는 기어를 변속할 때 기어의 원뿔 부분에서 마찰력을 일으켜 주축에서 공회전하는 기어의 회전속도와 주축의 회전속도를 일치시켜 기어 물림이 원활하게 되도록 하는 방식이다. 동기물림 기구의 구성은 클러치 허브, 클러치 슬리브, 싱크로나이저 링과 키로 이루어져 있다.

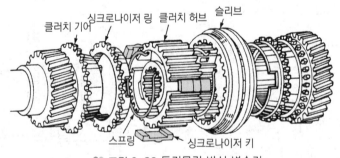

그림 2-32 동기물림 방식 변속기

1) 클러치 허브(clutch hub)

클러치 허브는 안쪽에 있는 스플라인에 의해 변속기 주축의 스플라인에 고정되어 주축의 회전속도와 동일한 회전을 하며 그 바깥 둘레에 싱크로나이저 키가 3개 설치되어 있

다. 또 바깥 둘레에는 스플라인을 통하여 클러치 슬리브가 설치되어 있다.

2) 클러치 슬리브(clutch sleeve)

클러치 슬리브는 바깥 둘레에는 시프트 포크(shift fork)가 끼워지는 홈이 파져 있고, 안쪽의 스플라인을 통해 클러치 허브에 끼워져 변속레버의 작동에 의해서 앞·뒤로 미끄럼 운동을 하여 싱크로나이저 키를 싱크로나이저 링 쪽으로 밀어 줌으로써 주축 기어와 주축을 연결하거나 차단하는 작용을 한다.

3) 싱크로나이저 링(synchronizer ring)

싱크로나이저 링은 주축기어의 원뿔 부분(cone)에 끼워져 있으며, 기어를 변속할 때 시프트 포크가 클러치 슬리브를 미끄럼 운동시키면 원뿔 부분과 접촉하여 클러치 작용을 한다. 클러치 작용이 유효하게 이루어지도록 안쪽 면에 나사 홈이 파여 있다.

4) 싱크로나이저 키(synchronizer key)

싱크로나이저 키는 뒷면에 돌기가 있고, 클러치 허브에 마련된 3개의 홈에 끼워져 키 스프링의 장력으로 클러치 슬리브 안쪽에 압착되어 있다. 또 그 양끝은 일정한 간극을 두고 싱크로나이저 링에 끼워지며 클러치 슬리브를 고정시켜 기어 물림이 빠지지 않도록 하고 있다.

(a) 클러치 허브   (b) 클러치 슬리브   (c) 싱크로나이저 링   (d) 싱크로나이저 키

❖ 그림 2-33 동기물림 기구의 구성부품

가) 제1단계 작동 : 시프트 포크(shift fork)에 의해 클러치 슬리브가 이동하면 슬리브의 돌기부분과 맞물려 있는 싱크로나이저 키가 이동한다. 동시에 싱크로나이저 키의 끝 면에서 싱크로나이저 링을 기어의 원뿔 부분에 밀어 붙여 마찰이 되도록 하여 기어는 점차 슬리브와 같은 속도로 회전한다. 그러나 완전히 동기(同期)될 때까지는 기어와 슬리브의 회전속도 차이로 인해

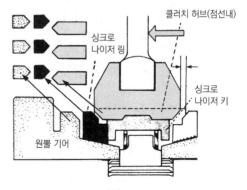

❖ 그림 2-34 동기물림 기구의 제1단계 작동

싱크로나이저 링은 그 홈의 폭과 키 폭과의 차이만큼 벗어난 위치에 있으므로 키는 홈의 한쪽에 밀착된 상태로 회전한다. 이로 인해 슬리브와 싱크로나이저 링의 스플라인은 서로 마주 보는 위치에 있게 된다.

나) 제2단계 작동 : 클러치 슬리브가 더 이동하여 슬리브 홈과 싱크로나이저 키 돌기의 물림이 풀려 스플라인으로 이동하는 상태이므로 슬리브 스플라인의 끝부분이 싱크로나이저 링의 원뿔 기어(cone gear) 끝부분에 부딪쳐 이동이 방해를 받으므로 싱크로나이저 링은 더욱 강력하게 기어의 원뿔 부분을 압착한다.

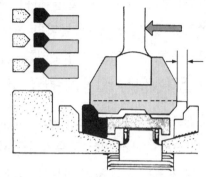

그림 2-35 동기물림 기구의 2단계 작동

다) 제3단계 작동 : 클러치 슬리브와 기어의 회전속도가 동일하게 되므로 싱크로나이저 링의 회전속도도 같아져 슬리브의 진행을 방해하지 않는다. 이에 따라 슬리브는 싱크로나이저 링의 원뿔기어를 원활히 통과하여 기어의 스플라인과 맞물려 변속이 완료된다. 이와 같이 완전히 동기작용이 완료될 때까지 클러치 슬리브와 기어가 물리지 않으므로 기어를 변속하는데 무리가 없고, 변속할 때 소음이나 기어의 파손을 방지할 수 있다.

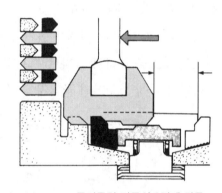

그림 2-36 동기물림 기구의 3단계 작동

3 수동변속기 조작기구

수동변속기 조작 기구에는 변속레버를 익스텐션 하우징(extension housing) 위에 설치하고 시프트 포크의 선택으로 변속하는 직접조작 방식과 조향칼럼에 변속레버를 설치하고 변속기와 변속레버를 별도로 설치한 후 그 사이를 링크나 와이어로 연결하여 조작하는 원격조작 방식이 있다.

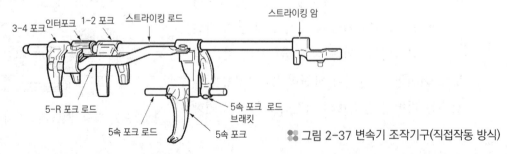

3-4 포크 | 인터포크 | 1-2 포크 | 스트라이킹 로드 | 스트라이킹 암

5-R 포크 로드

5속 포크 로드

5속 포크

5속 포크 로드 브래킷

그림 2-37 변속기 조작기구(직접작동 방식)

① 록킹 볼(rocking bal) : 시프트 레일에 각 기어를 고정시키기 위하여 홈을 설치한 후 이 홈에 기어가 빠지는 것을 방지하기 위해 설치한다. 스프링과 조합하여 사용한다.

② 인터 록(Inter lock) : 하나의 기어가 물려 있을 때 다른 기어는 중립에 서 이동하지 못하도록 하여 기어의 이중물림을 방지한다.

③ 후진 오동작 방지기구 : 후진 변속 시 기어의 파손방지를 위해 변속레버를 누르거나 들어 올려 후진기어로 변속하게 하는 기구이다.

4 트랜스 액슬(trans axle)

트랜스 액슬은 앞 엔진 앞바퀴 구동 방식(FF 구동) 자동차에서 종감속기어와 차동장치를 일체로 제작한 것이다. 조작방법, 구조 및 작동은 뒷바퀴 구동 방식 변속기와 비슷하며 특징은 다음과 같다.

① 실내 유효 공간이 넓다.

② 자동차의 경량화 및 마찰계수 감소로 인해 연료 소비율이 감소한다.

③ 가로방향에서 받는 바람에 대한 안전성 및 직진 성능이 좋다.

④ 방향 안전성이 우수하며, 험한 도로를 주행할 때 안전성이 좋다.

⑤ 제동할 때 안전성이 우수하다.

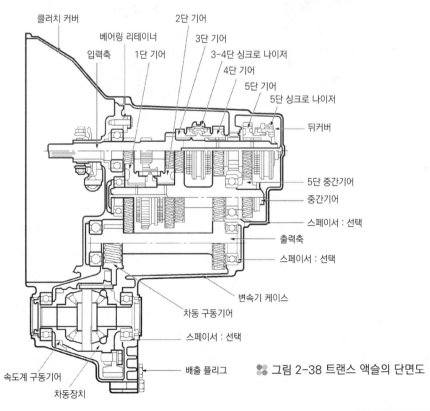

그림 2-38 트랜스 액슬의 단면도

Chapter 04 자동변속기(AT ; automatic transmission)

자동변속기는 동력전달 기구인 토크 컨버터, 클러치, 브레이크류와 오일제어 기구인 오일펌프, 밸브 바디, 솔레노이드 밸브 및 전자제어 기구로 구성되어 있다.

❉ 그림 2-39 자동변속기

1 유체 클러치(fluid clutch)

유체 클러치는 펌프 임펠러와 터빈 러너로 구성되었으며 엔진의 기계적 에너지에 의해 펌프가 회전하면서 발생한 유체의 관성유동력이 터빈의 베인에 작용하여 다시 기계적 에너지로 변환되어 변속기에 입력되는 구조이다. 유체 커플링(fluid coupling)이라고 부르기도 한다.

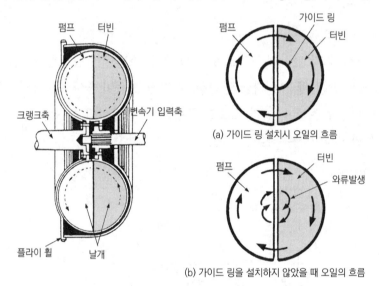

(a) 가이드 링 설치시 오일의 흐름

(b) 가이드 링을 설치하지 않았을 때 오일의 흐름

❉ 그림 2-40 유체 클러치

(1) 유체 클러치의 성능

유체 클러치는 터빈 회전수가 펌프의 회전수와 거의 같게 되었을 때 최대 효율로 회전력을 전달한다. 펌프가 터빈보다 훨씬 빨리 회전할 때는 터빈에 전달되는 회전력 효율은 작아진다. 그것은 펌프가 터빈보다 빨리 돌 때 오일은 터빈 날개에 상당히 큰 힘으로 던져진다. 그 오일은 터빈 날개를 때리고 나서 펌프를 회전방향과 반대방향으로 다시 친다. 이 힘은 펌프가 효율적으로 작동하는 것을 방해하고, 펌프와 터빈의 회전수 차이가 클 때는 펌프 회전력의 많은 부분이 이 힘을 이기기 위해 사용된다. 즉 유체 클러치의 토크 변환율은 1:1을 넘을 수 없으며 회전력의 감소가 생긴다. 이것을 방지하고 유체 클러치와는 반대로 회전력을 증대시키기 위하여 토크 컨버터를 사용한다.

(2) 유체 클러치와 토크 컨버터의 차이점

유체 클러치는 펌프와 터빈이 마주하고 날개는 각도가 없이 방사선으로 되어 있다. 반면 토크 컨버터는 펌프와 터빈의 날개에 일정한 각도가 주어져 있고, 또 이들 사이에는 스테이터가 있다. 또한 토크 컨버터의 토크 변환율은 2~3:1 정도이지만 사용자의 요구에 따라 6~7:1의 토크 변환도 가능하다.

2 토크 컨버터(Torque Converter)

1. 토크 컨버터의 개요

토크 컨버터는 내부에 자동변속기의 오일펌프로부터 공급된 오일이 가득 차 있다. 자동차의 주행저항에 따라 연속적으로 구동력을 변환하여 변속기 입력축에 전달하는 기구이며, 그 기능은 다음과 같다.

① 엔진의 회전력을 변속기로 전달한다.
② 회전력을 변환시킨다.
③ 크랭크축의 비틀림 진동 및 충격을 완화시킨다.

자동차에 사용하는 토크 컨버터는 최대효율을 90% 이상 유지하기 위하여 최대 회전력 비율 2.0~3.0 : 1 정도를 사용하

❖ 그림 2-41 자동변속기

며, 건설기계 쪽에서는 더욱더 큰 회전력 비율을 얻기 위하여 최대 회전력 비율 4~6:1 정도를 사용한다.

2. 토크 컨버터의 구조

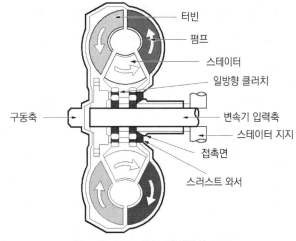

토크 컨버터는 펌프 임펠러(pump impeller), 스테이터(stator), 터빈 러너(turbine runner) 및 원웨이 베어링(oneway bearing)으로 구성된다. 스테이터는 한쪽 방향으로만 회전이 가능한 원웨이 베어링에 의해 토크 컨버터 하우징에 지지되어 있다.

터빈
펌프
스테이터
일방향 클러치
구동축
변속기 입력축
스테이터 지지
접촉면
스러스트 와서

❖ 그림 2-42 토크 컨버터의 구조

부품명	기능
임펠러	엔진과 같은 회전수로 회전하여 유체에 동력을 전달
터빈	임펠러로 부터 나온 ATF로부터 동력을 전달받아 입력 축에 전달
스테이터	터빈에서 들어온 ATF 방향을 바꾸어주어 토크 증대 역할
스플라인 허브	터빈으로부터의 동력을 Input Shaft에 전달
원웨이 클러치	스테이터를 한쪽 방향으로만 회전시키고 반대 방향으로는 고정시킴

3. 토크 컨버터의 기능

토크 컨버터는 엔진의 동력을 오일을 통해 변속기로 원활하게 전달하는 유체 커플링(fluid coupling)의 기능과 엔진의 회전력을 증가시키는 기능이 있다.

(1) 펌프 임펠러

펌프 임펠러는 엔진 플라이 휠과 기계적으로 일체화된 연결구조이므로 엔진의 회전속도와 같은 속도로 회전하면서 펌프 임펠러의 중앙 부분의 오일을 원심력에 의하여 가장자리로 이동하면서 방출한다.

❀ 그림 2-43 펌프 임펠러

(2) 터빈 러너

펌프 임펠러의 날개 사이에서 배출된 오일은 터빈 러너의 날개에 부딪히는 힘에 의하여 터빈 러너를 회전시킨다. 엔진이 공전 상태일 때에는 펌프 임펠러에서 배출되는 오일의 관성질량, 즉 힘은 터빈을 회전시켜 차량을 이동시킬 수 있을 정도의 힘을 발휘하지 못한다. 그러나 가속페달을 밟아 엔진이 가속되어 펌프 임펠러의 회전속도가 증가함에 따라 오일의 힘이 증가되어 엔진의 동력은 터빈 러너를 거쳐 변속기로 전달된다.

터빈 러너

❀ 그림 2-44 터빈 러너

(3) 스테이터

토크 컨버터 내부의 오일은 펌프 임펠러에서 터빈 러너에 힘을 전달한 후 하우징과 날개를 거쳐서 펌프 임펠러의 회전 방향과 역방향으로 펌프 임펠러의 날개에 부딪힌다. 따라서 엔진 동력이 자연 감소하므로 오일의 흐름 방향을 전환한 후 펌프 임펠러의 날개 뒷부분을 밀어주기 위하여 펌프 임펠러와 터빈 러너 사이에 스테이터가 설치되어 있다.

스테이터

❀ 그림 2-45 스테이터

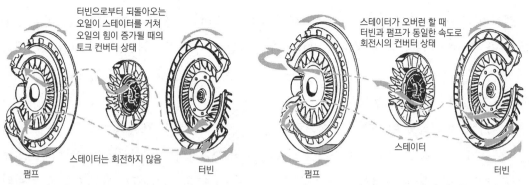

그림 2-46 스테이터가 정지되어 있을 때의 오일의 흐름　　　　그림 2-47 스테이터가 회전할 때 오일의 흐름

(4) 일방향 클러치

스테이터는 일방향 클러치에 의해 반 시계방향으로 회전하지 못하므로 클러치포인트 (clutch point) 보다 낮은 회전수에서는 고정되어 있는 것과 같아서, 터빈 러너로부터 되돌아 오는 오일의 회전방향을 펌프의 회전방향과 같도록 바꾸어 주는 역할을 한다. 따라서 오일의 에너지는 펌프 임펠러를 회전시키는 엔진의 동력을 보조하므로, 터빈 러너를 회전시키는 오 일의 힘이 증가되어 변속기에 전달되는 회전력이 엔진으로부터 나오는 동력보다 증가한다.

그림 2-48 양방향 클러치

4. 토크 컨버터의 성능

그림 2-49는 토크 컨버터의 성 능곡선도이며, 터빈과 펌프와의 회전속도 비율 $e = \dfrac{Nt}{Np}$에 대하여 그 회전력 비율 $t = \dfrac{Tt}{Tp}$ 및 동력 전달 효율 $\eta = e \times t$ 를 나타내고 있다.

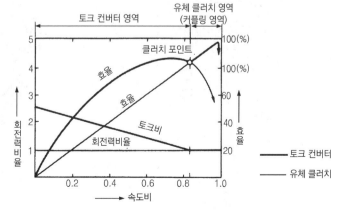

그림 2-49 토크 컨버터의 성능곡선도

회전력 비율 t 는 회전속도 비율 $e=0$ 에서 최대가 되며, 이 점을 스톨 포인트(stall point)라 한다. 회전력 비율 t 는 회전속도 비율 e 가 증가함에 따라 감소하며, 어떤 회전속도 비율에서는 회전력 비율 $t=1$ 이 된다. 이 점을 클러치 포인트(clutch point, 펌프와 터빈의 회전속도가 같아지는 점)라 한다.

그 이상의 회전속도 비율에서는 회전력 비율 $t=1$ 이하가 된다. 효율 η 는 스톨 포인트에서는 0이 되고 회전속도 비율 e 가 증가함에 따라 효율이 증가하며, 일반적으로 클러치 포인트보다 낮은 회전속도 비율에서 최대가 되고 이후에는 급격히 저하한다. 이상은 토크 컨버터의 일반적인 특성으로 회전력 비율 $t=1$ 의 클러치 포인트에서 유체 클러치로 변환한다.

따라서 스테이터와 프레임 사이에 원웨이 베어링(one way bearing)을 설치하여 터빈 러너의 회전수가 클러치 포인트에 도달하면, 정지한 스테이터의 날개 뒷면에 오일의 관성력이 작용하기 때문에 스테이터가 회전하기 시작하여 스테이터가 없는 유체 클러치와 같은 작용(동력만 전달)을 한다. 따라서 그림 2-50에서 실선으로 나타낸 바와 같이 회전력 비율의 상태가 계속되고 효율 η 도 이 점보다 크게 상승한다.

이 클러치 포인트까지의 범위를 토크 컨버터 레인지(torque converter range)라 하며, 그 이후의 범위를 유체 커플링 레인지(fluid coupling range)라 한다. 이 유체 커플링 레인지에서는 유체 클러치와 같은 성능곡선이 된다. 또한 자동변속기 컨트롤러는 유체 커플링 레인지의 영역에서의 연비 저하를 방비하기 위하여 토크 컨버터 내부에 록업(뎀퍼) 클러치를 유압으로 제어한다.

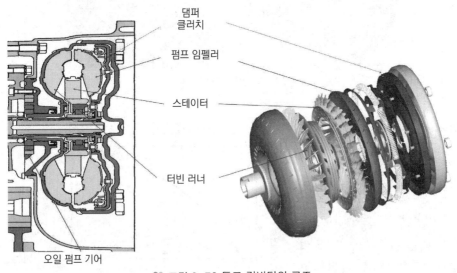

댐퍼 클러치
펌프 임펠러
스테이터
터빈 러너
오일 펌프 기어

그림 2-50 토크 컨버터의 구조

5. 토크 컨버터의 작용

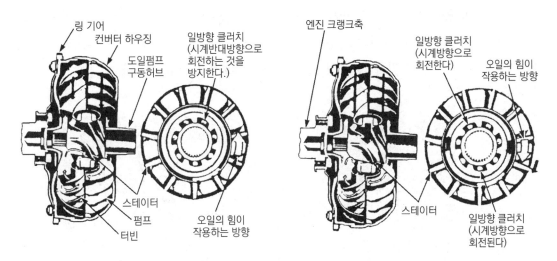

그림 2-51 토크 컨버터 내에서의 오일 흐름

토크 컨버터 각 요소에 작용하는 회전력은 오일의 운동량 변화에 따라 축으로 회전력이 전달된다. 토크 컨버터 내부의 오일순환은 펌프 임펠러가 회전함에 따라 펌프 내에 들어 있는 오일이 원심력에 의해 출구 쪽으로 분출된 후, 곧이어 터빈 러너의 입구로 들어가며 날개차에 관성에너지를 전달함과 동시에 출구를 통하여 분출된다. 이 과정에서 터빈은 펌프와 같은 방향으로 회전력을 받아 회전하기 시작한다.

또한 스테이터는 터빈의 출구로 분출된 오일은 펌프의 회전방향과 반대방향의 회전속도 성분을 지니게 되므로, 스테이터를 통하여 펌프와 같은 방향의 회전속도 성분을 갖도록 흐름 방향을 바꾸어 펌프에 운동량을 더해준다. 이와 같이 스테이터는 반지름 변화에 의한 운동량의 변화보다는 터빈에서 분출되는 오일 흐름 방향을 펌프의 회전 방향과 같게 해주는 것이 주요 기능이다.

6. 일방향 클러치(one way clutch)의 기능

스테이터는 펌프와 터빈의 회전속도의 차이가 클 때는 유효하지만, 반대로 회전속도 차이가 적을 때는 토크 컨버터 내의 오일 흐름에 변화가 생긴다. 오일이 터빈으로 흘러 스테이터의 앞쪽에 부딪혀 흐름의 방향을 바꾸고 있었으나 회전속도 차이가 없어지면 오일의 흐름도 대부분 맴돌이 흐름 상태가 되어 펌프와 터빈은 같은 속도로 회전하려 한다.

이때 스테이터가 스테이터 축에 고정되어 있으면 스테이터의 뒷면에서 오일이 흘러 들어가 스테이터도 펌프나 터빈과 함께 회전하려고 한다. 이때 스테이터를 회전시키지 않으면 전달효율이 불량해져 회전력 변환 비율은 1 이하가 된다. 이것을 방지하기 위해서 스테이터에는 펌프의 회전 방향과 같은 방향으로 회전시키는 힘이 작용했을 때 회전하며, 반대 방향으로 힘이 가해졌을 때 고정시키는 일방향 클러치를 두고 있다.

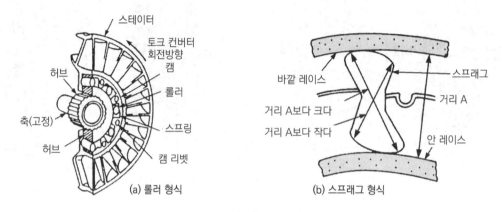

그림 2-52 일방향 클러치의 형식

스테이터가 회전을 시작하는 시점을 클러치 포인트(clutch point)라 한다. 이것을 경계로 하여 유체 클러치로 변환되어 회전력 증대작용이 일어나지 않기 때문에 회전력 변환비율은 1이 된다. 만약 스테이터의 일방향 클러치가 고착되거나 회전 방향으로 회전하지 않을 경우에는 토크 컨버터의 역할 즉, 토크는 회전력이 커져서 스톨 테스트의 결과는 양호하지만 고속 주행에 어려움이 발생하고 오일의 온도가 상승하는 원인이 된다.

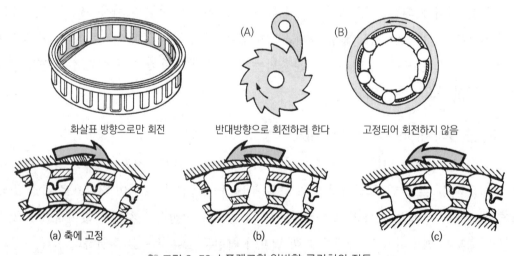

그림 2-53 스프래그형 일방향 클러치의 작동

7. 토크 컨버터의 오일회로

토크 컨버터 내 펌프와 터빈 및 스테이터 사이에는 항상 오일이 순환하므로 오일의 충돌손실(collisional loss)과 마찰손실(friction loss)이 존재하게 되는데 이로 인해 효율은 항상 1보다 작아진다. 그런데 오일의 충돌과 마찰에 의한 동력손실은 모두 열에너지로 변환되므로 토크 컨버터 내의 오일 온도가 매우 상승한다. 따라서 과도한 온도상승을 피하기 위해 토크 컨버터 내의 오일을 외부와 연결된 냉각회로로 순환시킬 필요성이 있다.

댐퍼 클러치가 작동할 경우에는 오일의 압력이 토크 컨버터 허브 안쪽 면과 펌프와 스테이터축 사이를 통하여 토크 컨버터 내에 가해진다. 따라서 오일은 펌프와 터빈을 거쳐 댐퍼 클러치의 오른쪽 면에 작용하여 댐퍼 클러치 판을 왼쪽으로 밀게 된다. 이에 따라 댐퍼 클러치 판의 바깥 테두리에 접착된 라이닝과 토크 컨버터 커버는 엔진의 크랭크축과 연결되어 있으므로 엔진의 동력이 댐퍼 클러치를 통하여 직접 터빈 축으로 전달된다.

한편 댐퍼 클러치의 왼쪽 면과 토크 컨버터 사이에 있던 오일은 댐퍼 클러치가 왼쪽으로 밀리면 터빈 축에 마련된 오일통로를 통하여 배출된다. 이 상태에서는 토크 컨버터 내에서 오일 흐름은 없어지고 냉각을 위한 외부순환도 필요 없게 된다.

댐퍼 클러치를 해제시킬 경우에는 오일을 입력축에 마련된 오일통로를 통하여 댐퍼 클러치 왼쪽 면에 작용시키면, 오일이 댐퍼 클러치를 오른쪽으로 밀면서 댐퍼 클러치 판과 토크 컨버터 커버 사이로 흘러나가므로 댐퍼 클러치가 해제된다. 이때 댐퍼 클러치 제어 솔레노이드 밸브(DCCSV: damper clutch control solenoid valve)가 오일을 제어한다.

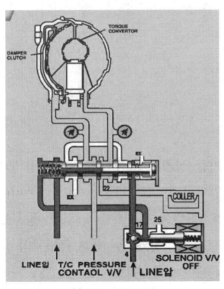 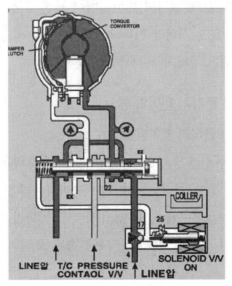

(a) 댐퍼 클러치 해제   (b) 댐퍼 클러치 작동

그림 2-54 댐퍼 클러치 작동

한편 댐퍼 클러치가 작동할 때는 엔진의 동력이 댐퍼 클러치를 통하여 직접 변속기 입력축에 전달되므로 토크 컨버터에서 오일에 의한 동력손실과 열 발생은 없게 된다. 따라서 이 경우에는 토크 컨버터 내의 오일을 외부로 순환시키지 않도록 유압제어 계통이 설계되어 있다. 오일의 외부순환과 함께 토크 컨버터에는 일정 수준의 압력이 가해진다. 이것은 토크 컨버터 내부의 급격한 압력변화에 의해 발생할 수 있는 공동현상(cavitation)을 방지하기 위함이다.

> ❶ 공동현상 : 정압(static pressure)의 유체가 부분적으로 오일의 증기압력 이하로 저하될 때 발생하는데 주로 각 요소의 입구에서 발생하기 쉽다. 자동변속기에서 공동현상이 발생하면 성능이 불안정해지며, 소음이 발생하고 심하면 날개차를 손상시키는 경우도 있다.
> ❷ 댐퍼 클러치를 설치하는 가장 큰 이유는 일정 속도 이상에서 토크 컨버터를 직결시켜 연료 소비율을 감소시키는 데 있으나, 단점으로는 댐퍼 클러치가 ON, OFF될 때 충격이 발생할 수 있다.
> ❸ 자동변속기의 내부손실에는 토크 컨버터 미끄러짐에 의한 손실과 열 손실(70%), 오일펌프의 구동손실(15%), 클러치, 밴드의 미끄러짐 손실(15%) 등이 있으며, 이들은 수동변속기에 비해 약 10% 정도 불리한 요소이다.

3 댐퍼 클러치(damper clutch, Lock-up clutch)

1. 댐퍼 클러치의 기능

댐퍼 클러치는 자동차의 주행속도가 일정값에 도달하면 토크 컨버터의 펌프와 터빈을 기계적으로 직결시켜 미끄러짐에 의한 손실을 최소화하여 연비를 향상시키는 장치이며, 터빈과 토크 컨버터 커버 사이에 설치되어 있다. 직결 시 동력전달 순서는 엔진 → 앞 커버 → 댐퍼 클러치 → 변속기 입력축이다.

2. 댐퍼 클러치 제어와 센서

(1) 댐퍼 클러치 제어방법

수동변속기 차량과 비교할 경우 자동변속기를 설치한 자동차의 동력손실의 원인은 대부분 토크 컨버터의 미끄러짐이다. 이를 방지하기 위해 자동변속기 컴퓨터(TCU : transmission control unit)는 엔진 회전속도, 터빈의 회전속도, 스로틀 밸브 열림 정도, 엔진 냉각수 온도 및 자동변속기 오일의 온도 등을 참조하여 댐퍼 클러치의 작동, 비작동 및 미끄러짐 비율을 결정하여 댐퍼 클러치 제어 솔레노이드 밸브(DCCSV : damper clutch control solenoid valve)의 구동 신호를 출력한다.

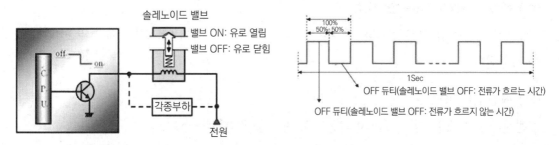

솔레노이드 밸브

밸브 ON: 유로 열림
밸브 OFF: 유로 닫힘

off
on
C
P
U

각종부하

전원

100%
50% 50%

1Sec

OFF 듀티(솔레노이드 밸브 OFF: 전류가 흐르는 시간)

OFF 듀티(솔레노이드 밸브 OFF: 전류가 흐르지 않는 시간)

그림 2-55 댐퍼 클러치 제어 듀티율

댐퍼 클러치 제어 솔레노이드 밸브의 제어는 듀티값의 변화로 제어되며, 솔레노이드 밸브의 응답성을 높이기 위해 각각의 펄스를 시작할 때 수 ms(milli second) 동안 높은 전압(12V)을 공급한다. 댐퍼 클러치 제어밸브(DCCSV : damper clutch control solenoid valve)를 제어하는 댐퍼 클러치 제어 솔레노이드가 작동하지 않는 조건은 다음과 같다.

① 제1속 및 후진할 때 : 출발 또는 가속 성능 확보를 위해 작동하지 않는다.

② 저속 운행 중에 엔진 브레이크가 작동할 때 : 감속할 때 발생하는 충격을 방지하기 위해 작동하지 않는다.

③ 변속할 때 : 변속이 원활하게 되도록 하기 위하여 작동하지 않는다.

④ 엔진의 냉각수 및 자동변속기의 오일 온도가 일정 온도 이하일 때 : 작동의 안정화를 위해 작동하지 않는다.

⑤ 공전 RPM 일 경우

⑥ 저속에서 브레이크 스위치가 ON 상태일 때

⑦ 운전자의 요구 조건이 과도한 토크를 원할 정도의 급가속일 경우 등등

(2) 댐퍼 클러치 제어 센서의 기능

(가) 오일 온도(유온) 센서

오일 온도 센서는 댐퍼 클러치 비 작동영역 판정을 위해 자동변속기 오일(ATF) 온도를 검출한다.

(나) 스로틀 위치 센서(TPS)

스로틀 위치 센서는 댐퍼 클러치 비 작동영역 판정을 위해 스로틀 밸브의 열림 정도를 검출한다.

(다) 에어컨(A/C) On-Off 신호

에어컨 On-Off 신호는 댐퍼 클러치 작동영역 판정을 위해 에어컨 릴레이의 ON, OFF를 검출한다.

(라) 엔진 rpm 신호

엔진rpm 신호는 댐퍼 클러치 작동영역 판정을 위해 검출한다.

(마) 출력축 속도센서(out-put speed sensor, 펄스 제너레이터-B)

출력축 속도센서는 댐퍼 클러치 작동영역 판정을 위해 트랜스퍼 피동기어 회전속도를 검출한다.

(바) 공회전 신호

공회전 신호는 댐퍼 클러치 비 작동영역을 판정하기 위하여 엔진의 공전여부(ON, OFF)를 검출한다.

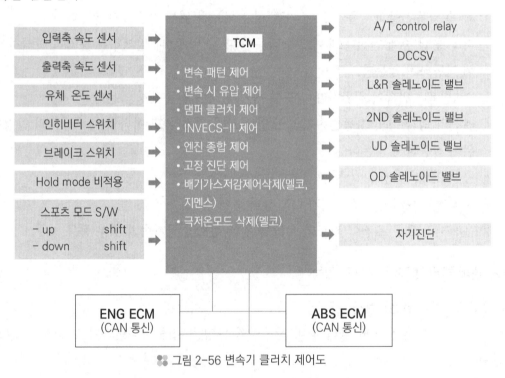

그림 2-56 변속기 클러치 제어도

(3) 댐퍼 클러치 비 작동제어 판정

자동변속기 컴퓨터(TCU) 내에는 그림 2-57에 나타낸 바와 같이 작동구간 map과 목표 미끄러짐 양이 프로그램되어 있고 스로틀 밸브 열림 정도와 터빈 회전속도에 따라 댐퍼 클러치를 작동시키도록 구동신호를 출력한다.

　댐퍼 클러치 미끄러짐 양은 엔진 회전속도와
터빈 회전회도에 의해 연산되어 목표 미끄러짐
양에 근접하도록 제어한다. 그리고 댐퍼 클러치
비 작동명령이 입력된 경우에는 댐퍼 클러치를
작동하지 않는다.

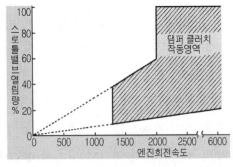

🌼 그림 2-57 댐퍼 클러치 비 작동제어 판정

(4) 페일 세이프(fail safe) 시 댐퍼 클러치 작동

　자동변속기 컴퓨터가 변속장치의 이상을 검출하여 페일 세이프 상태에 진입하면　댐퍼
클러치 작동을 해제하고 구동신호를 정지시키는 회로이다.

4 전자제어 자동변속기

1. 전자제어 자동변속기의 개요

　전자제어 자동변속기는 쾌적성과 안정된 주행성능, 연료 소비율 향상 및 다른 전자제어
장치와도 연계하여 제어할 수 있으며 구동력 제어장치(TCS ; traction control system)를
제어할 때에는 엔진의 출력을 감소시켜 변속 충격을 완화하여 원활한 제어를 도와준다.

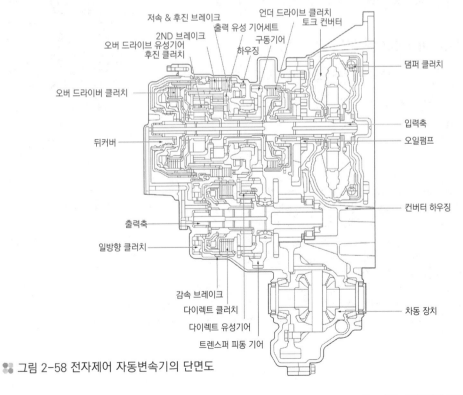

🌼 그림 2-58 전자제어 자동변속기의 단면도

그 밖에도 고장이 발생하였을 때 최소한의 안전을 확보하는 기능과 인공지능 제어를 실행하여, 운전자의 습관과 도로운행 조건에 따라 자동변속기 컴퓨터가 최적의 변속 단계를 선택한다. 또 스포츠 모드(sports mode)를 사용하여 자동변속기이면서 수동변속기의 경쾌함을 느낄 수 있다. 동시에 변속 단계를 추가시켜 넓은 변속비율 선택이 가능하도록 하여 출발성능, 가속성능, 앞지르기 성능 및 연료 소비율 등을 향상시킨다. 자동변속기는 주로 토크 컨버터와 유성기어 장치에 유압제어 장치를 사용하며 전자제어 자동변속기의 장·단점은 다음과 같다.

(1) 전자제어 자동변속기의 장점

① 도로 조건에 적합한 변속제어로 편리성이 증대된다.

② 전자제어에 의해 내구성이 증대되고 연료 소비율이 향상된다.

③ 변속효율과 신뢰성이 증대된다.

④ 위급한 상황일 때 안전을 확보할 수 있다.

⑤ 고장 정보의 명확한 전달로 정비 시간을 단축할 수 있다.

(2) 전자제어 자동변속기의 단점

① 자동변속기의 가격이 비싸다.

② 사후관리 비용이 증가하고 정비가 어렵다.

2. 전자제어 자동변속기의 작동요소

전자제어 자동변속기는 토크 컨버터와 다판 클러치식 기어 트레인, 유성기어 장치 및 밸브 보디로 구성되어 있다.

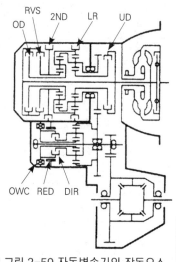

❖ 그림 2-59 자동변속기의 작동요소

Reference

❶ UD(under drive clutch) : 입력축과 언더 드라이브 선 기어를 연결한다.
❷ RSV(reverse clutch) : 입력축과 후진 선 기어를 연결한다.
❸ OD(over drive clutch) : 입력축과 오버 드라이브 캐리어를 연결한다.
❹ DIR(direct clutch [5단 자동변속기]) : 다이렉트 선 기어와 다이렉트 캐리어를 연결한다.
❺ LR(low & revers brake) : 저속 & 후진 링 기어와 오버 드라이브 캐리어를 고정한다.
❻ 2ND(second brake) : 후진 선 기어를 고정한다.
❼ RED(reduction brake [5단 자동변속기]) : 다이렉트 선 기어를 고정한다.
❽ OWC2(one way clutch) : 다이렉트 선 기어가 반시계방향으로 회전하는 것을 규제한다.
❾ OWC1 : 저속 & 후진 브레이크 및 링 기어가 반시계방향으로 회전하는 것을 규제한다.

3. 전자제어 자동변속기의 구성부품

(1) 토크 컨버터(torque converter)

토크 컨버터는 엔진의 동력을 변속기로 전달하는 동력 전달 장치로서 펌프 임펠러, 터빈 러너, 스테이터 및 원웨이 베어링으로 구성되어 있으며 회전력 증대 기능과 유체 커플링 기능을 한다.

(2) 클러치(clutch)

자동변속기는 대략 4~6개의 클러치를 사용한다. 입력축의 구동력을 밸브 보디로부터 공급된 작동유압으로 각각의 클러치의 피스톤과 리테이너(retainer) 사이(피스톤 유압실)에 작동하여 피스톤으로 클러치디스크를 압착하여 리테이너로부터 허브(hub) 등으로 전달한다.

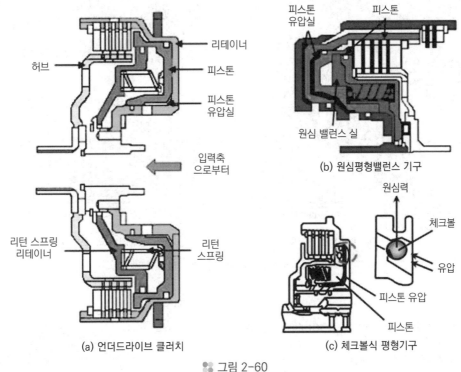

    (a) 언더드라이브 클러치   (c) 체크볼식 평형기구

❖ 그림 2-60

(가) 클러치 내 원심평형(centrifugal balance) 기구

원심평형 기구는 고속회전에서 피스톤 유압실에 잔류하는 오일이 원심력을 받아 피스톤을 밀게 된다. 이때 피스톤과 리턴스프링 리테이너 사이에 들어 있는 오일에서 원심력

이 발생하여 양쪽의 힘이 상쇄되어 피스톤이 움직이지 않도록 하는 작용을 한다.

(나) 일방향 클러치(one way clutch)

일방향 클러치는 스프래그(sprag)형식으로, 기계적 구조에 의해 한쪽으로만 회전하며 원웨이 베어링이라고도 부른다.

(3) 브레이크(brake)

자동변속기의 경우에는 2~3개의 브레이크를 사용하며, 한 예로 감속 브레이크는 그림 2-61 에 나타낸 바와 같이 감속 브레이크 피스톤에 의해 밴드가 체결되는 구조로 되어 있다.

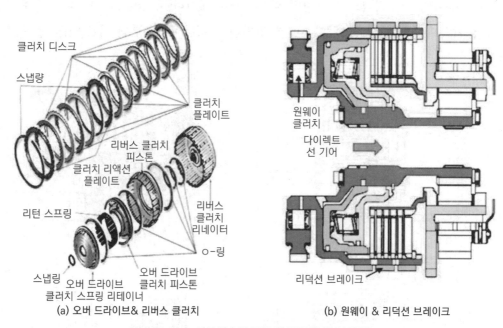

| (a) 오버 드라이브& 리버스 클러치 | (b) 원웨이 & 리덕션 브레이크 |

그림 2-61 자동변속기 내부의 클러치 및 브레이크

(4) 유성기어 장치(planetary gear system)

(가) 유성기어 장치의 구조

유성기어 장치는 링 기어(ring gear), 선 기어(sun gear), 유성기어(planetary gear, 피니언기어), 유성기어 캐리어(carrier) 등으로 구성되어 있으며, 작동원리는 다음과 같다.

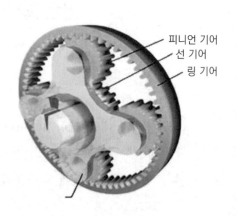

그림 2-62 유성기어 장치의 구조

(나) 유성기어 장치의 작동

1) 유성기어 캐리어의 감속

선 기어 *A*, 링 기어 *D*, 유성기어 *B*, 유성기어 캐리어 *C*의 관계에서 링 기어 *D*를 고정하고 선 기어 *A*를 회전시키면 유성기어 *B*는 자전을 하면서 공전하고, 유성기어 캐리어 *C*는 감속하여 선 기어 *A*와 같은 방향으로 회전한다. 이때의 변속비율은 다음 공식과 같다.

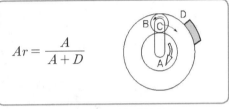

$$Cr = \frac{A+D}{A}$$

※ 그림 2-63 유성기어 캐리어 감속

2) 선 기어의 증속

링 기어 *D*를 고정하고, 유성기어 캐리어 *C*를 회전시키면 유성기어 *B*는 자전을 하면서 공전하고, 선 기어 *A*는 유성기어 캐리어 *C*와 같은 방향으로 증속 회전한다. 이때의 변속비율은 다음 공식과 같다.

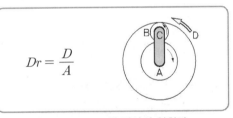

$$Ar = \frac{A}{A+D}$$

※ 그림 2-64 선 기어 증속

3) 링 기어의 역회전

유성기어 캐리어 *C*를 고정하고 선 기어 *A*를 회전시키면, 유성기어 *B*는 현재의 위치에서 자전만하고 링 기어 *D*를 역회전시킨다. 이때의 변속비율은 다음 공식과 같다.

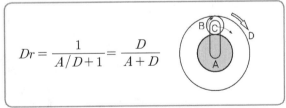

$$Dr = \frac{D}{A}$$

※ 그림 2-65 링 기어의 역회전

4) 링 기어 증속

선 기어 *A*를 고정하고 유성기어 캐리어 *C*를 회전시키면, 유성기어 *B*는 자전하면서 공전하고 링 기어 *D*는 유성기어 캐리어 *C*와 같은 방향으로 증속 회전한다. 이때의 변속비율은 다음 공식과 같다.

$$Dr = \frac{1}{A/D+1} = \frac{D}{A+D}$$

※ 그림 2-66 링 기어 증속

(다) 복합 유성기어 장치의 종류

1) 라비뇨 형식(ravigneaux type)

라비뇨 형식은 자동변속기의 축방향 길이를 짧게 하기 위하여 서로 다른 2개의 선 기어를 1개의 유성기어 장치에 조합한 것이며, 링 기어와 유성기어 캐리어를 각각 1개씩만 사용한다. 1차 선 기어는 숏 피니언(short pinion)과 물려있고 2차 선 기어는 롱 피니언(long pinion)과 물려있으며, 숏 피니언은 1차 선 기어와 롱 피니언 사이에, 링 기어는 롱 피니언과 물려있다. 그리고 스몰 선 기어(small sun gear), 라지 선 기어(large sun gear), 유성기어 캐리어를 입력으로, 링 기어를 출력으로 사용한다.

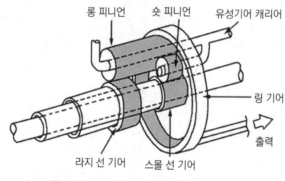

그림 2-67 라비뇨 형식 유성기어 장치

2) 심프슨 형식(simpson type)

심프슨 형식은 싱글 피니언(single pinion) 유성기어만으로 구성되어 있으며, 선 기어를 공용으로 사용한다. 유성기어 캐리어는 같은 간격으로 3개의 피니언으로 조립되어 있으며, 비분해형이다.

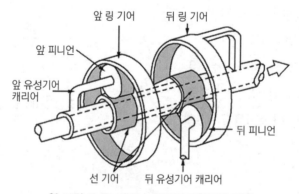

그림 2-68 심프슨 형식의 유성기어 장치

앞 유성기어 캐리어에는 출력축 기어, 공전기어, 링 기어가 조립되어 이 3개의 기어가 일체로 회전한다. 그리고 피니언의 안쪽에는 선 기어, 바깥쪽에는 뒤 클러치 드럼의 내접 기어가 조립된다. 뒤 유성기어 캐리어에는 일방향 클러치(one way clutch) 안쪽 레이스 (inner race)가 결합되어 있다. 그리고 저속 & 후진 브레이크(low & reverse brake) 구동판이 결합되어 있어 뒤 유성기어 캐리어가 회전하면 일방향 클러치 안쪽 레이스로 저속 & 후진 브레이크의 구동판이 일체로 되어 회전한다. 그리고 피니언 안쪽에는 선 기어, 바깥쪽에는 드라이브 허브의 내접기어가 조립된다.

3) CR 방식(carrier-ring gear connection type)

2세트의 단일 유성기어 캐리어와 링 기어를 각각 결합시킨 기어 트레인 방식이며 이중 유성기어 장치(Double Planetary Gear System)라고도 부른다. 변속비율을 크게 할 수 있고 동력 전달효율이 높아서 건설장비에서 주로 사용한다.

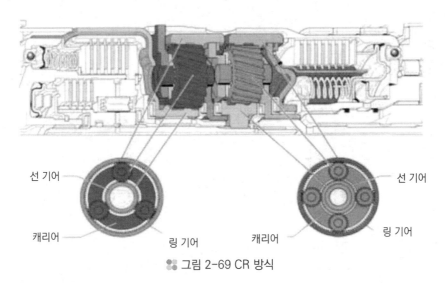

선 기어   선 기어

캐리어   링 기어   캐리어   링 기어

그림 2-69 CR 방식

4) 전자제어 자동변속기의 제어장치
가) 유압제어 장치
① 유압제어 장치의 개요

유압제어 장치는 높은 유압을 만드는 오일펌프, 발생 유압을 제어하는 압력제어 밸브 (regulator valve), 자동변속기 컴퓨터의 전기신호를 유압으로 변환하는 솔레노이드 밸브와 솔레노이드 밸브의 유압으로부터 각 요소에 작용하여 유압을 제어하는 압력제어 밸브 및 라인압력을 받아 오일회로의 변환을 실행하는 각종 밸브 등과 이들을 내장하는 밸브 보디로 구성되어 있다. 또한 전자제어 장치에 고장이 발생하여도 일반적으로 스포츠모드에서 스위치 밸브, 페일 세이프 밸브의 작동에 의해 중저속 및 후진 주행이 가능하다.

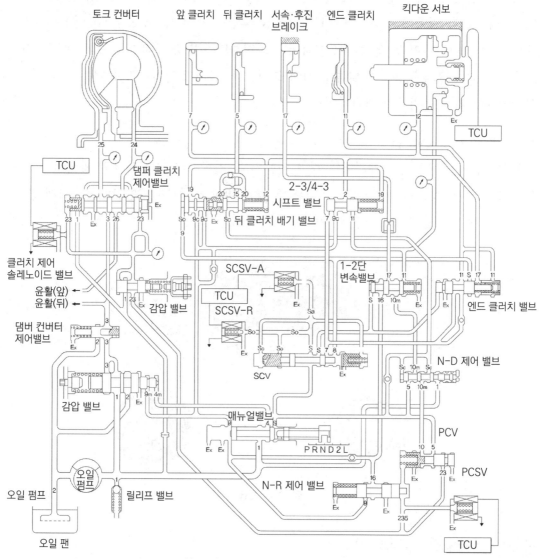

그림 2-70 자동변속기의 유압회로

② 유압제어 장치의 구성요소

㉮ 오일펌프(oil pump)

오일펌프는 토크 컨버터와 유압제어 장치, 유성기어 장치, 입출력축 및 마찰 부분에 유압을 공급한다.

그림 2-71 오일펌프

④ 밸브 보디(valve body)

밸브 보디는 자동변속기 내부에 설치되어 작동요소마다 솔레노이드 밸브와 압력제어
밸브를 설치하였으며, 라인압력은 레귤레이터 밸브의 스프링압력을 조정하여 조절한다.

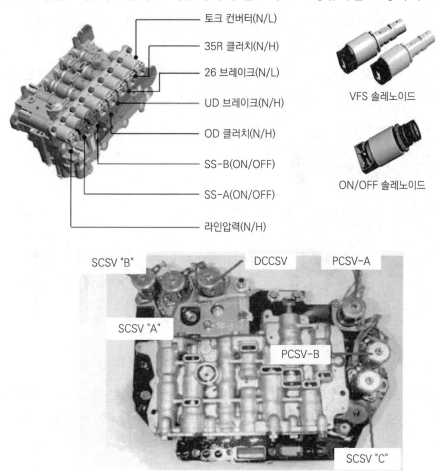

토크 컨버터(N/L)
35R 클러치(N/H)
26 브레이크(N/L)
UD 브레이크(N/H)
OD 클러치(N/H)
SS-B(ON/OFF)
SS-A(ON/OFF)
라인압력(N/H)

VFS 솔레노이드

ON/OFF 솔레노이드

SCSV "B"　　　DCCSV　　　PCSV-A
SCSV "A"
PCSV-B
SCSV "C"

🔹 그림 2-72 밸브 보디

⑤ 레귤레이터 밸브(regulator valve)

레귤레이터 밸브는 오일펌프에서 발생한 유압을 라인압력으로 조절한다. 밸브에는 라
인압력이 작용하는 포트(port) 3개가 설치되어 있어, 유압이 스프링의 압력에 대항하여
라인압력을 각 변속 단계에 알맞은 유압으로 조절한다. 자동변속기 유압 라인의 압력이
높고 낮음에 따라 많은 트러블이 발생하며, 또한 변속기의 사용 연한에 따라 유압은 낮아
지는 경향이 있으므로, 필요시 유압을 점검하고 아래와 같은 방법으로 라인압력을 조정할
수 있다.

㉠ 자동변속기 오일을 배출시킨다.

ⓒ 오일 팬을 분리한다.

ⓓ 유온 센서 및 솔레노이드밸브 하니스를 분리한다.

ⓔ 매뉴얼밸브의 위치 확인 및 이탈에 유의하면서 밸브 보디 어셈블리를 분리한다.

ⓕ 해당 차량의 정비지침서를 참고하여 레귤레이터밸브의 조정스크루를 돌려 라인압력이 규정치가 되도록 조정한다.

ⓖ 조정 스크루를 오른쪽으로 돌리면 라인압력이 낮아지고 왼쪽으로 돌리면 라인압력(조정 스크루 1회전당 오일압력 변화량 : 0.4kg/cm²)이 올라간다.

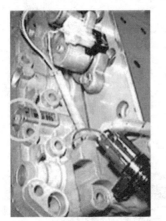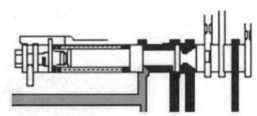

✿ 그림 2-73 라인압력 조절 밸브

ⓗ 조정 후 밸브 보디의 장착부면의 O링 및 볼을 유념하면서 분해의 역순으로 조립한다.

ⓘ 규정량만큼의 자동변속기 오일을 주유한 후, 오일 압력을 시험하여 필요시에는 재조정한다.

㉫ 토크 컨버터 압력제어 밸브(torque converter pressure control valve)

토크 컨버터 압력제어 밸브는 토크 컨버터(댐퍼 클러치가 해제될 때) 및 유압을 일정하게 제어하며, 토크 컨버터 압력제어 밸브의 작동은 다음과 같다. 레귤레이터 밸브에 의한 라인압력을 제어할 때 나머지 유량은 토크 컨버터 압력제어 밸브로부터 토크 컨버터로 공급된다. 이때 분기된 유압이 오리피스(orifice)를 통과하여 포트로 밸브 실(valve chamber)로 공급된다. 이 밸브 실에 작용하는 유압이 스프링 장력에 대항하여 밸브를 움직여 토크 컨버터의 유압을 제어한다. 밸브 실에 작용하는 유압이 스프링 장력보다 작을 때에는 스프링 장력에 의하여 밸브로부터의 유압이 토크 컨버터로 공급된다. 레귤레이터 밸브로부터 유압이 높아져 유압에 의한 힘이 스프링 장력보다 커지면 밸브를 한쪽으로 밀게 된다. 이에 따라 포트가 열려 유압은 오일펌프 쪽으로 유출되어 유압이 낮아진다. 압력이 낮아지면 밸브 실에 작용하는 유압도 낮아지기 때문에 밸브는 스프링 장력에 의하여 복귀되어 포트를 닫는다. 이 작용으로 토크 컨버터 유압이 제어되어 유압이 일정값을 넘지 않도록 제어된다.

⑩ 댐퍼 클러치 제어 솔레노이드 밸브(damper clutch control solenoid valve)

댐퍼 클러치 제어 솔레노이드 밸브는 자동변속기 컴퓨터의 신호에 의하여 듀티 제어되어 댐퍼 클러치에 작용하는 유압을 제어한다.

㉺ 매뉴얼 밸브(manual valve)

매뉴얼 밸브는 운전석의 변속레버와 연동하여 각 레인지에 적합하도록 오일회로를 변환하여 각 밸브로 라인압력을 공급한다.

㉻ 압력제어 밸브(PCV)와 압력조절솔레노이드 밸브(PCSV)

솔레노이드 밸브는 자동변속기 컴퓨터의 신호에 의하여 듀티 제어되어 각각의 클러치 및 브레이크를 작동시키며 압력제어 밸브(pressure control valve)와 압력조절솔레노이드 밸브(pressure control solenoid valve)는 후진 클러치(reverse clutch)를 제외한 각 요소에 설치되어 있다. 저속 & 후진, 언더 드라이브용 압력제어 밸브는 클러치 대 클러치(clutch to clutch)제어에 의하여 해제 시 클러치 유압이 급격히 떨어지는 것을 방지하여 입력축 회전속도의 상승률을 억제한다.

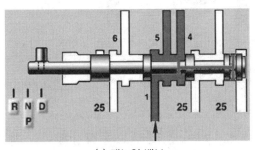

(a) 매뉴얼 밸브

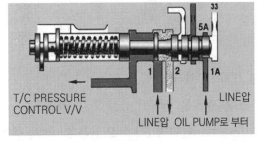

(b) 레귤레이터 밸브

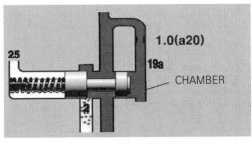

(c) 토크 컨버터 조절 밸브

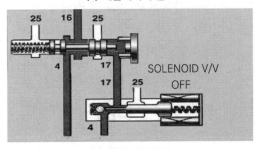

(d) 압력 조절 밸브

🔩 그림 2-74 자동변속기 밸브

㉒ 페일세이프 밸브(fail safe valve)

자동변속기에 기계적 또는 전자적으로 고장이 발생하였을 때 페일세이프 밸브의 작동으로 최소한의 운행이 가능토록 제어하는 기능을 한다.

㉓ 어큐뮬레이터(accumulator)

어큐뮬레이터는 클러치 및 브레이크의 작동 오일회로에 설치되어 변속할 때 클러치로 공급되는 유압을 일시적으로 축적하여, 클러치 및 브레이크가 급격하게 작동하는 것을 방지하여 부드러운 변속이 이루어지도록 한다.

㉔ 체크밸브(check valve)

체크밸브(또는 체크볼이라고도 함)는 일방향으로만 흐를 수 있도록 하는 방향성을 가진 밸브로써 디렉셔널 밸브(directional valve)라고도 하며, 밸브 통로의 직경에 따라 유량을 컨트롤한다.

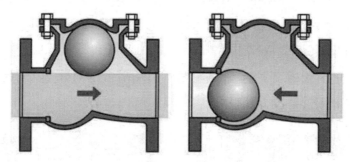

그림 2-75 체크밸브

㉕ 스풀 밸브(spol valve)

스풀 밸브는 랜드(land) 또는 라운드(round)라 하는 부분과 그루브(grove:홈)와 페이스(face)로 되어 있으며, 오일은 이 홈을 통해 흐르게 되어 있고, 랜드의 직경에 따라 밸브 보디 내에서 자동으로 유로를 변환하는 구조이다.

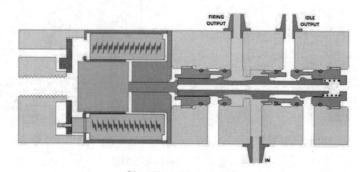

그림 2-76 스풀 밸브

㉤ 유량조절 밸브(flow control valve)

유량조절 밸브는 일정한 유량을 흐르게 할 경우에 사용하며, 라인압력이 스풀 밸브로 유입되어 오리피스(orifice)A_1을 통해 일정유량으로 조절된다. 이때 유압이 일정하면 오리피스를 통과하는 유량은 일정하다.

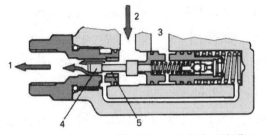

1. 기어케이스로
2. 펌프에서
3. 펌프로
4. 로-드
5. 오리피스 A_1

※ 그림 2-77 유량 조절 밸브

㉥ 오리피스 밸브(orifice valve)

오리피스 밸브는 통로 일부분을 좁게 하여 유체의 흐름량을 컨트롤하는 밸브이며, 유압의 변환 시간 또는 압력을 컨트롤한다.

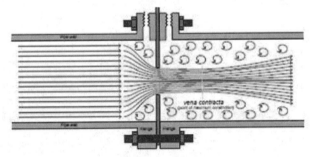

※ 그림 2-78 오리피스 밸브

㉦ 릴리프 밸브(relief valve)

릴리프 밸브는 압력조절 밸브와 기능이 비슷하며 일정압력 이상이 되면 밸브가 열리고 오일이 드레인되면서 최고압력을 조정한다.

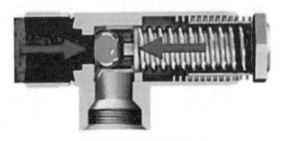

※ 그림 2-79 릴리프 밸브

나) 전자제어 장치

자동변속기를 최적으로 제어하기 위하여 각 상황을 검출하는 센서(sensor)가 필요하다. 센서데이터가 컴퓨터(TCU ; transmission control unit)로 입력되면 컴퓨터는 센서들의 정보를 연산하여 유압의 공급 및 차단을 위해 유압제어 솔레노이드 밸브로 출력시킨다.

자동변속기 컴퓨터는 대부분의 정보를 CAN(controller area network)통신라인을 통해 입수하고 그 밖의 여러 센서의 정보를 입수한다. 더불어 입력신호 분석 및 연산 후 변속에 필요한 모든 제어를 진행한다. 고장이 발생하였을 경우에는 고장코드 표출 및 안전 확보를 위하여 페일세이프 모드로 제어한다.

자동변속기 컴퓨터의 출력부분은 점화스위치 ON 신호가 자동변속기 컴퓨터로 입력되면 자동변속기 솔레노이드 밸브에 공급되는 전원을 제어하기 위하여 릴레이를 출력제어하고, 각각의 솔레노이드 밸브를 제어하여 각각의 단수에 적합한 조합을 통해 변속단이 결정된다.

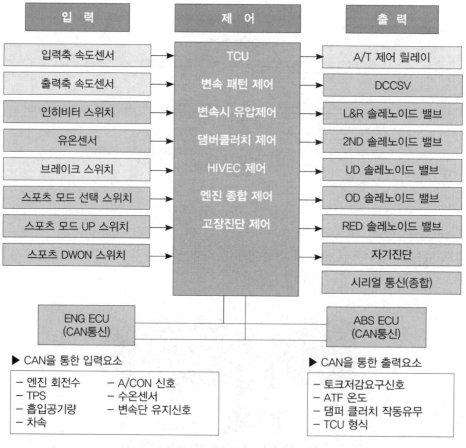

그림 2-80 하이백 전자제어 장치의 구성도

① 점화스위치(IG - On) 전원

점화스위치 전원은 자동변속기 컴퓨터를 활성화하는 신호이며, 작동을 시작하는 시점이 IG - On전원이 입력되는 순간이다. 또 이때부터는 스캐너의 통신기능이 가능하다.

② 입력축 속도 센서(input shaft speed sensor)

㉮ 입력축 속도 센서의 기능

입력축 속도 센서는 엔진 회전수(engine rpm)가 토크 컨버터를 거쳐 변속기 내부로 입력되는 입력축의 회전속도를 검출하는 기능이다. 엔진이 가동되면 입력축 속도센서의 회전수(in put shaft rpm)이 검출되어야 정상이다.

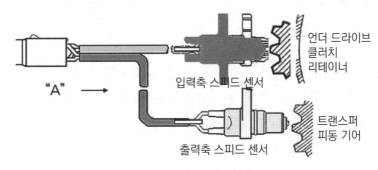

언더 드라이브
클러치
리테이너

입력축 스피드 센서

출력축 스피드 센서

트랜스퍼
피동 기어

▓ 그림 2-81 입·출력 속도 센서의 구조

㉯ 입력축 속도 센서를 이용한 제어종류

㉠ 변속 단계 설정제어(1~4속/R속) : 변속할 때 기본신호로 이용한다.

㉡ 댐퍼 클러치 제어 : 미끄러지는 양 = 엔진 회전속도 – 입력축 속도 센서

㉢ 각 변속 단계 동기 어긋남 연산 : 연산방식 = [입력축 – 출력축×변속비율] ≧ 200rpm

㉣ 피드백 제어(회전속도 변화에 대응) : 변속할 때 터빈 회전속도 변화에 따른 피드백을 제어한다.

㉤ 클러치 대 클러치 제어 : 클러치 대 클러치 제어를 할 때 회전속도 변화 피드백을 제어한다.

㉰ 입·출력축 속도 센서의 종류

㉠ 펄스 제너레이터 방식(pulse generator type)

펄스 제너레이터 방식의 센서는 2핀으로 구성되며, 내부저항은 약 1.000Ω정도이다. 엔진이 작동하면 센서 내부의 코일에 유도되는 자력선 변화에 의해 AC전압의 사인파 펄스가 출력되며, 회전속도와 주파수가 증가하고, 최대전압과 최소전압이 변화한다. 가격이

저렴하지만, 외부 노이즈(noise)에 약하다는 결점이 있다.

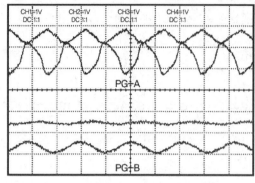

🎆 그림 2-82 펄스 제너레이터 출력파형

🎆 그림 2-83 펄스 제너레이터 외형

ⓛ 홀 센서 방식(hall sensor type)

홀 센서 방식은 센서를 가동하기 위한 전원선, 시그널 출력선 및 접지선이라는 3핀으로 구성되어 있다. 출력 시그널 특성은 보편적으로 0 ↔ 5V로 변화하는 디지털 형식이며, 회전속도 증가와 더불어 주파수가 증가하는 특성이 있고 출력전압 폭은 변동하지 않는다. 펄스 제너레이터 방식에 비해 외부 노이즈에 강하고 신뢰성이 높은 장점이 있으나, 가격이 비교적 비싸다.

ⓒ 엑티브 센서 방식(active sensor type)

전자회로인 플립플랍 회로를 적용하여 시속 0.4km/h 이상의 속도에서는 정확한 회전속도를 검출할 수 있는 회로를 구성한 센서이다. TCM으로 직접 미세한 디지털 전류신호를 제공할 수 있다.

> **입력 및 출력축 속도 센서 고장진단 및 페일세이프** : 자동변속기 컴퓨터는 차속 센서로부터 주행속도를 검출한 상태에서(최소 30km/h 이상) 입력 및 출력축 속도 센서로부터 신호가 입력되지 않으면 고장코드를 표출한다. 자동변속기 컴퓨터는 입력축 속도 센서가 고장나면 선택 레인지에 따라 2속 또는 3속으로 고정한다.
> 예를 들어 L, 2레인지에서는 2속으로 고정하며, 레인지 3, D에서는 3속으로 고정하며 부분 페일세이프(fail safe)를 진행한다. 이것은 최소한의 주행이 가능하도록 하는 림프 홈(limp home) 기능이다. 그리고 페일세이프 또는 림프 홈 기능이란 안전을 확보하는 기능으로 2가지의 제어가 있다. 한 가지는 부분 페일세이프로 자동변속기 컴퓨터의 의지에 의한 제어이다. 즉 2, 3속을 번갈아 제어할 수 있다. 즉 4속 중에 2, 3속을 제어할 수 있으니 반쪽 제어인 셈이다. 그렇다고 완전한 고장으로 보기도 어렵다. 이런 이유로 부분 페일세이프란 용어를 사용한다. 그러나 완벽한 페일세이프는 자동변속기 릴레이를 OFF하는 경우이다. 이때는 모든 솔레노이드 밸브 공급되는 전원이 차단되므로 모든 클러치로 유압이 공급된다. 이때 밸브 보디 내에 있는 안전밸브에 의해 다른 유압들은 전부 해제되고 오직 3속에 해당하는 언더드라이브(under drive)와 오버 드라이브(over drive)로만 유압이 공급되므로 3속으로 고정된다. 문제 부분이 해결되어 자동변속기 컴퓨터로 전원이 다시 공급되면 다시 자동변속기 릴레이로 출력한다.

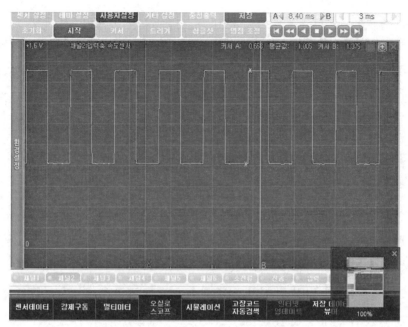

🎴 그림 2-84 엑티브 스피드 센서 출력 파형

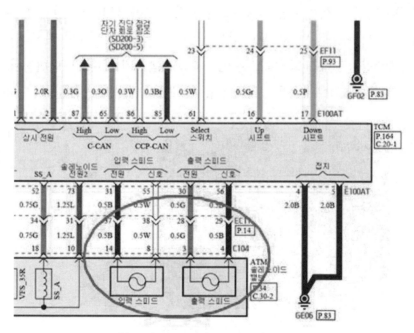

🎴 그림 2-85 엑티브 스피드 센서 회로

③ 출력축 속도 센서(output shaft speed sensor)

㉮ 출력축 속도 센서의 기능

출력축 속도 센서는 변속기 내부에서 변속된 이후의 실질적인 자동변속기의 출력신호이며, 검출부위는 트랜스퍼 피동기어 부위이다. 이 신호 기준으로 자동변속기 컴퓨터는 변속제어 및 각종 제어를 실행하며, 이후에 종감속기어를 거쳐 바퀴를 회전시킨다.

㉯ 출력축 속도 센서를 이용한 제어 종류

㉠ 변속단 설정제어의 기본신호로 이용한다.

㉡ 각 변속 단계 동기 어긋남을 결정하며, 연산방식은

[입력축 − 출력축 × 변속비율] ≥ 200rpm)이다.

㉢ 후진 페일세이프 제어는 후진으로 변속할 때 출력축 회전속도가 입력되면 안전을 확보하기 위해 후진 유압을 해제한다.

㉣ 1속으로 출발할 때 일정값 이상의 주행속도가 입력되면 일방향 클러치를 보호하기 위해 저속 & 후진(low & reverse)브레이크의 유압을 해제한다.

㉰ 출력축 속도 센서 출력 특성

입력축 속도 센서로부터 검출된 회전속도 신호는 유성기어를 거치면서 변속이 이루어진다. 이때 유성기어를 거쳐 나온 회전속도를 출력축 속도 센서가 검출한다. 따라서 입력축 속도 센서의 회전속도를 변속비율로 나눈 값이 출력축 속도 센서의 회전속도이다.

즉 해당 변속비율 × 출력축 회전속도는 입력축 회전속도가 된다. 만일 변속비율이 1:1이라면 이때 입·출력 회전속도 값이 동일한 값을 지시한다.

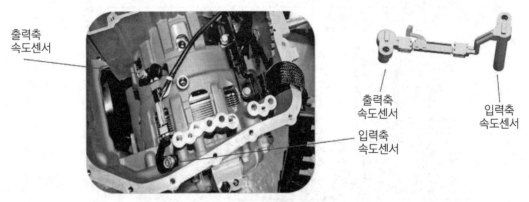

🔸 그림 2-86 입출력 속도 센서

④ 오일 온도(유온) 센서

㉮ 오일 온도 센서의 기능

오일 온도 센서는 온도가 올라갈수록 저항계수가 낮아지는 부특성 서미스터(negative temperature coefficient thermistor)를 이용해 자동변속기 내부의 오일 온도를 검출하여 변속을 제어한다. 댐퍼 클러치(damper clutch)제어, 고온 방지제어, 극저온 모드제어 등 각종제어에 활용한다. 이 센서가 불량할 경우 충격이나 이상 변속을 느낄 수 있다.

그림 2-87 오일 온도센서의 기능

㉯ 오일 온도 센서를 이용한 제어

초기유압 설정제어는 자동변속기 컴퓨터가 오일 온도에 따른 초기설정 값의 유압을 각각 다르게 제어한다. 댐퍼 클러치 제어는 자동변속기 컴퓨터가 오일 온도에 따라 댐퍼 클러치 작동/비작동을 결정한다.

또 자동변속기 오일(ATF : auto-trans axel fluid)고온방지 변속제어는 오일 온도가 125℃ 이상 상승하면 변속선도를 변경하여 오일 온도 상승을 억제한다. 극저온(예 -29℃)오일 모드 변속제어는 오일 온도가 적정값 이하일 때 변속 단계를 2속에 고정하여 오일 온도 상승을 촉진한다.

㉰ 오일 온도 센서의 작동

오일 온도 센서는 자동변속기 컴퓨터의 내부회로로부터 5V를 공급받으며, 오일 온도센서로 공급된 정전압 5V는 부특성 서미스터의 저항값 변화에 따라 변화한 후, 자동변속기 내부에서 접지되는 구조이다. 즉 냉간 상태에서는 저항값이 커지므로 공급된 정전압 5V는 전압강하량이 작아서 자동변속기 컴퓨터 내부의 비교기에 높은 전압이 공급된다. 반대로 열간 상태에서는 작은 저항값에 의해 센서에 공급된 5V의 정전압은 낮아지므로 컴퓨터 비교기의 입력전압은 낮게 입력된다.

⑤ 인히비터 스위치(inhibitor switch)

인히비터 스위치는 P 및 N단 위치에서는 접촉식으로 사동 및 후진등을 작동시키고, 이외의 영역에서는 홀 소자를 이용한 비접촉식이며 듀얼 PWM 신호를 역상으로 출력하여 신뢰성을 높인다. 또한 인히비터 스위치 신호는 변속 단계 설정·유지 및 해제를 제어, 댐퍼 클러치 제어 및 페일세이프 제어의 신호로 이용된다.

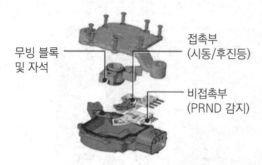

– 변속단별 PWM 값

변속 단	신호1	신호2
P	18.3%	81.7%
R	47.5%	52.5%
N	64.6%	35.4%
D	81.7%	18.3

그림 2-88 인히비터 스위치

㉮ 인히비터 스위치의 변속 단계 설정·유지 및 해제 기능

변속 단계 설정은 자동변속기의 종류, 스포츠모드(sports mode) 사용 여부 및 각 레인지의 위치에 따라 제어가 달라진다. 예를 들어 변속레버의 위치가 D레인지에 있다면 변속 단계는 최고속까지 변속이 이루어진다. 그러나 변속레버 위치가 2위치라면 2속까지만 변속이 이루어지며, 만약 L(low) 위치에 있다면 변속은 1속에 고정이 되며 이때는 엔진 브레이크(engine brake)가 작동한다. 그러나 L레인지 1속 때는 저속 & 후진 브레이크(low & reverse brake)가 작동하므로 링 기어의 시계/반시계방향 모두를 제지할 수 있으므로 엔진 브레이크가 가능하다.

인히비터 스위치

구분		P	R	N	D	비고
5핀 타입	S1	1	0	1	1	
	S2	0	0	1	0	
	S3	1	0	0	0	
	S4	1	1	1	0	
7핀 타입	S1	1	0	0	0	
	S2	0	1	0	0	
	S3	0	0	1	0	
	S4	0	0	0	1	

인히비터 스위치 :
▷ 로터 내부의 커넥터 회전하면서 변속단과 접촉.
▷ 4단자 신호 (S1, S2,S3,S4) 조합형

그림 2-89 인히비터 스위치의 조합 신호

④ 댐퍼 클러치 제어기능

댐퍼 클러치 제어는 토크 컨버터 내에서 미끄럼에 의한 연료 소비율 증가를 방지하기 위해 설치한 것이다. 정상적으로 작동하지 않으면 엔진의 작동이 정지되거나 운전자가 심한 출력부족을 느낄 수 있으므로 자동변속기에서 매우 중요하다.

⑤ 후진 페일세이프 기능

자동변속기 컴퓨터로 입력된 인히비터 스위치 신호를 기본으로 하여 자동변속기 컴퓨터는 출력축 속도 센서 신호가 일정값 이상으로 입력되면 후진 유압을 형성시키지 않는다. 이것은 안전을 확보하기 위한 조치이다.

⑥ 브레이크 스위치(brake switch)

자동변속기 컴퓨터는 주행패턴에 따라 현재 운전자의 성향을 파악하여 최적의 변속제어를 위하여 브레이크 신호를 이용한다.

⑦ CAN(controller area network) 통신
㉮ CAN 통신의 기능

자동변속기의 CAN 통신은 구동력 제어장치(TCS)와도 매우 밀접한 관계를 지니며 TCS 제어 시에 엔진컴퓨터에 출력 감소요구 신호를 보내고, 이때 자동변속기는 현재 변속 단계를 유지하여 구동력 제어장치의 제어를 도와준다.

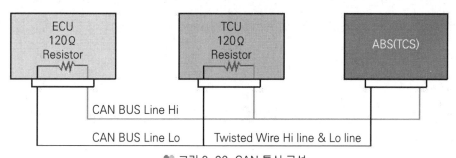

:::: 그림 2-90 CAN 통신 구성

㉯ 엔진 컴퓨터에서 자동변속기 컴퓨터로 입력되는 신호
㉠ 스로틀 위치 센서(TPS) 신호

자동변속기 컴퓨터는 CAN 통신라인을 통해 스로틀 위치 센서의 값을 수신하고 출력축 속도센서 값과 비교하여 변속 단계 제어 및 그 밖의 제어에 활용한다. 만약 CAN 통신이 고장이거나 엔진에서 고장이 발생할 경우는 스로틀 위치 센서의 값은 50%로 고정된다.

ⓛ 엔진 회전속도(rpm) 신호

자동변속기 컴퓨터는 현재 입력축 속도 센서의 회전속도와 엔진 회전속도를 비교하여 댐퍼 클러치의 미끄럼 비율을 연산하며 댐퍼 클러치를 최적으로 제어하여 연료 소비율을 감소시킨다.

ⓒ 흡입공기량 신호

자동변속기 컴퓨터는 엔진의 부하를 계산하기 위하여 흡입공기량 신호를 이용한다. 흡입 공기량을 엔진 회전속도로 나눈 값이 엔진부하이다. 자동차가 언덕길을 주행할 때 운전자는 출력부족을 느끼고 가속페달을 많이 밟게 되므로 흡입공기량이 증가하지만, 즉, 출력부족에 의해 흡입공기량이 많아지지만, 엔진 회전속도가 낮으면 엔진부하는 감소한다. 반대로 내리막길을 주행할 때에는 가속페달을 밟지 않기 때문에 엔진 회전속도는 높고 흡입공기량은 적으므로 엔진부하가 적어진다.

자동변속기 컴퓨터는 엔진부하를 기초로 초기유압 및 변속할 때 유압을 설정하므로 공기유량 센서(AFS)가 불량하면 변속불량 및 초기변속을 할 때 런업(run-up : 엔진 회전속도 상승현상)이 발생할 수 있으므로 주의하여야 한다.

ⓒ 주행속도 신호

자동변속기로 입력되는 주행속도 신호는 입·출력축 속도 센서의 고장을 판정하기 위한 신호이다. 차속 센서를 사용하지 않는 차량의 경우에는 ABS(anti-lock brake system) 모듈로부터 앞 오른쪽에 휠 스피드 센서(wheel speed sensor)값으로 주행속도를 지원받으며 이 신호를 이용하여 주행속도 관련 장치들을 작동시킨다.

ⓜ 수온 센서

자동변속기 컴퓨터는 냉각수 온도가 적정온도 이하이면 일정 시간 동안 동안 정상패턴보다 저속단계 영역을 유지하여 엔진 회전속도의 상승을 유도한다.

ⓗ 에어컨 작동신호

자동변속기 컴퓨터는 에어컨 작동 여부에 따라 유압제어를 변화시키기 위해 에어컨 작동 여부 신호를 CAN 통신으로부터 받는다.

i) CAN 통신 고장일 때 데이터 조치사항

CAN 통신 네트워크 라인의 임의의 부분에서 단선이나 단락 등의 고장이 발생하거나, 임의의 제어유닛에 포함되어 있는 캔 제어기의 고장이 발생하는 경우, 엔진제어모듈과 변속제어모듈은 엔진 회전수에 대한 정보, 엔진 토크에 대한 정보, 토크다운 정보, 현재의 변속단에 대한 정보 등이 공유되지 않게 되므로 주행 성능에 악영향을 미치게 된다.

따라서, 캔 통신 네트워크의 고장으로 인하여 엔진제어모듈과 변속제어모듈간의 정보 공유가 이루어지지 않는 경우, 변속제어모듈은 실질적인 엔진데이터를 이용할 수 없어서 엔진의 3,000rpm대의 특정한 고정값을 제어에 반영하므로 변속감 이상 등 주행성능에 악영향을 미치는 문제점이 발생할 수 있다.

ⓐ 엔진 회전속도는 약 3000rpm의 중속으로 간주하여 모든 제어를 진행한다.

ⓑ 흡입공기량은 엔진 최대 흡입량의 70%로 간주한다.

ⓒ 스로틀 위치 센서(TPS)가 고장일 때에는 2.5V로 고정(스로틀 열림 정도 50%)한다.

ⓓ 에어컨 작동 신호는 에어컨 OFF로 간주한다.

ⓔ 주행속도 신호는 입력되지 않는 것으로 간주하며, 관련 고장 판정을 금지한다.

ⓕ 수온 센서 신호는 입력되지 않는 것으로 간주하며, 관련 제어를 금지한다.

그러나 최근에는 캔 통신 제어모듈 간 데이터 통신을 수행하는 상태에서 캔 데이터의 수신이 검출되지 않을 경우에는 설정된 미수신 지속시간이 기준시간을 초과하였는지 판단하는 과정을 거쳐서, 캔 데이터 미수신 경과 시간이 설정된 기준시간을 초과한 것으로 판단되면 캔 통신 네트워크의 고장으로 판정한다.

동시에 PCU 내부에서 엔진제어모듈과 변속제어모듈은 내부 캔 네트워크라인을 새로이 직접 구성하여 상호 간 데이터 통신을 유지하는, 즉, 캔 통신 고장시 엔진제어모듈과 변속제어모듈간의 임시 통신방법을 제공한다.

ii) CAN 통신 라인

CAN 통신라인은 광섬유 또는 보편적으로 2개의 꼬인선(twisted pair)을 사용한다. 꼬인 2선의 통신 시그널링은 각각의 전선에서 서로 다른 전압들을 사용하여 실행(balanced-line signalling)되므로 한 전선에서의 신호 전압과 다른 전선의 신호전압이 반전되어 전송되지만, 이 신호는 수신기에서 한 신호를 반전하여 두 개의 신호를 합해서 복원된다. 이와 같은 통신 방법은 버스 상에서 발견된 어떤 노이즈도 줄일 수 있으며 이 과정에서 CAN은 자체의 잡음 면역(noise immunity)과 결함 허용(fault tolerance) 기능들을 유도한다.

iii) CAN 통신 방식

CAN 통신은 파워트레인(power train)에서 사용하는 고속 CAN과 차체 전장부품에서 사용하는 저속 CAN으로 크게 나누는데 공통으로 High와 Low 두 배선을 이용하여 통신하며, 통신 신뢰성이 크다. CAN 통신은 모든 정보를 제어기구들이 함께 공유할 수 있는 장점이 있다.

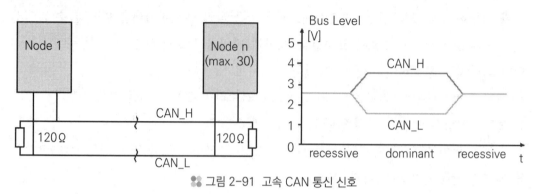

🟦 그림 2-91 고속 CAN 통신 신호

ⓐ 고속 CAN(high speed can)

High-speed CAN은 가장 보편적으로 ABS (anti-lock brake systems), 엔진 컨트롤 모듈, 변속기, 에어백 등에서 최대 1Mb/s 전송 속도로 통신을 하고 있으며, 고속 CAN의 다른 명칭으로는 CAN C와 ISO 11898-2가 있다.

두 개의 전선은 CAN_H (또는 CAN high)와 CAN_L (또는 CAN low)로 불리며 정지상태(열성 또는 recessive)에서 CAN_H 와 CAN_L 은 2.5V에 놓인다. 이

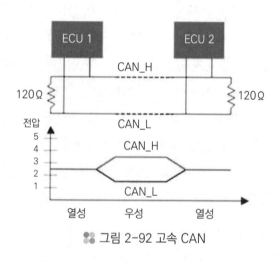

🟦 그림 2-92 고속 CAN

것을 전압기준으로 디지털 "1"로 표시되고, 신호를 전송하는 즉 우성상태(dominant)를 디지털 '0' 으로 표시하며 일반적으로 디지털 '0'의 경우, 관련된 전압은 CAN_H = 3.5V, CAN_L = 1.5V이다.

우성신호는 열성신호보다 우선순위가 높아 버스에 연결되는 노드가 한 개라도 우성이면 캔버스라인은 활성화 된다. 또 고속캔라인은 120Ω의 종단저항(termination register)이 라인 구성 끝 부위에 2개 설치되며, 보편적으로 엔진ECU와 외부(정션 박스)에 각각 1개씩 설치되는 경우가 많다. 이 저항은 통신라인의 전압이 물리적 측면에서 안정적으로 통신이 가능하도록 한다.

ⓑ 저속(low speed) CAN

저속 CAN 네트워크 또한 두 개의 와이어로 실행되며, 최저 40~최고 125kb/s 속도로 각각의 디바이스와 통신한다. 저속 CAN 디바이스는 CAN B 및 ISO 11898-3으로도 알려져 있다. 저속 CAN은 차체 전장부품에 주로 사용된다. 고속 CAN에 설치된 저항은 저속 CAN에는 없다. 전압변동은 최대/최저 전압차이가 5V일 때를 전압의 기준으로 "1", 최대/최저 전압 차이가 2V일 때를 "0"이라고 표시한다.

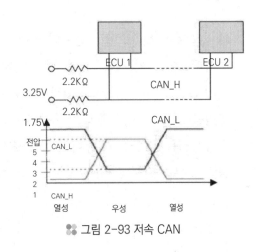

🌼 그림 2-93 저속 CAN

⑧ 자동변속기(A/T) 릴레이

변속기 컨트롤 릴레이(TCM relay)는 변속기의 각종 솔레노이드 밸브에 전원을 공급하기 위해 사용된다. 자동변속기 컨트롤러는 고장이 감지되면 릴레이를 Off하여 페일세이프(fail safe) 즉 림프홈(Limp home)모드로 전환되며 컨트롤러는 고장코드를 표출한다.

⑨ 유압제어 솔레노이드 밸브

㉮ 유압제어 솔레노이드 밸브의 기능

변속 솔레노이드 내부는 코일과 스프링이 장착된 플런저로 구성되어 있다. 차량에 따라 다르지만, 일반적으로 솔레노이드에 항상 12V가 공급되며 변속기 컨트롤 유닛은 듀티(duty) 또는 PWM 제어에 의해 라인압력을 공급 또는 해제할 때 솔레노이드의 접지라인을 접지시킨다. 변속기 컨트롤러 유닛의 전원 또는 접지에 의해 변속 솔레노이드를 제어할 수 없는 경우, 해당 변속 솔레노이드의 고장코드를 저장한다.

㉯ 유압제어 솔레노이드 밸브의 구조

자동변속기 밸브 보디에 유압제어 솔레노이드 밸브가 설치되며, 솔레노이드 밸브를 ON 또는 OFF하여 유압을 해당 클러치나 브레이크 작동 부분으로 공급한다. 솔레노이드 밸브의 저항값은 약 2~15Ω정도이다(20℃ 기준).

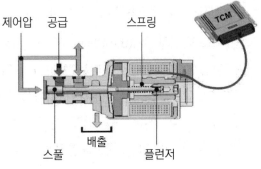

🌼 그림 2-94 솔레노이드 밸브 구조

㉱ 유압제어 솔레노이드 밸브의 제어

솔레노이드 밸브는 5~8개 정도 설치되어 각각의 클러치를 작동하며, 그중에 일방향 클러치(OWC ; one way clutch)와 같이 기계적으로 작동하여 솔레노이드 밸브에 직접적 영향을 미치지 않는 클러치 기구도 있다. 스캐너 데이터를 확인하면 솔레노이드 밸브의 작동상태를 5~95%의 듀티값으로 표기하며, 솔레노이드 밸브에 전류를 통전시켜 유압을 공급 또는 차단하여 기어 변속을 유지한다.

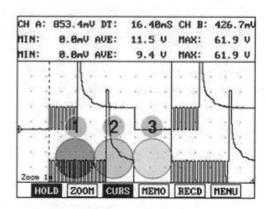

그림 2-95 솔레노이드 밸브 제어파형

그리고 일방향 클러치는 작동요소인 클러치가 일정 속도 이상에서 일방향 클러치의 기계적인 구조에 의하여 자동으로 해제된다. 또한 전자제어 자동변속기는 2가지의 클러치를 동시에 각각 독립적으로 제어하는 클러치 대 클러치 제어를 실행하는데 제어 1구간은 정밀제어 구간으로 플런저의 위치를 홀드하는 구간이며, 제2구간은 실제 NO솔레노이드 밸브가 작동하지 않는 구간으로 밸브의 유압이 공급되는 부분이다. 제3구간은 NO솔레노이드밸브가 전기적으로 통전되는 구간이므로 유압이 공급되지 않는 부분이다.

5) 전자제어 자동변속기 데이터 분석

가) 스로틀 위치 센서(throttle position sensor)

자동변속기의 컨트롤러는 변속하기 위한 가장 기초적인 신호로서 TPS값과 차속을 사용하며 CAN 라인에서 TPS값을 받아들이며, CAN 통신이 고장난 경우 스로틀 밸브 열림 정도를 50%로 간주(2.5V 전압 인식)한다. 가속페달 조작여부에 따라 원활하게 반응하는지 또는 고정되어 있는지를 확인하는 것이 중요하다.

나) 오일 온도 센서(oil temperature sensor)

오일 온도 센서는 자동변속기 내의 오일 온도를 검출하며 댐퍼 클러치 작동영역검출, 유온 가변제어, 변속 시 유압제어에 이용하고 단선된 경우는 약 - 40℃를 표시하며, 단락된 경우에는 약 150℃ 정도를 표시한다. 자동변속기 오일은 열에 의하여 오일양이 변화하므로 오일 온도가 약 80℃ 정도일 때 점검하여야 한다.

유온센서

밸브 보디

그림 2-96 유온센서

다) 엔진 회전속도

CAN 통신을 통해 입력된 엔진회전수는 엔진부하를 검출하는데 매우 중요한 신호이며, 만약 CAN 통신라인이 고장나면 3,000rpm으로 고정된다.

라) 입력축 속도 센서(input shaft speed sensor)

토크 컨버터의 터빈으로부터 변속기 내로 입력되는 회전속도를 나타내며, 엔진 회전속도와 비슷한 값이 입력된다. 만약 댐퍼 클러치가 작동 중이라면 동일한 회전속도가 입력되고, 작동하지 않는 경우에는 엔진 회전속도보다 낮은, 즉 토크 컨버터의 미소슬립량을 제외한 회전속도가 입력된다. 엔진이 작동 중이라면 항상 입력축의 회전속도가 출력되어야 하지만, D레인지를 선택한 후 브레이크를 밟은 정지 상태에서는 0rpm을 표출한다. 이때는 브레이크가 터빈을 고정하고 있기 때문이며 자동차가 주행한다면 회전속도가 엔진 회전속도 부근으로 나타난다.

마) 출력축 속도 센서(output shaft speed sensor)

변속기 내의 유성기어 장치에서 변속이 이루어져 출력되는 회전속도이므로 이 회전속도는 기어 비율 만큼 입력축보다 낮은 회전속도가 된다.

이 신호는 자동차가 정지해 있을 때에는 출력되어서는 안 되며, 후진을 선택했을 때 이 신호가 입력된 상태라면 후진을 제어하지 않는다.

바) 브레이크 스위치(brake switch)

브레이크 작동상태를 나타내며, 브레이크 페달을 밟았을 때에는 ON, 브레이크 페달에서 발을 떼면 OFF 신호로 나타낸다. 내리막길을 주행할 때 엔진 브레이크 작동과 운전자의 제동 성향을 파악하는 신호로 이용된다.

사) 차속 센서(vehicle speed sensor)

이 신호는 실제 주행속도를 의미하므로 자동차의 주행 여부를 정확히 판단할 수 있다. 자동변속기 컴퓨터는 차속센서 값과 입·출력축 속도 센서의 값을 비교하여 고장 판정을 하지만, ABS가 장착된 차량은 승객석 앞바퀴의 휠속도센서 값으로 대체하기도 한다.

아) 솔레노이드 밸브 듀티 제어

각종 클러치의 솔레노이드 밸브 듀티 비율(duty rate)을 나타내며, 0~100%의 듀티 비율을 변화시켜 유압을 제어한다.

자) 댐퍼 클러치 미끄럼 비율

댐퍼 클러치 미끄럼 비율은 "엔진 회전속도 - 입력축 속도 센서"이며 연비 향상을 위하여 DCCSV를 제어하여 미끄럼률이 "0"인 직결상태를 유지한다.

차) 자동변속기 릴레이 출력

자동변속기 릴레이 출력 데이터는 릴레이를 거쳐 자동변속기 컴퓨터로 인가되는 전압을 나타낸다. 이 전압이 축전지 단자전압이면 모든 장치는 정상이며, 0V일 경우는 페일세이프 상태이다.

카) 변속레버 스위치

변속레버 스위치는 인히비터 스위치에서 입력되는 신호를 표시하는 데이터이며, 현재 변속레버의 위치를 나타낸다. P와 N레인지일 때는 어느 곳에서나 P와 N으로 표시된다.

타) 기어 변속 단계

현재의 기어 변속 단계를 의미한다. 즉 자동변속기 컴퓨터가 현재 실행하고 있는 변속 단계를 표시한다.

파) 에어컨 스위치

현재 에어컨 스위치의 작동 여부를 나타내며, 에어컨이 작동할 때에는 ON, 작동하지 않을 때에는 OFF로 표시된다.

하) 하이백(HIVEC) 모드

현재 하이백 상태를 나타낸다. 정상이면 HIVEC "A" 비정상이면 HIVEC "F"로 표시된다.

거) 자동변속기 컴퓨터(TCU) ID

현재 자동변속기 컴퓨터의 ID(identification : 통신상의 고유 암호)를 나타낸다.

6) 전자제어 자동변속기의 동력전달 경로

자동변속기기의 동력전달 경로는 주 변속장치의 변속비율과 추가로 장착된 부 변속장치에서 감속하여 더 낮은 변속 비율을 얻을 수 있다. 여기서는 5단 자동변속기에 관련된 동력전달 경로만 설명하도록 한다.

가) 주차(P) & 중립(N) 레인지

주차(parking) 및 중립(neutral)에서는 전체 클러치가 해제되기 때문에 입력축의 구동력이 유성기어 캐리어로 전달되지 않는다. 다만, 제1속 및 후진의 변속을 신속히 하기 위하여 저속 & 후진 브레이크와 감속 브레이크가 작용하여 변속 준비를 한다.

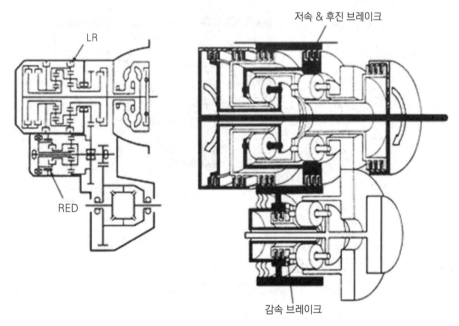

그림 2-97 P와 N레인지

작동요소 변속레버	UD clutch	OD clutch	2ND brake	L & R brake	RVS clutch	RED brake	DIR clutch	OWC 1	OWC 2
P, N				○		○			

나) D 레인지 제1속

D 레인지 제1속에서는 입력축의 구동력은 언더드라이브 클러치를 통하여 언더드라이브 선 기어를 구동하며, 출력 피니언은 반시계방향으로 회전한다. 이때 저속 & 후진 링 기어가 고정되어 있으므로 출력 유성기어 캐리어만 시계방향으로 회전하며, 트랜스퍼 피동기어는 반시계방향으로 회전한다.

그리고 일방향 클러치가 다이렉트 선 기어를 고정하므로, 다이렉트 피니언이 선 기어 바깥 둘레를 공전하여 다이렉트 유성기어 캐리어는 시계방향으로 회전한다. 이때 출력축은 시계방향으로 회전하면 제1속의 변속 비율을 얻는다.

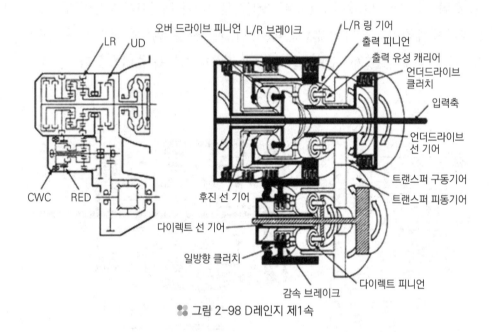

🏵 그림 2-98 D 레인지 제1속

작동요소 변속레버	UD clutch	OD clutch	2ND brake	L & R brake	RVS clutch	RED brake	DIR clutch	OWC 1	OWC 2
제1속	○			○		○		○	○

다) D레인지 제2속

D레인지 제2속에서는 후진 선 기어가 고정되어, 출력 링 기어로부터의 구동력은 오버 드라이브 피니언이 후진 선 기어 바깥 둘레를 공전하는 형태로 오버 드라이브 유성기어 캐리어를 시계방향으로 회전시킨다.

오버 드라이브 유성기어 캐리어는 저속 & 후진 링 기어와 연결되어 있기 때문에 저속 & 후진 링 기어도 시계방향으로 회전한다. 그리고 저속 & 후진 링 기어의 자전(自轉) 분량이 출력 유성기어 캐리어의 회전에 가산되어 제2속의 변속비율을 얻는다.

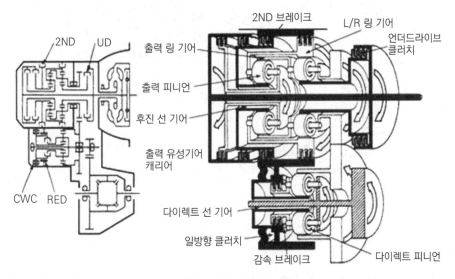

❖ 그림 2-99 D레인지 제2속

작동요소 변속레버	UD clutch	OD clutch	2ND brake	L & R brake	RVS clutch	RED brake	DIR clutch	OWC 1	OWC 2
제2속	○		○			○			○

라) D레인지 제3속

D레인지 제3속에서는 오버 드라이브 클러치와 언더드라이브 클러치가 동시에 작동하여, 언더드라이브 선 기어와 저속 & 후진 링 기어의 회전속도가 같아져 유성기어 장치는 고정된 상태에서 일체로 회전한다. 즉, 직결 상태이다. 그리고 부 변속 상태는 제2속과 마찬가지이므로 제3속의 변속비율을 얻는다.

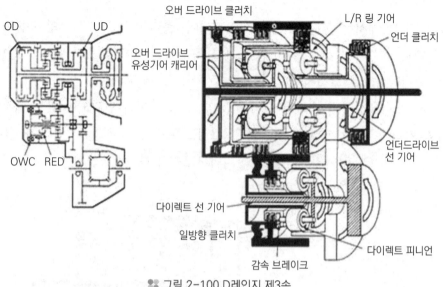

오버 드라이브 클러치

L/R 링 기어

언더 클러치

OD   UD

오버 드라이브
유성기어 캐리어

언더드라이브
선 기어

OWC   RED

다이렉트 선 기어

일방향 클러치

다이렉트 피니언

감속 브레이크

❖❖ 그림 2-100 D레인지 제3속

작동요소 변속레버	UD clutch	OD clutch	2ND brake	L & R brake	RVS clutch	RED brake	DIR clutch	OWC 1	OWC 2
제3속	○	○				○			○

마) D레인지 제4속

D레인지 제4속에서도 주 변속 상태는 제3속 상태와 마찬가지로 일체로 회전하며, 다이렉트 링 기어를 경유하여 다이렉트 선 기어를 반시계방향으로 회전시킨다.

이때 다이렉트 클러치에 의해 다이렉트 선 기어는 유성기어 캐리어 및 출력축에 연결되어 있기 때문에 일체로 회전하므로 제4속의 변속비율(1 : 1)을 얻는다. 즉 제3속일 때 약 1.4 : 1로 감속되다가 4속에서는 부 변속장치의 변속비율로 1 : 1이 되므로 제3속에 비해 회전속도가 빨라진다.

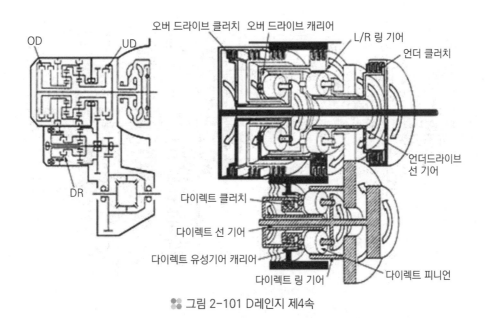

오버 드라이브 클러치　오버 드라이브 캐리어

OD　UD

DR

L/R 링 기어

언더 클러치

언더드라이브
선 기어

다이렉트 클러치

다이렉트 선 기어

다이렉트 유성기어 캐리어

다이렉트 링 기어

다이렉트 피니언

그림 2-101 D레인지 제4속

변속레버＼작동요소	UD clutch	OD clutch	2ND brake	L & R Brake	RVS clutch	RED brake	DIR clutch	OWC 1	OWC 2
제4속	○	○					○		

바) D레인지 제5속

D레인지 제5속에서는 구동력이 입력축으로부터 후진 클러치를 통하여 오버 드라이브 유성기어 캐리어에 전달된다.

또 후진 선 기어는 2ND 브레이크에 의해 고정되기 때문에, 출력 링 기어에는 오버 드라이브 캐리어의 회전에 오버 드라이브 피니언의 후진 선 기어 바깥 둘레의 공회전 분량이 가산되어 회전속도가 증속된다. 부 변속 상태는 제4속과 마찬가지로 제5속의 변속비율을 얻는다.

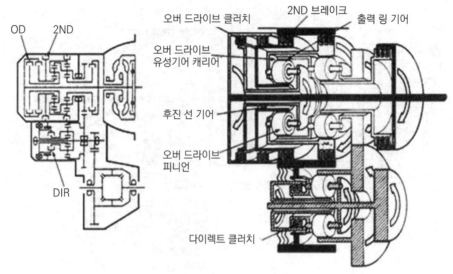

오버 드라이브 클러치   2ND 브레이크   출력 링 기어

OD   2ND

오버 드라이브
유성기어 캐리어

후진 선 기어

오버 드라이브
피니언

DIR

다이렉트 클러치

🔆 그림 2-102 D 레인지 제5속

변속레버 작동요소	UD clutch	OD clutch	2ND brake	L & R brake	RVS clutch	RED brake	DIR clutch	OWC 1	OWC 2
제5속		○	○				○		

사) 후진(reverse)

후진에서는 후진 선 기어가 구동되며, 오버 드라이브 캐리어는 저속 & 후진 브레이크에 의해 고정되어 있다. 후진 선 기어의 구동력은 오버 드라이브 피니언을 통하여 출력 링 기어에 반시계방향의 회전력을 전달한다.

또 다이렉트 선 기어는 감속브레이크에 의해 고정되어 있기 때문에, 다이렉트 피니언의 다이렉트 선 기어 바깥 둘레의 공회전 분량이 가산되어 다이렉트 캐리어를 시계방향으로 회전시켜 후진 변속비율을 얻는다.

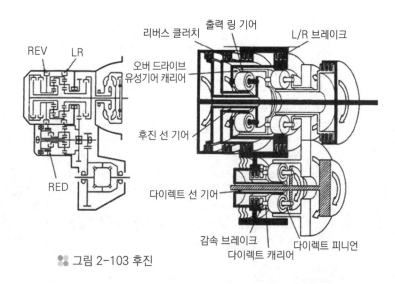

리버스 클러치
출력 링 기어
L/R 브레이크
REV   LR
오버 드라이브
유성기어 캐리어
후진 선 기어
RED
다이렉트 선 기어
감속 브레이크
다이렉트 피니언
다이렉트 캐리어

🎴 그림 2-103 후진

작동요소 변속레버	UD clutch	OD clutch	2ND brake	L & R brake	RVS clutch	RED brake	DIR clutch	OWC 1	OWC 2
후진				○	○	○			

7) 전자제어 자동변속기의 각단 유압 회로도

가) 주차 & 중립레인지일 때의 유압회로

자동변속기 컴퓨터는 변속레버의 위치가 주차(parking) 및 중립(neutral)일 경우, 유압을 저속 & 후진(low & reverse) 브레이크로만 공급한다.

나) 후진레인지일 때의 유압회로

후진(reverse)레인지에서는 후진 클러치(reverse clutch)에 기계적으로 유압이 공급되며, 저속 & 후진(LR) 브레이크에는 듀티제어된 유압이 공급된다. 또 감속 브레이크(reduction brake, 5속을 만들기 위한 부 변속장치에 유압을 공급함)쪽에서 유압이 공급된다. P, N레인지와 다른 점은 압력제어 솔레노이드 밸브가 작동한다는 점이다.

다) D레인지 1속 유압회로

D레인지 1속 유압회로 각 클러치나 브레이크로 공급되는 유압은 언더 드라이브(UD)클러치와 저속 & 후진(LR) 브레이크로 공급된다. 또 감속 브레이크 쪽도 유압이 공급된다.

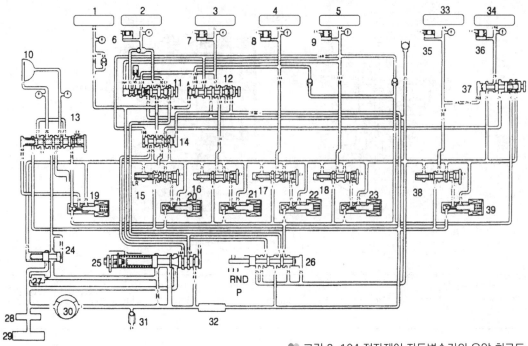

🏵 그림 2-104 전자제어 자동변속기의 유압 회로도

1. 후진 클러치	2. 저속&후진 브레이크	3. 2ND 브레이크	4. 언더 드라이브 클러치
5. 오버 드라이브 클러치	6. 저속&후진 어큐뮬레이터	7. 2ND 어큐뮬레이터	8. 언더드라이브 어큐뮬레이터
9. 오버 드라이브 어큐뮬레이터	10. 토크 컨버터	11. 페일 세이프 밸브A	12. 페일 세이프 밸브 B
13. 토크 컨버터 클러치 컨트롤 밸브	14. 스위치 밸브	15. 저속&후진 압력제어밸브	16. 2ND 압력제어밸브
17. 언더드라이브 압력제어밸브	18. 오버 드라이브 압력제어밸브	19. 댐퍼 클러치 솔레노이드 밸브	
20. 로우&리버스 솔레노이드 밸브	21. 2ND 솔레노이드 밸브	22. 언더 드라이브 솔레노이드 밸브	
23. 오버 드라이브 솔레노이드 밸브	24. 토크 컨버터 압력제어밸브	25. 레귤레이터 밸브	26. 매뉴얼 밸브
27. 오일필터(보조)	28. 오일필터(메인)	29. 오일팬	30. 오일펌프
31. 릴리이프 밸브	32. 오일 스트레이너	33. 감속 브레이크	34. 다이렉트 클러치
35-36. 어큐뮬레이터	37. 페일 세이프 밸브C	38. 감속 압력제어밸브	39. 감속 솔레노이드 밸브

라) D레인지 2속 유압회로

　2속의 유압공급은 언더 드라이브(UD) 클러치와 2ND 브레이크로 공급하며, 감속 브레이크에도 지속적으로 유압이 공급된다.

마) D레인지 3속 유압회로

　3속에서는 언더 드라이브(UD) 클러치와 오버 드라이브(OD) 클러치에 유압이 공급되어 3속의 변속비율을 얻을 수 있으며, 감속 브레이크 쪽에도 유압이 공급된다. 감속 브레이크는 주변속장치에서 들어오는 회전속도를 항상 약 1.5:1 정도로 감속한다. 따라서 주변속장치에서 언더 드라이브(UD)와 오버 드라이브(OD)가 작동하면 1:1회전 비율이 형성되는데 감속까지 작동한다면 1×1.5=1.5이다. 따라서 3속에서의 주변속장치와 부변속장치의 총기어 비율은 1.5:1이 된다.

바) D레인지 4속 유압회로

4속에서는 오버 드라이브(OD) 클러치와 2ND 브레이크에 유압이 공급되어 4속의 변속비율을 형성한다. 감속(RED) 브레이크는 4속까지 작동하여 부변속장치를 작동시킨다. 압력제어 솔레노이드 밸브가 2, 3속 때와 동일한 제어를 한다. 4속에서는 주변속장치에서는 오버 드라이브(OD)와 2ND 브레이크가 작동하였으므로 오버 드라이브 상태이다. 그러나 부변속장치에서 1.5로 감속되므로 1:1에 가까운 변속비율이 형성된다.

사) D레인지 5속 유압회로

5속에서는 오버 드라이브(OD) 클러치와 2ND 브레이크 및 저속 & 후진(LR) 브레이크 솔레노이드 밸브가 작동한다. 저속 & 후진(LR) 브레이크 솔레노이드 밸브가 작동하고 스위치 밸브가 이동하면 이때 유압이 다이렉트 클러치로 공급된다. 만약 스위치 밸브가 작동하지 않으면 유압은 저속 & 후진 브레이크로 공급된다.

8) 자동변속기 변속레버의 종류

가) 노멀형(normal type) 7위치 변속레버

① P(parking)레인지

P레인지에서는 자동차의 엔진을 시동할 수 있으며 주차 시에는 안전성이 우월한 P레인지를 선택하는 것이 좋다.

❖ 그림 2-105 노멀형 7위치 변속레버

② R(reverse)레인지

R레인지는 자동차의 후진을 위한 위치이며, 엔진 시동은 불가능하다.

③ N(neutral)레인지

N레인지는 자동차의 프리 휠링(free wheeling) 상태이며 P레인지와 같이 엔진 시동이 가능하다.

④ D(drive)레인지

D레인지는 평상 주행시 사용하는 위치이며, 제1속부터 최고속단까지 변속이 가능하다. 그러나 D레인지에서는 엔진 브레이크가 작동하지 않는 시스템도 있으므로 정비지침서를

참조하여야 한다.

⑤ 3레인지

오버 드라이브 스위치가 별도로 장착된 형식으로서 3레인지는 1속부터 3속까지 변속이 가능하며, 1속과 2속에서는 엔진 브레이크가 작동하지 않는다.

⑥ 2레인지

2레인지는 1속과 2속 변속만 가능하며 레버가 2레인지 존재할 경우의 변속단 1속에서는 엔진 브레이크가 작동하지 않는다.

⑦ L(low)레인지

L레인지는 제1속 고정이며, 엔진 브레이크 효과를 얻을 수 있다.

나) 스포츠모드(sports mode) 4위치 변속레버

Manual T/M처럼 운전할 수 있도록 자유도를 높여 변속을 실현한 변속레버이며 Select 레버를 "D"에서 오른쪽으로 이동하면 스포츠 모드로 인식한다. 그 상태에서 위쪽(+)으로 레버를 올리면 up-shift가 되며, 아래쪽(-)으로 내리게 되면 Down-shift가 되게 된다. Manual T/M처럼 운전할 수 있다. 더불어 (+)쪽으로 계속 두 번 올리면 UP-shift가 두 번 이루어지게 된다. 예를 든다면 현재 상태가 1속인데 (+)쪽으로 두 번 올리면 3속으로 변속이 이루어진다.

그림 2-106
스포츠 모드 4위치 변속레버

① P레인지

P레인지는 주차시 주로 사용하며, 엔진을 시동할 수 있다.

② R레인지

R레인지는 자동차의 후진을 위한 위치이며, 엔진 시동은 불가능하다.

③ N레인지

N레인지는 자동차의 프리휠링(free wheeling) 상태로서 엔진이 작동되지 않는 상태에서 자동차를 이동시킬 수 있고, P레인지와 함께 엔진 시동이 가능하다.

④ D레인지

D레인지는 주행위치이며, 제1속부터 최고속단까지 변속이 가능하며, D레인지에서는 엔진 브레이크가 작동하지 않는다.

⑤ 스포츠모드 (+)

스포츠모드 (+)는 운전자의 의지에 따라 수동으로 변속할 수 있으며 (+)쪽으로 한번 밀면 현재 변속 단계에서 1단 상향 변속(up shift)되며 엔진 브레이크를 사용할 수 있다.

⑥ 스포츠모드 (-)

스포츠모드 (-)는 운전자의 의지대로 수동으로 변속할 수 있으며 (-)쪽으로 한번 밀면 현재 변속 단계에서 1단 하향 변속(down shift)되며 엔진 브레이크를 사용할 수 있다.

다) 전자식 모드 변속레버(shift by wire)

조작시 변속레버의 동선이 짧다는 장점이 있으나 전진 주행 중 변속레버를 후진(R)으로 오조작할 경우에는 가끔 오류를 범하기도 하므로 주의하여야 한다.

더불어 전자식레버의 제작회사별로 약간의 차이점을 지니고 있으나 공통점은 변속시 버튼을 누르고 밀거나 당기며, 수동모드 선택시 레버를 옆으로 기울이면 계기판에 'M'등의 이니셜이 나타나면서 수동모드로 진입한다.

9) 전자제어 자동변속기의 각종 제어

가) 변속할 때의 유압제어

① 클러치 대 클러치 변속(clutch to clutch shift)

예전의 자동변속기에서는 변속할 때 2개의 변속제어 솔레노이드 밸브A & B(SCSV : shift control solenoid valve A&B)와 1개의 압력제어 솔레노이드 밸브(PCSV ; pressure control solenoid valve)로 유압을 공통 제어하기 때문에 정밀한 유압제어를 실현하지 못하였으나, 클러치 대 클러치 변속방식(clutch to clutch control)에서는 입·출력축 회전속도를 참고하여 해제측 클러치(또는 브레이크)와 결합측 클러치(또는 브레이크)를 동시에 제어하여 변속을 실행한다.

이에 따라 변속 중에 엔진의 런업(run up) 또는 클러치 결합 문제를 방지할 수 있어 응답성능이 좋은 변속을 실현한다.

• 솔레노이드 밸브의 구성

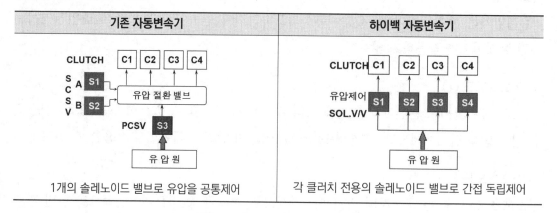

기존 자동변속기	하이백 자동변속기
1개의 솔레노이드 밸브로 유압을 공통제어	각 클러치 전용의 솔레노이드 밸브로 간접 독립제어

🎴 그림 2-107 클러치 대 클러치 제어선도

• 클러치 대 클러치 제어 선도

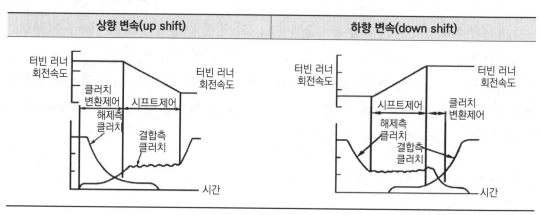

상향 변속(up shift)	하향 변속(down shift)

🎴 그림 2-108 클러치 대 클러치 제어선도

※ 목표 터빈 회전속도 변화에 따라 공급 쪽과 해제 쪽의 유압을 제어한다.
※ 주의 : 저온에서(−20℃ 이하)는 자동변속기 오일(ATF) 유동이 늦기 때문에 솔레노이드 밸브 듀티율을 61.3Hz → 31Hz로 낮춘다.

② 스킵변속 제어(skip shift control)

각종 솔레노이드 밸브를 사용하여 킥 다운(kick down) 시 제어에 의한 스킵변속에 의하여 응답성능이 신속한 변속을 실행할 수 있다.

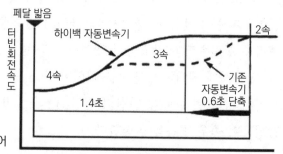

🎴 그림 2-109 스킵변속 제어

③ 피드백 변속 제어(feed back shift control)

각 변속 단계로 변속할 때 축의 실제 속도와 목푯값이 일치하도록 솔레노이드 밸브의 듀티 비율을 피드백 제어한다. 이에 따라 엔진이나 변속기의 노화에 따른 성능 변화에 대해서도 자동적으로 보정하므로 변속감각(shift feeling)을 향상시킬 수 있다.

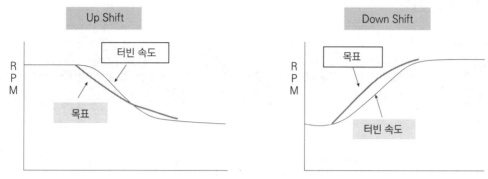

그림 2-110 피드백 변속제어

나) 변속선도(shift pattern) 제어

각종 변속선도는 자동차의 연료 소비율, 가속성능, 배기가스, 주행성능 등을 고려하여 도로 조건 및 운전자의 주행방법에 따라 변속시점이 변화하는 가변변속 선도를 사용한다. 그리고 그림 2-111의 변속선도에 있는 실선은 변속 단계의 상향(up) 변속 상태를 나타내며, 점선은 변속 단계의 하향(down) 변속 상태를 나타낸 것이다. 변속 시 상향과 하향을 반복하는 히스테리시스 현상을 방지하기 위하여 히스테리 구간을 설정한다.

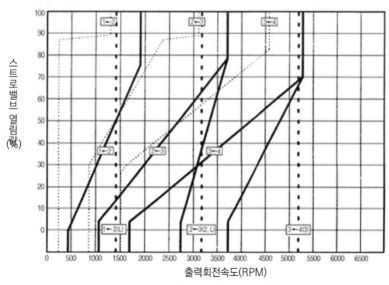

그림 2-111 자동변속기의 변속선도

다) 배기가스 저감 변속선도

엔진에 장착된 촉매컨버터의 온도 상승 시간을 줄여 유해 배기가스 감소를 위하여, 전자제어 자동변속기는 점화 스위치를 ON으로 하였을 때 냉각수 온도가 35℃ 이하이면 100초 동안 표준 변속 선도보다 더 낮은 단계의 영역을 확보하여 주행할 때 엔진 회전속도 상승을 유도한다.

> ℝeference 센서 및 액추에이터의 고장으로 페일 세이프 모드(3속 고정)로 주행을 하거나 하이백 제어가 불가능할 경우 가변 변속 제어는 불가능하며, 표준변속 선도를 사용한다. **표준변속 선도란** 각각의 상향 변속선 중에서 왼쪽 끝의 변속선을 말한다.

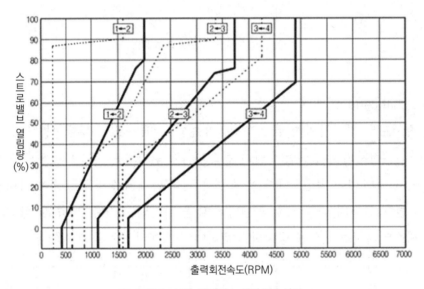

🔹 그림 2-112 배기가스 저감 변속선도

라) 극저온 변속선도

자동변속기 오일(ATF)의 온도가 -29℃ 이하일 경우에는 오일의 성능이 떨어지므로 2속으로 홀드(hold) 운행토록 유도하며, 오일의 온도가 -29℃ 이상일 경우에는 정상선도로 복귀한다.

마) 홀드(hold) 변속 선도

눈길 등 미끄러운 도로 면에서 출발할 때 구동력을 줄이기 위하여 2단을 출발하는 변속선도이며, 운전자가 홀드 스위치를 작동시키거나 또는 스포츠모드를 이용하여 2단으로 출발할 수 있도록 한다.

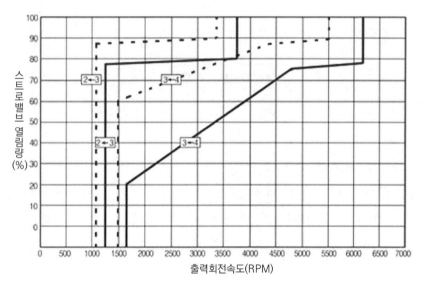

🟦 그림 2-113 홀드 변속선도

바) 오일 온도 제어 가변변속 선도

차량이 등판할 때 토크 컨버터의 미끄러짐(slip) 상태에서 장시간 연속 운전에 따른 오일의 온도 상승을 방지하기 위해, 자동변속기 오일 온도가 125℃ 이상일 때 변속단으로 낮추어 미끄럼에 따른 오일의 온도 상승을 억제하기 위한 제어이다. 오일 온도가 110℃ 이하일 때에는 정상 변속선도로 복귀한다.

사) 자동변속기 학습제어

전체운전 영역 최적제어에 의해 미리 입력된 최적의 변속조작을 실현할 수 있게 되었지만 전자제어 자동변속기에는 센서, 브레이크 등의 신호 값과 엔진의 부하, 타이어 부하 등의 최댓값을 학습하여 운전자의 주행 패턴에 부합하도록 변속선도를 수정하는 학습제어를 한다.

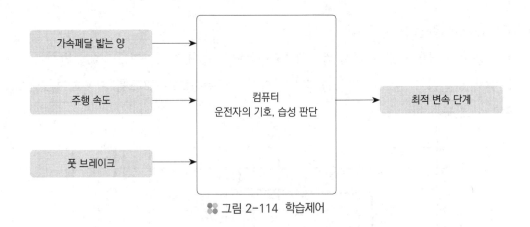

그림 2-114 학습제어

아) 하이백의 기능

① 내리막길 하향 변속(down shift) 기능

내리막길을 주행할 때 적당한 엔진 브레이크를 작동시키기 위하여 하향 변속(down shift)하는 기능이다. 도로의 기울기, 제동력, 주행속도 등으로부터 신경망 제어(neural network)를 사용하여 종합적으로 구한 엔진 브레이크 필요에 따라 하향 변속 여부를 판정한다.

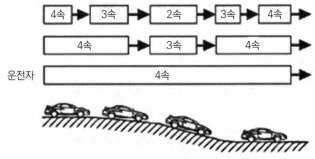

그림 2-115 내리막 길 하향 변속 학습기능

② 내리막길 하향 변속 학습기능

내리막길에서 운전자 성향에 맞는 하향 변속이 되도록 작동 조건을 학습하는 기능이다. 가속페달 조작과 브레이크 페달 조작으로부터 엔진 브레이크의 과부족을 판정하여 운전자 성향에 맞는 하향 변속 조건을 학습한다.

③ 스포츠(sporty) 정도에 따른 변속선도(shift pattern) 연속변환 기능

　운전자의 운전성향(sport 정도)에 맞도록 변속선도를 연속적으로 변환하는 기능이다. 엔진 성능과 타이어 성능의 한계에 대해서 그 정도의 주행 상태에 있는지를 구하는 운전성향에 의거 상향 변속(up shift)선을 저속 쪽에서 고속 쪽으로 연속적으로 이동한다.

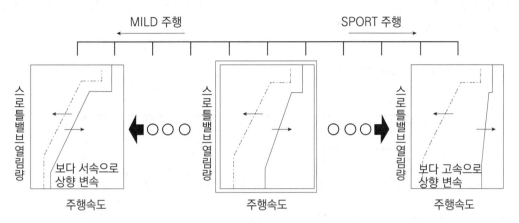

🎴 그림 2-116 스포츠 정도에 의한 변속선도

④ 오르막길에서 불필요한 상향 변속(up shift) 방지

　오르막길을 주행할 때 리프트 풋(lift foot)에 따른 불필요한 상향 변속을 방지하고 구동력을 확보하는 기능이다. 도로의 기울기에 따라 상향 변속 선을 저속 쪽에서 고속 쪽으로 연속적으로 이동시켜 불필요한 상향 변속을 방지한다.

⑤ 자동변속기의 학습 제어 금지 조건

　㉮ 자동변속기 오일 온도가 학습제어 영역 이외인 경우

　㉯ 표준변속 패턴 이외의 경우

　　㉠ 인히비터 스위치(inhibitor switch) 신호가 P, R, N, L인 경우

　　㉡ 극저온 모드인 경우

　　㉢ 오일 온도 제어 가변변속 패턴인 경우

　　㉣ 배기가스 제어변속 패턴인 경우

　㉰ 페일 세이프(fail safe)인 경우

　㉱ 하이백 제어 금지인 경우

　　㉠ 스로틀 위치 센서의 단선 또는 단락인 경우

ⓛ 오일 온도 센서가 단선인 경우

ⓒ 제동등 스위치가 단락인 경우

ⓜ 통신배선이 단선인 경우

ⓑ 컴퓨터가 고장인 경우(ENG check lamp 점등)

ⓢ 점화스위치를 ON으로 한 후 처음으로 제동등 스위치가 ON에서 OFF로 될 때까지의 기간 동안

자) 댐퍼 클러치(damper clutch) 제어

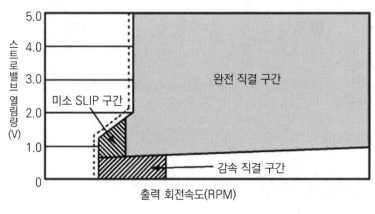

그림 2-117 댐퍼 클러치 제어

댐퍼 클러치 제어는 저속회전 영역에서 약간 미끄러지는(매우 미세한 미끄럼) 미소 슬립 제어(partial slip control)제어와 고속회전 영역에서 완전히 직결되는 록업 제어(lock up control)로 구성되며, 낮은 연료 소비율과 정숙성을 양립시킨다. 이러한 댐퍼클러치의 작동조견은 아래와 같다.

① D레인지 + 일정 차속 이상일 것

② N → D, N → R 제어 중이 아닐 것

③ 자동변속기 오일 온도가 적정온도 이상일 것

④ 페일 세이프 상태가 아닐 것

Chapter 05 무단변속기(CVT ; continuously variable transmission)

1 무단변속기의 개요

무단변속기란 단계가 없이 연속적으로 변속을 실행할 수 있어 변속충격이 없으며 연료 소비율과 가속성능 등을 향상시킬 수 있다. 무단변속기는 변속방식과 동력전달 방식에 따라 구분할 수 있다. 변속방식은 풀리의 직경변화를 이용하는 벨트방식과 익스트로이드(extoroid)방식이 있다. 동력전달 방식은 전기자력선을 이용하는 전자클러치방식(electronic powder clutch type), 토크 컨버터(torque converter) 방식 및 발진클러치 방식이 있다. 무단변속기의 원리는 구동 및 피동 벨트풀리(belt pulley)에 벨트를 연결하고 벨트풀리의 지름을 변화시켜 변속이 이루어지므로 엔진에 가장 적합한 회전속도로 변속이 된다. 즉, 무단변속기는 엔진을 항상 최적의 운전 상태로 유지할 수 있으므로 연료 소비율, 변속감각 및 가속성능이 향상된다.

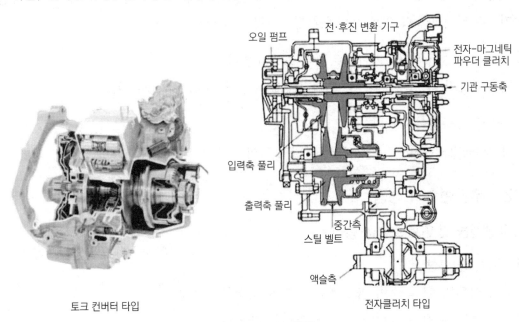

토크 컨버터 타입   전자클러치 타입

그림 2-118 CVT

1. 무단변속기의 필요성

자동차에 장착된 변속기의 변속단수를 증가시킬수록 출력성능 곡선은 이상적인 곡선에 근접할 수 있지만, 수동변속기 또는 자동변속기는 변속단수를 무한대로 늘릴 수 없다. 그

러나 무단변속기는 변속비율을 무한대(변속비율 2.319~0.445)로 설정할 수 있어서 운전 중 최적의 성능곡선을 지속적으로 유지할 수 있다.

2. 무단변속기의 특징

무단변속기는 변속 중 변속충격이 없다는 장점이 있다. 변속패턴에 따라 최대 변속비율과 최소 변속비율 사이를 연속적으로 무한대의 변속단수로 변속시킴으로써 엔진의 동력을 최대한 이용하여 동력성능과 연료 소비율을 향상할 수 있다.

① 가속 성능을 향상시킬 수 있다.

연속적인 변속으로 인하여 가속 성능이 우수하며 운전자의 성향에 따라 필요한 구동력으로 운행할 수 있다.

② 자동변속기에 비하여 연비가 우수하다.

무단변속기는 변속으로 인하여 구동력이 차단되는 경우가 없으며, 록업 영역이 자동변속기보다 넓기 때문에 연료 소비율을 향상시킬 수 있다.

③ 변속단이 없는 무단변속이므로 변속 충격이 없다.

변속 단계가 없으므로 회전력 변화가 없으며, 충격이 발생치 않는다.

④ 간단하고 중량이 가볍다.

자동변속기보다 구조가 간단하며 중량이 가볍다.

2 무단변속기 성능

1. 주행성능 및 연료 소비율 향상

(1) 주행성능 향상

최적 상태의 연료 소비 곡선에 근접하여 운행할 수 있도록 변속기 컴퓨터에 의한 변속비율 제어가 가능하기 때문에 연료 소비율이 향상된다. 무단변속기의 엔진 회전속도와 주행속도를 나타낸 그래프에서 보듯이, 자동변속기와 무단변속기는 급가속 할 때 엔진 회전속도의 변화가 매우 크다는 것을 알 수 있다. 즉 자동변속기와 수동변속기에서는 각 변속

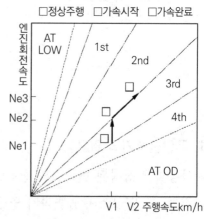

■ 그림 2-119 자동변속기의 주행곡선

단계 사이의 변속비율 폭이 매우 크다.

이에 따라 높은 변속 단계로 주행하던 자동차가 가속할 때 킥다운(kick down) 현상에 의해 낮은 변속 단계로 하향 변속(down shift)되면서 기어비율 차이만큼 엔진 회전속도의 상승을 유발한다. 계속 이런 상태로 주행을 하다가 어느 시점에 도달하면 다시 높은 변속 단계로 정상 변속되면서 엔진 회전속도는 현재의 주행속도에 대비하여 유지되거나 낮아진다.

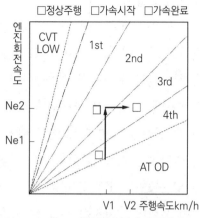

그림 2-120 무단변속기의 주행곡선

즉, 기어비율의 차이만큼 엔진 회전속도는 주행 중에 수도 없이 상승과 하강을 반복한다. 만약에 각 변속 단계 사이의 기어비율의 차이를 최소화할 수만 있다면 이런 현상을 충분히 극복할 수 있다. 무단변속기가 이런 문제점을 해결할 수 있는 방안이다. 무단변속기는 각 변속 단계 사이의 변속비율이 0.001 단위로 구성되어 있기 때문에 변속비율의 차이가 전혀 없이 낮은 변속 단계에서부터 높은 변속 단계까지 운행이 가능하다.

(2) 연료 소비율 향상

자동차가 정속으로 주행할 때 변속 단계별 및 주행속도별 엔진의 운전시점은 변속비율이 작아질수록 같은 주행속도에 대해 엔진의 운전시점은 연료 소비율 값이 적은 쪽으로 이동하는 경향이 있다.

따라서 엔진 회전속도와 주행속도 비율을 감소시킬 경우 각 변속 단계에서 같은 주행속도에 대한 운전시점은 전체적으로 왼쪽의 위로 이동하므로 연료 소비율은 향상된다. 정속주행을 할 때뿐만 아니라 모드(mode) 주행에서도 이와 같은 경

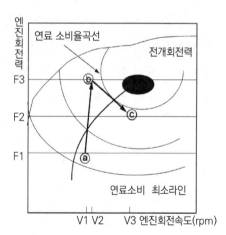

그림 2-121 자동변속기의 운전시점 변화

향을 나타낸다. 즉 낮은 변속 단계일 경우에는 엔진의 운전시점은 그래프의 오른쪽 아래에 머물러 있어 엔진의 회전력은 낮지만 엔진 회전속도는 높고, 높은 변속 단계로 이동할수록 운전시점이 왼쪽으로 이동하기 때문에 엔진 회전력은 증가하지만 엔진 회전속도는

낮아짐을 알 수 있다.

그림 2-121은 자동변속기 엔진의 운전시점의 변화를 나타낸 그래프이고, 그림 2-122은 무단변속기의 엔진 운전시점 변화를 나타낸 그래프이다. 그래프에서 보듯이 자동변속기의 경우는 정속주행 중 가속을 하면 어느 한 점에서 엔진 운전시점이 변화하는데, 순간적인 엔진 회전력은 높아지는데 낮은 변속 단계로 하향 변속되면서 엔진 회전력이 서서히 낮아지는 것을 알 수 있다.

상대적으로 엔진 회전속도는 증가한다. 그러나

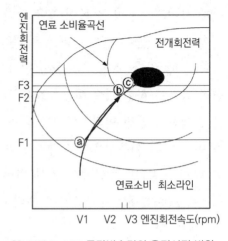

그림 2-122 무단변속기의 운전시점 변화

무단변속기에서는 순간적인 엔진 회전력은 높아지나 낮은 변속 단계 영역으로 계속 주행하더라도 더 이상의 급격한 회전력 변화는 없으며, 엔진 회전속도도 일정하게 유지되는 것을 알 수 있다. 따라서 무단변속기가 같은 주행속도를 지니고 있는 엔진 회전력이 상대적으로 높고 기어비율 변화에 대해 엔진 회전력의 변화가 적어 구동성능 향상 및 연료 소비율 향상을 이룰 수 있다.

2. 동력성능 향상

그림 2-123는 자동변속기와 무단변속기의 구동력 변화를 나타낸 그래프이다. 그래프에서 보듯이 구동력은 낮은 변속 단계일수록 가장 높고, 높은 변속 단계로 갈수록 서서히 감소하는 것을 알 수 있다. 또 같은 변속 단계이라도 주행속도가 증가할수록 구동력이 서서히 감소하는 경향을 보인다.

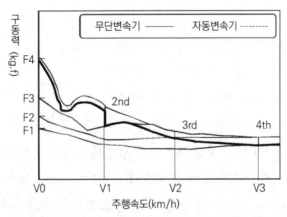

그림 2-123 자동변속기와 무단변속기의 구동력 성능곡선

한편 수동변속기나 자동변속기의 경우에는 구동력이 각 변속 단계에 따라 크게 변화하는 것을 알 수 있다. 즉 일정한 커브곡선을 그리면서 서서히 감소하지 않고, 급작스럽게 감소한다. 그러나 무단변속기의 경우에는 각 변속 단계 사이의 변속비율 차이가 매우 작아서 구동력이 급격하게 감소하지 않고 서서히 감소하기 때문에 다른 자동차를 앞지르기 위하여 급가속을 할 경우에는 현재의 구동력만으로도 앞지르기가 가능하다.

그러나 기존의 수동 및 자동변속기의 경우에는 하향 변속을 하여 현재 높은 변속 단계에서 낮은 변속 단계로 이동시켜 떨어진 구동력을 만회해야만 가속성능을 발휘할 수 있다. 즉 수동 및 자동변속기는 무단변속기 대비 가속성능 저하와 변속 응답성능의 저하가 발생한다.

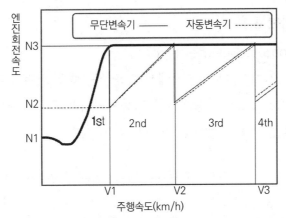

그림 2-124 자동변속기와 무단변속기 엔진 회전속도 변동곡선

그림 2-124 정속주행을 할 때 자동변속기와 무단변속기의 변속에 따른 엔진 회전속도 변화를 비교한 그래프이다. 그래프에서 보는 바와 같이 자동변속기의 경우 운전자가 가속페달을 일정하게 밟고 있을 경우 높은 변속 단계로 변속되면서 엔진 회전속도가 낮아지는 것을 볼 수 있다.

즉 자동변속기의 경우 처음 출발할 때 엔진 회전속도가 일정하게 서서히 올라가다가 (N3) 2속으로 진입하면 1속 대비 2속의 변속 비율 차이만큼 엔진 회전속도가 내려간다 (N2). 또 3단과 4단으로 진입하여도 마찬가지로 낮은 변속 단계 기어비율과의 차이만큼 엔진 회전속도가 낮아진다.

그러나 무단변속기의 경우에는 운전자가 가속페달을 서서히 밟으면 엔진 회전속도는 일정궤도(N3)까지 올라가고, 높은 변속 단계 영역으로 진입하여도 엔진 회전속도는 변화

없이 풀리(pulley) 사이의 회전속도 비율만 변하므로 운전자가 느끼는 엔진 회전속도의 변화는 전혀 없다.

변속이 될 때 엔진 회전속도가 낮아지는 것은 자동변속기에서 연료 소비율에 악영향을 주는 요인 중의 하나로 작용하고 있다. 즉, 엔진 회전속도가 낮아지는 것은 변속비율의 차이에 의해서 발생하였으며, 운전자는 계속 주행을 하여야 하므로 가속페달을 밟고 있는 상태가 지속 중이고, 엔진 회전속도는 다시 처음 상태(N3)까지 올라가야 하므로 연료의 추가적인 공급이 요구된다. 즉 일정하게 계속 유지되고 있는 무단변속기보다 N2까지 낮아진 엔진 회전속도를 다시 높이는데 필요한 엔진부하는 더욱더 커진다.

3 무단변속기의 종류

1. 동력전달 방식에 따른 분류

(1) 토크 컨버터 방식(torque converter type)

토크 컨버터 방식은 기존의 자동변속기에서 사용하는 토크 컨버터와 같다. 그러나 무단변속기의 특성상 록업(lock up) 작동영역을 자동변속기에 비해 크게 할 수 있기 때문에 연료 소비율 향상 및 출발성능 개선에 큰 효과가 있다.

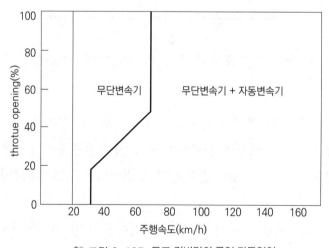

❖ 그림 2-125 토크 컨버터의 록업 작동영역

(2) 전자분말 클러치 방식(electronic powder clutch type)

전자분말 클러치 방식은 구동판(drive plate)에 볼트(bolt)로 고정되어 있으며, 변속기 입력축과 연결된 로터(rotor), 구동판과 연결된 클러치 하우징(clutch housing)의 요크(yoke) 및 코일(coil) 등으로 구성되어 있다.

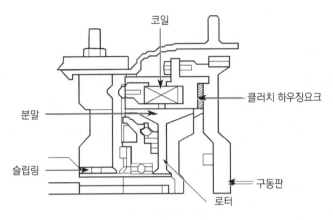

그림 2-126 전자분말 클러치 방식의 구조

제어기구(controller)에서 브러시(brush)로 전류를 공급하면 슬립 링(slip ring)을 통해 코일이 자화(磁化)되어 요크와 로터 사이에 있는 자석 성분의 분말(powder)이 연속적으로 연결된다. 이 결합력에 의해 요크 및 변속기 입력축과 결합된 로터가 연결되어 동력을 전달한다. 이 결합력은 전류의 세기에 비례하며, 제어 기구에서 전류 공급을 차단하면 분말의 연결 상태가 해제되므로 클러치가 분리되어 동력이 차단된다.

(3) 발진클러치 방식

무단변속기 내부에 유압으로 제어되는 유성기어 장치를 포함하는 클러치를 설치하여 엔진의 동력을 변속기 내부에 전달하는 방식이다.

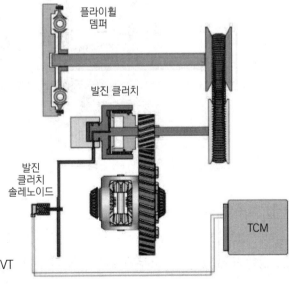

그림 2-127 CVT

2. 변속방식에 의한 분류

변속방식에 위한 분류는 풀리(pulley) 사이에 물려서 입력 동력을 출력과 연결하는 매개체에 따라 구분하면 벨트 방식과 트랙션(Traction) 구동방식으로 나눌 수 있으며, 벨트 방식은 고무벨트, 금속벨트, 체인 방식 등이 있으며, 토로이달 방식에는 익스트로이드 방식이 있다.

(1) 벨트 방식(belt type)

무단변속기용 벨트는 내구성, 마찰에 의한 동력 전달에 대한 신뢰성, 적절한 변속비율 유지를 위한 제어성능 등 여러 면을 고려하여 복합 고무벨트, 금속벨트, 체인 등을 사용하며, 무단변속 기능은 구동 및 피동 풀리에서 벨트의 회전반지름을 연속적으로 변화시켜서 얻는다.

그림 2-128에서 무단변속기의 구동 풀리와 피동 풀리는 각각 축에 고정된 고정 풀리와 축 방향으로 이동이 가능한 이동 풀리로 구성되어 있다. 벨트 회전피치 반지름의 변화 즉, 고정 풀리와 이동 풀리 사이의 간극 조정은 구동 및 피동 풀리의 이동 풀리 면에 가해지는 축의 힘에 의해 제어된다.

한편 동력전달은 벨트와 풀리 사이의 마찰에 의하여 이루어지며, 적절한 마찰을 유지하기 위해서는 풀리에 가해지는 축의 힘을 제어하여야 한다. 따라서 주어진 변속비율과 부하 회전력에 해당하는 적절한 축의 힘 제어는 벨트방식 무단변속기의 핵심요소이다.

그림 2-128 무단변속기

(가) 고무벨트(rubber belt)

고무벨트는 알루미늄합금 블록(block)의 옆면, 즉, 변속기 풀리와의 접촉면에 내열수지로 성형되어 있다. 이 고무벨트는 마찰 계수가 높으며, 벨트를 누르는 힘(grip force)을 작게 할 수 있다. 고무벨트 방식은 주로 경형 자동차나 농기계, 소형 지게차, 소형 스쿠터 등에서 사용된다.

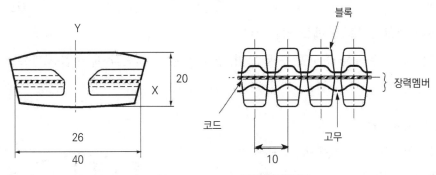

그림 2-129 고무벨트의 구조

또 고무벨트 방식은 알루미늄합금 블록에 내열수지가 있어 변속제어, 즉, 풀리의 가변을 전동기로 실행할 수밖에 없는 결점이 있다. 높은 마찰 계수는 무단변속기 전체의 높은 전달 효율과도 밀접한 관계가 있다. 이에 따라 연료 소비율은 자동변속기보다는 향상되었으며, 수동변속기와는 비슷한 성능이 확보되었다.

그러나 고무벨트 방식은 배기량이 큰 자동차에서는 미끄러짐과 내구성 때문에 사용하기가 어려우며, 또 주기적인 고무벨트의 교환이 필요하다. 고무벨트의 동력전달 특성을 보면 일반 V-벨트 구동계통에서 널리 사용되는 Ettelwein 공식은 전달 회전력 T와 긴장 쪽 장력 T_1, 이완 쪽 장력 T_2의 관계를 다음과 같이 정의하고 있다.

$$T = (T_1 - T_2)R \qquad \frac{T_1}{T_2} = \mathrm{EXP}(\mu' \cdot \theta)$$

여기서 μ'는 유효 마찰 계수로 $\mu' = \dfrac{\mu}{\sin(\alpha/2)}$로 정의되며, α는 풀리의 V홈 각도, θ는 벨트와 풀리의 전제 접촉각도이다. Ettelwein 공식은 간단하기 때문에 일반적인 V-벨트 동력전달장치에서 널리 사용되지만 다음 사항을 고려하지 않고 있다.

① V-벨트와 풀리의 전체 접촉각도 θ중 일부만 동력전달에 사용된다. 전체 접촉각도는 비활동 및 활동구간으로 나누어지며, V-벨트와 풀리 사이의 마찰력은 활동구간에만 사용된다.

② V-벨트는 풀리의 V홈 안으로 파고 들어가기 때문에 마찰력은 풀리의 접선방향과 반지름방향 성분을 동시에 고려하여야 한다.

③ V-벨트 반지름 및 접선방향 미끄럼으로 인해 V-벨트의 회전중심은 풀리의 회전중심과 다르다.

④ 마찰 계수 μ는 V-벨트와 풀리 사이의 수직압력의 함수일 뿐만 아니라 V-벨트와 풀리의 상대 미끄러짐 속도에도 의존한다.

⑤ V-벨트는 벨트 두께를 무시할 수 없으며, 풀리에 감겨 회전할 때 굽힘 모멘트에 의한 응력이 발생한다.

(나) 금속벨트(steel belt)

금속벨트는 고무벨트에 비해 강도 면에서 매우 유리하다. 그림 2-130는 금속벨트의 구조를 나타낸 것이다. 금속벨트는 강철밴드 (steel band)에 금속블록(steel block)을 배열한 형상이다. 강철밴드는 원둘레 길이가 조금씩 다른 0.2mm의 밴드를 10~14개 겹쳐 인장력과 유연성이 크다. 평균 두께 3mm의 금속블록은 핀과 구멍이 있는 구조로 밴드 위에서 서로 힌지(hinge)점을 지니고 밴드와 함께 굽혀질 수 있도록 되어 있다.

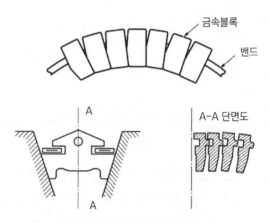

🟦 그림 2-130 금속벨트의 구조

그림 2-131은 금속벨트 무단변속기의 동력전달 상태를 나타낸 것이다. 금속벨트 무단변속기는 금속벨트와 2개의 풀리로 구성되어 있으며, 풀리 축간거리는 고정되어 있고, 고무벨트 무단변속기와 같이 이동 풀리에 가해지는 축의 힘으로 벨트회전 피치반지름이 변화하면서 무단변속이 이루어진다.

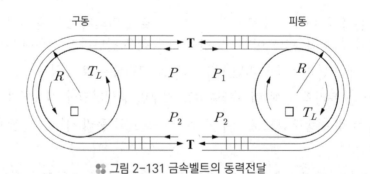

🟦 그림 2-131 금속벨트의 동력전달

운전 중 구동 풀리는 풀리와 금속블록 사이의 마찰에 의해 블록을 회전시키면 블록이 앞쪽의 블록을 밀어 블록과 블록 사이에 압축력이 발생한다. 이 압축력은 블록이 풀리를 회전시킴에 따라 증가하여 진입할 때 P_1에서 진출할 때 P_2로 변화한다. 한편 피동 풀리에서는 금속벨트 블록이 풀리 사이의 마찰에 의해 풀리를 당겨서 회전시키며, 이에 따라 블록과 블록 사이의 압축력이 감소한다. 압축력은 피동풀리에 진입할 때 P_2에서 P_1으로 변화한다. 금속밴드와 블록 사이의 마찰을 무시한다면 밴드의 장력은 운전 중 T로 항상 일정하며, 따라서 주어진 부하 회전력 T_L에 대한 동력전달 공식은 다음과 같이 표시한다.

$$T_L = (T - P_1)R - (T_2 - P_2)R = (P_2 - P_1)R$$

위 공식에서 알 수 있듯이 금속벨트 무단변속기의 회전력은 금속블록 압축력의 차이 $P_2 - P_1$에 의해 전달된다. 이것은 고무벨트 전동에서 회전력이 벨트장력의 차이 $T_1 - T_2$에 전달되는 것과 뚜렷한 대조를 이룬다.

금속벨트 무단변속기 구동에 관해서는 스웨덴의 Gerbert의 연구를 제외하고는 자세한 이론적 해석이 거의 발표되지 않은 실정이다. Gerbert의 금속벨트 구동이론은 앞에서 설명한 고무벨트 이론과 비슷하며, 비선형 미분 방정식으로 표시한다. 금속벨트 해석을 위해 다음과 같이 가정한다.

① 금속블록과 밴드의 결합을 연속적인 벨트로 생각한다.

② 금속블록과 밴드 사이의 마찰력은 무시한다. 즉 밴드는 동력전달에 관여하지 않는다.

③ 운전 중 밴드 길이는 일정하다.

④ 풀리와 블록 사이의 전제 접촉각도는 비활동 및 활동 구간으로 분류되고, 비활동 구간에서 블록의 압축력은 일정하다.

⑤ 풀리와 블록 사이의 윤활유에 의한 유체 동력학적인 효과는 무시한다.

따라서 금속벨트 무단변속기의 동력전달 특성을 요약하면 다음과 같다.

① 구동풀리 : 밴드의 장력은 T로 항상 일정하고 구동풀리와 블록의 전체 접촉각도는 자립작용으로 인하여 비활동 구간이 되어 반지름 방향 마찰력만 작용한다. 긴장 측 벨트블록의 압축력은 $P_1 = 0$이다.

② 피동풀리 : 밴드의 장력은 T로 항상 일정하고 구동풀리와 블록의 전체 접촉각도는 비활동 및 활동구간으로 분류된다. 비활동 구간에서 풀리와 블록 사이에는 마찰력만 작용하고 블록의 압축력은 P_2로 일정하다.

활동구간에서 접선방향 마찰력만 작용하며, 블록의 압축력은 P_2 에서 P_1 (P_1 = 0)으로 변화한다. 피동풀리 벨트장력의 관계공식은 다음과 같다.

$$\frac{T - P1}{T_{P_2}} = \mathrm{EXP}(\mu \cdot \theta)$$

위 공식은 다음 조건 아래에서만 성립한다.

$$T - P_1 > 0 \quad T - P_2 > 0$$

위의 조건은 다음과 같은 의미를 지니고 있다. 밴드의 장력이 블록의 압축력보다 커야 한다는 것이며, 전달부하 회전력이 증가할수록 블록의 압축력 P_2 가 증가하므로 밴드의 장력 T가 P_2 보다 크려면 더 큰 축의 힘을 공급하여야 한다는 것이다. 따라서 밴드의 유효 스러스트(thrust) $P_2 - P_1$ 의 크기는 위 조건에 의한 제한을 받는다.

(2) 트랙션 구동 방식(익스트로이드 방식, extoroid type)

익스트로이드 방식의 원리는 입력축과 출력축 원판에 하중을 작용시키고 롤러가 회전함에 따라 접촉 반지름이 변화하여 이것의 반지름 비율에 따라 변속이 된다. 현재의 벨트 구동형 무단변속기는 구조상 앞바퀴 구동 방식에서 주로 사용하는 데 비해 익스트로이드 방식은 뒷바퀴 구동 방식에서 사용할 수 있는 구조이므로 주로 뒷바퀴 구동 방식 자동차에서 사용한다.

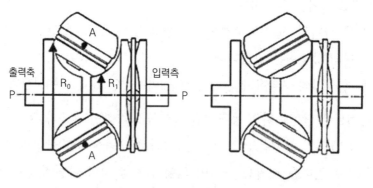

🎛 그림 2-132 익스트로이드 방식의 구조

또 익스트로이드 방식은 넓은 변속범위 및 높은 효율성과 정숙성이라는 장점이 있으나, 큰 출력 및 회전력에 대한 강성이 필요하고 변속기의 무게가 무겁고 또 미끄러짐 방지를 위해 특수오일을 사용하여야 하는 결점이 있다.

4 무단변속기의 구성요소

1. 무단변속기 구성요소 및 작동

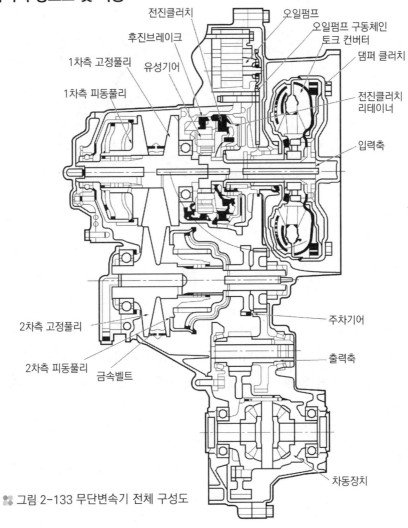

전진클러치
후진브레이크
1차측 고정풀리
1차측 피동풀리
유성기어
오일펌프
오일펌프 구동체인
토크 컨버터
댐퍼 클러치
전진클러치 리테이너
입력축
2차측 고정풀리
2차측 피동풀리
금속벨트
주차기어
출력축
차동장치

❈ 그림 2-133 무단변속기 전체 구성도

(1) 토크 컨버터(torque converter)

토크 컨버터는 엔진의 동력을 변속기로 전달하는 유체 동역학적 동력전달장치이며, 현재 대부분의 자동변속기에서 이용하는 매우 중요한 장치이다. 특히 단변속기용 토크 컨버터는 일반 자동 변속기의 주요 구성부품을 공용하고 있으나 록업 클러치의 강성화와 정숙성 확보, 록업 영역의 확대로 낮은 연료 소비율을 실현하고 출발성능을 향상시켰다. 그림 2-134는 무단변속기에서 사용하는 토크 컨버터의 특성을 나타낸 그래프이다. 먼저 토크 컨버터의 성능을 표시하는 데에는 펌프(pump)와 터빈(turbine) 사이의 속도비율을 정의하여 이것을 매개로 성능특성을 표시한다. 속도비율은 다음과 같이 정의한다.

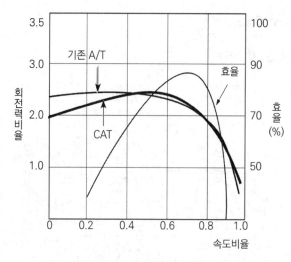

그림 2-134 토크 컨버터 성능곡선

$$e = \frac{N_{turbine}}{N_{pump}} \qquad \text{여기서, } e : \text{속도비율} \qquad N_{pump} : \text{입력 회전속도(rpm)} \qquad N_{turbine} : \text{출력 회전속도(rpm)}$$

그리고 출력속도가 0인 경우를 스톨(stall) 상태라 하며, 브레이크 페달을 밟은 상태에서 엔진을 구동하는 경우에 해당된다. 그리고 토크 컨버터는 회전력 증대기능이 있기 때문에 이 특성을 나타내기 위해서는 펌프의 회전력과 터빈의 회전력, 즉, 회전력 비율을 정의하여야 한다.

$$Tr = \frac{To}{Ti} \qquad \text{여기서, } Tr : \text{회전력 비율} \qquad To : \text{입력 회전력(kgf·m)} \qquad Ti : \text{출력 회전력(kgf·m)}$$

그림 2-134에 나타낸 바와 같이 회전력 비율은 스톨 상태에서 가장 크고, 속도비율이 증가할수록 감소한다. 그리고 속도비율이 약 0.85~0.88 부근에 이르면 회전력 비율은 대략 1이 된다. 따라서 회전력 비율이 1보다 큰 속도비율 영역은 회전력 증대구간이 되고, 회전력 비율이 1 이하인 영역은 커플링(coupling) 구간이 된다. 그리고 토크 컨버터의 효율은 입력되는 동력과 출력되는 동력의 비율로 표시할 수 있다.

따라서 토크 컨버터에서는 속도 비율과 회전력 비율만 알면 효율을 쉽게 계산할 수 있다. 일반적으로 회전력 증대영역에서 효율은 속도 비율 0.6~0.8인 구간에서 가장 높고, 커플링 구간에서는 속도비율에 따라 일정하게 증가한다. 토크 컨버터의 성능특성을 가장 잘 나타낸 것으로 입력 용량계수(input capacity factor)가 있다.

입력 용량계수는 토크 컨버터의 형상 즉, 원형단면의 크기 및 형상, 날개(blade) 각도 등에 의해 결정되며, 그 값은 펌프와 터빈의 속도비율에 따라 변화한다. 입력 용량계수는 다음과 같이 정의한다.

$$Ci = \frac{Ti}{Ni^2}$$ 여기서, Ci : 입력 용량계수 Ti : 출력 회전력(kgf · m) Ni : 출력 회전속도(rpm)

따라서 입력 용량계수의 단위는 kgf·m/rpm²이다. 어떤 토크 컨버터의 입력 용량계수를 알면 임의의 입력 조건에 대해 출력 회전력과 회전속도를 계산할 수 있다. 입력 용량계수의 값은 속도비율에 따라서 감소한다.

따라서 입력 용량계수를 알면 출력 용량계수도 정의할 수 있는데 출력 용량계수는 자동차의 연료 소비율을 계산할 때 임의의 주행 조건에 대한 엔진의 작동 회전속도와 회전력을 계산하는 데 필요하기도 하다. 출력 용량계수는 다음과 같이 정의한다.

$$Co = \frac{Ti}{Ni^2} = \frac{Tr \times Ti}{(e \times Ni)^2} = \frac{Tr}{e^2}$$ 여기서, Co : 출력 용량 계수 Ti : 출력 회전력(kgf · m)
Ni : 출력 회전속도(rpm) Tr : 회전력 비율
e : 속도비율

따라서 임의의 점에서 입력 용량계수를 알면 그 점에서의 속도비율과 회전력 비율을 이용하여, 출력 용량계수를 계산할 수 있으며, 필요에 따라서는 그림 2-124와 같은 토크 컨버터 성능곡선에 그려 놓을 수도 있다. 입력 용량계수의 결정요건은 다음과 같다.

① 스톨 회전속도가 1,800~2,000rpm 범위에서 스톨 회전속도가 이보다 낮아지면 공전 상태에서 엔진 회전속도가 낮아지게 되어 안정성이 결여된다.

② 엔진 성능곡선과 스톨 상태에서의 입력 용량계수 곡선과의 교차점이 엔진의 최대 회전력 부근에서 일어나야 한다. 이렇게 되어야만 구동력이 커져 등판능력과 출발성능이 향상된다.

(2) 오일펌프(oil pump)

오일펌프는 토크 컨버터 바로 뒷부분이나 변속기 케이스 맨 뒤쪽에 설치되며, 어떤 경우에는 밸브 보디(valve body) 내에 설치하기도 한다. 오일펌프는 항상 엔진에 의해 구동

되는데 토크 컨버터의 뒤쪽에 설치하는 경우에는 토크 컨버터의 펌프커버 허브에 의해 구동되며, 변속기 뒤쪽이나 밸브 보디에 설치할 경우에는 토크 컨버터 커버와 연결된 별도의 오일펌프 구동축에 의해 구동된다.

오일 팬으로부터 흡입되는 오일은 반드시 오일필터를 거쳐 불순물이 여과되도록 되어 있으며, 배출압력은 유압제어 장치와 연결되어 있어 엔진 회전속도와 관계없이 일정하게 유지된다. 오일펌프의 종류와 그 특징은 다음과 같다.

(가) 베인 펌프(vane pump)

베인 펌프는 원형 실린더 모양의 공간이 회전중심과 약간 어긋나게(편심) 가공되어 있는 펌프 보디(pump body, cam ring)와 이를 덮고 있는 커버로 구성되어 있다. 이 펌프는 전반적으로 성능이 우수하며, 가변용량형으로 사용하기가 매우 편리하지만 구조가 복잡하고 부품 수가 많기 때문에 값이 비싸다. 또 가변용량형으로 사용할 때 다른 오일펌프에 비해 소음이 크고, 배출압력을 안정적으로 제어하기 어려운 것으로 알려져 있다. 주로 동력조향장치의 오일펌프로 사용된다.

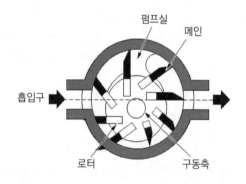

그림 2-135 베인 펌프의 구조

(나) 내접기어 펌프(internal gear pump)

자동변속기에서 가장 널리 사용되는 오일펌프이며, 한 쌍의 기어로 구성되어 있는데 내부에 들어가는 작은 안쪽 기어와 이를 감싸고 회전하는 바깥쪽 기어로 되어 있다. 안쪽 기어는 통상 엔진에 의해 구동되는 축에 의해 회전한다. 안쪽 기어에 어긋나게 설치된 바깥쪽 기어는 펌프 하우징 안에 설치되고 펌

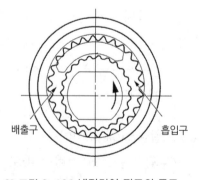

그림 2-136 내접기어 펌프의 구조

프 커버에 의해 밀봉된다.

바깥쪽 기어는 펌프 하우징에 의해 지지되고 안쪽 기어는 오일펌프 구동축에 의해 지지된다. 특징은 구조가 간단하고, 부품 수도 적어 설계하기가 쉽고, 값도 싸다. 그리고 배출압력이 안정적이다. 그러나 크레센트(crescent)의 정밀한 가공이 어렵다는 결점이 있다.

(다) 로터리 펌프 또는 트로코이드 펌프 (rotary pump or trochoid pump)

로터리 펌프는 내접기어 펌프와 모양이 비슷하지만 기어의 이 모양이 다르고, 크레센트가 없다. 안쪽 로터(inner rotor)는 바깥쪽 로터(outer rotor)보다 이가 1개 적으며, 이의 높이는 두 기어 사이의 편심량의 2배와 같다.

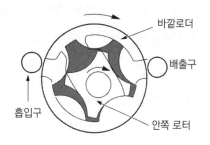

🌸 그림 2-137 로터리 펌프의 구조

로터를 설계할 때에는 두 기어가 완전히 물리는 점의 반대편에서 두 기어의 물림이 완전히 물리도록 하여야 한다. 일반적으로 안쪽 로터가 구동 쪽이 된다. 특징은 구조가 간단하므로 제작이 쉬우나 배출압력이 다소 불안정한 것으로 알려져 있다.

(라) 외접기어 펌프(external gear pump)

외접기어 펌프도 내접기어 펌프와 마찬가지로 2개의 기어를 사용하는데 차이점은 두 기어가 서로 다른 회전중심을 기준으로 물리며, 크레센트가 없다. 이 모양은 인벌류트(involute) 치형을 사용하며, 펌프 보디와 이 끝부분 사이에는 매우 작은 틈새가 유지된다.

흡입구멍으로 흡입된 오일은 기어 틈새와 펌프 보디 사이의 공간에 채워져 배출구멍 쪽으로 이송된다. 흡

🌸 그림 2-138 외접 기어펌프의 구조

입구멍과 배출구멍 사이는 기어 이의 접촉에 의해 밀봉되며, 펌프의 구동은 두 기어 중 1개를 통해 이루어진다. 무단변속기용으로 사용되는 외접기어 펌프는 무단변속기 특성상 미끄러짐이 발생할 때 벨트 및 풀리에 치명적인 영향을 주게 되므로 기존 자동변속기용 오일펌프보다 큰 압력이 요구된다.

또 이 펌프는 설치상의 제약이 있어 체인을 통해 구동되거나 일부 자동변속기에서는 밸브 보디 내에 설치하기도 한다. 특징은 흡입구멍과 배출구멍 사이 거리가 짧은 데 비해 실(seal)면이 길기 때문에 오일펌프 중 효율이 가장 좋다. 그리고 다른 오일펌프에 비해 소

음도 낮은 수준이나 구조상 다른 펌프에 비해 공간을 크게 차지한다.

(3) 무단변속기용 오일

오일은 점도가 낮아지면(높은 온도일 때) 제어밸브, 클러치나 브레이크의 피스톤, 실(seal) 등으로부터 오일의 누출이 증대되어 유압이 낮아지는 원인이 되므로 정밀제어가 어렵다. 그리고 유성이 저하되므로 마모가 증가하고, 오일의 온도도 높아진다. 따라서 펌프효율도 낮아진다. 반대로 점도가 높아지면(낮은 오도일 때) 내부마찰, 유동저항 등에 의한 온도상승과 동력손실을 피할 수 없다. 그리고 제어밸브 등의 작동이 원활하지 못하여 변속불량을 유발하기도 한다. 오일은 점도지수가 높아 온도변화에 따른 점도변화가 적어야 한다.

(4) 전진 및 후진장치

무단변속기의 변속은 가변풀리와 벨트에 의해 결정되므로 별도의 변속장치가 필요 없다. 그러나 무단변속기 역시 후진을 하여야 하므로 후진을 위한 별도의 전·후진장치가 필요하다. 전·후진장치는 유성기어를 사용하며, 유성기어의 구성은 선 기어(sun gear), 링 기어(ring gear), 캐리어(carrier)로 되어 있으며, 더블 피니언(double pinion)방식을 사용한다.

더블 피니언은 전진에서 후진으로 동력을 변환할 때 회전방향을 바꾸기 위한 장치이다. 그리고 유성기어를 제어하기 위한 별도의 클러치와 브레이크가 필요하며, 전진에서 캐리어를 직접구동하기 위한 전진클러치 1세트와 후진할 때 링 기어 케이스를 고정하기 위한 후진브레이크 1세트가 설치되어 있다.

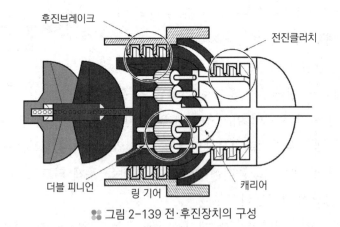

❖ 그림 2-139 전·후진장치의 구성

(가) 전진할 때의 작동

전진할 때 동력전달 경로는 엔진 → 토크 컨버터 → 입력축 → 전진클러치 리테이너 → 전진클러치 허브 → 캐리어 → 1차 풀리 순서이며, 정지상태에서는 엔진의 동력이 터빈을 통해 입력축으로 전달되어 회전한다. 입력축에는 스플라인(spline)을 통해 전진클러치의 리테이너(retainer)가 조립되어 있어 회전하지만, 유압이 작용하지 않기 때문에 허브(hub)는 회전하지 않는다.

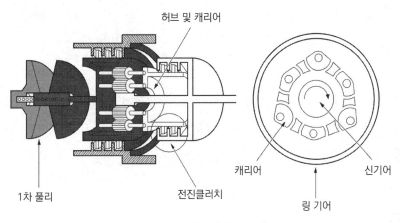

허브 및 캐리어

1차 풀리 　　　전진클러치

캐리어　　　신기어

링 기어

🞙 그림 2-140 전진할 때의 동력전달 경로

이때 전진위치로 변속을 하면 전진클러치에 유압이 작용하며, 회전하고 있는 전진클러치의 리테이너 동력은 허브로 전달되고, 허브는 동력을 유성기어의 캐리어로 전달한다. 한편 캐리어는 입력요소인 동시에 출력요소로 되어 있기 때문에 1:1의 상태 즉 직결 상태로 1차 풀리로 전달이 되어 1차 풀리가 회전한다. 이때 선 기어도 회전을 하고 있으나 캐리어와 같은 축에서 같은 속도로 회전하므로 동력전달에는 아무런 영향을 미치지 않는다.

(나) 후진할 때의 작동

후진할 때 동력전달 경로는 엔진 → 토크 컨버터 → 입력축 → 선 기어 → 더블 피니언(후진 브레이크에 의해 케이스에 고정) → 링 기어 → 캐리어 → 1차 풀리 순서이며, 정지상태에서는 엔진의 동력이 터빈을 통해 입력축에 전달되어 회전한다.

입력축 위에는 선 기어가 일체로 가공되어 회전하고 있으며, 선 기어는 더블 피니언과 물려 있기 때문에 서로 역회전을 하여 동력이 링 기어로 전달된다. 그러나 출력요소인 캐리어가 회전을 하지 않기 때문에 동력은 출력되지 않는다.

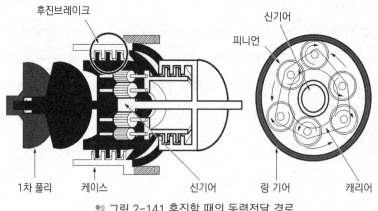

그림 2-141 후진할 때의 동력전달 경로

이때 후진 위치로 변속을 하면 유압이 후진 브레이크에 작용하여 회전하고 있는 링 기어를 변속기 케이스에 고정하고, 선 기어로부터 들어온 동력을 역회전시켜 1차 풀리로 전달하여 후진한다. 후진에서는 선 기어가 구동기어가 되고, 링 기어가 고정요소가 되어 감속이 발생한다.

(5) 가변 풀리

무단변속기에서 변속비율이 제어되는 부분은 풀리이다. 즉, 지름이 다른 2개의 풀리가 벨트를 통해 서로 연결되어 있으며, 각 풀리에는 벨트가 설치되어 지름을 변경할 수 있도록 되어 있다. 풀리의 지름 변경은 그림 2-142에 나타낸 바와 같이 1차 풀리 피스톤과 2차 풀리 피스톤에 의해 변경할 수 있도록 되어 있다. 각 풀리 장치 즉 구동과 피동 풀리는 고정 및 이동 시브(sheave)로 구성되어 있다.

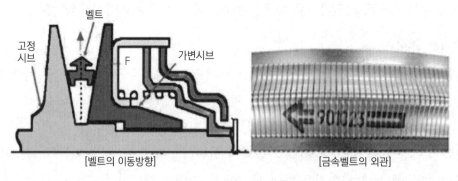

그림 2-142 시브(Sheave)

고정 시브와 이동 시브 사이에는 볼 스플라인(ball spline)을 사용하여 축 방향 이동은 자유로우나 회전운동은 제한을 받는다. 이동 시브가 축 방향으로 이동함에 따라 벨트의 접촉 반지름이 바뀌며, 이에 따라 풀리 비율이 변화한다. 벨트의 압착력을 발생시키는 유압실은 피스톤, 이동풀리 및 풀리커버로 구성되어 있다.

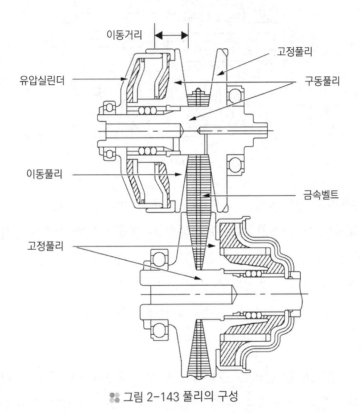

▒ 그림 2-143 풀리의 구성

유입실에 작용하는 유압은 유압장치에 의해 제어되는 정압요소와 피스톤 작용에 의해 발생하는 원심 유압요소로 구분된다. 특히 피동풀리가 고속으로 회전하는 경우 원심유압은 벨트 제어성능에 영향을 미칠 정도로 크기 때문에, 원심유압을 상쇄시키기 위해 반대 방향의 원심유압을 발생시키는 유압실을 설치한다.

(가) 1차 풀리(구동 풀리)

1차 풀리는 그림 2-144에 나타낸 바와 같이 더블 피스톤(double piston)을 사용한다. 이것은 1차 풀리의 역할이 구동 중 기어비율 제어와 관련이 있음을 의미한다. 저속으로 운행 중인 자동차를 고속으로 변속하기 위해서는 1차 풀리의 유압실에 유압을 가하게 되는데 이때 벨트는 가장 안쪽에 있다가 바깥쪽으로 이동을 한다. 이때 벨트가 위치해 있는 풀리의 지름비율이 곧 변속비율이 된다.

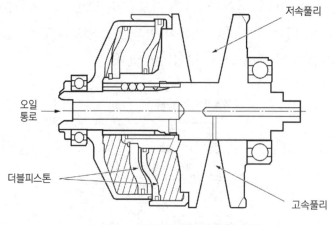

그림 2-144 1차 풀리의 내부 구조

구성은 고정풀리의 끝부분에는 유성기어의 캐리어와 결합되도록 스플라인이 가공되어 있으며, 이동풀리는 축 방향의 이동을 원활히 하면서 회전방향의 이동을 제한하기 위한 볼 스플라인이 3개씩 120°의 간격으로 세군데 총 9개 설치되어 있다. 이 볼은 매우 정밀성이 높아야 하므로 함부로 분해해서는 안 되며, 분해하였다가 다시 사용할 경우에는 유압계통에 문제를 일으킬 수 있으므로 신중을 기해야 한다.

(나) 2차 풀리

2차 풀리의 내부구조 및 원리는 1차 풀리와 거의 비슷하지만 역할이 다르기 때문에 일부 구조는 차이가 있다. 1차 풀리의 주 역할이 변속비율 제어라면, 2차 풀리의 주 역할은 장력제어이다. 즉 1차 풀리와 항상 연동하여 작동하지만, 벨트의 장력 상태에 따라 유압을 적절하게 제어한다.

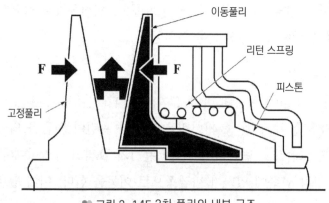

그림 2-145 2차 풀리의 내부 구조

그리고 피스톤 유압실 내부에는 리턴스프링이 설치되어 있으며, 리턴스프링은 엔진의 가동을 정지하여 유압이 작용하지 않을 때 벨트의 긴장감을 유지하기 위한 안전장치이다. 그 밖에 고정 시브와 이동 시브로 구성되어 있으며, 이동 시브의 원활한 축 방향 이동 및 회전 방향의 회전을 억제하기 위한 볼 스플라인이 3개씩 120° 간격으로 세군데 설치되어 있다.

(다) 저속주행에서의 작동

그림 2-146은 저속주행 및 출발할 경우이다. 저속주행 및 출발할 때 1차 풀리는 최대한 벌어지기 때문에 벨트는 가장 안쪽으로 들어가게 되어 1차 풀리축 중심에서 반지름이 가장 작아지고, 이때 2차 풀리는 최대한 좁혀져 벨트가 가장 바깥쪽으로 가게 되어 2차 풀리 중심에서 반지름이 가장 커진다. 이것은 수동변속기의 작은 기어가 큰 기어를 구동하는 원리와 같다.

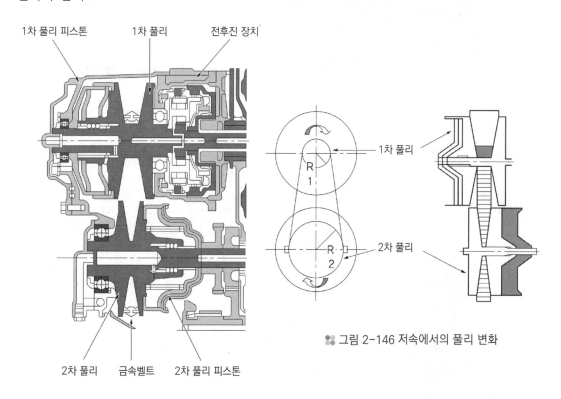

🔩 그림 2-146 저속에서의 풀리 변화

(라) 고속에서의 작동

그림 2-147은 고속으로 주행하는 경우이다. 고속주행에서는 1차 풀리는 최대한 좁혀지기 때문에 벨트가 가장 바깥쪽으로 가게 되어 1차 풀리의 중심에서 반지름이 가장 커지고, 이때 2차 풀리는 최대한 벌어져 벨트가 가장 안쪽으로 들어가게 되어 2차 풀리축 중심

에서 반지름이 가장 작아진다. 이것은 수동변속기의 큰 기어가 작은 기어를 구동하는 원리와 같다.

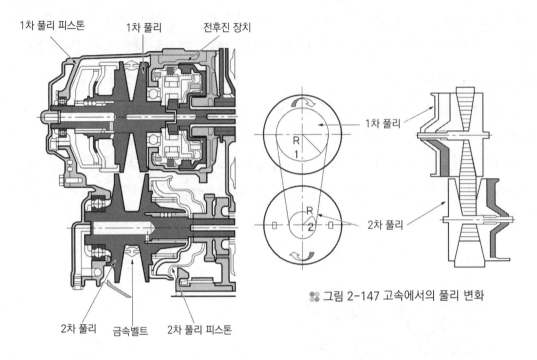

그림 2-147 고속에서의 풀리 변화

2. 무단변속기 전자제어

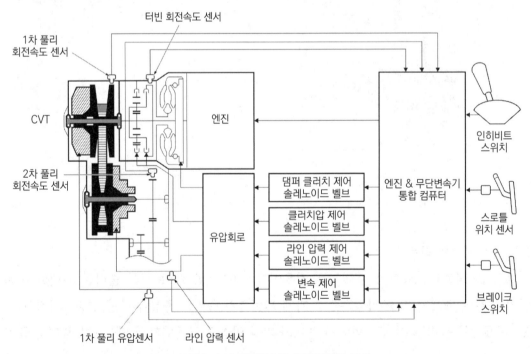

그림 2-148 무단변속기 전자제어의 구성

(1) 각종 센서의 구성 및 작동원리

(가) 듀티 솔레노이드 밸브(duty solenoid valve)

무단변속기용 솔레노이드 밸브 종류에는 댐퍼 클러치 제어 솔레노이드 밸브(DCCSV : damper clutch control solenoid valve), 라인압력 제어 솔레노이드 밸브(LPCSV : Line Pressure Control Solenoid Valve), 클러치 압력 제어 솔레노이드 밸브(CPCSV : clutch pressure control solenoid valve), 변속제어 솔레노이드 밸브(SCSV : shift control solenoid valve) 등이 있다.

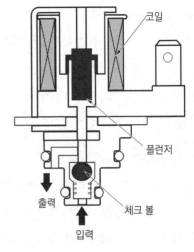

🌼 그림 2-149 솔레노이드 밸브의 구조

(나) 오일 온도 센서(oil temperature sensor)

부특성 서미스터를 이용하여 변속기의 오일 온도를 검출하며, 댐퍼 클러치 제어 및 변속시 유압 제어 정보로 사용한다.

(다) 유압 센서(oil pressure sensor)

유압 센서는 1차 풀리 및 2차 풀리의 작동 유압라인에 각각 설치하며 유압 센서는 물리량인 유압 변화량을 전압 또는 전류 변화량을 이용하는 방식이다.

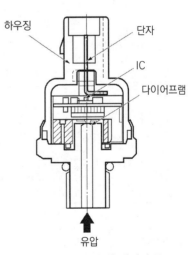

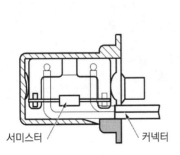

🌼 그림 2-150 오일 온도 센서의 구조   🌼 그림 2-151 유압 센서의 구조

(라) 회전속도 센서

회전속도 센서의 형식은 홀 센서(hall sensor) 또는 엑티브 센서(active sensor)를 사용하며, 종류에는 터빈 회전속도 센서, 1차 풀리 회전속도 센서, 2차 풀리 회전속도 센서 등이 있다.

(2) 유압제어 장치

유압제어 장치는 유압을 발생하는 오일펌프, 무

그림 2-152 회전속도 센서의 구조

단변속기 컴퓨터의 전기신호를 받아 유압을 제어하는 솔레노이드 밸브, 솔레노이드 밸브에서의 제어압력을 기초로 작동하는 각종 제어밸브 및 라인압력을 일정한 유압으로 제어하는 레귤레이터 밸브(regulator valve)와 이들을 구성하고 있는 밸브 보디 등으로 이루어져 있다.

(가) 라인압력 제어(line pressure control)

무단변속기는 벨트의 장력과 마찰력에 의해 회전력이 전달되기 때문에 벨트와 풀리 사이의 슬립량을 최소화하기 위하여 풀리에 작용하는 유압이 매우 높아야 하며, 일반적으로 20~30bar 정도이다. 또 높은 라인압력을 유지하고 제어 효율을 높이기 위해서는 회전력의 크기에 비례하는 적절한 라인압력을 가변 제어할 필요성이 있다.

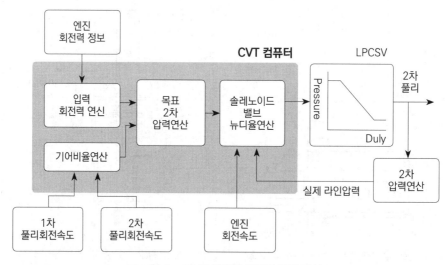

그림 2-153 라인압력 제어장치의 구성

즉, 엔진 회전속도나 스로틀 밸브 열림 정도 신호 및 토크 컨버터 특성 등에 근거하여 입력되는 회전력을 추정하여 최대한의 회전력 용량(벨트 마찰력)을 확보하기 위해, 2차 풀리의 유압실 유압을 솔레노이드 밸브로 제어한다.

또 유압 센서의 신호에 의해 목표유압과 유압실의 유압을 일치시키기 위해 피드백 제어를 실행하고 라인압력의 편차를 감소시켜 제어성능을 향상시킨다. 이와 같이 무단변속기 컴퓨터는 기어비율에 따른 벨트의 장력 상태를 연산하여 가장 적합한 벨트의 장력 상태를 유지하도록 라인압력 제어 솔레노이드 밸브를 제어한다.

(나) 변속비율 제어(shift ratio control)

무단변속기는 두 풀리 사이의 지름변화에 따라 변속비율이 얻어지므로 변속을 하기 위하여 1차 및 2차 풀리 시브가 축 방향으로 이동을 하여야 한다. 풀리 시브의 이동은 풀리에 작용하는 유량에 의해 이루어지며 풀리 피스톤이 원하는 변속비율 위치로 신속하게 이동하기 위해 필요한 유압과 유량을 제공한다.

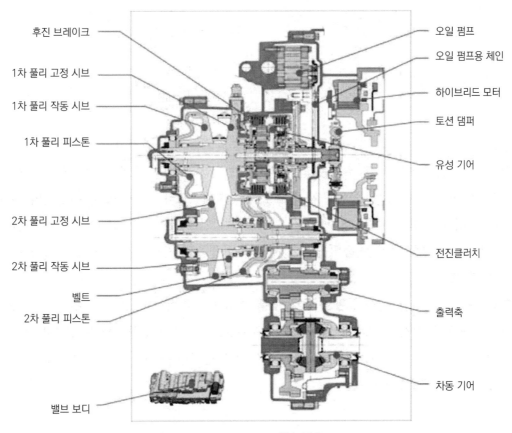

후진 브레이크
1차 풀리 고정 시브
1차 풀리 작동 시브
1차 풀리 피스톤
2차 풀리 고정 시브
2차 풀리 작동 시브
벨트
2차 풀리 피스톤
밸브 보디

오일 펌프
오일 펌프용 체인
하이브리드 모터
토션 댐퍼
유성 기어
전진클러치
출력축
차동 기어

⁑ 그림 2-154 변속 비율

즉, 변속 제어방식은 라인압력(벨트 마찰력)과 평형을 이루면서 변속을 실행하는 방법으로 비례제어 솔레노이드 밸브와 유량 제어방식의 변속제어 솔레노이드 밸브를 사용한다. 리프트 풋 업(lift foot up)상황이나 킥다운(kick down)과 같이 급격한 변속 상황에 대처하기 위해 유량 제어밸브를 사용한다.

예를 들어 하향 변속(down shift)의 경우에는 비례제어 솔레노이드 밸브의 유압신호를 받아 변속 제어밸브가 배출구멍이 열리는 방향으로 이동을 하고, 1차 풀리 유압실의 유압은 배출구멍을 통해서 배출되어 유압이 낮아진다.

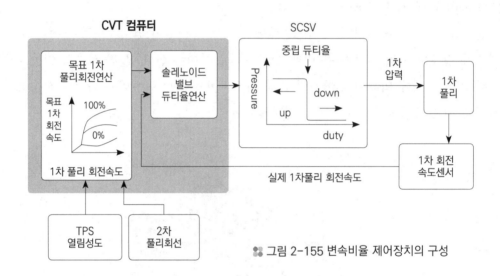

그림 2-155 변속비율 제어장치의 구성

상향 변속(up shift)의 경우에는 변속 제어밸브가 비례제어 솔레노이드 밸브의 신호압력에 연동하여 라인압력 공급구멍 쪽으로 이동한다. 그리고 1차 풀리 유압실의 유압이 라인압력과 평형을 이루도록 증가함에 따라 풀리가 이동하여 상향 변속이 되며 풀리의 회전속도에 따른 목표 변속비율과 실제 변속비율을 일치시키기 위하여 피드백 제어를 실행한다.

한편 운전자에 따른 운전 성향과 도로 주행 특성을 최적화하여 상황에 따른 제어 목표값으로 1차 풀리 회전속도를 제어한다. 즉 스포티(sporty)한 운전을 즐기는 운전자는 1차 풀리의 회전속도를 높이고, 점잖은(gentle) 운전을 즐기는 운전자는 1차 풀리 회전속도 목표값을 낮추어 제어한다.

(다) 댐퍼(또는 록업) 클러치 제어(damper clutch or lock up clutch control)

토크 컨버터의 댐퍼 클러치 제어는 자동변속기와 비슷하지만, 자동변속기보다 다소 빠르게 토크 컨버터 댐퍼의 속도 비율 0.7 정도에서 록업이 이루어진다. 이것은 무단변속기의 변속비율 폭이 자동변속기보다 넓기 때문이며, 연료 소비율을 향상시키기 위한 요인도 존재한다.

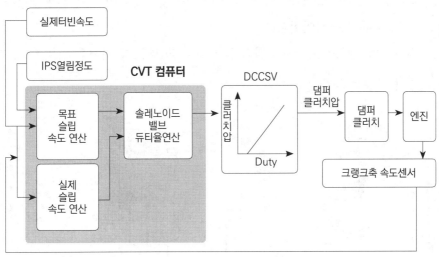

🎖 그림 2-156 댐퍼 클러치 제어장치의 구성

(라) 클러치 압력제어(clutch pressure control)

변속레버를 N → D, N → R로 조작할 때 충격 발생량을 최소화하기 위하여 전진클러치 및 후진 브레이크 솔레노이드 밸브를 듀티 제어하며 또한 클러치 유압 회로 내에 어큐뮬레이터를 설치하여 기계적으로 급속한 유압변화값을 흡수하여 충격발생 요인을 줄인다.

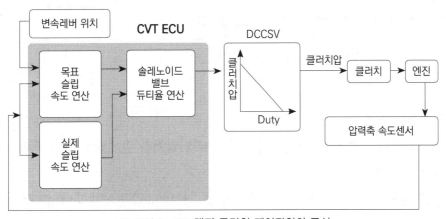

🎖 그림 2-157 댐퍼 클러치 제어장치의 구성

(마) 솔레노이드 밸브의 기능

① 라인압력 제어 솔레노이드 밸브 : 레귤레이터 밸브의 작동을 제어하여 2차 풀리로의 유압 및 전체라인의 압력을 제어한다.

② 변속비율 제어 솔레노이드 밸브 : 변속 제어밸브의 작동을 제어하여 1차 풀리로의 유압을 제어하여 변속비율을 제어한다.

③ 클러치 압력제어 솔레노이드 밸브 : 클러치 압력제어 밸브를 제어하여 전진클러치 및 후진 브레이크로의 유압을 제어한다.

④ 댐퍼 클러치 제어 솔레노이드 밸브 : 댐퍼 클러치 제어 밸브를 제어하여 비직결, 미끄러짐 직결, 직결 상태를 제어한다.

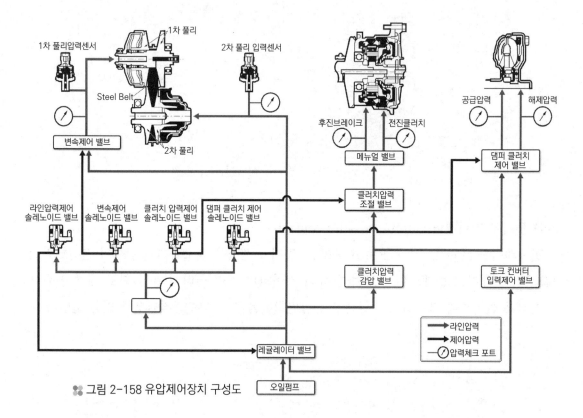

❖❖ 그림 2-158 유압제어장치 구성도

(바) 제어밸브의 기능

1) 레귤레이터 밸브 : 주행 조건에 따른 적절한 라인압력을 라인압력 제어 솔레노이드 밸브로 제어한다.

2) 변속제어 밸브 : 변속비율 제어를 위해 1차 풀리로의 유압을 변속제어 솔레노이드 밸브

로 제어한다.

3) 클러치압력 제어밸브 : 전진클러치 및 후진 브레이크로의 작동압력을 클러치 압력제어 솔레노이드 밸브로 제어한다.

4) 댐퍼 클러치 제어밸브 : 댐퍼 클러치의 작동 및 해제를 위해 댐퍼 클러치 제어 솔레노이드 밸브로 제어한다.

(3) 엔진과 무단변속기 종합제어

무단변속기는 엔진의 출력에 대응하여 풀리에 작동하는 유압을 제어하는 것으로서 엔진과 변속기의 총합제어에 의해 효율을 향상시킨다.

(가) 정확한 엔진 회전력 연산

엔진의 정확한 회전력 정보를 이용하여 벨트를 제어하는 힘, 즉 풀리에 가해지는 유압을 최소량으로 최적화한다.

(나) 빠른 응답제어

최적으로 벨트를 제어하기 위하여 유압센서와 응답성이 전류형 솔레노이드 밸브를 이용하여 응답지연을 최소화한다.

(다) 엔진의 운전영역

엔진은 낮은 회전속도 영역에서의 개선효과가 필요하다. 변속비율을 단계 없이 제어하는 무단변속기와 엔진의 조합에 의해 연료 소비율이 낮은 회전속도 영역에서도 운전속도를 높인다.

(4) INVECS 제어

INVECS는 Intelligent Vehicle Electronic Control System의 머리글자를 따서 조합한 것이다.

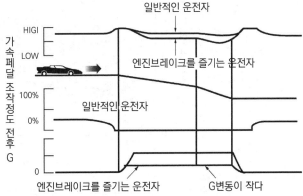

일반적인 운전자

HIGI

LOW

가속페달 조작정도 전후 G

엔진브레이크를 즐기는 운전자

100%

0%

일반적인 운전자

0

엔진브레이크를 즐기는 운전자

G변동이 작다

❖ 그림 2-159 무단변속기의 INVECS Ⅲ

(가) 내리막길 제어

여러 가지 주행 조건에 의한 엔진 브레이크를 얻을 수 있도록 변속비율을 제어한다. 이 제어는 현재의 주행 상태를 기초로 가속페달 또는 브레이크 페달 조작 정도에 의해 엔진 브레이크의 과부족을 판정하고 학습 보정제어를 실행한다.

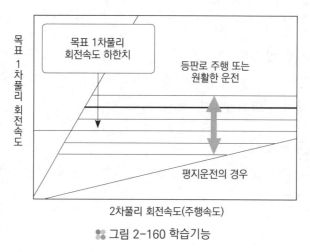

※ 그림 2-160 학습기능

(나) 오르막길 제어

오르막길을 주행할 때 리프트 풋(lift foot)에 따른 불필요한 상향 변속(up shift)을 방지하고 다시 가속할 때 구동력 확보를 위해 도로 조건에 따라 1차 풀리 목표 회전속도를 증대시켜 엔진 회전속도가 낮아지는 것을 방지한다. 따라서 운전 조건을 판정하고 적절한 운전 조건을 제어하는 것은 1차 풀리 회전속도 증대량을 높이기 위함이다.

(5) 댐퍼 클러치 제어

그림 2-161에 표시된 직결빈도를 증대시켜 높은 효율, 낮은 연료 소비율을 실현한다.

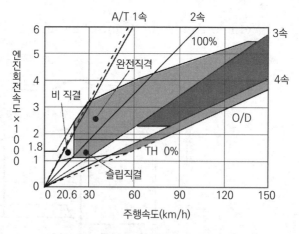

※ 그림 2-161 무단변속기 직결영역

(가) 작동시점은 저속화

　댐퍼 클러치의 미끄러짐 양, 즉 슬립률이 큰 저속의 비직결 영역에서 토크 컨버터를 직결하였을 경우 충격이 발생하기 때문에, 엔진 회전력에 적합하게 직결 작동압력을 제어하여 저속에서 충격 없이 직결되도록 한다.

(나) 오일의 저온화

　낮은 온도에서 연마 특성을 확보하고, 주행 시작 후 빠른 단계로 직결을 실행하도록 한다.

(6) 스포츠모드 제어

　스포츠모드는 자동변속기가 장착된 차량의 변속패턴 감각을 수동변속기와 비슷하게 하는 기능이며, 스포츠모드 제어 특성은 다음과 같다.

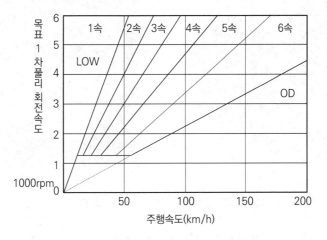

❄ 그림 2-162 스포츠모드 제어선도

① 앞뒤로 변속레버를 움직이는 것만으로 쉽게 상향 및 하향 변속이 가능하다.
② 가속페달을 밟은 상태에서 기어 변속이 가능하다. 따라서 출력감소 없이 운전을 할 수 있다.
③ 굴곡진 산악도로에서 변속 단계를 스스로 간단하게 선택할 수 있고, 이에 따라 커브 진입 직전이나 경사진 도로 직후의 경쾌한 다운 시프트가 가능하다.
④ 스킵 시프트(skip shift)가 가능하다.

듀얼 클러치 변속기(DCT : dual clutch transmission)

1 DCT 개요

더블 클러치 변속기는 수동변속기에서 운전자의 편의성을 추구하기 위해 자동화된 수동변속기로 내부는 수동변속기의 동기물림 방식을 적용하여 각 단별 기어비가 구성되어 있다. 전진 주행 시 운전자의 클러치 조작과 기어변속을 자동으로 이루어지는 구조로 운전성은 자동변속기와 흡사하나, 동력전달 효율이 우수하여 수동변속기 이상의 연비로 향상되는 등 자동변속기(A/T), 무단변속기(CVT)를 잇는 제3의 자동변속기이다.

(a) 건식 DCT   (b) 습식 DCT

그림 2-163 건식타입. 습식타입 DCT

DCT는 수동 변속조작을 자동화한 AMT(automated manual transmission)의 일종으로 2세트의 클러치와 조합시켜 신속하게 변속조작을 가능케 하였으며, 각각의 클러치에는 1속, 3속, 5속, 7속의 홀수단 기어와 2속, 4속, 6속, 8속의 짝수단 기어가 연결되어 있다.

1. DCT의 특징

수동변속기 차량은 클러치를 먼저 밟고 변속하여 다시 클러치를 연결하는 동작에 비해 DCT는 변속에 필요한 시간이 짧고 끊김이 없는 변속감을 얻을 수 있으며 A/T차량의 토크 컨버터 및 CVT에 비해 미끄러짐이 없고 액셀조작에 따른 가속감이 좋으며 다음과 같은 특징이 있다.

(1) 가속성능 우수

2세트의 클러치와 2계통의 변속기가 연결되어 A/T와 CVT에 비해 가속성과 응답성이 향상되었다.

(2) 고속 성능 우수

통상적으로 A/T에서 사용하고 있는 토크 컨버터는 회전수의 상승으로 내부의 압력 상습 문제로 8,000rpm이상의 고회전 대응에 한계가 있으나 토크 컨버터가 없는 DCT에는 이러한 회전수의 한계가 없어서 스포티한 주행과 고속주행시 유리하다.

(3) 연비 향상

토크 컨버터의 미끄러짐 손실이 없어서 연비를 향상할 수 있으며 CVT의 금속벨트에 의한 마찰손실이 없는 DCT는 고속영역에서 전달효율이 향상되며 10~15%의 연비가 향상된다.

2. DCT 변속 선도

DCT는 자동변속기와 같은 변속원리로 주행 중 차속과 운전자의 가속의지를 감지하고 엔진의 부하에 따라 변속을 하게 된다.

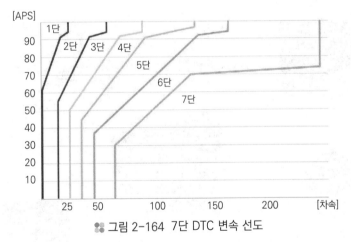

🎯 그림 2-164 7단 DTC 변속 선도

더블 클러치 변속기는 자동변속기와 흡사한 변속 패턴을 가지며, 주행 시 자동변속기와 동일한 변속감을 느낄 수 있다. 위와 같은 변속 특성 곡선은 평지 주행 특성 곡선으로 강판, 등판 등의 여러 특성 곡선에 따른 주행 패턴을 가지고 있다. 위 표에서 1단의 주행 영역은 차량이 출발함과 동시 2단으로 변속되는 것을 볼 수 있으며, 악셀 개도량이 60% 이상에서는 2단의 변속이 늦게 됨을 볼 수 있다. 변속을 위한 주 입력 신호는 차량속도와

APS 개도량이다.

2 DCT의 종류

DCT의 종류는 건식과 습식이 사용되고 있으며 건식 DCT는 건식 단판 클러치를 사용하기 때문에 연비가 우수하고 구조가 간단하나. 디스크 면적의 제한으로 중·소형 자동차에 사용되고 있다. 건식 DCT의 마찰 클러치는 클러치 결합 후 직결을 유지하기 때문에 전달효율과 연비가 우수하다. 또 한 변속 시 홀수단과 짝수단 클러치의 차단과 동시 연결되기 때문에 동력 전달효율이 우수하다. 한편 습식 DCT는 클러치의 제어를 자동변속기 클러치&브레이크 작동처럼 유압을 사용하여 작동하므로 밸브바디 및 솔레노이드가 장착되고 구조가 복잡하지만 다판 클러치를 사용하여 높은 토크의 중대형 자동차에 사용이 가능하다.

1. 건식 DCT 시스템

(1) 건식 DCT의 구성요소

건식 DTC의 내부 구성요소는 수동변속기에 적용된 기어, 슬리브, 허브, 싱크로나이저링 등이 구성되어 있으나 차량을 구속시킬 수 주차 브레이크 장치는 자동변속기와 동일한 파킹 시스템이 적용되었다.

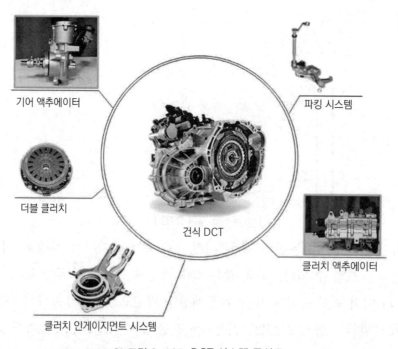

기어 액추에이터

파킹 시스템

더블 클러치

건식 DCT

클러치 액추에이터

클러치 인게이지먼트 시스템

그림 2-165 DCT 시스템 구성도

(가) 입력축

변속기 내부에 장착되어 있으며, 입력축 기어는 홀수단과 짝수단 2축으로 구성되어 있으며, 아래쪽은 짝수단 입력축으로 4개의 기어로 구성되어 있다.

홀수단

짝수단

🔹 그림 2-166 건식 DCT 입력축

(나) 출력축 기어 구성

입력축 좌우측에 위치하는 기어는 출력축1과 출력축2로 구성되어 있다. 각 출력축 기어 하단에는 출력축 드라이브 기어로 차동장치의 링기어와 물리게 되어 있으며 서로 다른 종 감속비를 가지고 있다. 각 기어의 변속은 수동변속기와 동일한 동기물림방식으로 2개의 기어사이에 허브, 슬리브, 싱크로나이저링으로 구성되어 슬리브의 이동으로 기어가 치합된다.

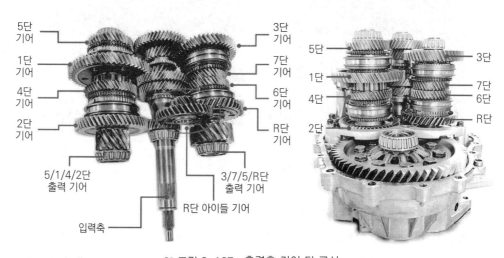

5단 기어
1단 기어
4단 기어
2단 기어
3단 기어
7단 기어
6단 기어
R단 기어
5/1/4/2단 출력 기어
3/7/5/R단 출력 기어
입력축
R단 아이들 기어

5단
1단
4단
2단
3단
7단
6단
R단

🔹 그림 2-167 출력축 기어 단 구성

(다) 시프트 포크

기어를 결합하는 부품으로 기어 액추에이터에서 전달받은 힘을 기어에 치합하는 역할을 수행한다. 시프트 포크는 4개로 구성되어 상하 방향으로 움직여 슬리브를 이동시켜 기어를 치합하는 역할을 하며 핑거가 결합되는 곳을 한곳으로 집중시켜 구조는 간단하다.

5단 기어
3단 기어
4단 기어
6단 기어

R단 기어
2단 기어
7단 기어
1단 기어

☙ 그림 2-168 시프트 포크 구성

(라) 파킹 시스템

DCT의 변속레버는 P-R-N-D로 구성되며, P 레인지에서는 자동변속기와 같은 파킹기능을 수행하기 위해 출력축 1에 파킹기어와 파킹 스트레그가 물려 차량의 움직임을 단속한다.

[파킹 해제]   [파킹 작동]

☙ 그림 2-169 파킹 시스템 작동 및 해제

(마) 기어 액추에이터(gear actuator)

홀수단과 짝수단을 제어하는 2개의 모터와 4개의 솔레노이드 밸브와 센서 및 모터 위치센서 2개로 구성되어 있으며, 수동변속기에서 운전자의 손 역할을 수행하여 주행 조건에 맞게 적절한 변속단을 치합한다.

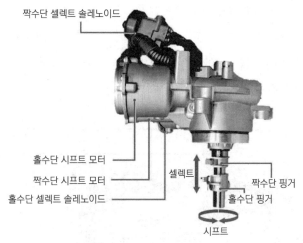

짝수단 셀렉트 솔레노이드

홀수단 시프트 모터
짝수단 시프트 모터
홀수단 셀렉트 솔레노이드

셀렉트

짝수단 핑거
홀수단 핑거

시프트

❇ 그림 2-170 기어 엑추에이터 구조

(바) 더블 클러치(dual clutch)

❇ 그림 2-171 건식 DCT 단판 클러치

건식 DCT의 더블 클러치는 홀수단 & 짝수단 각각 2개의 클러치 디스크가 압력판과 일
체형으로 장착되었으며 센터 플레이트를 기준으로 엔진 쪽은 홀수단 디스크와 압력판이
위치하며 변속기 쪽은 짝수단 디스크와 압력판이 위치하고 2개의 베어링과 포크 시스템
이 장착되어 있다.

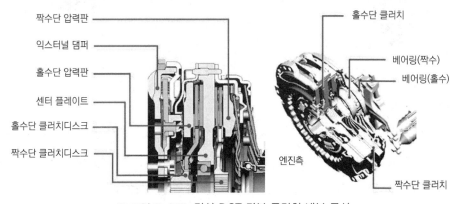

짝수단 압력판
익스터널 댐퍼
홀수단 압력판
센터 플레이트
홀수단 클러치디스크
짝수단 클러치디스크

홀수단 클러치
베어링(짝수)
베어링(홀수)

엔진측

짝수단 클러치

❇ 그림 2-172 건식 DCT 더블 클러치 내부 구성

(사) 클러치 엑추에이터(clutch actuator)

수동변속기 차량의 운전자의 발 역할을 하는 클러치 엑추에이터는 2개의 풀 로드가 모터의 의해 작동되며 위치센서를 포함한 3상제어 모터가 장착되어 있고, 모터 위치를 판단하기 위한 센서도 2개가 장착된다.

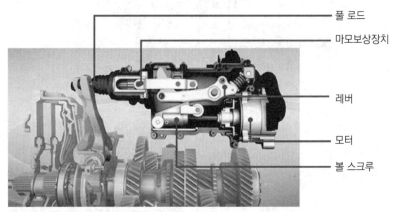

풀 로드
마모보상장치
레버
모터
볼 스크루

❊ 그림 2-173 건식DCT 클러치 엑추에이터 내부 구조

(아) CES (clutch engagement system)

CES는 릴리스 포크, 릴리스 베어링으로 구성되어 있으며, 클러치 엑추에이터 풀 로드의 움직임이 더블 클러치 다이어프램 스프링으로 힘을 전달한다.

인게이지먼트 베어링 슬리브
인게이지먼트 베어링(홀수)
인게이지먼트 베어링(짝수)
클러치 인게이지먼트 포크

❊ 그림 2-174 CES 구성품

(자) 클러치 시스템 구성

클러치 엑추에이터 내부 구성은 전기모터, 볼 스크루, 레버, 마모보상 장치, 보조스프링으로 구성되어 있다. 모터가 회전하면 캠은 직선운동하고 캠에 의해 레버가 움직이면 경사면을 따라 풀 로드가 당겨진다. 홀수단과 짝수단 동일한 구조로 장착되며 마모보상장치

또한 클러치 디스크의 마모 정도에 따라 조금씩 차이가 발생한다.

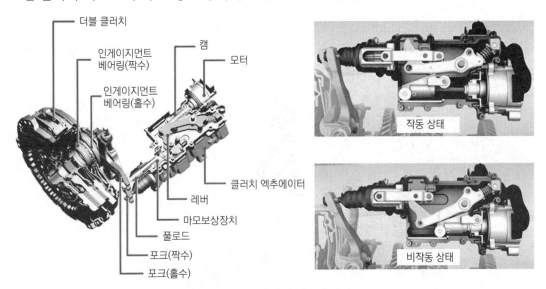

그림 2-175 클러치 시스템 구성

(차) DCT 전자제어 시스템

1) DCT 입·출력 시스템

입.출력 받는 신호는 자동변속기와 대동소이하며 마스터 실린더 압력 및 브레이크 스위치 역시 브레이크 작동 정도에 따라 클러치 연결 및 해제 시기 제어에 사용된다. DCT는 입력축 속도 센서만 홀수단, 짝수단 각각 1개씩 장착된다.

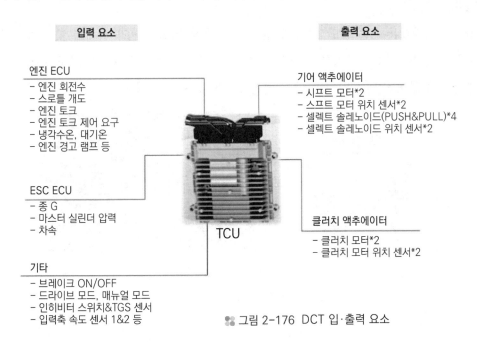

그림 2-176 DCT 입·출력 요소

2) TGS (transmission gear shift)센서

TGS센서는 운전자의 의도를 전기적인 신호로 바꾸어 변속에 활용하는 센서이며, 변속 레버의 하단에 P ↔ D와 D ↔ M(수동)레버 위치를 판단할 수 있도록 장착되어 레버 포지션을 CAN통신으로 TCU에 송신된다.

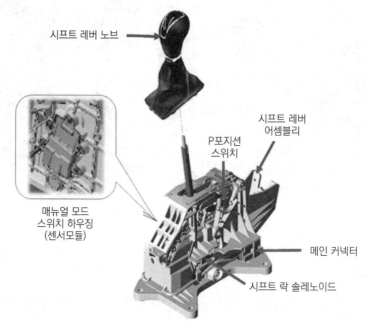

시프트 레버 노브

매뉴얼 모드
스위치 하우징
(센서모듈)

P포지션
스위치

시프트 레버
어셈블리

메인 커넥터

시프트 락 솔레노이드

❧ 그림 2-177 DCT의 TGS센서 구성품

3) 인히비터 스위치

인히비터 스위치는 운전자의 변속 의도와 계기판에 변속레버의 위치를 표시하기 위해 장착된다. 운전자의 변속 의지를 판단하는 것이 중요하기 때문에 변속레버 하단에 TGS센서를 추가하여 인히비터 스위치와 함께 변속레버의 위치를 판단한다.

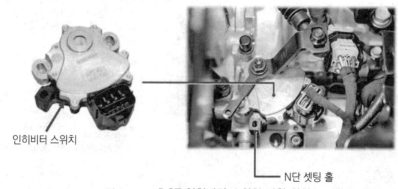

인히비터 스위치

N단 셋팅 홀

❧ 그림 2-178 DCT 인히비터 스위치 장착 위치

4) 입력축 속도 센서

입력축 속도센서 1-2 적용하여 1은 홀수단 감지센서 입력축 속도센서 2는 짝수단 감지센서로 장착되어 있으며 전,후진(뒤로 밀림)을 인식할 수 있는 스마트 타입이 적용된다.

입력축 속도 센서 1&2

❈ 그림 2-179 입력축 속도센서 1&2 장착위치

(2) 건식 DCT 작동원리

DCT의 변속레버는 자동변속기와 동일하게 P-R-N-D 및 매뉴얼 모드로 구성되어있다. 1단 주행 중 2단 기어를 미리 체결해두고, 가속에 의해 2단 변속 시점이 되면 짝수단의 클러치 2의 결합과 동시에 홀수단의 클러치 1을 해제한다. 이렇게 되면 미리 체결한 2단 기어의 의해 2단 주행이 가능하고 TCU는 이러한 제어를 통해 수동변속기를 기반으로 자동변속기처럼 제어가 가능하다.

5단 기어
1단 기어
4단 기어
2단 기어
3단 기어
7단 기어
6단 기어
R단 기어

❈ 그림 2-180

(가) 1속 변속 : 1속으로 출발할 때에는 출력축과 1속기어가 싱크로기어기구(synchromesh gearbox)에 의해 일치하면서 클러치 디스크1이 크랭크축과 결합 되어 출력축으로 동력이 전달된다.

(나) 2속 변속 : 1속으로 주행 중 일 때 입력축2의 2속기어를 synchromesh gearbox에 의해 출력축과 체결된 상태이며, 2속으로 변속할 때에는 클러치 디스크1을 분리하고 클러치 디스크2를 크랭크축에 결합하여 2속 변속을 완료하여 주행한다.

(다) 3속 변속 : 2속에서 3속으로 변속할 경우에도 2속과 같이 3속기어를 동시에 출력축1과 체결된 상태에서 클러치 디스크2를 분리하고 클러치 디스크1을 크랭크축에 결합하여 3속 변속을 완료한다.

(라) 4,5,6,... 변속은 상기와 같은 로직으로 진행한다.

2. 습식 DCT 시스템

(1) 습식 DCT의 구성요서

건식 DCT는 공기를 이용하여 클러치를 냉각시키는 방식이기 때문에 클러치 과열 시 냉각 속도가 느린 편이지만 습식 DCT는 윤활용 전동식 오일펌프를 적용하여 오일로 클러치를 냉각시키기 때문에 냉각 속도가 빠른 장점이 있다.

🎇 그림 2-181 습식 DCT 구성도

(가) 습식 더블 클러치 어셈블리

습식 더블 클러치 어셈블리는 습식 다판 더블 클러치 팩과 더블 CSC로 구성된다. 윤활용 전자식 오일펌프를 이용하여 오일로 클러치를 냉각시키기 때문에 냉각 속도가 빠른 장점이 있다.

엔진 측 결합　　변속기 측 결합

홀수단
클러치 허브　　짝수단
클러치 허브

✂ 그림 2-182 습식 DCT 클러치

(나) CSC(concentric slave cylinder) 더블 클러치 시스템

그림 26과 같이 습식 더블 CSC는 클러치의 작동영역을 줄이고 유압리크를 최소화하기 위하여 홀수단과 짝수단의 전용 CSC 2개가 결합되어 있다.

(다) 고효율(제어용 EOP) 유압 제어 시스템

습식 DCT 더블 클러치 시스템의 고효율 유압 제어 시스템은 변속 효율을 극대화하기 위하여 제어용 EOP(electric oil pump)와 축압기(accumulator)로 구성되어 있다. 제어용 EOP를 구동하여 축압기에 오일을 저장하고, 축압기 내부에 일정 수준의 유압이 형성되면 제어용 EOP는 구동을 중지한다. 이 후 축압기에 저장된 유량 및 유압은 클러치와 기어에 공급하여 변속 제어가 이루어진다.

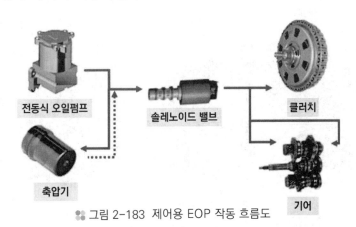

전동식 오일펌프　　솔레노이드 밸브　　클러치

축압기　　기어

✂ 그림 2-183 제어용 EOP 작동 흐름도

(라) 윤활/냉각 EOP 시스템

기어 윤활 필요 유량을 최적으로 공급하기 위해 습식 DCT에는 윤활/냉각용 전동식 오일펌프가 적용된다. 윤활/냉각 시스템은 윤활 오일이 오일 필터에서 필터링하여 윤활유 EOP에서 압력이 생성된 오일은 오일 쿨러를 거쳐 오일 온도가 적정 수준으로 유지되고, 더블 클러치와 기어 트레인으로 공급되어 클러치 냉각 및 기어 윤활에 사용된다.

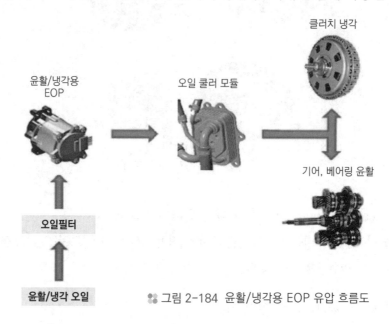

❈ 그림 2-184 윤활/냉각용 EOP 유압 흐름도

(마) GSC(gear shift cylinder) 기어 시프트 실린더

솔레노이드 밸브를 통해 공급되는 유량을 이용하여 기어를 치합하는 시스템이다. 제어용 EOP 및 축압기에서 전달되는 유량은 솔레노이드 밸브를 거쳐 GSC 실린더 내 피스톤을 좌/우로 작동시켜 포크를 움직인다.

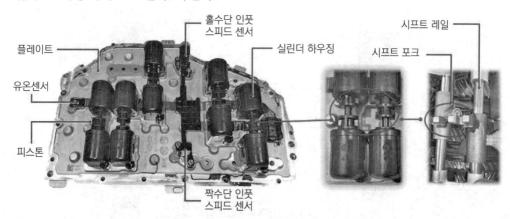

❈ 그림 2-185 기어 시프트 실린더 내부 구성

(바) 습식 DCT 밸브 바디

유압 제어를 위해 유로를 형성하는 압력 제어 밸브 3개, 유량 제어 밸브 5개 총 8개의 고정밀 솔레노이드 밸브가 적용되어 있으며, 제어용 EOP가 밸브 바디에 부착되어 축압기에 공급하는 유압을 생성한다.

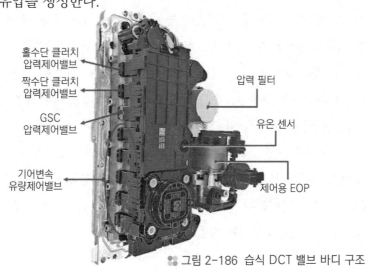

홀수단 클러치
압력제어밸브

짝수단 클러치
압력제어밸브

GSC
압력제어밸브

압력 필터

유온 센서

기어변속
유량제어밸브

제어용 EOP

그림 2-186 습식 DCT 밸브 바디 구조

3. 건식 DCT와 습식 DCT의 비교

건식 DCT와 습식 DCT의 구성 및 작동방식을 비교하면 아래와 같다.

구분	건식 DCT	습식 DCT
구성	기어 액추에이터 더블클러치 (거식판단) 클러치 액추에이터	축압기 더블클러치 (습식다판+CSC) 윤활 EOP 솔레노이드 제어 EOP 〈밸브바디모듈〉
클러치	건식 단판 클러치	습식 다판 클러치 + CSC (concentric slave cylinder)
클러치 및 기어 변속	전기모터 구동 기계식 액추에이터 제어	밸브바디 제어 (제어 EOP + 축압기 + 솔레노이드)
기어 윤활	기어 비산식 윤활	강제 윤활 (윤활 EOP 구동)
클러치 냉각	공랭식 냉각	오일 냉각 (윤활 EOP 구동)

드라이브 라인(drive line)

드라이브 라인은 변속기의 출력을 뒤 차축으로 전달하는 부분이며 슬립이음, 자재이음, 추진축 등으로 구성되어 있다. 추진축은 끊임없이 변동하는 엔진의 토크를 받으면서 고속회전을 하므로 비틀림 진동을 일으키기 쉽고, 또 축이 구부러지거나 기하학적 중심과 질량적 중심이 일치하지 않을 때는 휠링(wheling)이라는 굽힘 진동을 일으킬 염려가 있다.

이들의 굽힘진동과 추진축의 고유진동수가 공명 현상이 발생하면 파괴될 수 있으므로 상용 회전속도에서는 공명진동(공진)이 일어나지 않도록 해야 한다. 공진이 일어나는 회전속도를 위험 회전속도라고 하며, 이것을 상용 회전속도보다 높게 설정해 놓을 필요가 있다. 추진축에는 회전력을 전달하기 때문에 중심에 비해 비틀림이나 굽힘에 강한 중공(中空)의 탄소강관이 일반적으로 사용되며, 축의 단면적이 정해져 있을 때는 길이가 길어지면 위험 회전속도가 느려지는 경향이 있으므로 2개로 분할하는 방법도 사용되고 있다.

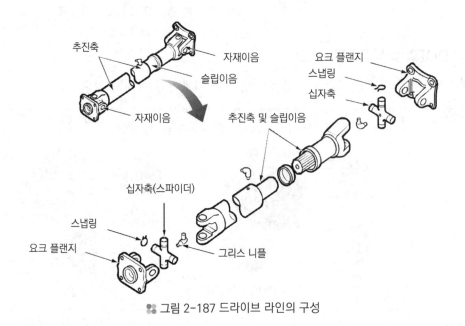

🏵 그림 2-187 드라이브 라인의 구성

소형자동차는 1개의 프로펠러 샤프트로 되어 있으나 변속기에서 구동축까지의 거리가 먼, 즉 휠베이스(whel base)가 긴 대형차 등에서 프로펠러 샤프트가 2개 또는 3개로 분할되어 있으며, 샤프트의 후단은 레이디얼 볼 베어링(radial bal bearing)으로 프레임의 크로스 멤버(cros member)에 지지가 되어 있다.

이 베어링을 센터 베어링(center bearing)이라 하며, 회전 시 진동을 흡수하여 프레임에 직접 진동이 전달되지 않도록 쿠션 러버를 장착했다. 이와 같이 프로펠러 샤프트를 분할하여 사용하는 것은 프로펠러 샤프트 회전수가 샤프트 자체의 고유진동수에 가까우면 공진현상을 일으켜 최악의 경우 파손되는 것을 방지하기 위해서이다. 이러한 공진을 일으키는 회전수를 위험 회전속도라 하며 샤프트의 길이가 짧을수록 고속회전이 가능하므로 위험 회전속도는 높아진다.

1 슬립이음(slip joint)

슬립이음은 변속기 주축 뒤끝에 스플라인을 통하여 설치되며, 뒤 차축의 상하 운동에 따라 변속기와 종감속기어 사이에서 길이가 변화하며, 이때 추진축의 길이변화를 가능토록 한다.

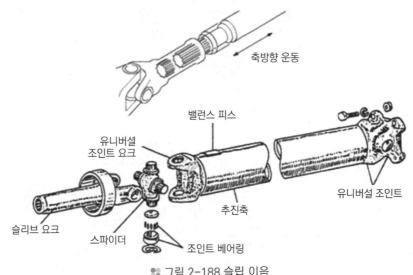

축방향 운동
밸런스 피스
유니버설 조인트 요크
유니버설 조인트
추진축
슬리브 요크
스파이더
조인트 베어링

그림 2-188 슬립 이음

2 자재이음(universal joint)

자재이음은 변속기와 종감속기어 사이의 구동각도에 변화를 주는 장치이며, 종류에는 십자형 자재 이음, 플렉시블 이음, 볼 엔드 트러니언 자재이음, 등속도 자재이음 등이 있다.

1. 십자형 자재이음(훅 조인트)

이 형식은 중심 부분의 십자축과 2개의 요크(yoke)로 구성되어 있으며 십자축과 요크는 니들 롤러 베어링을 사이에 두고 연결되어 있다. 그리고 십자형 자재이음형식은 변속기 주축이 등속도(等速度)로 1회전할 때 추진축도 1회전하지만 요크의 각속도는 피동축에 대한 유효반지름이 변화하므로 부등속이 90°마다 발생하여 추진축은 진동을 일으킨다.

이 진동을 감소시키려면 각도를 12~18° 이하로 하여야 하며 추진축의 앞·뒤에 자재 이음을 두어 회전속도 변화를 상쇄시켜야 한다.

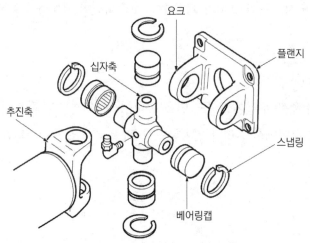

🎲 그림 2-189 십자형 자재이음의 구조

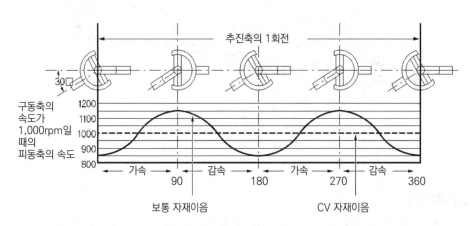

보통 자재이음

축각도	8	10	15	20	25	30	40
피동축 회전 속도의 초대 변화량(1%)	2	3	6.9	12.4	19.7	28.9	54

🎲 그림 2-190 십자형 자재이음의 각속도 변화

2. 플렉시블 조인트(flexible joint)

플렉시블 조인트는 2개의 요크 사이를 굽힘이나 원심력에 충분히 견딜 수 있는 재질의 소재로 연결한 것으로써 마찰 부분이 없으므로 급유할 필요가 없으며 회전도 정숙하지만, 전달토크에 비해 외관이 크고 축각도가 3～5도 정도로 제한되어 있다. 그러나 전달효율도 낮고 양축의 센터를 맞추기 어려워 진동이 일어나기 쉬운 결점이 있기 때문에 동력전달 하중이 큰 차량에는 거의 사용되지 않는다.

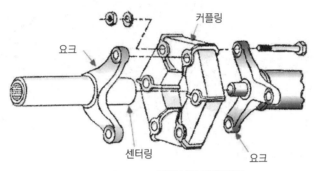

🞕 그림 2-191 플렉시블 자재이음

3. 등속도(CV) 자재이음

일반적인 자재이음에서는 동력전달 각도 때문에 추진축의 회전 각속도가 일정하지 않아 진동을 수반한다. 이 진동을 방지하기 위해 개발된 등속도 자재이음(constant velocity universal joint)은 그림 2-192에 나타낸 바와 같이 구동축과 피동축의 접촉점이 항상 굴절각도의 2등분 선상에 위치하므로 등속도 회전을 할 수 있다. 등속도 자재이음은 드라이브 라인의 각도변화가 큰 경우에 사용하며, 동력전달 효율은 높으나 구조가 복잡하다. 등속도 자재이음은 주로 앞바퀴 구동 방식(FF) 자동차의 앞 차축에서 사용된다. 종류에는 버필드 자재이음, 트리포드 자재이음, 더블 오프셋 자재이음 등이 있다.

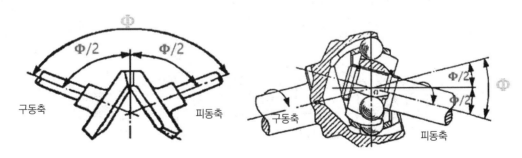

🞕 그림 2-192 등속도 자재이음의 원리 및 각도

(1) 버필드 자재이음(birfiled joint type)

버필드 자재이음은 안쪽 레이스(inner race), 바깥 레이스(outer race), 볼(steel ball) 및 볼 케이지(ball cage)로 구성되어 있고, 안쪽 레이스는 바깥쪽이 둥글고, 그 위에 같은 간격으로 6개의 안내 홈을 가지고 있다. 바깥 레이스는 안쪽이 둥글며, 그 위에 안쪽 레이스 홈에 대응하는 위치에 6개의 안내 홈이 있으며, 이들의 홈에 6개의 볼이 들어 있다.

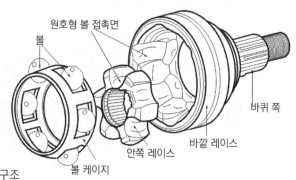

🔩 그림 2-193 버필드형 자재이음의 구조

특히, 축방향의 전위(轉位)가 불가능한 형식은 굴절 각도가 47°까지 가능하며, 축방향 전위가 가능한 형식에서는 축 방향의 길이 변화가 가능한 대신 굴절 각도는 20°로 제한된다. 주로 앞바퀴 구동 방식 자동차에서 구동축의 바깥쪽 자재이음으로 사용된다.

(2) 트리포드 자재이음(tripod joint type)

트리포드 자재이음은 축에 배럴모양 베어링(barrel-shaped roller bearing) 3개가 부착되며 최대 굴절 각도는 26°, 길이방향 전위가 최대 50mm까지 가능하다. 다른 형식에 비해 각도범위가 크지는 않지만, 비용이 낮고 효율이 높은 경향이 있다. 일반적으로 리어 휠 구동 차량 또는 필요한 동작 범위가 비교적 낮은 프론트 휠 구동 차량의 인보드 측에 사용되며 트러니언 자재이음(trunion joint)이라고도 부른다.

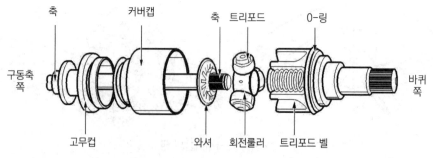

🔩 그림 2-194 트리포드 자재이음의 구조

(3) 더블 오프셋 자재이음(double off-set joint type)

더블 오프셋 자재이음은 축 방향의 전위가 가능하다. 구조는 버필드 자재이음과 같으나 볼 케이지에 끼워진 볼이 바깥 레이스 안쪽 면의 직선상의 레일에서 미끄럼 운동을 할 수 있게 되어 있다. 굴절각도는 20°까지, 축방향 길이변화는 약 30mm까지 가능하다. 주로 앞바퀴 구동 방식 자동차에서 구동축의 트랜스액슬 쪽 자재이음으로 사용된다.

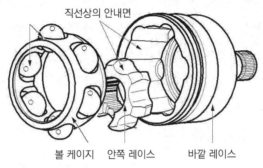

그림 2-195 더블 오프셋 자재이음의 구조

3 추진축(propeller shaft)

추진축은 강한 비틀림을 받으면서 고속 회전하므로 이에 견딜 수 있도록 속이 빈 강관(steel pipe)을 사용한다. 회전평형을 유지하기 위해 평형추가 부착되어 있으며, 또 그 양쪽에는 자재이음의 요크가 있다. 축간거리(wheel base)가 긴 자동차에서는 추진축을 2~3개로 분할하고, 각 축의 뒷부분을 센터 베어링(center bearing)으로 프레임에 지지한다.

또 대형 자동차의 추진축에는 비틀림 진동을 방지하기 위한 비틀림 진동방지기가 있다. 센터 베어링은 앞·뒤 추진축의 중심을 지지하는 것으로 앞 추진축 뒤끝의 스플라인축에 설치되어 있다.

Reference 추진축은 끊임 없이 변화하는 엔진의 동력을 받으면서 고속 회전하므로 비틀림 진동을 일으키거나 축이 구부러지면 기하학적인 중심과 질량 중심이 일치하지 않으면 휠링(whirling)이라는 굽음 진동을 일으킨다.

그림 2-196 센터 베어링

1 종감속 기어(final reduction gear)

1. 종감속 기어의 개요

종감속 기어는 구동 피니언과 링 기어로 구성되어 있으며, 추진축의 회전력을 최종적으로 감속시켜 증가한 구동력을 직각으로 액슬축으로 전달한다. 종감속기어는 보편적으로 웜과 웜기어, 베벨 기어, 하이포이드 기어 형식이 있지만, 현재는 주로 하이포이드 기어(hypoid gear)를 사용한다. 스파이럴 베벨기어(spiral bevel gear)형식을 변형한 하이포이드 기어는 링 기어의 중심선보다 구동 피니언의 중심선이 10~20% 정도 낮게 옵셋(off-set)된 기어형식이며 장·단점은 다음과 같다.

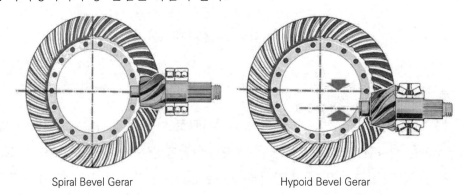

Spiral Bevel Gerar   Hypoid Bevel Gerar

그림 2-197 스파이럴 베벨 & 하이포이드 베벨기어

(1) 하이포이드 기어의 장점

① 구동 피니언의 오프셋에 의해 추진축 높이를 낮출 수 있으므로 자동차의 중심이 낮아져 안전성이 증대된다.

② 동일 감속비, 동일 치수의 링 기어인 경우에 스파이럴 베벨 기어에 비해 구동 피니언을 크게 할 수 있어 강도가 증대된다.

③ 기어 물림비율이 커 회전이 정숙하다.

(2) 하이포이드 기어의 단점

① 기어 이의 폭 방향으로 미끄럼 접촉을 하여 압력이 크므로 극압 윤활유를 사용해야 한다.

② 제작이 어렵다.

(3) 종감속비

종감속비는 링 기어의 잇수와 구동 피니언의 잇수비로 나타낸다.

$$종감속비 = \frac{링\ 기어의\ 잇수}{구동피니언의\ 잇수}$$

종감속비는 나누어 떨어지지 않는 값으로 하는데 그 이유는 특정한 이가 항상 물리는 것을 방지하여 이의 편 마멸을 방지하기 위함이다. 또 종감속비는 엔진의 출력, 자동차 중량, 가속 성능, 등판능력 등에 따라 정해지며, 종감속비를 크게 하면 가속성능과 등판능력은 향상되나 고속성능이 저하한다. 그리고 변속비 × 종감속비를 총감속비라 한다. 이에 따라 변속 기어가 톱 기어이면 엔진의 감속은 종감속기어에서만 이루어진다.

2. 구동 피니언과 링 기어의 접촉 상태

링 기어와 피니언기어의 접촉면의 범위를 확인하는 기어의 메싱작업(meshing of the gear)은 몇 개의 링 기어 톱니의 구동 측에 얼룩제(혼합물을 표시하는 얼룩, a smear of marking compound)를 바른 다음 링 기어 휠에 저항을 가하면서 피니언의 회전 방향으로 돌려 점검한다. 따라서 얻은 마크는 피니언 위치 및 백래시와 관련된 접촉상태(기어의 메시)를 나타낸다.

이때, 백래시는 크라운 휠을 피니언 쪽으로 또는 피니언에서 멀리 이동하여 조정한다. 다이얼(클릭) 게이지로 백래시를 최종 측정하기 전에 링 기어의 런아웃이 권장 한계치 이내인지 확인해야 한다.

(1) 정상 접촉

정상 접촉은 구동 피니언과 링 기어의 접촉이 링 기어의 중심부 쪽으로 50~70% 정도 물리는 상태의 접촉이다.

(2) 힐(heel) 접촉

힐 접촉은 기어 잇면의 접촉이 힐 쪽(기어 이빨이 넓은 바깥쪽)으로 치우친 접촉이며, 수정방법은 구동 피니언을 밖으로 이동시켜야 한다.

(3) 토우(toe) 접촉

토우 접촉은 기어 잇면의 접촉이 토우 쪽(기어 이빨이 좁은 안쪽)으로 치우친 접촉이며, 수정 방법은 구동 피니언을 안으로 이동시켜야 한다.

(4) 페이스(face) 접촉

페이스 접촉은 기어의 물림이 잇면의 끝부분에 접촉하는 것이며, 수정 방법은 구동 피니언을 안으로 이동시켜야 한다.

(5) 플랭크(flank) 접촉

플랭크 접촉은 기어의 물림이 이뿌리 부분에 접촉하는 것이며, 수정 방법은 구동 피니언을 밖으로 이동시켜야 한다.

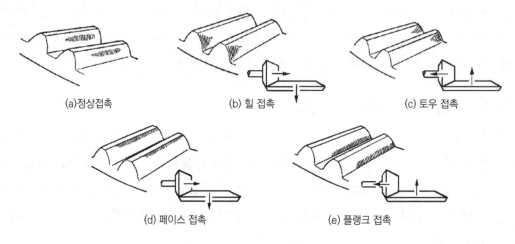

(a)정상접촉   (b) 힐 접촉   (c) 토우 접촉

(d) 페이스 접촉   (e) 플랭크 접촉

그림 2-198 구동 피니언과 링 기어의 접촉 상태

2 차동장치(differential gear system)

1. 차동장치의 개요

차동장치는 자동차가 선회할 때 양쪽 바퀴가 미끄러지지 않고 원활하게 선회하려면 바깥쪽 바퀴가 안쪽 바퀴보다 더 많이 회전하여야 하며, 또 울퉁불퉁한 도로면을 주행할 때에도 양쪽 바퀴의 회전속도가 달라져야 한다.

즉, 차동장치는 도로면의 저항을 적게 받는 구동 바퀴 쪽으로 동력이 전달될 수 있도록 하며 차동 사이드 기어, 차동 피니언, 피니언 축 및 케이스로 구성된다.

2. 차동장치의 원리

차동장치는 래크와 피니언(rack & pinion)의 원리를 응용한 것이며, 양쪽의 래크 위에 동일한 무게를 올려놓고 핸들을 들어 올리면 피니언에 걸리는 저항이 같아져 피니언이 자전(自轉)을 하지 못하므로 양쪽 래크와 함께 들어 올려진다(자동차가 직진할 때).

그러나 래크 B의 무게를 가볍게 하고 피니언을 들어 올리면 래크 B를 들어 올리는 방향으로 피니언이 자전하며 양쪽 래크가 올라간 거리를 합하면 피니언을 들어 올린 거리의 2배가 된다(자동차가 선회할 때). 여기서 래크를 사이드 기어로 바꾸고 좌우 차축을 연결한 후 차동 피니언을 종감속 링 기어로 구동시키도록 하고 있다.

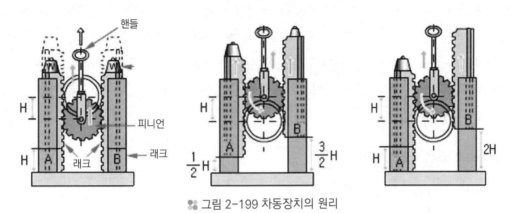

🌸 그림 2-199 차동장치의 원리

3. 차동장치의 작용

자동차가 평탄한 도로를 직진할 때 좌우 구동바퀴의 회전저항이 같기 때문에 좌우 사이드 기어는 동일한 회전속도로 차동 피니언의 공전(空轉)에 따라 전체가 1개의 덩어리가 되어 회전한다. 그러나 차동작용은 좌우 구동 바퀴의 회전저항 차이에 의해 발생하고, 바퀴를 통과하는 도로면의 길이에 따라 회전하므로 곡선도로를 선회할 때 안쪽 바퀴는 바깥쪽 바퀴보다 저항이 증대되어 회전속도가 감소하며 그 분량만큼 바깥쪽 바퀴를 가속한다.

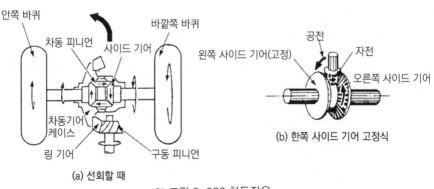

🌸 그림 2-200 차동작용

그리고 한쪽 사이드 기어가 고정되면(예, 오른쪽 바퀴가 진흙탕에 빠진 경우) 이때는 차동 피니언이 공전하려면 고정된 사이드 기어(왼쪽) 위를 굴러가지 않으면 안 되므로 자전을 시작하여 저항이 적은 오른쪽 사이드 기어만을 구동시킨다.

4. 차동 제한 차동 장치(differential limited gear system)

일반 차동장치는 노면이 양호한 도로를 주행할 때에는 좌·우 바퀴에 동일한 크기의 동력이 분배되지만, 선회 또는 타이어의 미끄럼이 발생하면 노면의 저항이 작은 쪽 바퀴가 공전하면서 노면의 저항이 큰 휠은 구동력이 감소하여 회전을 하지 못하게 된다. 이 경우 차동장치의 작용을 정지시켜 동력이 양 바퀴에 균일하게 분배되도록 하여 주행을 할 수 있도록 하는 장치이다.

(1) 자동제한 차동장치의 장점

① 미끄러운 노면에서 출발이 용이하다.
② 미끄럼이 방지되어 타이어의 수명을 연장할 수 있다.
③ 고속 직진 주행 시 안전성이 양호하다.
④ 요철노면 주행 시 후부 흔들림을 방지할 수 있다.

(2) 차동제한 장치의 종류

기계식과 전자제어식이 있으며 이 장에서 기계적인 구조로 작동되는 방식을 다루며 전자제어식은 4WD를 참조한다.

(가) 마찰판식(limited slip differential : LSD)

1) 슈어 그립형(sure-grip type)

자동으로 차동을 제한하여 노면과의 점착력이 우수한 쪽의 구동륜에 구동 토크를 더 많이 분배한다. 그림과 같이 구성되며 특징은 2개의 압력링과 사이드 기어 측 차동케이스 내벽 사이에 설치되는 다판 클러치이다.

압력링의 외주에 가공된 도그는 차동케이스 내면에 가공된 직선 그루브(grove)에 끼운다. 따라서 압력링은 차동케이스 내에서 좌/우 섭동할 수 있으나 회전방향은 고정되어 있다. 그리고 압력링은 차동 피니언축이 설치되는 V형의 홈이 가공되어 있다. 4개의 차동 피니언은 2개의 피니언 축에 각각 2개씩 서로 마주 보도록 설치된다.

그리고 피니언 축의 끝부분(설치 부분)은 사각형으로 가공되어 2개의 압력링의 V형 홈이 만드는 사각형 공간에 끼운다. 2개의 압력링 뒷면과 사이드 피니언 축 차동케이스 내벽 사이에는 다만 클러치가 설치된다.

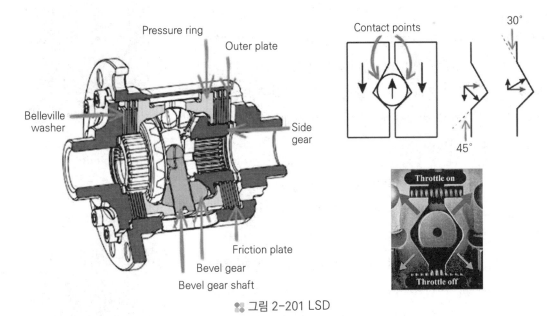

그림 2-201 LSD

2) 유니반스 캠형(univance cam type limited slip diferential)

유니반스 캠형 차동제한장치는 양측 사이드 기어에 캠을 조합하고, 사이드 기어 외측면에 마찰판을 적용하고, 사이드 기어의 우측에 액슬축을, 사이드 기어의 좌측에 액슬축을 결합한 구조로 되어있다.

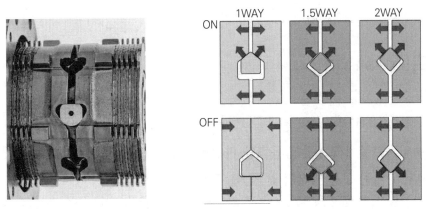

그림 2-202 유니반스 캠형 LSD

3) 셀프 락킹 식(self-locking differential - non-spin diferential)

논스핀 차동제한장치는 도그 클러치를 이용하여 좌우 바퀴의 회전력 차이를 제한하는 방식이다. 스파이더는 4개의 돌기에 의해 차동케이스에 지지가 되어 있다. 스파이더 양쪽 면에는 도그 클러치가 결합되어 있고 내부에는 중심 캠이 스냅링에 의해서 지지되고 있다. 또한 클러치는 사이드 기어 스플라인과 맞물려 스프링장력에 의해 스파이더와 중심캠에 압착되어 있다. 사이드 기어는 액슬측 스플라인에 설치되어 있다.

❈ 그림 2-203 셀프 락킹 디퍼렌샬
(self-locking differential)

4) 헬리컬 기어타입 차동제한장치(axis helical gear type)

평행축으로 된 유성기어 타입의 헬리컬 기어가 케이스 내에 지지된 형상으로 구성되어 있다. 정상적인 운전 조건 하에서는 차동기어 장치처럼 작동하고, 불균일한 운동 조건 하에서 피니언들은 케이스 내의 회전에 저항하여 사이드 기어로부터 분리되려고 한다. 이 힘으로 토크는 다른 쪽으로 전달된다. 헬리컬식 차동제한장치는 다판식과 같은 특별한 클러치를 설치하지 않고, 기어 각부의 마찰력에 따라 차동을 제한하는 것이다. 따라서 구동 토크에 비례한 차동제한력을 발생시키는 토크 감응형이다.

❈ 그림 2-204
헬리컬 기어타입 차동제한장치

Chapter 09 **차축(axle shaft)**

차축은 바퀴를 통하여 자동차의 중량을 지지하는 축이며, 구동차축과 유동차축이 있다. 구동차축은 종감속기어에서 전달된 동력을 바퀴로 전달하고 도로 면에서 받는 힘을 지지하는 일을 한다. 앞바퀴 구동 방식의 앞 차축, 뒷바퀴 구동 방식의 뒤 차축, 4바퀴 구동 방식의 앞·뒤 차축이 구동차축에 속한다. 유동차축은 자동차를 중량만 지지하므로 구조가 간단하다. 여기에서는 구동차축에 대해서만 설명하기로 한다.

1 앞바퀴 구동(FF) 방식의 앞 차축

이 방식은 앞바퀴 구동 방식 승용 자동차나 4바퀴 구동 방식의 구동차축으로 사용된다. 등속도(CV) 자재이음을 설치한 구동차축과 조향너클(steering knuckle), 차축허브(axle hub), 허브 베어링(hub bearing) 등으로 구성되어 있다.

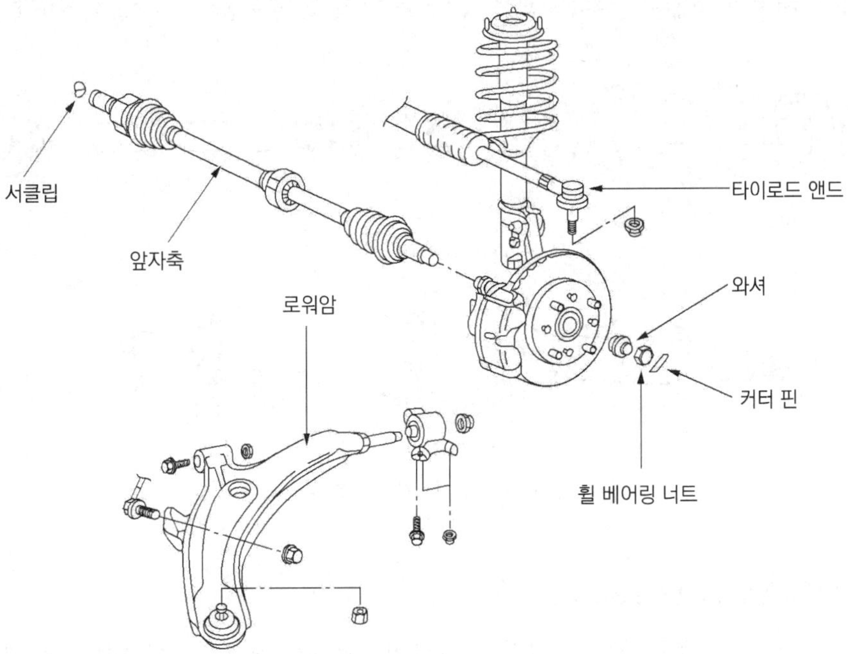
서클립
앞자축
로워암
타이로드 앤드
와셔
커터 핀
휠 베어링 너트

그림 2-205 앞바퀴 구동 방식의 앞 차축

동력의 전달은 앞바퀴 구동 방식은 트랜스 액슬에서 직접 차축으로 보내지며, 4바퀴 구동 방식에서는 트랜스퍼 케이스 → 앞 추진축 → 앞 종감속기어를 통하여 양 끝에 등속도 자재이음이 설치된 차축과 차축허브를 거쳐 앞바퀴로 보내진다. 자동차의 하중은 바퀴에서 차축 허브를 거쳐 허브 베어링에 전달된 반발력과 조향너클과 현가 스프링을 통하여 차체에 전달되므로 지지가 된다.

2 뒷바퀴 구동(FR) 방식의 뒤 차축과 차축 하우징

1. 차축의 종류

　뒷바퀴 구동 방식은 차동장치를 거쳐 전달된 동력을 뒷바퀴로 전달한다. 차축의 끝 부분은 스플라인을 통하여 차동 사이드 기어에 끼우고, 바깥쪽 끝에는 구동바퀴를 설치한다. 뒤 차축의 지지방식에는 전부동 방식, 반부동 방식, 3/4부동 방식 등 3가지가 있다.

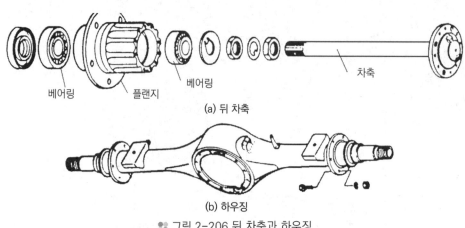

베어링　　　　플랜지　　　　　베어링　　　　　　　　　　　　차축

(a) 뒤 차축

(b) 하우징

🞄🞄 그림 2-206 뒤 차축과 하우징

(1) 전부동 방식(full floating axle type)

　이 방식은 안쪽은 차동 사이드 기어와 스플라인으로 결합되고, 바깥쪽은 차축허브와 결합되어 차축허브에 브레이크 드럼과 바퀴가 설치된다. 차축허브에는 2개의 베어링을 끼우면 동력은 종감속기어 → 차동장치 → 차축 → 차축허브 → 바퀴로 전달되고, 차축은 동력만 전달한다.

　이에 따라 바퀴를 빼지 않고도 차축을 빼낼 수 있다. 그리고 자동차에 가해지는 하중 및 충격과 바퀴에 작용하는 작용력 등은 차축 하우징이 받는다.

(2) 반부동 방식(semi floating axle type)

　이 방식은 구동바퀴를 직접 차축 바깥에 설치하며, 차축의 안쪽은 차동 사이드 기어와 스플라인으로 결합되고, 바깥쪽은 리테이너(retainer)로 고정시킨 허브 베어링(hub bearing)과 결합된다. 이에 따라 내부 고정장치를 풀지 않고는 차축을 빼낼 수 없다. 뒷바퀴 구동 방식 승용 자동차에서 많이 사용된다. 반부동 방식은 자동차 하중의 1/2을 차축이 지지한다.

(3) 3/4 부동 방식(3/4 floating axle type)

이 방식은 차축 바깥쪽 끝에 차축허브를 두며, 차축 하우징에 1개의 베어링을 두고 허브를 지지하는 방식이다. 3/4 부동방식은 차축이 자동차 하중의 1/3을 지지한다.

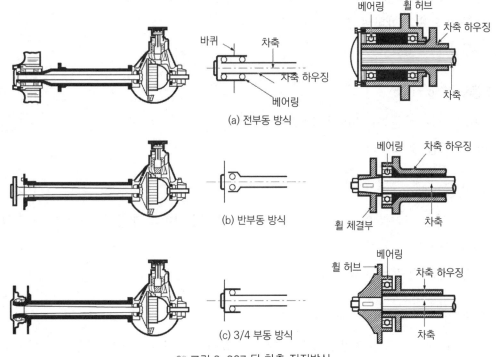

그림 2-207 뒤 차축 지지방식

2. 차축 하우징(axle housing)

차축 하우징은 종감속기어, 차동장치 및 차축을 포함하는 튜브 모양의 고정축이며, 중간에는 종감속기어와 차동장치의 지지를 위해 둥글게 되어 있고, 양 끝에는 플랜지 판이나 현가 스프링 지지 부분이 마련되어 있다. 차축 하우징의 종류에는 벤조형(banjo type), 분할형(split type), 빌드업형(build, built up or carrier type)과 후차축 전용의 데디온형 후 차축(dedion rear axle)이 있다.

그림 2-208 차축 하우징

(1) 벤죠우형(banjo type)

① 종감속기어를 캐리어와 같이 액슬 하우징에서 들어낼 수 있다.

② 취급과 기어의 조정이 쉽다.

③ 강판을 프레스 가공 후 용접한 것과 주강제, 강과 주철로 제작한다.

④ 대량 생산에 적합하며 현재 많이 사용된다.

⑤ 윤활공급이 어렵다.

(2) 스플릿형(split type)

① 좌우의 하우징을 수직면에서 좌우로 분할한다.

② 제작, 취급 및 정비가 어렵다.

(3) 빌드업형(build up type)

① 구동피니언 기어를 액슬하우징에 장착 완료 후, 링 기어와 캐리어를 조립하여 완성하는 구조이다.

② 제작, 취급 및 정비는 밴조형보다는 조금 어렵다.

(4) 데디온형 후 차축(dedion rear axle)

이 형식의 판 스프링은 평행판스프링 현가와 같이 차축을 지지하며 제동 및 구동 토크의 반력도 받지만, 뒤 차축이 경량화되므로 스프링 하중량이 적어지면서 승차감과 로드 홀딩이 좋아서 승용차나 스포츠카에 사용된다.

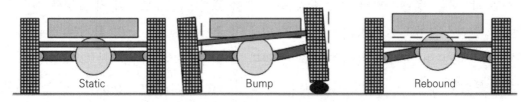

그림 2-209 데디온 리어 액슬 작동

① 뒤 차축식으로 특수하게 설계한 형식이며 좌우의 바퀴는 1개의 차축 튜브에 장착한다.

② 차축 튜브는 판 스프링에 의해 프레임에 지지한다.

③ 동력은 차체 측에 장치된 종감속기어로부터 유니버설 조인트 붙임 축에 의해 전달한다.

그림 2-210 데디온 리어 액슬

3. 차축 하우징(axle housing)과 구동 방식

(1) 호치키스 구동식(hotchkis drive), 토크튜브(torque tube)식

일반적으로 평행 스프링방식을 호치키스 구동(hotchkis drive)이라 하며, 차축의 설치 위치에 따라 스프링 위에 설치하는 현수식(underslung suspension)과 밑에 설치하는 오버항식(overhung suspension)이 있으며 현수식은 지상고를 낮출 수는 있지만 유연한 스프링을 사용할 수 없는 단점 때문에 강한 구동력을 전달하기 위하여 토크튜브(torque tube)를 장착하며 토크튜브가 뒤 차축이 받는 전후방 반동토크를 지지한다.

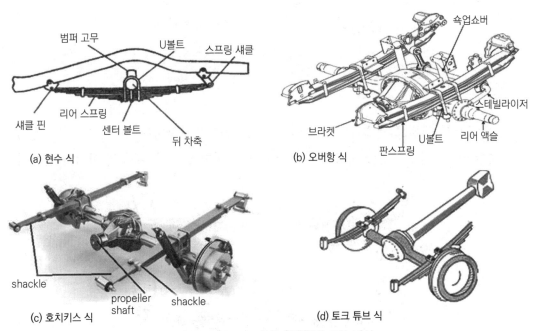

그림 2-211 차축 하우징의 구동 방식

(2) 2축식

가) 트리니언식(trinian)

트리니언 축에 스프링을 장착하고 스프링 양단에 차축을 각각 설치하는 구조이다. 차축과 차체를 연결하여 주행 시 차축이 노면으로부터 받는 진동이나 충격이 차체에 직접 전달되지 않도록 하여 차체나 화물의 손상을 방지함과 아울러 승차감을 양호하게 해주는 자동차의 현가장치에 관한 것이다. 특히 화물자동차의 2축식 후방현가장치용 새시스프링 장착 구조에 적합하며, 차축의 거리를 짧게 할 수 있는 장점이 있으나, 하중이 트리니언 축에 집중되는 단점이 있으며, 차축의 회전운동을 막기 위해 레디어스로드, 토크로드를 설치해야 한다.

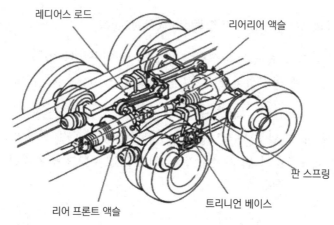

레디어스 로드
리어리어 액슬
판 스프링
리어 프론트 액슬
트리니언 베이스

❖ 그림 2-212 트리니언 차축의 구조

나) 2축식

스프링 2개를 직렬로 연결하여 스프링 각각에 차축을 장착하는 구조이다. 하중을 3곳으로 분산하여 프레임에 전달하므로 하중 분산의 장점이 있으나, 차축의 거리가 길어지는 단점이 있다.

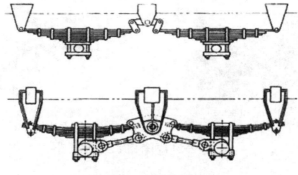

❖ 그림 2-213 2축식 구조

(3) 코일 스프링식

코일 스프링을 뒤 현가장치로 사용하지만, 코일 스프링만으로는 차축을 유지할 수 없으므로 전후방향의 힘을 받는 컨트롤 암과 좌, 우 횡방향의 힘을 받는 레터럴 로드를 동시 장착하는 구조이며, 트레일링 링크를 사용하는 형식이다.

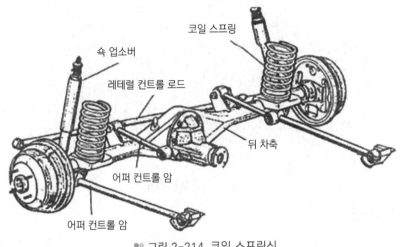

🎀 그림 2-214 코일 스프링식

<h1>Chapter 10 바퀴</h1>

바퀴는 휠(wheel)과 타이어(tire)로 구성되어 있다. 바퀴는 자동차의 하중을 지지하고, 제동 및 주행할 때의 회전력, 도로 면에서의 충격, 선회할 때 원심력, 자동차가 경사졌을 때의 옆 방향 작용을 지지한다.

휠은 타이어를 지지하는 림(rim)과 휠을 허브에 지지하는 디스크(disc)로 되어 있으며, 타이어는 림 베이스(rim base)에 끼운다.

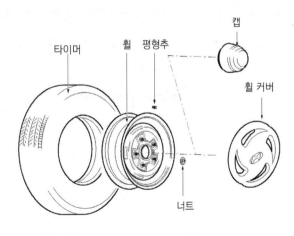

🎀 그림 2-215 바퀴의 구성

1 휠(wheel)의 종류와 구조

휠의 종류에는 연강판을 프레스 성형한 디스크를 림과 리벳이나 용접으로 접합한 디스크 휠(disc wheel), 림과 허브를 강철선의 스포크로 연결한 스포크 휠(spoke wheel) 및 방사선상의 림 지지대를 둔 스파이더 휠(spider wheel)이 있다.

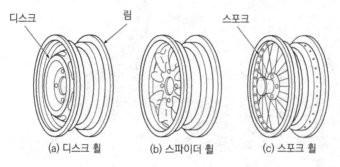

(a) 디스크 휠   (b) 스파이더 휠   (c) 스포크 휠

❈ 그림 2-216 휠의 종류

2 림(rim)의 분류

림은 타이어를 지지하는 부분을 말한다. 그 종류에는 림과 디스크를 강철판으로 좌우 형상이 동일한 프레스를 제작하여 3~4개의 볼트로 고정하는 2분할 림(two split rim), 림 중앙부분을 깊게 하여 타이어 탈·부착을 쉽게 한 드롭센터 림(drop center rim)이 있다. 또한 타이어 공기 체적을 증가시킬 수 있도록 림의 폭을 넓게 한 광폭 베이스 드롭센터 림 (wide base drop center rim), 비드시트(bead seat)를 넓게 하고 사이드 림의 형상을 변경시켜 타이어가 림에 확실히 밀착되도록 한 인터 림(inter rim)도 있다. 림의 비드부분 (bead section)에 안전 턱을 두어 펑크가 발생하더라도 비드부분이 빠지는 것을 방지할 수 있는 안전 리지 림(safety ridge rim)도 있다.

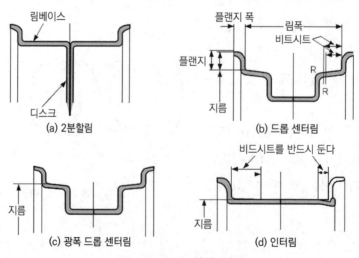

(a) 2분할림   (b) 드롭 센터림

(c) 광폭 드롭 센터림   (d) 인터림

❈ 그림 2-217 림의 분류

3 타이어(tire)

1. 타이어의 역할

① 고무의 탄력성과 공기의 수축성을 이용하여 노면의 충격을 완화함과 동시에 차체의
무게를 지탱한다.

② 고무의 마찰력에 의해 구동력과 제동력을 제공한다.

③ 마찰력과 탄력성 그리고 수축성에 의한 자동차의 방향 전환 기능을 한다.

④ 승차감을 중시하여 타이어의 수축성을 크게 하면 코너링 성능이 약화되고, 코너링 성
능을 좋게 하려고 수축성을 작게 하면 승차감이 나빠진다. 또한 타이어의 폭이 넓으면
구동력과 제동력은 좋으나 핸들 조작이 무거워지고 연비가 나빠지는 단점이 있다.

2. 타이어의 분류

(1) 사용 공기압력에 따른 분류

타이어의 사용 공기압력에 따른 분류에는 고압 타이어(high pressure tire), 저압 타이
어(low pressure tire), 초저압 타이어(extra low pressure tire) 등이 있다.

(2) 튜브(tub) 유무에 따른 분류

튜브 타이어와 튜브리스(tub less) 타이어가 있다. 튜브리스 타이어 특징은 다음과 같다.

① 튜브가 없어 조금 가벼우며, 못 등이 박혀도 공기 누출이 적다.

② 펑크 수리가 간단하고, 고속주행을 하여도 발열이 적다.

③ 림이 변형되어 타이어와의 밀착이 불량하면 공기가 새기 쉽다.

④ 유리 조각 등에 의해 손상되면 수리가 어렵다.

(3) 타이어의 형상에 따른 분류

보통(바이어스) 타이어, 레이디얼 타이어, 스노 타이어, 편평 타이어 등이 있으며 그 특
징은 다음과 같다.

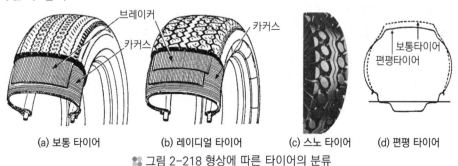

(a) 보통 타이어   (b) 레이디얼 타이어   (c) 스노 타이어   (d) 편평 타이어

그림 2-218 형상에 따른 타이어의 분류

(가) 보통(바이어스) 타이어

이 타이어는 카커스 코드(carcass cord)를 빗금(bias) 방향으로 하고, 브레이커 (breaker)를 원둘레 방향으로 넣어서 만든 것이다.

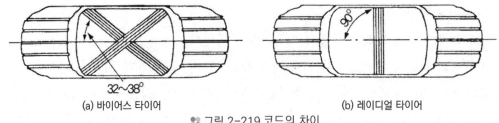

(a) 바이어스 타이어　　　　　　　　　　　　(b) 레이디얼 타이어

✿ 그림 2-219 코드의 차이

(나) 레이디얼(radial) 타이어

이 타이어는 카커스 코드를 단면(斷面) 방향으로 하고, 브레이커를 원둘레 방향으로 넣어서 만든 것이다. 따라서 반지름 방향의 공기 압력은 카커스가 받고, 원둘레 방향의 압력은 브레이커가 지지한다. 이 타이어의 특징은 다음과 같다.

① 타이어의 편평 비율을 크게 할 수 있어 접지 면적이 크다.

② 특수 배합한 고무와 발열에 따른 성장이 적은 레이온(rayon) 코드로 만든 강력한 브레이커를 사용하므로 타이어 수명이 길다.

③ 브레이커가 튼튼해 트레드가 하중에 의한 변형이 작다.

④ 선회할 때 사이드슬립(side slip)이 적어 코너링 포스(cornering force)가 좋다.

⑤ 전동 저항이 적고, 로드홀딩(road holding)이 향상되며, 스탠딩 웨이브(standing wave)가 잘 일어나지 않는다.

⑥ 고속으로 주행할 때 안전성이 크다.

⑦ 브레이커가 튼튼해 충격 흡수가 불량하므로 승차 감각이 나쁘다.

⑧ 저속에서 조향핸들이 다소 무겁다.

(다) 스노(snow) 타이어

이 타이어는 눈길에서 체인을 감지 않고 주행할 수 있도록 제작한 것이며, 중앙 부분의 깊은 리브 패턴(rib pattern)이 방향 성능을 주고, 러그 및 블록 패턴(lug & block pattern)이 견인력을 확보해준다. 스노 타이어는 제동성능과 구동력을 발휘하도록 설계되어야 한다.

1) 스노타이어 설계시 주의점

① 접지 면적을 넓히기 위해 트레드 폭이 보통 타이어보다 10~20% 정도 넓다.

② 홈이 보통 타이어보다 승용 자동차용은 50~70% 정도 깊고, 트럭 및 버스용은 10~40% 정도 깊다.

③ 내마멸성, 조향성능, 타이어 소음 및 돌 등이 끼이는 것을 고려했다.

또, 스노 타이어를 사용할 때에는 다음 사항에 주의하여야 한다.

① 바퀴가 고착(lock)되면 제동거리가 길어지므로 급제동을 하지 말 것.

② 스핀(spin)을 일으키면 견인력이 급격히 감소하므로 출발을 천천히 할 것.

③ 트레드 부분이 50% 이상 마멸되면 체인을 병용할 것.

④ 구동바퀴에 걸리는 하중을 크게 할 것.

한편, 스노 타이어에는 특수 스터드(stud)를 박은 스파이크(spike) 타이어가 있다. 이 타이어는 빙판 길에서 주행성이 양호하지만 포장 도로 면에 손상을 주므로 사용이 금지되어 있다. 최근에는 스터드 리스(stud less)타이어가 개발되어 사용된다. 이 타이어는 빙판 도로면에서도 점착력이 크며, 트레드 부분이 낮은 온도에서 경화(硬化)가 적고 부드러워 접지 면적이 증가하여 도로 면과 트레드가 마찰을 일으키도록 한다. 그러나 전동 저항이 크고, 연료 소비율 증가, 내마멸성 저하 등의 문제점이 있다.

(라) 편평 타이어

이 타이어는 타이어 단면의 가로, 세로 비율을 적게 한 것이며, 타이어 단면을 편평하게 하면 접지 면적이 증가하여 옆 방향 강도가 증가한다. 또 제동, 출발 및 가속할 때 등에 미끄럼 성능과 선회 성능이 좋아진다.

승용 자동차용 타이어 편평 비율은 $\dfrac{\text{타이어 높이}}{\text{타이어 폭}}$ 의 비율이며,

0.96 → 0.86 → 0.82 순서로 내려갈수록 타이어 폭이 점차 넓어진다. 편평 비율의 측정은 타이어를 휠에 조립한 후 공기를 주입하고 하중을 가하지 않은 상태에서 하며, 패턴, 문자 등을 포함하지 않는다. 편평 비율이 0.6일 때 60시리즈(60series)라 하며, 이것은 폭이 100일 때 높이가 60인 타이어를 말한다.

(마) 레이싱 타이어

레이싱 타이어는 빨리 달리는 것이 주목적이고 승차감은 별로 고려하지 않는 것이 특징이다. 일반 타이어와 현저한 차이점은 접지 면적을 늘리기 위해서 트레드를 넓게 하고 타이어의 직경을 크게 하여 Low profile화 되어 있다는 것이다. 더욱이 고성능화를 위해 트레드와 사이드월의 강성을 높게 하며, 스티어링 반응이 민감하게 되어있다. 레이싱 타이어의 특성상 슬립앵글이 작은 것이 좋으나, 노면으로부터 오는 충격이 충분히 흡수

%% 그림 2-220 레이싱 타이어

되지 않기 때문에 승차감은 매우 나쁘다. 트레드 폭이 넓어서 핸들을 꺾는 데도 상당한 힘이 필요하다.

(바) 레이싱용 슬릭크(slick) 타이어 및 레인 타이어

슬릭크 타이어는 경주용 자동차에 사용되는 타이어이다. 이 타이어는 접지 면적을 극한까지 늘리기 위해서 트레드 표면에 홈이 전혀 없도록 만든 것이다.

슬릭크 타이어는 고속 주행 중 트레드 표면의 온도가 적당히 상승하였을 때 컴파운드를 조금씩 녹게 하여 강력한 접지력을 얻는다. 따라서 너무 낮은 온도에서 녹기 시작하면 고무 분자가 분해되는 소위 블로우(blow)상태가 되어 골인하기도 전에 타이어가 파열할 수도 있다. 이 때문에 레이스에서는 외기온도와 노면 온도, 그리고 타이어의 표면 온도 등을 측정하여 그 조건에 알맞은 컴파운드의 타이어를 사용하도록 하고 있다. 슬릭크 타이어는 건조한 노면에서는 탁월한 접지력을 가지지만, 젖은 노면에서는 배수가 되지 않아 수막을 형성하여 접지력이 거의 없어지므로 젖은 노면에서는 레인 타이어가 사용된다.

(a) 슬릭 타이어   (b) 레인 타이어

%% 그림 2-221 슬릭 & 레인 타이어

레인 타이어는 수막을 자르기 위해 슬릭크 보다 트레드 폭이 약간 좁으며, 배수 효율이 좋도록 폭넓게 직선적인 홈을 낸 타이어이다. 물 때문에 노면 온도와 타이어 표면 온도가 낮아지기 때문에 부드러운 컴파운드를 사용한다. 습기를 약간 품은 정도의 노면에서는 슬릭크와 레인의 중간적인 성격을 지닌 인터미디어트(intermediate) 타이어가 사용된다. 홈이 레인 타이어보다 얕은 것이나 슬릭크 타이어에 홈을 살짝 낸 타이어 등이 있다. 인터미디어트나 레인 타이어는 트레드의 고무가 두껍고, 컴파운드가 다른 타이어를 슬릭크 타이어의 금형으로 만든 다음, 전용의 공구로 홈을 조각하듯 파낸다(groving). 이렇게 함으로써 경주용 자동차 성격에도 맞고, 더욱이 기후 조건에도 맞는 패턴을 만든다.

(사) 스페어 타이어(spare tire)

스페어(예비) 타이어라고 하면 일반적인 타이어와 동일하지만, 튜브리스 타이어의 보급으로 펑크가 잘 일어나지 않으며, 수납 공간을 작게 하여 트렁크 공간이나 거주 공간을 넓게 사용하기 위해 개발된 스페어 전용 타이어도 있다. 그중 하나가 템퍼러리(temporary) 타이어로 표준 타이어보다 작은 바이어스(bias) 타이어를 직경은 동일하나 4인치 정도의 좁은 림 폭의 휠에 부착한 것이다. 통상의 타이어보다 약 2배의 공기압($4.2kg/cm^5$)에서 사용하며, 수납 시의 부피는 사용 시의 약 1/2 정도로 작고, 80km/h 이하의 속도에서 안전하도록 만들었다.

또 다른 하나는 접이식 타이어로, 대형 타이어를 장착하는 승용차는 물론이고, 트렁크 룸이 작은 스포츠카 등에 최적인 스페어 타이어이다. 구조는 2플라이의 바이어스 타이어를 표준 림에 장착한 상태로 접어 둔 것으로, 부피가 보통 타이어의 약 1/2 정도이다. 에어 컴프레셔나 전용 가스 봄베로 공기를 주입하면 된다. 이 타이어 역시 80km/h 이하의 속도에서 안전하도록 만들었으며, 트레드 패턴의 홈 깊이는 보통 타이어의 반 정도이고, 사용 후 공기를 뽑으면 저절로 원래의 접힌 형태가 되기 때문에 여러 번 사용할 수 있는 편리한 스페어 타이어이다.

(a)템퍼러리 타이어   (b)템퍼러리 접이식 타이어

✖ 그림 2-222 스페어 타이어

3. 타이어의 구조

(1) 트레드(tread)

트레드는 도로 면과 직접 접촉하는 고무 부분이며, 카커스와 브레이커를 보호한다. 구동력을 확보하면서 회전 저항을 줄이며 옆 방향 미끄러짐에 강하고, 배수 능력이 우수하며, 또한 주행 시 소음이 작도록 설계한다. 그리고 트레드 패턴의 필요성은 다음과 같다.

① 타이어의 사이드슬립이나 전진 방향의 미끄럼을 방지한다.

② 타이어 내부에서 발생한 열을 방산한다.

③ 트레드에서 발생한 절상(切傷)의 확산을 방지한다.

④ 구동력이나 선회성능을 향상시킨다.

(2) 트레드 패턴의 종류

(가) 리브 패턴(rib pattern)

이 패턴은 타이어 원둘레 방향으로 몇 개의 홈을 둔 것이며, 사이드슬립에 대한 저항이 크고, 조향 성능이 양호하며, 포장도로에서 고속 주행에 알맞다.

① 장점 : 회전 저항이 적고 발열이 낮다. 옆 미끄럼 저항이 크고, 조종성 및 안정성이 좋다. 진동이 적고 승차감이 좋다.

② 단점 : 다른 형상에 비해 제동력과 구동력이 떨어진다. 홈부에 균열이나 파열이 발생하기 쉽다.

(나) 러그 패턴(lug pattern)

이 패턴은 타이어 회전 방향의 직각으로 홈을 둔 것이며, 전·후진 방향에 대해서 강력한 견인력을 발휘하며 제동성능과 구동력이 우수하다. 대부분의 건설차량용 및 산업차량용 타이어는 러그형이다.

① 장점 : 구동력과 제동력이 좋다. 비포장도로에 적합하다.

② 단점 : 다른 형상에 비해 회전 저항이 크고 옆 미끄럼 저항이 적다. 또한 비교적 소음이 크다.

(다) 블록 패턴(block pattern)

이 패턴은 눈 위나 모랫길 같은 연약한 도로면을 다지면서 주행할 수 있어 사이드슬립을 방지할 수 있다.

① 장점 : 구동력과 제동력이 뛰어나다. 눈길 및 진흙에서 제동성, 조종성, 안정성이 좋다.

② 단점 : 러그형보다 마모가 빠르다. 회전 저항이 크다.

(라) 리브-러그 패턴(rib lug pattern)

이 패턴은 타이어 숄더(shoulder) 부분에 러그패턴을, 트레드 중앙 부분에는 지그재그(zig-zag)형의 리브패턴을 사용하여 양호한 도로나 험악한 도로 면에서 모두 사용할 수 있다.

① 장점 : 리브와 러그 패턴의 장점을 살린 타이어로 조종성 및 안정성이 우수하다. 포장 및 비포장도로를 동시에 주행하는 차량에 적합하다.

② 단점 : 러그 끝부분의 마모 발생이 쉽다. 러그 홈 부에서 균열이 발생하기 쉽다.

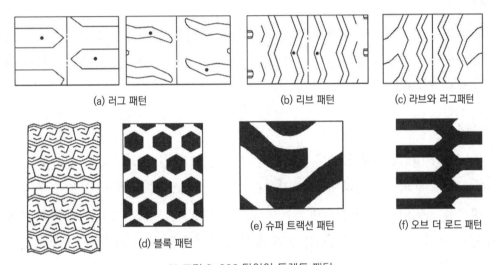

(a) 러그 패턴   (b) 리브 패턴   (c) 라브와 러그패턴

(d) 블록 패턴   (e) 슈퍼 트랙션 패턴   (f) 오브 더 로드 패턴

❖ 그림 2-223 타이어 트레드 패턴

(마) 비대칭 패턴(asymmetrical pattern)

고속 주행용 승용차용 타이어이며, 일부 트럭용 타이어로 사용된다.

① 장점 : 지면과 접촉하는 힘이 균일하다. 마모성 및 제동성이 좋다.

② 단점 : 현실적으로 활용이 적다. 규격 간의 호환성이 적다.

(바) 슈퍼 트랙션 패턴(super traction pattern)

이 패턴은 러그패턴의 중앙 부분에 연속된 부분을 없애고 진행 방향에 대해 방향성을 가지게 한 것이며, 기어(gear)와 같은 모양이므로, 연약한 흙을 확실히 잡으면서 주행할 수 있다.

(사) 오프 로드 패턴(off road pattern)

이 패턴은 진흙 길에서도 강력한 견인력을 발휘할 수 있도록 러그 패턴의 홈을 깊게 하고 폭을 넓게 한 것이다.

(2) 브레이커(breaker)

브레이커는 트레드와 카커스 사이에 넣는 것으로, 폴리에스터, 나일론, 레이온 등의 화학섬유나 스틸 같은 금속섬유를 정형한 몇 겹의 코드 층을 내열성의 고무로 싼 구조로 되어 있다. 브레이커는 트레드와 카커스의 분리를 방지하고 도로 면에서의 완충 작용을 목적으로 넣은 것이다.

(3) 벨트

벨트는 주로 레이디얼 타이어에 사용되는 것으로, 강도가 높은 스틸 등의 금속 코드를 사용하여 트레드 바로 아래쪽에서 카커스를 둘러싸고 있다. 이는 트레드와 카커스를 보강하며 변형을 방지한다.

(4) 카커스(carcass)

카커스는 타이어의 뼈대가 되는 부분이며, 공기 압력을 견디어 일정한 체적을 유지하고 하중이나 충격에 따라 변형하여 완충 작용을 한다. 카커스를 구성하는 코드 층의 겹친 조직의 층수를 플라이 수로 표시하며, 타이어의 강도를 나타내는 수치로 활용된다. 스틸 코드의 경우는 이와 동등한 강도를 갖는 면 코드의 층수로 Ply rating을 표시한다. 현재 쓰이는 타이어에는 플라이를 짠 모양에 따라서 세 가지 형태가 있다.

(가) 바이어스 플라이(bias-ply) 타이어

바이어스 타이어는 골격을 이루는 코드를 타이어의 중앙선에 대해서 30~45° 정도 기울어지도록 하여 서로 교차하게 겹쳐서 만든 타이어이다. 원래 미국에서 승차감을 중시하여 만든 타이어로 일반적인 주행 조건에서는 별문제가 없으며 정숙성이 뛰어나고 모래 도로 등에서 옆 방향 충격에도 강하다. 그러나 코너링 중에 횡력에 대한 트레드 접지면의 강성이 낮아 타이어가 변형하기 때문에 슬립(slip) 각도가 레이디얼 타이어 보다 커서 미끄러지면서 회전하게 되므로 코너링 특성이 좋지 않다. 과거에는 대부분의 승용차가 일반 바이어스 타이어를 사용했으나 오늘날은 기술의 발전으로 레이디얼 타이어의 승차감이 향상되고 가격도 싸졌기 때문에 바이어스 타이어는 거의 사용하지 않고 있다.

(나) 바이어스 벨트(bias-belted) 타이어

바이어스와 레이디얼의 중간적인 존재로, 바이어스 구조의 플라이 상에 코드의 각도가 8~10° 기울어진 벨트를 두른 타이어이다. 벨트의 재질은 레이온, 나일론, 폴리에스터, 또는 파이버 글라스 등을 사용한다.

(다) 레이디얼 플라이(radial-ply) 타이어

골격을 이루는 코드를 타이어 진행 방향에 대해서 직각으로, 타이어의 옆면에서 볼 때 중심에서 방사상으로 하여 조직을 짜고, 그 위에 고강성의 벨트나 브레이커 스트립을 감은 구조의 타이어다. 이 벨트나 브레이커 스트립은 강철이나 직물 코드를 10~30° 정도 경사지게 하여 만든다.

레이디얼 타이어는 벨트에 의해 보강되어 있기 때문에 트레드면의 변형이 작고 따라서 회전저항이 작아 일반 바이어스 타이어보다 연비도 좋다. 특히 코너링 시 트레드의 변형이 작아 노면과의 밀착성이 우수하여 슬립 한계 속도가 높고 주행에 의한 발열량도 적어 트레드의 수명도 길다. 현재는 거의 모든 승용차에 표준으로 장착한다. 레이디얼 타이어는 형상 유지를 담당하는 플라이와 트레드의 강성을 유지하는 벨트가 각자의 역할을 분담하기 때문에 지극히 유연한 사이드 월과 강인하고 안정된 트레드가 조화를 이룰 수 있어, 가장 좋은 승용차용 타이어라 할 수 있다.

(5) 비드 부분(bead section)

비드 부분은 타이어가 림과 접촉하는 부분이며, 사이드 월이나 카커스가 변형하더라도 타이어가 휠로부터 벗겨지지 않도록 확실히 고정되어야 하므로 여러 개의 가느다란 강철 와이어로 되어 있다. 특히 튜브리스 타이어에서는 공기가 새지 않도록 하기 위해 비드와 림의 밀착성이 대단히 중요하다.

(6) 밸브(snap-in valve)

타이어에 공기를 넣고 빼는 밸브는 통상 림 부분에 붙어있다. 밸브 속에는 돌기 코아가 들어있고, 평소에는 이 돌기 코아에 붙어있는 패킹을 스프링의 힘으로 안쪽에서 밸브 스템 쪽으로 밀고 있기 때문에 밸브는 닫혀 있다. 공기를 넣을 때 입구 중앙에 있는 돌기 코아를 누르면 밸브가 열린다. 타이어에 공기가 들어 있을 때는 스프링 힘과 공기 압력이 함께 작용하여 밸브가 닫히므로 밀폐성이 좋아 공기가 새지 않는다.

밸브 스템의 안쪽과 밸브 코아 및 패킹은 밀폐성이 좋도록 정밀하게 가공되어 있기 때문에 이 사이에 먼지 등이 들어가면 공기가 누설될 수 있다. 따라서 밸브의 캡을 반드시 씌워 두어야 한다.

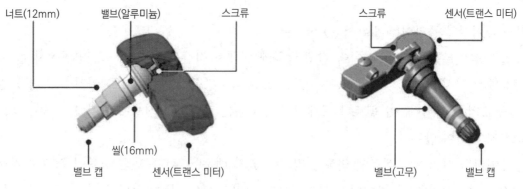

너트(12mm)　밸브(알루미늄)　스크류　　　　스크류　센서(트랜스 미터)

밸브 캡　씰(16mm)　센서(트랜스 미터)　　　밸브(고무)　밸브 캡

❖ 그림 2-224 클램프인(clamp-in) 밸브 & 스냅인 밸브

4. 타이어 코드의 재료

타이어의 골격 유지를 위한 코드 재료로는 레이온, 나일론, 폴리에스터, 파이버 글라스 또는 스틸이 사용된다.

(1) 레이온

레이온은 정상적인 사용조건, 즉 도회지나 포장도로 등에서 중저속 이하에서는 성능이 좋으나, 고속 주행이나 장거리 주행 또는 비포장도로에서 필요한 강도를 갖지 못해 한때 사라졌다. 하지만 나일론보다 가격이 싼 고장력의 특수 레이온이 개발되면서 바이어스 타이어나 레이디얼 타이어에 사용한다.

(2) 나일론

가장 질기고 강인한 타이어 코드 재료이다. 또한 스틸보다 강하면서도 탄력이 있고 거칠게 사용할 수 있어 대부분의 고성능 고속용 타이어는 나일론 코드로 만든다. 나일론타이어의 유일한 단점은 플랫 스팟(flat spot) 현상이 일어난다는 것이다. 이 현상은 주행에 의해 가열되어 다시 팽창될 때까지 지속된다. 보통의 조건에서는 몹시 추운 계절에 한두 번 일어나는 현상이지만, 나일론 타이어의 플랫 스팟에 의해 주행 시 탁탁 치는 소리가 날 수 있다.

※ 플랫 스팟(flat spot) : 저온에서 일정 시간 이상 장기 주차하는 경우 지면과 맞닿는 부분이 평평해지는 현상

(3) 폴리에스터

폴리에스터 코드는 레이온과 나일론의 장점만을 고루 갖추고 있어, 레이온 타이어와 같이 부드러운 주행을 할 수 있으면서도 나일론 타이어와 같이 강인하기도 하다. 장시간(수 주일) 동안 주차하여도 나일론 타이어와 같은 플랫 스팟 현상은 없다.

(4) 파이버 글라스 및 스틸

파이버 글라스는 고무의 보강재로서 일반 바이어스 타이어의 트레드 밑의 벨트에 많이 사용하나, 현재는 차량 대부분이 스틸 벨트 레이디얼 타이어를 장착한다. 파이버 글라스 타이어는 스틸 타이어보다 가격이 저렴하여 코드와 벨트에 모두 파이버 글라스를 사용한 타이어도 있다. 스틸은 레이온이나 파이버 글라스 보다 훨씬 강한 벨트 재질이다. 스틸 벨트는 레이온이나 파이버 글라스 벨트보다 충격 흡수력이 다소 부족하여 타이어 자체만으로 비교하면 승차감이 약간 딱딱하다. 그러나 고급의 현가장치를 갖는 고성능 고속 승용차에는 스틸 벨트 레이디얼 타이어가 오늘날 가장 잘 알려져 있고, 또 가장 많이 사용된다.

5. 타이어의 호칭치수

타이어의 호칭치수는 바깥지름과 폭은 표준 공기압력과 무부하 상태에서 측정하며, 정하중 반지름은 타이어를 수직으로 하여 규정의 하중을 가하였을 때 타이어의 축 중심에서 접지 면까지의 가장 짧은 거리를 측정한다. 타이어의 호칭치수는 다음과 같이 표시한다.

(1) 고압타이어의 호칭치수

바깥지름(inch)×폭(inch) - 플라이 수(ply rating)

(2) 저압타이어의 호칭치수

폭(inch) - 안지름(inch) - 플라이 수

(3) 레이디얼 타이어

레이디얼 타이어는 가령 165 SR 13인 타이어는 폭이 165mm, 안지름이 13inch이며, 허용 최고 속도 180km/h 이내에서 사용하는 타이어란 뜻이다. 여기서 S 또는 H는 허용 최고 속도 표시기호이며 R은 레이디얼의 약자이다.

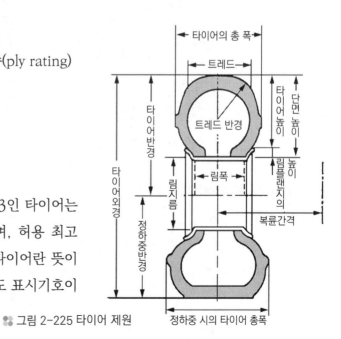

그림 2-225 타이어 제원

4 타이어의 관리

1. 타이어에서 발생하는 이상 현상

(1) 스탠딩 웨이브 현상(standing wave)

스탠딩 웨이브(정재파) 현상은 타이어 공기압, 타이어 회전속도, 타이어의 강성이라는 복합적 요인으로 인하여, 고속 주행 시 타이어의 접지면 또는 카커스 부위가 차체의 하중 또는 노면 때문에 발생한 충격을 받아 찌그러진 상황에서, 즉 접지로 인한 변형이 회복되기 전인 공명상태에서 다시 접지하며, 변형이 복잡한 형태로 겹쳐 타이어 주변에 커다란 파동이 일어나는 현상이다. 저속에서는 공기압력에 의해 회복되지만 고속 주행 시에는 상하요인에 의해 미복원 현상이 발생한다.

또 타이어 내부의 온도가 높아지면 타이어를 구성하는 고무, 타이어 코드 등 재료의 강도 및 접착력 변화에 따라 타이어의 내구력이 저하하고, 더욱이 정재파가 타이어 표면의 넓은 범위에 걸쳐서 일어나면 타이어 내부구조의 변화도 커지고, 타이어의 발열 또한 급격히 증가하여 타이어가 돌발적으로 열에 의해 분리되는 히트 세퍼레이션(heat separation) 현상이 발생할 수 있다. 스탠딩 웨이브의 방지 방법으로 타이어 공기 압력을 표준보다 15~20% 높이거나 강성이 큰 타이어를 사용한다.

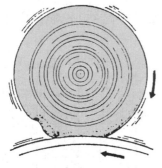

❖ 그림 2-226 스탠딩 웨이브 현상

❖ 그림 2-227 히트 세퍼레이션

(2) 하이드로 플래닝(hydro planing)

이 현상은 물이 고인 도로를 고속으로 주행할 때 일정 속도 이상이 되면 타이어 접지면의 홈에 고인 물을 미처 밀어내기도 전에 회전을 계속하게 되는 현상이다. 이런 상태가 되면 타이어 트레드의 접지면과 노면 사이에 수막이 형성되는데 이것을 수막현상이라 부른다. 다음 표는 2.5mm 깊이의 빗물이 고인 보편적인 도로상에서 차속변화에 따른 접지력의 변화를 나타낸다.

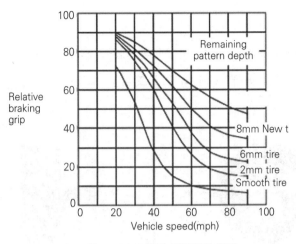

그림 2-228 수막과 접지력의 변화

얇은 수막(水膜) 형성으로 인해 구동력과 제동력은 물론이고 조향조작력까지 상실되어 스티어링 휠을 돌려도 자동차의 방향을 잡을 수 없는 제어 불능 상태에 빠져 최악의 위험에 직면하게 된다. 이를 방지하는 방법은 다음과 같다.

㉠ 트레드 마멸이 적은 타이어를 사용한다.

㉡ 타이어 공기압력을 높이고, 주행속도를 낮춘다.

㉢ 리브패턴의 타이어를 사용한다. 러그패턴의 경우는 하이드로 플래닝을 일으키기 쉽다.

㉣ 트레드 패턴을 카프(calf)형으로 세이빙(shaving) 가공한 것을 사용한다.

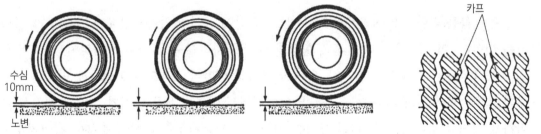

그림 2-229 하이드로플래닝 진행 과정   그림 2-230 타이어 카프 설계

2. 바퀴 평형(wheel balance)

바퀴 평형에는 정적 평형(static balance)과 동적 평형(dynamic balance)이 있다.

(1) 정적 평형

정적평형이란 타이어에 물리적인 외적 요소가 가해지지 않은 상태, 즉, 정지된 상태의 평형이며, 정적평형이 불량하면 운행 중 바퀴가 상하로 진동하는 트램핑(tramping, 또는 wheel tramp)현상이 발생한다.

(2) 동적 평형

회전 중심축을 옆에서 보았을 때의 평형, 즉, 회전하는 타이어의 좌우 평형 상태를 동적 평형이라고 하며 동적불평형에 의해 바퀴가 좌우로 흔들리는 현상을 시미(shimmy)라고 한다.

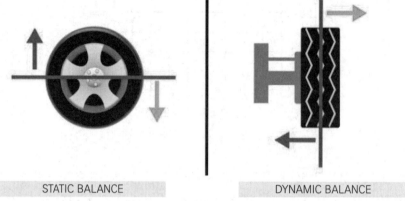

STATIC BALANCE　　　　DYNAMIC BALANCE

그림 2-231 스테틱 & 다이나믹 밸런스

3. 타이어 소음

자동차가 주행할 때 발생하는 타이어의 소음 중에는 타이어 자체로부터 직접 발생하는 것과 간접적으로 발생하는 것이 있으며 일반적으로는 다음과 같은 것이 있다.

(1) 패턴 소음(patern noise)

패턴 소음은 타이어가 접지됐을 때 트레드 홈 안에 공기가 압축되었다가 방출될 때 발생하는 것이다. 이 소음은 트레드 홈의 형상과 크기에 따라 소음 주파수가 다르며, 타이어 회전 속도가 빠를수록 소리도 커진다. 일정한 크기의 패턴이 트레드상에 연속해 있으면 특정 주파수의 소음이 크게 난다. 승용차용 타이어에서는 이런 소음을 줄이기 위해서 패턴을 복잡하게 하거나 같은 모양의 피치 크기를 비선형적으로 서로 달리하여 소음이 작아지도록 설계한다. 매끄러운 노면에서는 트레드에 홈이 없는 패턴이 가장 조용하므로 딱딱한 고무를 사용하고 트레드의 홈 깊이를 얕게 하여 소음을 줄인다. 스노 타이어의 경우는 성능 향상을 위하여 홈을 깊게하므로 상대적으로 소음이 크다.

(2) 스퀼 (squeal)

급격한 가속이나 제동, 또는 선회 시에 타이어가 노면 상에서 미끄러질 때 발생하는 소음이다. 이 경우에는 스퀼음이 타이어의 급속한 마모를 동반하기 때문에 습관적인 과격 운전은 하지 않는 것이 좋다.

(3) 험(hum)

직진 주행 시 발생하는 소음으로 트레드 설계 시 같은 간격으로 배열된 피치가 노면을 규칙적으로 칠 때 발생한다.

(4) 스퀠치(squelch)

타이어의 접지되는 부분이 찌부러질 때 나는 소음이다. 트레드 표면은 곡률을 가지는데, 접지 시 평면으로 변형되기 위해서 노면과 미끄러짐이 생긴다. 이때 트레드 패턴의 리브(Rib)가 진동하여 소음을 발생시킨다.

(5) 럼블(rumble)

거친 노면을 주행할 때 타이어가 노면이나 자갈 등을 치는 소리로 차량의 현가장치나 차체를 통하여 차실 내에 전달되는 소음이다.

(6) 섬프(thump)

평탄한 도로를 주행할 때 차량의 구동축이 회전하면서 생기는 타이어 소음의 일종으로 실내 바닥이나 좌석, 핸들을 통하여 느껴지는 소음이다.

4. 타이어 로테이션(tire rotation)

타이어는 장착된 위치, 도로 조건, 휠 얼라이먼트(wheel alignment), 하중의 분포, 운전방법 등에 따라 마모 상황이 변화하므로 정기적으로 점검하고, 각각의 마멸을 보완할 수 있도록 약 5,000km 주행할 때마다 그 위치를 교환하여야 한다.

스페어 타이어(응급용 타이어 제외)　　　　　　사용 스페어 타이어를 사용하지 않을 때

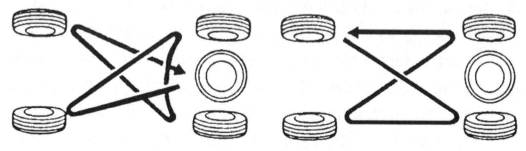

✿ 그림 2-232 타이어 로테이션

5. 타이어의 발열

타이어의 재료는 점탄성체이며 타이어는 주행 중 변형과 복원이 되풀이되므로 이 변형 운동이 반복되면 히스테리시스 손실에 의해 발열하게 된다. 또한 타이어의 재료들은 열전 도성이 낮기 때문에 방열이 잘 안 되고 타이어 내에 축적되어 온도가 상승하나, 적정한 조건하에서 일반적인 발열은 타이어의 손상을 초래하지 않는다.

그러나 공기압의 부족, 과적재 등으로 인해 타이어 내부 온도가 임계온도를 넘으면 타이어를 구성하는 고무나 코드 등의 강도 및 구성 재료 사이의 접착력과 타이어의 내구력이 저하되며, 심한 경우 돌발적인 박리(separation) 현상이나 파열을 유발하는 원인이 되기도 한다. 타이어가 발열에 의해 견딜 수 있는 일반적인 온도는 나일론 코드의 경우 125℃ 정도이다.

레이디얼 타이어는 벨트에 의해 접지부 트레드의 움직임이 적고, 방열성이 좋은 스틸코드를 사용하며 카커스가 레이디얼 구조이므로 주행 시 변형이 작아 타이어 내부 온도가 바이어스 타이어보다 낮다. 또한 튜브리스 타이어는 타이어 내부 공기가 직접 휠에 접해 있기 때문에 방열이 잘 되어 주행으로 인한 온도 상승량이 비교적 적다.

6. 타이어의 공기압력

타이어의 공기압력을 낮게하면 스프링 상수가 작아져 승차감이 좋아진다. 그러나 규정치보다 과도하게 낮으면 쇼울더 부분에 마찰력이 집중되어 쇼울더부 마모가 빨라지고 수명이 짧아진다. 또한, 변형에 의해 주행 저항이 증가하고 조향성능이 저하된다. 고속 주행 시는 타이어 코드의 피로 및 발열 등으로 인해 접착력이 저하되며 코드가 뿔뿔이 흩어지거나 스탠딩 웨이브에 의한 타이어 파열의 위험성이 증가한다.

반대로 공기압력이 지나치게 높으면 타이어의 변형은 거의 없으나 승차감이 나쁘며 타이어 내부의 카커스가 스트레스를 받아 외상이나 충격에 약해진다. 또한 접지면적이 좁아져서 미끄러지기 쉽게 되고 트레드의 중앙 부분의 마모가 촉진된다.

타이어의 사이드 월에는 안전하게 사용할 수 있는 최대 공기압력이 표시되어 있고, 일반적으로는 최대 공기압력의 90% 정도에서 사용하며, 고속 주행 시는 최대 공기압력에 가깝게 조절한다. 그러나 공기압력은 엔진과 구동륜의 위치, 그리고 전·후륜에 걸리는 중량 및 구동력에 따라 각기 달리하여야 한다. 적정한 공기압력은 운전석 도어 밑이나 엔진룸, 또는 사용 설명서 등에 표시되어 있기 때문에 이를 참고하여 가끔 체크하여야 한다. 공기압력의 측정은 타이어의 온도와 외기온도가 거의 같을 때 해야만 한다.

7. 타이어의 마모와 슬립사인(slip sign)

타이어가 마모되어 홈이 얕아지면 트레드가 노면을 움켜쥐는 접지력이 약해진다. 따라서 타이어가 마모될수록 정상 노면에서도 브레이크 시 정지거리가 현저히 길어진다. 물이 있는 노면에서는 배수 능력의 저하로 인하여 미끄러지기도 하고, 고속에서는 수막현상(Hydroplaning)이 일어나기 쉬워 매우 위험하다.

그래서 트레드의 특정 홈 사이에 일반 홈 깊이보다 1.6mm 높은 부분을 만들고, 타이어가 닳아서 홈의 깊이가 1.6mm밖에 남지 않았음을 나타내어 마모한계를 표시하도록 되어 있다. 이것을 슬립 사인이라 하며 보통 네군데 이상 설치하고, 이 슬립 사인이 있는 곳의 쇼울더 부분에 ∆표시가 되어 있다. 슬립 사인의 설치는 도로교통법에 정해져 있으며, 슬립 사인이 닳아 없어진 타이어를 장착한 차량은 정비 불량으로 처리된다.

8. 타이어의 펑크(puncture)와 파열(burst)

타이어의 펑크와 파열은 타이어의 트러블이지만 그 발생 원인은 전혀 다르다. 펑크는 타이어가 못과 같은 것에 찔린 구멍으로 공기가 빠져 버리는 것이다. 이에 비해 파열은 타이어의 내부구조 자체가 손상을 받아 파손되어 버리는 것이다.

예를 들면 공기압이 낮은 채로 고속 주행하여 스탠딩 웨이브(standing wave)가 일어난 경우나, 트레드가 극단적으로 닳아서 내부의 벨트나 카커스에 노면의 충격이 직접 전달되어 벨트나 카커스가 노출되어 찢어지는 경우가 이에 해당한다. 펑크는 우발적으로 일어날 가능성이 높으나 튜브리스 타이어의 보급으로 그 위험성은 낮아졌다. 그러나 파열은 상당히 가혹한 상태에서 사용하는 경우가 아니면 잘 일어나지 않으나, 일단 일어났다 하면 치명적인 결과를 초래한다. 따라서 타이어의 관리는 매우 중요하며, 공기압, 마모상태, 표면의 상처 등을 항상 눈여겨보아야 한다.

5 타이어 공기압력 모니터링 장치(TPMS)

1. 타이어 공기압력 모니터링 장치의 개요

자동차 운행 중 타이어 문제로 발생하는 사고에 대한 대처방안으로 타이어 상태를 계속 감시해 정차 및 운행 중 타이어의 공기압력 변화로 주행 안정성에 방해되는 상황이 발생하면 운전자에게 경고해 주어 주행 안정성을 확보토록 한 장치가 타이어 공기압력 모니터링 장치(TPMS : tire pressure monitoring system)이다.

압력이 지정된 압력보다 약 25% 이하(차종별 표준공기압보다 5psi 정도)로 떨어질 경우, 타이어 내부 온도가 115℃ 이상인 경우, 공기압 값이 한계 이상이 될 경우(예: 50psi), 좌우 불균율(약 5%)에 이상이 생길 경우에 경고등을 점등하여 운전자에게 알려주는 타이어 공기압 경보 장치이다. 또한 형식은 간접방식의 로우 라인(low line)과 직접방식의 하이라인(high line)으로 구분한다.

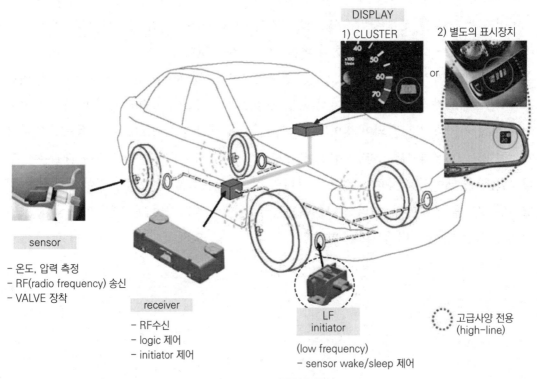

%% 그림 2-233 TPMS 구성

2. 타이어 공기압력 모니터링 장치의 구성 및 작동

타이어 공기압력 모니터링 장치의 작동순서를 나타낸 것으로 세부작동은 아래와 같다.

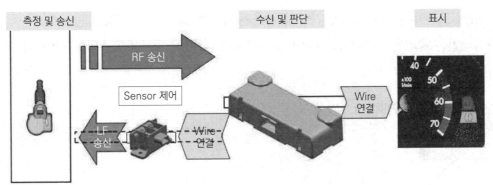

그림 2-234 TPMS 시스템의 구동

3. 타이어 공기압력 사양에 따른 분류

(1) 로우 라인 방식(low-line, 간접 방식)

로우 라인의 구성부품은 수신기, 타이어 공기압력센서 및 표시장치(클러스터 내부)가 있다. 4바퀴 중 1바퀴가 공기압 저하 시 하이와이드 방식으로 경고등을 점등하지만, 공기압이 부족한 타이어는 표시하지 못한다.

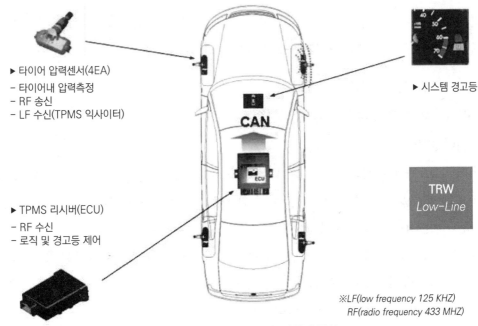

▶ 타이어 압력센서(4EA)
– 타이어내 압력측정
– RF 송신
– LF 수신(TPMS 익사이터)

▶ 시스템 경고등

▶ TPMS 리시버(ECU)
– RF 수신
– 로직 및 경고등 제어

TRW
Low-Line

※LF(low frequency 125 KHZ)
　RF(radio frequency 433 MHZ)

그림 2-235 TPMS 로우 라인의 구성

(2) 하이 라인 방식(high-line, 직접 방식)

하이라인의 구성부품은 수신기, 센서, 표시장치(클러스터 내부, 인사이드밀러, 오버헤드 콘솔 등) 및 이니시에이터(initiator)가 있다. 4바퀴 중 1바퀴가 공기압 저하 시 하이와이드 방식 또는 통신방식으로 공기압이 저하된 타이어 표시 및 경고등을 점등한다.

하이라인은 공기압이 부족한 타이어를 파악하기 위하여 2~4개의 이니시에이터를 장착한다.

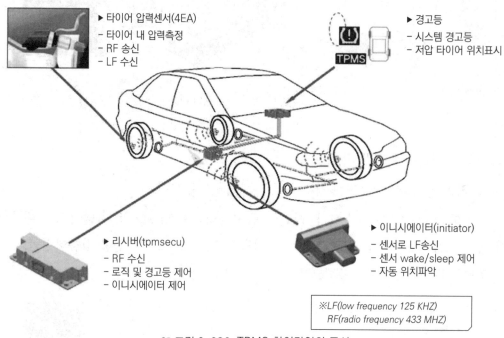

▶ 타이어 압력센서(4EA)
- 타이어 내 압력측정
- RF 송신
- LF 수신

▶ 경고등
- 시스템 경고등
- 저압 타이어 위치표시

▶ 리시버(tpmsecu)
- RF 수신
- 로직 및 경고등 제어
- 이니시에이터 제어

▶ 이니시에이터(initiator)
- 센서로 LF송신
- 센서 wake/sleep 제어
- 자동 위치파악

※LF(low frequency 125 KHZ)
　RF(radio frequency 433 MHZ)

🎀 그림 2-236 TPMS 하이라인의 구성

4. 타이어 공기압력 모니터링 장치의 센서

(1) 타이어 공기압력센서

타이어 공기압력센서는 각 타이어의 휠에 설치되어 타이어에 공기를 주입하거나 배출할 수 있는 밸브와 타이어 공기압력을 검출해 무선으로 데이터를 송신하는 휠 일렉트로닉스(wheel electronics)로 구성되어 있다. 각각의 타이어 휠에 설치되어, 타이어와 함께 회전하므로 별도의 기계적 접촉을 구성하기가 불가능하므로 자체에 내장된 축전지(3V)를 사용한다. 배터리 수명은 주행 시간 및 자동차 상태에 따라 다소 차이가 날 수 있지만 정상적으로 작동할 경우 약 7~10년 정도이다.

휠 모듈(wheel module) 내부의 축전지는 대기압력 상태에서는 소모되지 않지만, 일단 타이어에 설치하면 내부 공기압력에 의해 작동하기 시작한다. 타이어 공기압력센서는 자체 축전지 소모량을 줄이기 위해 약 1분에 1번씩 타이어 공기압력 및 온도, 자신의 ID을 수신기로 RF(radio frequency 433 MHz)송신하는데 타이어의 비정상적인 상황이 발생하면 약 4초에 1번씩 데이터를 송신한다.

그림 2-237 타이어 공기압력센서

(2) 수신기(receiver control unit)

수신기는 이니시에이터를 제어(wake-up 또는 sleep)하며 타이어 공기압력센서의 정보를 RF(radio frequency 433MHz)수신하여 타이어 공기압력 이상 유무를 판단하고 계기판 등의 표시장치로 이 정보를 송신한다. 타이어 공기압력에 이상이 있을 때는 경고등 점등 신호를 송신한다. 더불어 자기진단기능과 자동학습기능이 있다.

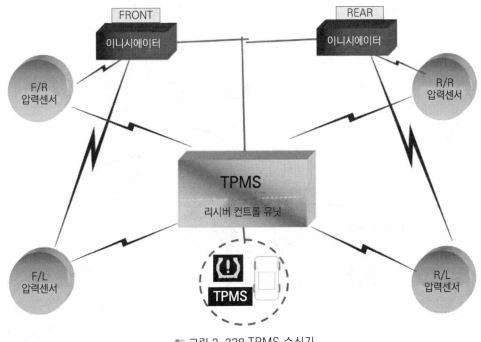

그림 2-238 TPMS 수신기

(3) 표시장치

수신기로부터 받은 정보를 운전자에게 알려준다. 타이어의 상태 표시장치는 제작회사 및 자동차 종류에 따라 다르지만, 일반적으로 계기판에 설치된다. 공기압력 확인(check), 공기압력 부족(warning low), 공기압력 과대(warning high), 공기압력 불균형(imbalance)과 각 타이어의 압력이 표시되며 장치에 결함이 검출되면 경고등이 점등된다.

표시장치에 표시되는 공기압력은 각 휠의 타이어 공기압력센서에서 송신한 온도보상 압력 값을 나타내므로, 일반적인 타이어 공기압력 게이지가 지시하는 값과는 다소 차이가 날 수 있다. 즉, 온도보상 공기압력은 실제 타이어 내부의 공기압력을 18℃ 조건으로 환산해 나타낸 것으로 일반적인 타이어 공기압력 게이지의 절대압력과는 약간 차이가 발생한다. 따라서 타이어에 공기를 주입할 때 계기판의 변화되는 압력 값을 기준으로 주입해야 한다.

(4) 이니시에이터(initiator)

타이어 공기압력센서를 제어하는 기능을 하며, 점화스위치 ON상태에서는 타이어 공기압력센서를 작동모드로 진입하도록 무선전파를 송신하고, 점화스위치 OFF상태에서는 타이어 공기압력센서를 작동 중지 모드로 진입하도록 무선전파를 송신하며 사양에 따라 삭제될 수 있다.

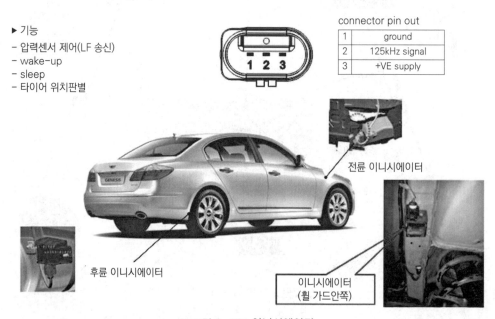

▶ 기능
- 압력센서 제어(LF 송신)
- wake-up
- sleep
- 타이어 위치판별

connector pin out

1	ground
2	125kHz signal
3	+VE supply

1 2 3

전륜 이니시에이터

후륜 이니시에이터

이니시에이터
(휠 가드안쪽)

그림 2-239 이니시에이터

5. 타이어 공기압력 센서 부품교환 후 학습 기능

(1) 압력 센서 교체 시

하이라인은 장비를 이용한 학습방법과 자동학습방법이 있으며 ID 학습 기능(auto learning)과 자동 위치 학습(auto location)이 있으므로 두 가지 작업 중에서 하나를 실행한다. 그러나 로우 라인은 장비를 이용하여 입력하여야 한다.

(가) GDS 및 익사이터(TPMS 학습 모듈) 장비를 이용한 학습

GDS와 익사이터를 이용하여 센서 ID 입력하는 방법

(나) 자동 학습 기능을 이용한 학습

TPMS 제작사별로 약간의 차이는 있을 수 있지만, GDS 및 익사이터 장비가 없을 경우에는 자동 ID 학습 기능을 이용하여 위치 학습을 위해 25km/h 이상을 약 7분 이상 주행하는 방법

■ 리시버, 압력센서 교환 시 ID 입력

1. 수동입력 : VCI 이용
2. 자동입력 : TPMS 모듈 이용

▶ TPMS 모듈을(익사이터) 이용한 센서 ID 입력
  작동 : PC 화면에 지시하는 타이어의 입력센서로부터
    10cm 위치시켜 –TPMS 모듈 "ENTER"
      → 압력센서 고유 ID 및 타이어 위치 식별됨
      → 휠의 입력순서에 의거하여 입력
▶ TPMS 모듈을 이용한 센서측정
  작동 : 압력센서로부터 10cm 위치 – "Enter"
  센서정보 : ID, 타이어입력, 모드, 배터리레벨, 온도

VCI

케이블

TPMS 모듈

그림 2-240 TPMS 학습

(2) 리시버 교체 시

하이 및 로우 라인 모두 GDS 및 익사이터 장비를 이용하여 아래의 순서에 따라 실행한다.
① 차종
② 리시버의 모드를 초기(virgin)에서 정상(normal)모드로 변경

③ 차대번호 입력

④ 센서 ID 입력 후 10초 동안 Key Off 후 다시 Key on

(3) 타이어 위치 교환 시

로우 라인 방식은 타이어 위치 교환 시는 추가 작업 필요 없음.

(가) GDS 및 익사이터 장비를 이용한 학습

GDS와 익사이터를 이용하여 센서 ID 입력(권장 방법).

9나) 자동 학습 기능을 이용한 학습

TPMS 제작사별로 약간의 차이는 있을 수 있지만, GDS 및 익사이터 장비가 없을 경우에는 자동 ID의 위치 학습을 위해 25km/h 이상을 7분 이상 주행.

Chapter 11 4바퀴 구동장치(4 wheel drive system)

1 4바퀴 구동장치의 개요

4바퀴 구동장치(4WD ; four wheel drive system)는 앞·뒤 4바퀴로 엔진의 동력을 모두 전달하는 방식으로서 종류에는 파트타임(part time) 방식, 풀타임(Full time) 방식, 모든 바퀴구동(AWD ; all wheel drive) 방식이 있다. 4WD는 주행 중 모든 타이어에 코너링포스가 발생하므로 2바퀴 구동 방식(2WD)에 비해 주행 안정성이 우수하다.

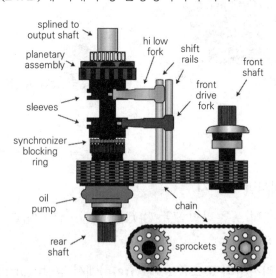

그림 2-241 4륜 구동 트렌스퍼

선택치합식(part time) 4WD는 운전자의 선택에 따라 평상시에는 2H(2바퀴 구동) 선택하여 2바퀴를 구동하여 주행하며, 눈길이나 오프로드(off road) 등에서는 수동으로 4H(4바퀴 고속구동)를 선택하여 4바퀴 구동장치로 전환한다. 또한 도로의 구배 또는 경사도 등의 상황에 적합하도록 4L(4바퀴 저속구동)을 선택하여 주행 할 수 있다. 타임 4바퀴 구동장치는 평상시에는 2바퀴로 구동하기 때문에 연료 소비율 면에서는 유리하지만, 주행 안정성과 조작에 따른 편의성은 풀타임 4WD에 비해 저하된다.

상시4륜(full time)방식은 상시(常時) 4바퀴 구동장치이며 운행 상황에 따라 4H(4바퀴 고속구동)와 4L(4바퀴 저속구동)로 주행할 수 있으며, 4WD TCU(transmission control unit)에 맵핑된 로직에 따라 평상시에는 4H모드(4 high mode)에서 2바퀴 구동과 같은 방법으로 운행하다가 도로 조건 등의 변화에 따라 앞·뒷바퀴로 구동력이 자동적으로 분배된다.

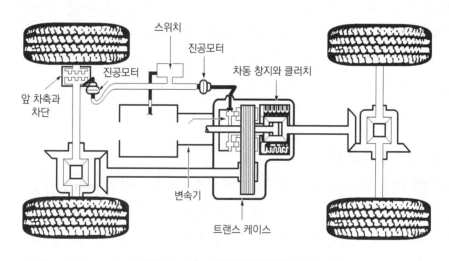

그림 2-242 4바퀴 구동장치의 구성

상시 4바퀴 구동장치는 타이어의 횡 슬립 발생 시 생기는 코너링 포스에 의해 우수한 접지력을 확보할 수 있지만 2바퀴 구동 방식에 비해 연료 소비율은 불리하다.

바퀴구동(AWD) 방식은 풀타임 4바퀴 구동장치와는 달리 엔진의 동력을 주행 상황에 따라 구동력을 앞·뒷바퀴에 5 : 5, 4 : 6, 3 : 7 등과 같이 이 분배하여 전달한다. 상시 4바퀴 구동장치(AWD)는 ESP(electronic stability program or VDC, vehicle dynamic control system, 차체자세 제어장치)와 연계하여 TCU(transmission control unit)가 최적의 기어비율과 구동휠을 선택하여 구동하므로 주행 안정성과 연료 소비율 문제를 상당부분 해결하였다. 4바퀴 구동장치의 특징은 다음과 같다.

2 4바퀴 구동장치의 특징 및 장점

1. 4바퀴 구동장치의 특징

① 등판능력 및 견인력이 향상된다. 4개의 바퀴에 균일하게 구동력을 분배하기 때문에 등판능력과 견인력이 향상된다.

② 조향 성능과 주행 안정성이 향상된다. 타이어와 노면의 접촉면에서 발생하는 횡 슬립율에 따라, 앞바퀴 구동(FF) 자동차는 언더 스티어링(under steering)으로 주행하려고 하고, 뒷바퀴 구동(FR) 자동차는 오버 스티어링(over steering)으로 주행하려고 하나, 4바퀴 구동장치의 자동차는 뉴트럴 스티어링(neutral steering) 주행 특성이 발생하므로 4WD차량은 조향 성능과 주행 안정성이 향상된다.

③ 제동력이 향상된다. 4바퀴 구동장치의 자동차는 제동 시 4바퀴에서 발생하는 타이어의 슬립율에 따라 감속 상태에서도 제동력이 향상된다.

④ 연료 소비율이 크다. 2바퀴 구동 자동차보다 동력전달 장치의 회전방향 변환, 종감속기어의 마찰 손실, 차체의 관성중량, 타이어의 구동 슬립율 등의 영향에 기인하여 연료 소비율이 크다.

2. 4바퀴 구동장치의 장점

4바퀴 구동 자동차는 2바퀴 구동 자동차에 비해 다음과 같은 장점이 있다.

① 구동력이 균일하게 분배되므로 험한 도로나 눈길 등에서의 주행능력이 우수하다.

② 앞·뒷바퀴 모두로 구동력이 전달되므로 등판능력이 향상된다.

③ 차동장치나 조작 기구를 이용하여 선회할 때 앞·뒷바퀴의 선회 반지름 차이에 의해 발생하는 회전속도 차이를 흡수하므로 방향안정성이 향상되고 빠른 선회속도를 유지할 수 있다.

④ 높은 출력의 자동차에서 급발진 및 가속할 때 타이어의 점착력보다 구동력이 크기 때문에 일어나는 공전을 방지한다.

⑤ 2바퀴 구동 자동차는 제동할 때 가장 먼저 고착되는 바퀴의 코너링 포스가 현저하게 감소하여 조향 및 제동 안전성능이 저하되지만, 4바퀴 구동 자동차는 4개의 바퀴가 모두 고착될 때까지 코너링 포스가 발생되므로 제동 시 조향 안정성 확보가 가능하다.

3 4바퀴 구동장치의 분류

4바퀴 구동장치는 구동방식에 따라 아래와 같이 분류한다.

분류		종류
선택치합식 (part time 4WD)	수동식 (manual free wheel hub)	1. 차량의 외부(바깥쪽)에서 앞바퀴 허브에 있는 "LOCK/FREE"다이얼을 돌려 드라이브 샤프트와 허브록이 연결 또는 해지됨. 2. 4WD↔2WD 전환은 차량 정지 상태에서 전환해야 함. 3. 적용차량 : 구형 겔로퍼, 구형 코란도 등.
	기계식 (cam type free wheel hub)	1. 40km/h 이하에서 주행 중 2WD→4WD 전환이 가능. 2. 4WD→2WD전환 시는 차량 정지 후, 뒤로 1~2m 주행하여야 전환이 가능함. 3. 적용차량: 스포티지, 겔로퍼, 코란도.
	진공식 (vacuum type auto free wheel hub)	1. 2WD→4WD 전환은 솔레노이드밸브를 On 시켜 휠 엔드부의 프리휠 허브가 진공상태로 되어 4륜구동이 됨. 2. 4WD→2WD 전환은 솔레노이드밸브를 OFF 시켜 휠 엔드부의 진공라인에 대기압이 작용하여 4WD가 해제됨. 3. 적용차량: 스타렉스 * FRRD: free running differential * CADS: center axle disconnect system
	전기식 트랜스퍼 (EST, ESOF)	1. 구동모드로는 2H, 4H, 4L이 있으며 주행 중 80km/h 이하에서 2WD ↔ 4WD 절환이 가능하며 4WD(4H) ↔ 4WD(4L)로 절환 시는 반드시 차량 정차 후, 절환이 필요함. 2. 적용차량: 테라칸, 쏘렌토 * 비중앙축 장치(CADS) * EST: electric shift transfer * ESOF: electric shift on fly
상시4륜식 (full time 4WD)	토크분배 고정식 (center diff. + viscous)	1. 별도의 4WD 절환이 필요 없이 상시 4WD로 작동. 2. 적용차량: 싼타모, 싼타페, 무쏘
	전자제어식 트랜스퍼 (ATT, TOD)	1. 구동모드로는 AUTO/LOW가 있으며 전, 후륜 구동력을 각종 노면조건에 대응하여 주행이 가능하다. 2. AUTO↔LOW로 절환시는 반드시 차량 정차 후 절환이 필요함. 3. 적용차량: 테라칸, 쏘렌토 * ATT: active torque transfer, * TOD: torque on demand
	능동형 토크제어식 (ITM : inter active torque management)	TOD와 달리 전·후륜의 구동력을 4대6, 5대5, 3대7 등과 같이 엔진 구동력 배분이 이뤄지는 AWD(all wheel drive)
	직결 커플링 방식 (DEC, direct electro coupling, ATC(Active transfer case) 방식	후륜 구동용 승용차량의 액티브 4륜 구동(HTRAC, HYUNDAI motor traction의 약어) 시스템이며, 상시 AUTO 모드로 작동하고 주행상태에 따라 전·후륜 구동력을 전기 또는 유압으로 클러치를 제어하여 구동력을 전륜으로 자동배분 한다.

1. 파트타임 방식(part time type)

(1) 파트타임 방식의 구조

파트타임 방식의 4바퀴 구동장치는 필요에 따라 운전자 조작에 의해 수동으로 작동하는 방식이다. 이 방식은 트랜스퍼 케이스(transfer case) 내부에서 앞·뒷바퀴를 도로 상태에 따라 기계적으로 2WD 또는 4WD로 직결시킨다.

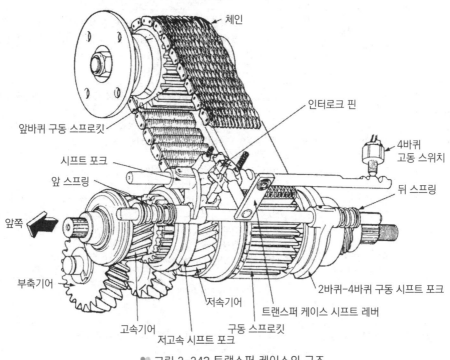

체인
인터로크 핀
앞바퀴 구동 스프로킷
4바퀴 고동 스위치
시프트 포크
앞 스프링
뒤 스프링
앞쪽
2바퀴-4바퀴 구동 시프트 포크
부축기어
저속기어
트랜스퍼 케이스 시프트 레버
고속기어
구동 스프로킷
저고속 시프트 포크

그림 2-243 트랜스퍼 케이스의 구조

4바퀴의 마찰 계수가 같은 도로를 주행하는 경우에 앞·뒷바퀴의 구동력 분배는 작동하중 분배에 비례한다. 일반도로를 주행 중 앞바퀴 또는 뒷바퀴 중 어느 한쪽 바퀴가 미끄러지더라도 타이어의 접착력에 발생하는, 즉, 슬립이 발생하지 않는 차축에는 구동력이 발생하므로 주행이 가능하다.

Reference
타이트 코너 브레이크(tight corner brake) 현상이란 건조하고 마찰계수가 큰 도로를 선회할 경우, 앞바퀴와 뒷바퀴의 선회 반지름 차이에 해당하는 타이어의 회전각속도량 차이 값으로 인하여 앞바퀴는 브레이크가 걸린 느낌이며, 뒷바퀴는 공전하는 것처럼 덜컹거리는 현상을 말한다.

일반 도로에서는 2바퀴로 구동하면 마찰계수에 의한 동력손실이 적어 경제적인 운전이 가능하다. 그러나 차량이 4WD상태로 코너를 회전할 때는 앞·뒷바퀴의 구동장치사이는 완충장치 없이 직결되므로 구동축이 같은 속도로 회전을 하기 때문에, 회전반경이 작은 차축에는 타이어와 도로면 사이에 강제 미끄럼이 발생하며 이를 타이트 코너 브레이크 현상이라고 한다. 또한, 4륜구동 차량은 전후륜타이어의 원주율의 차이, 즉, 타이어 사이즈 차이에 의해 주행 중 차량이 흔들리는 현상이 발생하며 이를 드라이브 윈드-업(drive wind-up) 현상이라고 한다.

(가) 로킹 허브(locking hub, hub lock, free wheel hub)

파트 타임 4WD차량은 2륜구동 시에는 구동력이 필요하지 않은 차축의 휠에는 구동력을 차단하고, 4륜구동 시에는 모든 바퀴에 구동력을 전달하여야 한다.

2륜 구동시 구동력이 필요하지 않은 차축의 구동력을 끊어 주행 중 휠이 공회전하여 연비 및 소음, 마모를 방지는 기구를 로킹 허브(locking hub)라 한다. 즉 로킹 허브는 액슬 샤프트와 타이어 사이에서 구동력을 전달 또는 차단하며 2륜구동 주행 시 타이어와 휠이 공전하도록 만드는 역할을 한다.

(나) 로킹 허브의 종류

1) 수동식(manual free wheel hub)

로킹 허브에 손잡이(다이얼)가 달려 4륜구동이 필요할 때 하차하여 양쪽 휠의 손잡이를 돌려 로킹 시키는 타입이다. 국내에서 코란도, 록스타 등에 적용되고 있다.

🍀 그림 2-244 로킹 허브(수동식)

2) 자동식(cam type free wheel hub)

롤러 타입, 캠 타입, 진공 타입으로 3가지가 있다.

① 롤러 타입 : 테이퍼 롤러를 이용하여 회전 속도 차이에 따라 4륜구동이 작동하는 기계식이며 무겁고 롤러의 마모가 많은 단점이 있다.

② 캠 타입 : 캠 형상을 한 기어의 이동에 따라 4륜구동이 작동되는 기계식으로서 주행 중에도 4륜구동으로 전환이 가능하다. 구조가 복잡하고 2륜구동으로 해제할 때 후진을 해야 한다. 4륜구동으로 전환 시 구조적인 충격음이 들린다. 갤로퍼, 스포티지(97년 이전), 레토나 등에 쓰인다.

3) 진공식(vacuum type auto free wheel hub)

진공압을 이용하여 구동력을 전달하며 구조는 간단하지만, 진공 액추에이터 등 주변 부품이 많다. 무쏘, 뉴코란도 스타렉스 등에 쓰인다. CADS(center axle disconnect system) 이라고도 한다.

4) 전기식(EST: electric shift transfer, ESOF: electric shift on fly)

모터를 이용하여 2H, 4H, 4L 모드로 변환하는 형식이다.

(2) 파트타임(part time) 전자제어 4바퀴 구동장치의 작동

(가) 파트타임 전자제어 4바퀴 구동장치의 개요

파트타임 4바퀴 구동장치는 2륜구동(2H), 고속4륜(4H), 저속4륜(4L)으로 스위치가 구분된다. 평소에는 2륜으로 운행하며 눈길 또는 오프로드같이 필요할 때에 수동으로 4륜으로 작동시켜 사용한다.

파트타임 방식은 평상시 2륜으로 구동하기 때문에 연비 절감에 유리하지만, 운전자 판단에 의해 직접 조작해야 하므로 편의성이 조금 떨어지는 단점이 있다. 또한 이 방식은 4바퀴 구동장치는 풀타임 4바퀴 구동장치와 거의 비슷하나, 앞 차축과 뒤 차축 사이에 중앙 차동장치(center differential gear system)가 없는 점이 다르다. 따라서 4바퀴 구동 모드에서 구동력을 항상 앞바퀴와 뒷바퀴에 50 : 50으로 분배해주며, 중앙 차동장치가 없기 때문에 선회할 때 앞바퀴와 뒷바퀴의 회전반경 차이를 보정하지 못하므로, 포장도로에서 저속으로 풀턴 선회주행 시 멈칫거리며 울컥거림과 동시에 이음이 발생하는 "타이트 코너 브레이크(tight corner braking)" 현상이 발생한다.

이 현상은 자동차가 선회할 때 좌우의 바퀴의 회전반경 차이를 차축 하우징(axle housing)에 설치된 차동장치로 해결하지만, 파트타임 4바퀴 구동장치에는 앞바퀴와 뒷바퀴의 회전 반지름 차이를 보정해줄 수 있는 중앙 차동장치가 없어 앞바퀴와 뒷바퀴가 똑같은 회전량으로 회전하려고 하기 때문에 나타나는 현상이다.

이로 인해 발생하는 심한 부하가 구동축이나 변속기에 작용하게 되고, 이를 극복하기 위해선 4바퀴 중 어느 하나는 반드시 미끄러지거나(slip) 또는 스핀(spin)을 일으켜야 한다. 그렇지 못할 경우에는 구동축이나 변속기가 파손될 염려가 있다.

(나) 선택치합식(part time 4WD)의 구분

선택치합식은 필요 시에 4륜구동이 되는 방식으로서 조작방식에 따라 기계식과 전자제어식이 있다. 엔진의 구동력을 전, 후륜 차축으로 구동력을 적절히 배분하여 4륜구동이 가능하게 하는 장치를 트랜스퍼케이스라고 한다.

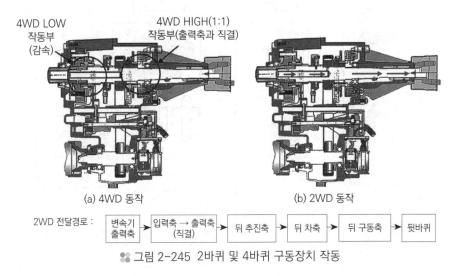

2WD 전달경로 :

| 변속기
출력축 | → | 입력축 → 출력축
(직결) | → | 뒤 추진축 | → | 뒤 차축 | → | 뒤 구동축 | → | 뒷바퀴 |

그림 2-245 2바퀴 및 4바퀴 구동장치 작동

1) 비중앙축 4바퀴 구동장치(CADS: center axle disconnect system)

가) 비중앙축 장치 개요

비중앙축 장치(CADS: center axle disconnect system)는 엔진룸 내에 위치 한 솔레노이드밸브, 발전기에 장착된 진공펌프, 진공탱크, 프론트 액슬에 장착된 액추에이터로 구성되어 있으며 TCCU에 의해 제어된다.

그림 2-246 ADS 외관 및 내부구조, 2/4WD 작동상태

2바퀴로 주행을 하다가 4바퀴 구동으로 변환할 때 마지막으로 구동력을 단속하는 장치이다. 즉 2바퀴 구동에서 4바퀴 구동으로 전환이 가능하도록 하는 장치이다. 2바퀴로 주행할 때는 자동차의 주행속도에 의해 앞 차축은 무부하 상태로 회전한다.

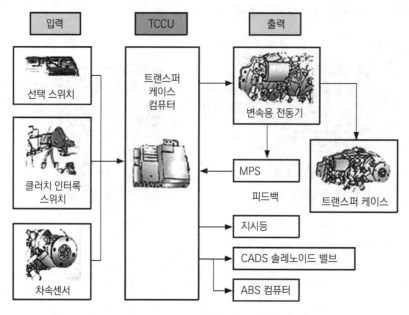

그림 2-247 파트타임 4바퀴 구동장치의 구성

이때 피니언 축(pinion shaft)과 링 기어(ring gear)에서 발생하는 소음과 진동을 억제하여 자동차가 최적의 상태로 주행하도록 한다. 즉 파트타임 4바퀴 구동장치의 불완전한 구동을 방지하기 위해 차축에 비중앙축 장치를 설치하여 완전한 2바퀴 구동 주행이 가능하도록 하는 장치이다.

나) 비중앙축 장치의 작동원리

4바퀴 구동장치로 구동할 때에는 슬리브에 의해 앞 차축과 뒤 차축이 연결되어 구동축으로 동력을 전달한다. 그러나 2바퀴 구동모드로 전환되면 액추에이터의 스프링 장력과 솔레노이드 밸브의 압력 차이로 인하여 연결되어 있던 앞 차축과 뒤 차축의 연결이 차단된다. 이와 같이 2바퀴 구동으로 주행할 때 구동하지 않는 바퀴의 구동축을 차단하여 연료 소비율을 향상시킨다. 그리고 솔레노이드 밸브는 컴퓨터(TCCU ; transfer case control unit)에서 제어한다.

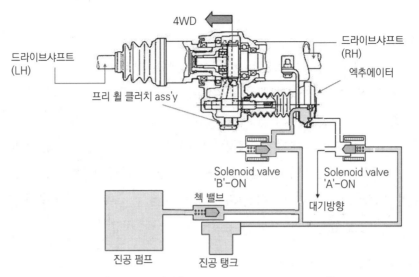

그림 2-248 CADS(center axle disconnect sys')

① 2WD의 상태

㉮ atuator A실에는 부압 발생, B실에는 대기압이 작용.

㉯ actuator 내의 Diaphragm이 오른쪽으로 이동함에 따라 Rod, Fork도 함께 이동하여 Clutch gear와 Shaft의 연결이 Sleeve에 의해 끊김.

㉰ LH CV Joint는 Tire의 구동력에 의해 전(LH Side gear로 들어온 회전은 Diff. Pinion, Side gear(RH)로 전해져 Shaft는 반대방향으로 회전)

㉱ T/F측에서도 FRONT로의 동력을 끊고 있기 때문에 Diff. case, Drive pinion 등도 정지 상태

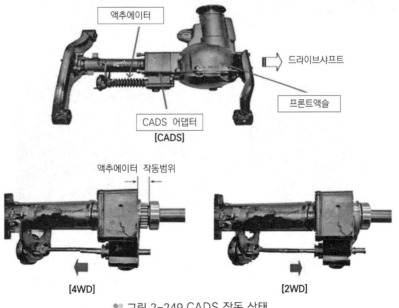

그림 2-249 CADS 작동 상태

② 4WD 상태

㉮ Front P/Shaft가 회전하여 Diff. case도 회전을 시작

㉯ 역회전하고 있던 CADS shaft는 좌우 Side gear가 동일 회전수가 되면 같은 방향으로 회전

㉰ 이때, Actuator A실은 대기압, B실은 부압이 발생하여 diaphragm 등의 관련 부품이 왼쪽으로 이동하여 Sleeve가 CADS shaft와 Clutch gear를 연결하여 4WD 상태

㉱ 이로써 P/Shaft에서의 구동력은 좌우 Side gear로 나누어져 RH측은 CADS Shaft → Sleeve → Clutch gear → Inner shaft → Tire로 전달

2) FRRD(Free Running Differential)

CADS장치와 비슷한 형식으로서 주행 중 2WD ↔ 4WD의 변환이 가능하다. 에어펌프와 엑추에이터로 구성되어 TCCU의 제어에 의해 작동한다. 에어펌프는 FRRD로 압축공기를 공급하는 역할을 하며 내부에 압력 스위치가 있다. 에어펌프에서 FRRD로 압축공기가 공급되면 내부 도그클러치가 치합되어 전륜으로 동력이 전달된다.

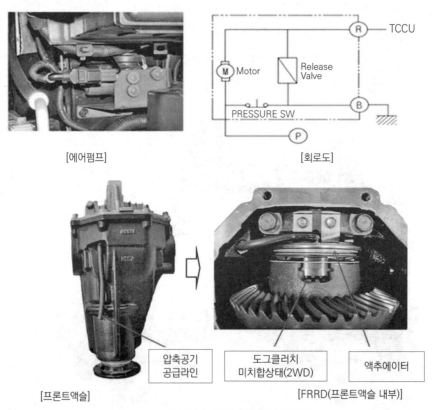

[에어펌프] [회로도]

[프론트액슬] [FRRD(프론트액슬 내부)]

압축공기 공급라인 도그클러치 미치합상태(2WD) 액추에이터

❈ 그림 2-250 FRRD의 작동

FRRD는 아래와 같이 작동한다.

① 운전자가 4WD(4H)를 선택하면 펌프로 전원 인가한다.

② 이때 정지하고 있던 프론트 프로펠러 샤프트가 회전하기 시작하고, FRRD의 내부 케이스와 외부 케이스의 회전차가 거의 동등하게 된다.

③ 액추에이터 내부에 공기압이 충진된다.

④ 액추에이터가 캠링을 밀고, 내부케이스와 도그클러치가 치합을 이루어 4WD 상태로 변환한다.

⑤ 운전자가 2WD를 선택하면, 트랜스퍼에서 구동력을 끊게 되고, 엑추에이터의 작동을 위한 에어펌프의 전원이 "OFF" 된다.

⑥ 리턴스프링에 의해 캠링이 밀려나고, 내부케이스와의 치합이 해제되어 2WD 상태로 변환된다.

3) 전자제어식 파트타임 4WD(EST)

전자제어식 EST 4WD는 운전자의 선택에 의해 2륜구동과 4륜구동이 이루어지며, 4륜구동 시는 고속주행이 가능한 4H모드와 저속주행을 위한 4L모드가 있다. 전·후륜의 구동력은 4H모드나 4L 모드에서 모두 50:50으로 고정된 구동력으로 전달된다. EST 4WD 구성은 크게 시스템 제어 부분과 시스템 제어에 따라 구동력을 전달하는 기구학적 메커니즘의 두 부분으로 나누어진다.

🐾 그림 2-251 파트타임 전자제어 4바퀴 구동장치 입·출력도

전자제어 파트타임 4바퀴 구동장치는 입력부분, 제어부분, 출력부분으로 분류되며, 각종 센서로부터 입력된 정보를 바탕으로 컴퓨터가 제어 연산하여 출력부분인 변속용 전동기(shift motor)를 작동시킨다. 이때 중요한 입력신호는 자동차의 변속상태, 주행속도 그리고 스위치의 위치 등이다. 컴퓨터는 변속용 전동기를 구동하고 변속용 전동기의 작동 여부를 알려주는 전동기 위치 센서(MPS: motor position sensor)에 의해 피드백(feed back) 받아 작동 여부를 확인한다.

① 컴퓨터(TCCU: Transfer case control unit)
컴퓨터는 운전석 시트 아래쪽에 설치되어 있으며, 운전자의 스위치 조작에 따라 주행 중에도 2바퀴 구동에서 4바퀴 고속(high) 구동으로 변환이 가능하도록 한다. 또 4바퀴 구동에서 4바퀴 저속(low) 구동은 자동차를 일단 정지시킨 후 변환이 가능하도록 하며, 고장이 발생하였을 때 진단기능도 한다.

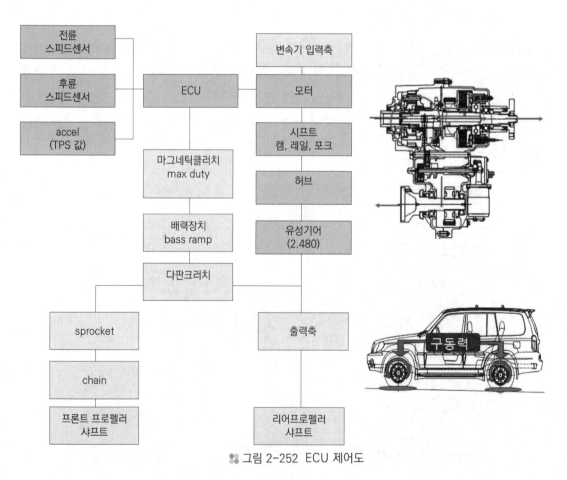

그림 2-252 ECU 제어도

㉮ 2바퀴 구동에서 4바퀴 구동으로 선택할 때

크래시 패드에 설치된 선택스위치를 2바퀴 구동(2H)에서 4바퀴 구동 고속(4H)으로 바꾸는 것은 주행속도가 60~80km/h 이하일 때만 가능하며, 변환이 완료되면 계기판에 있는 HIGH 램프가 점등된다.

㉯ 4바퀴 구동에서 2바퀴 구동으로 선택할 때

크래시 패드에 설치된 선택스위치를 4H에서 2H로 선택하면 자동차의 주행 상태에서도 변환 가능하며, 변환이 완료되면 계기판의 high 램프가 소등된다.

㉰ 4바퀴 고속구동에서 4바퀴 저속구동으로 선택할 때

㉠ 주행속도 0~3km/h 이하에서만 작동되므로 자동차를 일단 정지시킨다.

㉡ 클러치 페달을 밟는다(클러치 인터 록 스위치 "ON" 상태).

㉢ 크래시 패드에 설치된 선택스위치를 4H/4L로 선택한다.

㉣ 변환이 끝나면 해당 램프가 점등된다. 4바퀴 구동장치가 저속구동이면 low 램프가 점등된다.

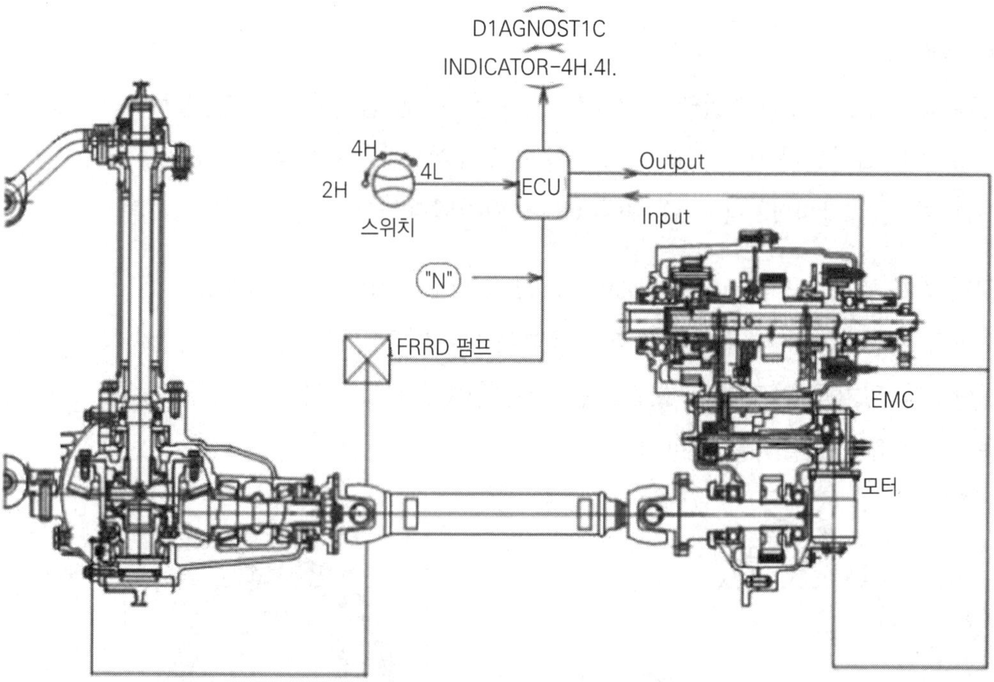

그림 2-253 EST 시스템의 구성

② **변속용 모터**(shift motor)

㉮ **변속용 전동기의 기능**

이 모터는 직류(DC)모터로서, TCCU에 의해 2H - 4H - 4L 모드로 변환할 때 변속용 모터를 회전시키면, 전동기와 연결된 전자축(electronic shaft)과 축의 캠(shaft cam)이 회전하여 감속 시프트 포크(reduction shift fork)와 록업 포크(lock up fork)를 제어하여 4바퀴 구동장치로 변환시키는 역할을 한다.

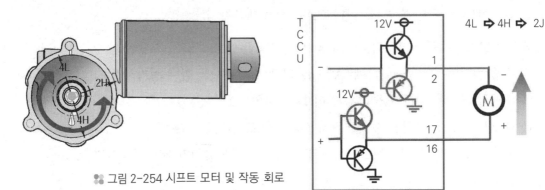

🎇 그림 2-254 시프트 모터 및 작동 회로

㉯ **변속용 전동기의 구성회로도**

2H - 4H - 4L 모드로 제어할 때는 컴퓨터 1번과 2번 단자에 "B+"가 출력되어 16, 17번 단자 쪽으로 접지된다. 4L - 4H - 2L 방향으로 제어할 때는 극성이 바뀌어 16, 17번 단자에 "B+"가, 1, 2단자에는 (-)로 제어하도록 되어있다.

③ **모터 위치 센서**(MPS : motor position sensor or position encoder)

모터의 내부에는 모터의 위치를 피드백하기 위하여 MPS가 있다. 센서는 변속용 모터의 회전방향과 위치를 인코더(encoder)를 이용하여 4개의 스위치 신호를 변속용 전동기의 작동을 TCCU로 전달하는 센서이다.

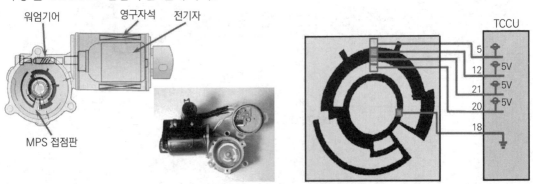

🎇 그림 2-255 전동기 위치 센서의 회로도

④ 전자클러치(EMC: electronic magnetic clutch)

전자클러치는 4바퀴 구동 고속 및 저속모드에서 변속용 모터에 의해 작동된 록업 포크(lock up fork)가 록업 허브를 이동시켜 구동력이 피동기어의 출력축 스플라인을 통해 드라이브 기어로 전달되게 한다.

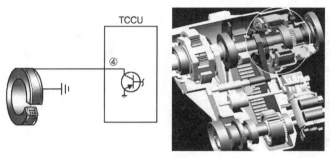

🌸 그림 2-256 전자클러치

⑤ 차속 센서(vehicle speed sensor)

차속 센서는 ABS(anti lock brake system)의 휠 스피드 센서(wheel speed sensor)나 자동변속기의 펄스제너레이터(pulse generator) A & B와 같은 원리를 이용하며, 트랜스퍼 케이스 하우징에 설치되어 있다. 컴퓨터는 이 센서를 이용하여 주행속도를 검출하여 4바퀴 구동 저속모드로 변환할 때 0~3km/h 이하에서만 작동 여부를 결정한다.

차속 센서의 작동원리는 다음과 같다. 코일이 감긴 영구자석 양극 사이에서 전자클러치가 회전하면, 철심에 인가되었던 영구자석의 자속에 변화가 생기고 이 자속의 변화에 의해 교류전압이 발생된다. 이 교류전압은 전자클러치의 회전속도에 비례하여 주파수가 변화하기 때문에 컴퓨터가 센서로부터 시간당 주파수를 검출하여 자동차의 주행속도를 검출한다.

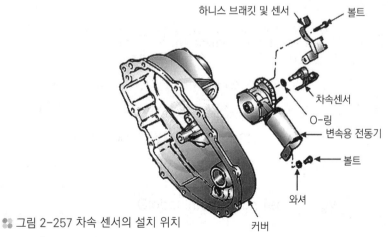

🌸 그림 2-257 차속 센서의 설치 위치

⑥ 지시등(4바퀴 구동장치 고속, 저속)

지시등은 4바퀴 구동 고속모드와 저속모드 지시등이 계기판에 설치되어 있으며, 운전자의 선택스위치 선택에 따라 점등 및 소등된다. 또 4바퀴 구동장치가 고장나면 4바퀴 구동 고속모드와 저속모드 지시등을 동시에 점등시켜 장치의 고장 여부를 알려준다.

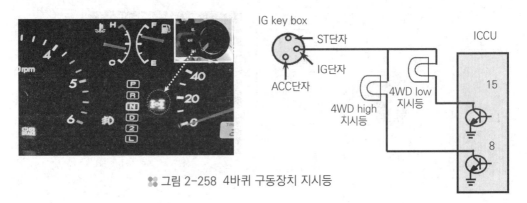

그림 2-258 4바퀴 구동장치 지시등

지시등의 작동 원리는 다음과 같다. 점화스위치를 "ON"으로 하면 키 박스(key box)에서 계기판에 있는 램프로 전원이 공급되어 컴퓨터 8번과 15번 단자에 대기한다. 이에 따라 점화스위치 "ON"과 동시에 컴퓨터에 전원이 공급되면 컴퓨터가 8번과 15번 단자의 트랜지스터 베이스를 작동시켜 각각의 램프를 점등시킨다.

컴퓨터는 6초 동안에 장치 자체를 점검하여 이상이 없으면 4바퀴 구동 고속 및 저속모드 지시등을 트랜지스터 베이스의 전원을 차단하여 소등시키고, 고장이 발생하면 트랜지스터 베이스를 계속 작동시켜 2개의 램프를 지속적으로 점등시킨다. 또 고속모드와 저속모드 지시등이 점멸되면 선택스위치는 작동시켰으나 장치가 아직 작동되지 않는다는 표시이다.

⑦ 4바퀴 구동 선택스위치

이 스위치는 운전자의 의지에 따라 4바퀴 구동 고속모드(high), 저속모드(low), 2바퀴 구동 고속모드(2WD high) 선택 여부를 컴퓨터로 입력한다.

이 스위치를 점검할 때는 멀티테스터를 이용한다. 디지털(digital)신호이므로 컴퓨터가 1과 0으로 처리하기 때문에 전압 수준을 판단하여야 한다. 컴퓨터 7번과 13번 단자에 멀티테스터를 연결하고 각각의 스위치를 "ON" 시켰을 때는 전압이 0.8V 이하로 낮아져야 하고 "OFF" 시켰을 때는 최소 2.5V 이상이 되어야 한다. 만약 스위치를 "ON" 시켜도 전압이 0.8V 이하로 떨어지지 않는다면 스위치의 접점 또는 접지계통을 점검하여야 한다. 또 스위치를 "OFF" 시켜도 전압이 계속 0.8V 이하이면, 컴퓨터 7번과 13번 단자의 배선이 스위치 접점 이전에서 차체에 접지되었거나 단락된 것이므로 컴퓨터 커넥터를 분리한 후 멀티테스터의 레인지를 선택하여 차체와 배선 이상 여부를 확인한다. 반대로 스위치를 "ON" 시켜도 전압이 2.5V 이상으로 계속 유지되면 컴퓨터 커넥터에서 스위치까지의 배선이 단선된 것이고, 스위치 접지선이 단선되어도 이러한 현상이 일어날 수 있다.

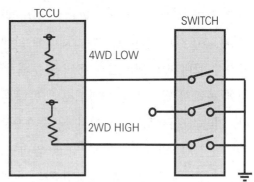

❊ 그림 2-259 차속 센서의 설치 위치

2. 풀타임 방식(full time type)

(1) 풀타임 전자제어 4바퀴 구동장치의 작동

　엔진의 동력을 항상 4바퀴로 전달하는 방식이며, 기구가 복잡하므로 가격이 비싸고, 연료 소비율이 큰 단점이 있으나 험한 도로 및 가혹한 사용 조건뿐만 아니라 포장도로에서도 안정성이 입증되어 많이 실용화되고 있다.

　풀타임 방식은 앞·뒷바퀴 구동력 전달 장치의 차이에 따라 구동력을 앞·뒷바퀴에 항상 일정한 비율로 분배하는 고정 분배방식(center diff. + viscous)과 도로면 상태 및 주행 상태에 따라 구동력 분배를 가변으로 하는 전자가변분배 방식(ATT : active torque transfer, TOD : torque on demand), 능동형토크 제어식(ITM, interactive torque management) 및 액티브 4륜 구동(HTRAC)이 있다.

　능동형 토크제어식의 각 센서의 데이터를 실시간으로 받아서 ECU로 하여금 4WD 커플링 내부에 장착된 마그네틱클러치를 듀티 제어하여, 노면 조건 및 주행상황에 따라 전·후륜 구동력을 가변 배분한다. 이로써 주행 시 발생하는 다양한 상황에서 최상의 주행성능을 발휘한다. 또한 전·후륜의 회전차로 인해 일반적인 4WD 장착 차종에서 선회 시나 주행 시 발생하던 타이트 코너 브레이킹(tight corner braking)현상과 드라이브 와인드업(drive wind up)현상 등에 효과적으로 대응할 수 있는 것이 특징이다.

　드라이브 와인드업(drive wind up)현상은 직진 주행 시 4륜 각 타이어의 공기압 차이와 전,후륜 타이어의 사이즈 차이에 의한 회전 반경의 차이 회전차를 흡수하지 못하여

drive line의 구동력이 상충하는 현상을 말한다.

(가) TOD(torque on demand) 방식

기존의 풀타임 4바퀴 구동장치는 엔진과 변속기를 통해 트랜스퍼 케이스로 전달되는 동력을 오일과 기계장치를 이용하여 앞바퀴와 뒷바퀴로 분배하는 것이 주목적이었다. 반면 TOD 트랜스퍼 케이스는 전자제어에 의해 앞바퀴와 뒷바퀴로 동력을 분배한다. 즉, 일률적으로 앞바퀴와 뒷바퀴로 동력을 분배하는 것이 아니라, 도로 조건이나 자동차 주행 상태에 따라서 앞바퀴와 뒷바퀴로의 동력분배가 0:100~50:50까지 자동으로 수시 변경된다. 기본적으로 포장도로에서 저·중속으로 주행할 때는 "뒷바퀴 구동" 상태(이론상 뒷바퀴로는 100%의 동력이 전달되고, 앞바퀴로는 동력이 전달되지 않음)로 주행하다가 뒷바퀴의 미끄럼이 검출되면, 적당한 양의 동력이 앞바퀴로도 전달된다.

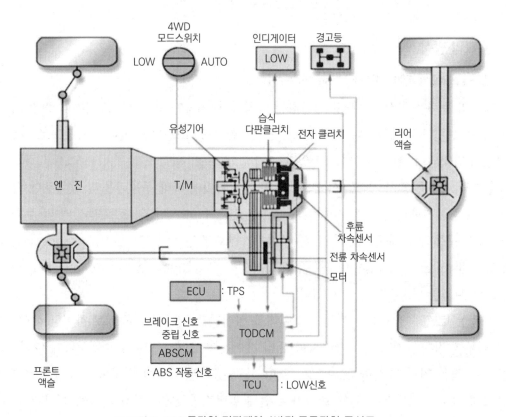

🞉 그림 2-260 풀타임 전자제어 4바퀴 구동장치 구성도

컴퓨터는 트랜스퍼 케이스의 스피드 센서로부터 앞·뒷바퀴의 회전속도 신호를 받고, 엔진 컴퓨터로부터 엔진의 출력 상태에 대한 정보를 받아 분석하며, 그 값에 따라 전자클러치(electro magnetic clutch)의 압착력을 변화시킨다. 전자클러치의 압착력이 변화하면

앞 추진축이 제어되고, 컴퓨터로 보내는 입력값에 따라 앞바퀴로의 동력이 변화한다.

컴퓨터로 보내져 분석된 자동차 주행속도, 엔진 출력 상태, 바퀴의 미끄러짐 비율 등의 정보에 따라 전자클러치의 압착력이 제어된다. 압착력이 변화할 때 압착력이 크면 동력이 많이 전달되고, 압착력이 작으면 클러치의 미끄럼 비율이 커지기 때문에 동력이 적게 전달되므로 입력신호에 따라 적절한 동력이 앞바퀴로 분배된다.

1) 도로 조건에 따른 앞·뒷바퀴 동력분배

가) 포장도로에서 저·중속으로 주행할 때

기존의 파트타임 트랜스퍼 케이스를 사용하는 자동차에서는 정지된 상태에서 조향핸들을 왼쪽 또는 오른쪽으로 돌린 후 출발하면 자동차가 멈칫멈칫하며 걸리는 타이트 코너 브레이크(tight corner braking)현상이 발생하는데, TOD장치에서는 이 현상이 일어나지 않고, 뒷바퀴 구동 주행이 가능하다.

나) 포장도로에서 고속으로 주행을 할 때

포장도로에서 고속주행을 할 때는 뒷바퀴가 주 구동바퀴가 되며(약 85%), 측면에서 부는 바람 또는 우천(雨天)에서도 안전한 접지를 유지하도록 앞바퀴로도 동력(약 15%)이 분배된다.

다) 마찰 계수가 낮은 도로에서 선회할 때

비포장도로, 눈길, 빙판길, 진흙길 등에서 선회할 때 필요한 동력을 앞바퀴에도 분배한다. 앞바퀴에 동력(약 30%)이 분배되면 도로면 접지력이 상대적으로 높아지고, 자연스러운 조향이 가능하다.

라) 마찰 계수가 낮은 도로에서 등판주행 또는 출발할 때

비포장도로, 눈길, 빙판길, 진흙길 등에서 등판주행 또는 출발을 할 때에는 필요에 따라 50:50의 동력을 앞·뒷바퀴에 분배하여 최대 접지력과 구동력을 발휘할 수 있다.

그림 2-261 TOD 구동력 자동 분배

2) TOD 방식의 장점

① 동력이 앞바퀴와 뒷바퀴로 분배되어 4바퀴 구동 상태에서도 연료 소비율이 감소한다.

② 동력이 앞바퀴와 뒷바퀴로 조건에 따라 적절히 분배되므로 각 바퀴가 최적의 접지력을 발휘한다. 이것은 최적의 주행성능 유지, 선회할 때 안정성 유지, 브레이크를 작동할 때 효율 향상 등의 효과가 있음을 의미한다.

③ 도로면 변화에 따른 반응이 신속하다.

④ 내부 구조가 간단하므로 경량화가 가능하다.

⑤ 바퀴 미끄럼 방지 제동장치(ABS)와 연계 및 조화가 쉬워, 작동이 효과적이다.

⑥ 컴퓨터에 의해 자동 제어되므로 작동이 쉽고, 편리하다.

⑦ 비포장도로 및 포장도로에서의 직진 안정성 및 주행성능이 우수하다.

⑧ 주행 중 자동차 조향핸들의 조작이 편리다.

3) TOD 전자제어 장치의 기능 및 작동

① TOD 선택모드 스위치

TOD는 자동모드(auto mode)와 저속모드(low mode)라는 2가지 모드가 있다. 자동모드는 일반적으로 사용되는 모드이며, 기어비율은 1:1이다. 저속모드는 기존의 풀타임 트랜스퍼 케이스와 같고, 앞·뒷바퀴 쪽에 50:50의 동력을 분배하여 4바퀴 구동 상태에서 최대의 구동력을 발휘하도록 한다. 이때 기어비율은 2.48:1이다.

㉮ 자동모드를 선택할 때의 기능

TOD는 클러치를 전자제어 하여 앞뒤 추진축의 출력 회전속도를 검출하고, 그 차이가 설정된 값 이상일 경우 초과한 회전속도를 미리 계산한 후 그에 상응하는 동력을 전자클러치를 통해 앞바퀴로 전달한다.

이러한 앞뒤 추진축의 회전속도는 홀 센서(hall effect sensor)를 이용하여 검출하며, 검출된 신호는 TOD 컴퓨터로 보낸다. 앞뒤 추진축의 초과한 회전속도 차이에 따른 다양한 전류량에 의해 트랜스퍼 케이스 클러치 코일이 활성화된다.

④ 저속모드를 선택할 때의 기능

모드 스위치(mode switch)를 "저속(low)"으로 선택하면, 4바퀴 구동 저속 상태로 선택된다. 추진축의 동력비율은 1 : 1에서 2.48 : 1로 변환된다.

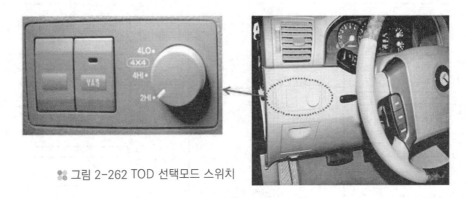

❖ 그림 2-262 TOD 선택모드 스위치

② 변속 전동기(shift motor)

트랜스퍼 케이스의 변속용 전동기는 트랜스퍼 케이스 뒤쪽에 설치되어 있다. 변속용 전동기는 로터리 헬리컬 캠(rotary helical cam)을 구동한다. 모드 선택스위치에서 구동위치를 "저속(low)"으로 선택하면, 헬리컬 캠이 "자동(auto)모드"에서 "저속(low)모드" 위치로 회전하면서 시프트 포크가 2.48 : 1의 감속 위치로 된다.

❖ 그림 2-263 시프트 모터

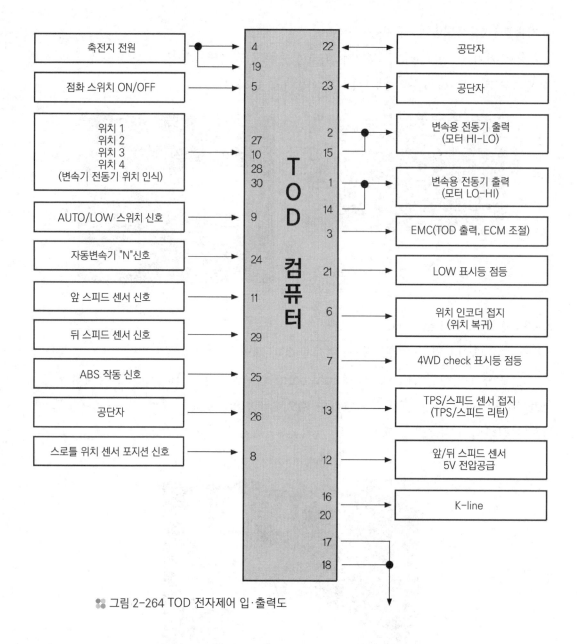

축전지 전원	4 / 19	
점화 스위치 ON/OFF	5	
위치 1 / 위치 2 / 위치 3 / 위치 4 (변속기 전동기 위치 인식)	27 / 10 / 28 / 30	
AUTO/LOW 스위치 신호	9	
자동변속기 "N"신호	24	
앞 스피드 센서 신호	11	
뒤 스피드 센서 신호	29	
ABS 작동 신호	25	
공단자	26	
스로틀 위치 센서 포지션 신호	8	

T O D 컴퓨터

22	공단자
23	공단자
2 / 15	변속용 전동기 출력 (모터 HI-LO)
1 / 14	변속용 전동기 출력 (모터 LO-HI)
3	EMC(TOD 출력, ECM 조절)
21	LOW 표시등 점등
6	위치 인코더 접지 (위치 복귀)
7	4WD check 표시등 점등
13	TPS/스피드 센서 접지 (TPS/스피드 리턴)
12	앞/뒤 스피드 센서 5V 전압공급
16 / 20	K-line
17 / 18	

🔹 그림 2-264 TOD 전자제어 입·출력도

③ 트랜스퍼 케이스(trans fer case)

TOD 트랜스퍼 케이스는 "자동모드"/"저속모드" 스위치 조작과 변속용 전동기의 전기적 작동에 의해 변속기로부터의 동력을 뒤 차축 및 앞 차축으로 분배한다. 뒷바퀴 구동모드에서 변속기로부터의 동력은 트랜스퍼 케이스의 입력축(input shaft)을 통해 뒤쪽의 출력축(output shaft)으로 전달된다. 전달된 동력은 추진축을 통하여 뒤 차축으로 전달되고, "자동모드"/"저속모드"로의 변속은 HI - LO 칼라(collar)가 감소하는 방향으로 시프트 포크가 출력축(output shaft)과 앞 차축 유성기어를 물림시켜 실행된다. 이에 따라 입력축으로부터 전달된 동력은 선 기어를 통해 앞 차축 유성기어를 회전시키고, 앞 차축 유성기어는 출력축과 물려 저속모드 상태로 구동된다.

(나) ITM(interactive torque management) 방식

ITM 방식의 4바퀴 구동장치는 주로 앞바퀴 구동 방식의 온 로드(on road)용 자동차에서 사용하는 상시 4바퀴 구동장치 TOD와 함께 풀타임 방식이라 부르며, 전자식과 유압식이 있다. ITTC(전자식 상시4륜)시스템의 전후 구동력 제어는 노면 조건 및 주행 상황에 따라 ECU로부터 4WD커플링 내부에 장착된 마그네틱 클러치를 듀티제어하여 전·후륜 구동력을 가변 배분한다.

타이트 코너 브레이킹(tight corner braking)현상과 드라이브 와 인드업(drive wind up)현상 등에 효과적으로 대응할 수 있어서 견인력을 향상시키며, 선회 주행에서의 안정성, 그 밖의 주행안정성에 효과가 우수하다. 직결 유압식 액추에이터 커플링시스템은 ECU가 액추에이터 내 DC모터 구동하여 발생한 유압으로 다판클러치를 작동시킨다.

1) ITM 방식의 작동 개요

FF 구동차량 자동변속기의 트랜스퍼 케이스에서 인출된 동력은 추진축으로 전달되고, 추진축과 종감속기어 사이에 설치된 ITM 즉 4WD 커플링이 전기적 작동으로 동력을 전달하면 4바퀴 구동(LOCK mode: 50:50/30kph이하, 40kph 이상에서는 AUTO로 전환)이 되며, 동력을 차단하면 2바퀴 구동으로 작동한다.

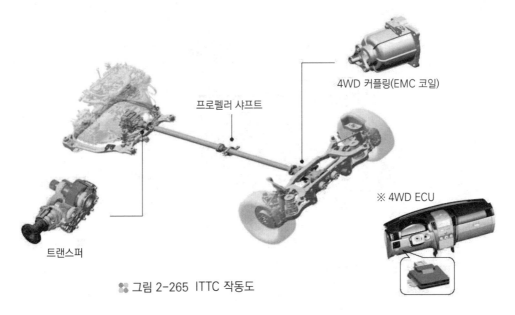

4WD 커플링(EMC 코일)

프로펠러 샤프트

※ 4WD ECU

트랜스퍼

✿ 그림 2-265 ITTC 작동도

2) ITM 작동 원리

ITM은 입력축, 메인캠, 볼, 파일럿 캠, EMC코일, 파일럿 클러치, 아마추어, 메인클러치, 플랜지, ATF로 구성되어 있다. 컴퓨터는 4바퀴 구동 작동영역이라고 판단하면 ITM 내부의 전자 클러치기구(EMC)에 전류량 듀티제어를 행하여 cam의 벌어지는 양을 제어함으로써 클러치 판을 압착(파일럿 클러치 당김 → 파일럿캠과 메인캠 벌어짐 → 파일럿 클러치는 캠에 의해 밀려나고 변속기 동력이 바퀴로 전달)하여 추진축으로부터 전달된 동력을 후륜종감속기어를 거쳐 뒷바퀴로 전달한다.

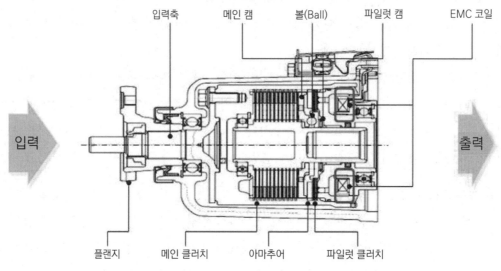

🔀 그림 2-266 ITM의 4WD 커플링(전자식) 구조

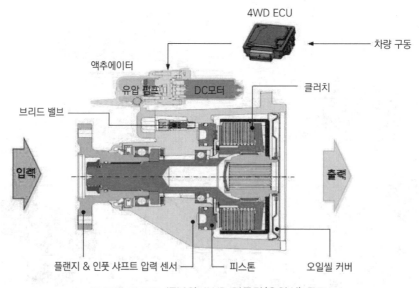

🔀 그림 2-267 ITM의 4WD 커플링(유압식) 구조

3) 구동력배분

ECU는 차속(ABS/ESC)과 조향각 센서값(휠스피드센서 4개 연산 간접 감지)을 기반으로 EMC의 듀티량을 제어하여 2개의 캠인 작동캠(apply cam), 기본캠(base cam) 그리고 이 사이에 있는 6개의 볼을 주행모드(AUTO모드는 100:0~50:50 자동제어, 락모드(lock mode)는 50:50/30kph 이하, 40kph 이상에서는 AUTO로 전환)에 따라 제어한다. EMC는 ECU 듀티제어량에 따라 베이스캠은 전륜과 일체화되려는 힘이 가변된다. 즉 듀티량이 커지면 일체화되려는 힘이 증가하고 작아지면 일체화되려는 힘이 약화된다. 이 결과로 전륜과 일체화된 베이스캠과 후륜과 연결된 어플라이캠이 회전수의 차이를 보이는데, 그 차이만큼 볼이 이동되어 좌우캠이 벌어진다. 이에 캠이 벌어진 만큼 우측에 있는 다판클러치와 플레이트를 압착해서 후륜구동력을 배분한다.

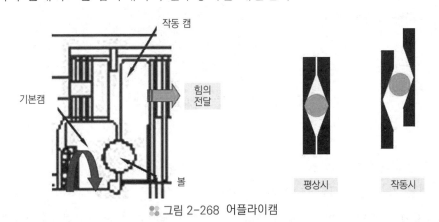

❁ 그림 2-268 어플라이캠

4) 2차 클러치의 작동

어플라이캠의 작동으로 우측으로 압착해서 2차 클러치의 이너(inner) 및 아웃 플레이트(outer plate)의 미끄러짐(slip)을 제어하여 전·후륜 간 구동력이 최적이 되도록 구동력을 배분 가변 제어한다.

5) ITM의 주요 특징

① 모든 속도 영역에서 회전력(torque) 전달이 가능하다.
② EMC를 듀티(duty)제어를 통한 간단한 회전력(torque) 조절이 가능하다
③ 저온에서도 반응속도의 변화 없이 사용 가능하다.
④ 온로드(on road)에서의 선회 시나 출발 시 주행안정성이 뛰어나다.
⑤ 4WD lock스위치를 장착해서 운전자 임의대로 4WD로 고정할 수 있다.
⑥ 구조가 간단하다.

6) ITM의 전자제어 입·출력 구성도

그림 2-269 ITM 전자제어 입·출력도

가) 조향핸들 각속도 센서

조향핸들 각속도 센서는 조향핸들의 조향각도, 직진을 검출하여 선회주행을 할 때 4바퀴 구동장치 구동력을 제어하여 안정된 선회가 가능하도록 유도한다. 또 선회할 때 발생하는 타이트 코너 브레이크 현상을 방지한다. 조향각 센서 고장(fail) 시 EMC 전류를 차단해서 2WD로 제어된다.

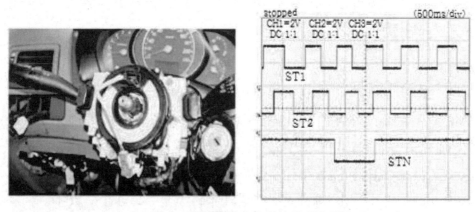

그림 2-270 조향각 속도 센서 및 출력 파형

나) 휠 스피드 센서

휠 스피드 센서는 각 바퀴의 회전속도를 판단하여 ITM 컴퓨터로 보내준다. 4바퀴 구동장치 제어에서 중요한 신호 중 한 가지이다. 휠 스피드 센서에서 비정상적인 신호가 출력되면 4바퀴 구동장치를 제어할 때 문제가 발생한다.

다) ABS 작동 신호

바퀴 미끄럼 방지 제동장치(ABS) 작동과 ITM 작동이 겹칠 수 있으므로 CAN 통신라인을 통해 바퀴 미끄럼 방지 제동장치 작동 여부 신호를 입력받는다. 만약 동시 작동 조건이라면 안정된 구동력 확보보다 바퀴 미끄럼 방지 제동장치 제어가 우선시 되어야 하므로, ABS제어의 정확성을 위해 EMC 구동듀티를 100:0으로(2WD) 유지하며, 이후 ABS제어가 끝나면 다시 정상적인 제어를 수행한다.

라) CAN 통신 데이터

ITM 컴퓨터는 CAN 통신 라인으로부터 스로틀 위치 센서(TPS)값과 바퀴 미끄럼 방지 제동장치 작동 여부 신호를 입력받는데, 먼저 스로틀 위치 센서는 운전자의 가속의지를 확인하여 제어에 활용한다. 또, 바퀴 미끄럼 방지 제동장치 작동 여부 신호는 4바퀴 구동장치 제어와 바퀴 미끄럼 방지 제동장치 제어가 동시에 이루어질 것에 대비하여 신호를 입력받는다. 우선 신호는 바퀴 미끄럼 방지 제동장치이다.

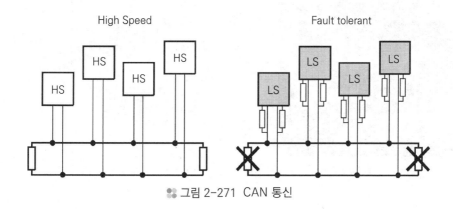

:: 그림 2-271 CAN 통신

마) 4바퀴 구동장치 고정(lock) 스위치

운전자가 견인력이 필요한 경우 또는 비포장 도로 주행 시 이용하는 스위치이며, 이 스위치를 ON하면 EMC듀티가 100%로 4WD상태로 고정(구동력 50:50 고정)되어 상시 4

바퀴 구동장치로 동작한다. 4바퀴 구동장치 고정스위치를 ON한 상태에서 고속으로 주행하면 자동으로 고정이 해제된다.

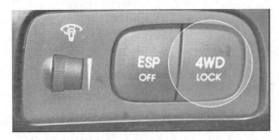
4WD 고정 스위치

4WD 고정 램프

🎗 그림 2-272 4바퀴 구동장치 고정스위치

바) 전자클러치 (EMC : electromagnetic clutch)

EMC는 EMC 코일(EMC Coil 단품 저항: 2.4±0.2Ω)에 흐르는 전류량을 제어하여 적절한 토크를 전륜으로 분배한다. 이때 EMC 듀티율에 의해 어플라이캠이 다판 클러치를 압착하는 힘이 변하게 된다. 그러면 다판 클러치가 슬립하게 되면 이 슬립량에 따라 전·후륜으로의 구동력이 100:0~50:50으로 제어된다.

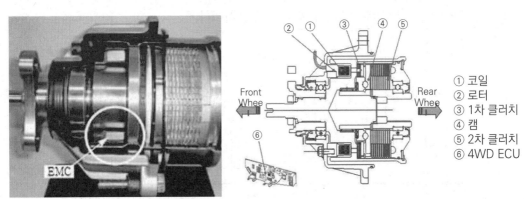

① 코일
② 로터
③ 1차 클러치
④ 캠
⑤ 2차 클러치
⑥ 4WD ECU

🎗 그림 2-273 ITM(electronic magnetic clutch)의 구성

사) 전자클러치 코일 출력제어

ITM 컴퓨터는 ITM 작동 조건이 각종 센서로부터 입력되면 전자클러치 코일을 듀티 제어하여 4바퀴를 제어한다. 듀티 비율이 증가하면 구동력 분배율도 높아지고 듀티 비율이 낮아지면 동력 분배 비율도 같이 낮아진다.

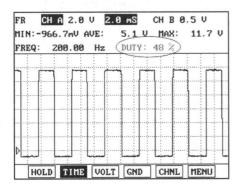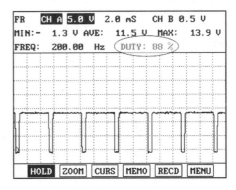

🌸 그림 2-274 전자클러치 코일 듀티 제어

아) 비스커스 커플링(viscous coupling) 방식

입출력 구동축의 회전속도 차이에 따라 내측 플레이트(plate)와 외측 플레이트 사이의 회전차이가 발생하면, 비스커스 커플링 내부에 충전되어 있는 점도가 매우 높은 유체(실리콘)의 점성력에 의한 전단 저항력으로 인하여 전달토크가 발생하여 전·후 구동축의 구동력을 조절한다. 타이트 코너 시 전·후륜의 회전 차이를 흡수하면서 파트타임 4WD의 2WD, 4WD 절환조작을 없애 항상 4WD 주행을 가능하도록 하는 장치이다.

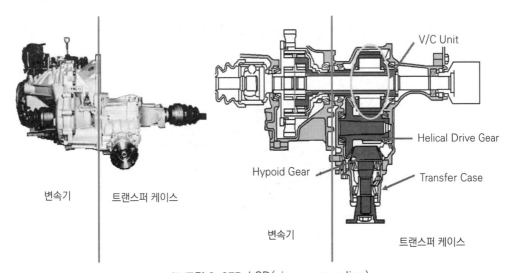

🌸 그림 2-275 LSD(viscous coupling)

비스커스 커플링을 그림과 같이 아우터 플레이트(outer plate), 이너 플레이트(inner plate)라 하는 여러 개의 얇은 판과 점도가 매우 높은 유체(실리콘)로 구성되어 있다. 아우터 플레이트는 케이스와 일체로 회전하도록 물려 있으며, 이너 플레이트는 샤프트와 일체로 회전하도록 물려 있다. 또 스페이서 링(spacer ring)에 의해 아우터 플레이트는 등간격으로 배치되며 이너 플레이트는 샤프트의 축 방향으로 움직이도록 되어 있다.

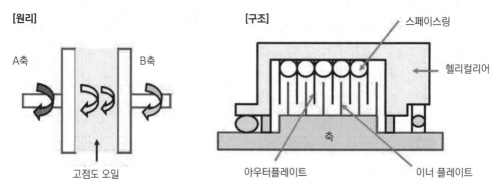

[원리]

A축　　　　　B축

고점도 오일

[구조]

스페이스링

헬리컬기어

아우터플레이트　　이너 플레이트

축

🎴 그림 2-276 Viscous Coupling의 원리 및 구조

비스커스 커플링은 각 플레이트 사이에서 미끄러질 때 발생하는 마찰력(점성에 의한 저항)으로 토크를 전달한다. 따라서 이러한 차동유체에는 내구성이 있고, 온도에 의한 점성 변화가 작은 실리콘 오일이 주로 사용된다. 비스커스 커플링의 입출력 회전차가 작을 때 안정적인 토크전달이 되나, 회전차이가 커지면 내부 실리콘의 온도상승으로 부피가 늘어나고 그 압력에 의해 내외측 플레이트가 밀착되어 직결현상이 일어나고 입출력의 회전수가 동일해 진다. 파트타임 4륜구동과 동일한 조건이 된다. 이를 험프(hump)현상이라 한다. 험프현상이 일어나면 회전차가 없어지고 압력, 온도가 내려가 원상태로 회복이 된다.

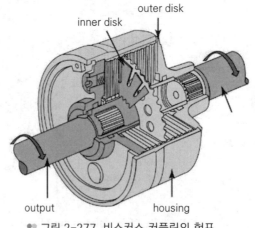

inner disk　　outer disk

output　　　　housing

🎴 그림 2-277 비스커스 커플링의 험프

비스커스 커플링 에 사용되는 오일의 구비조건은 다음과 같다.

① 고온에서도 전단강도가 클 것(점성마찰).

② 온도에 대한 동점도 지수의 변화가 없을 것.(-20℃~100℃ 사이의 점도 변화율이 약 20배-수동오일 약 100배).

③ 점도의 선택폭이 넓을 것.

(자) 센터 디프렌셜(center differential) 방식

4륜구동 주행 중 급선회 시 전·후륜의 회전 편차에 의해 발생하는 타이트 코너 브레이킹 현상을 방지하기 위해 차동장치를 트랜스퍼케이스 내에 장착하여 항상 사륜으로 주행하는 풀타임 방식에 적용되는 메커니즘이며, 베벨기어식과 유성기어식이 있다.

센터 디프렌셜 장치가 장착된 차량의 경우, 한 바퀴가 지면의 마찰계수가 제로인 상태에서 한 바퀴가 헛돌고 있다면 나머지 바퀴에는 동력이 전달되지 않는 현상으로 인하여 주행불능 상태가 발생할 수 있다. 이와 같은 문제점을 개선하기 위해 센터 디프렌셜에 디프렌셜 기능을 제한하는 디프렌셜 락(diff. lock)이라는 기구가 장착된다. 그리고 앞·뒤 차동장치에 LSD기능을 동시에 추가하기도 한다.

🔅 그림 2-278 센터 디프렌셜 장치

(차) 직결 커플링 방식(DEC, direct electro coupling)

상시 4륜 AUTO 모드의 후륜구동 승용차량에 적합하며 주행상태에 따라 ITA (integrated transfer case actuator)가 제어하는 클러치를 통하여 전·후륜에 구동력을 자동으로 배분하는 구조이며 HTRAC(hyundai traction의 약어)라고도 부른다.

(a) ATC 구성   (b) ATA:integrated transfer case actuator   (c) 내부 구조

🌼 그림 2-279 직결 커플링 방식

1) 직결 커플링 방식의 구성 요소

① 클러치 제어

㉮ 웜기어 제어식

ITA(WD ECU와 모터가 결합)가 클러치 플레이트를 압착하여 구동력을 전륜으로 전달한다.

클러치

Worm Gear

ITA(ECU+모터)

(a) 클러치

ECU

BLDC 모터

(b) ITA

🌼 그림 2-280 클러치 및 유압 액추에이터

㉯ 유압 제어식

유압액추에이터의 압력으로 클러치에 압력을 가하여 동력을 연결한다.

클러치

유압 액추에이터

유압 작동력

🌼 그림 2-281 클러치 및 유압 액츄에이터

② 액추에이터 유압 센서

액추에이터를 가동하기 위해 모터에서 발생하는 유압을 피드백한다.

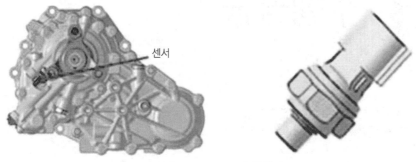

센서

🎗 그림 2-282 유압센서

③ 클러치 어셈블리

클러치의 작동에 따라 후륜 측 구동력을 전륜으로 배분한다.

(a) 클러치 어셈블리

(b) 클러치

🎗 그림 2-283 클러치 어셈블리

2) 클러치 작동

① 2WD 주행 : 드럼 클러치는 스틸 플레이트 및 4WD 기어와 스플라인으로 결합되어 있고, 프릭션 플레이트는 메인샤프트와 스플라인으로 결합되어 있어, 스틸 플레이트와 프릭션 플레이트는 서로 상대 운동하게 된다.

② 4WD 주행 : 클러치 플레이트를 가압하면 스틸 플레이트와 프릭션 플레이트는 가압되어 서로 마찰회전을 하게 되고 이때, 메인샤프트로부터의 구동력이 클러치 드럼 및 4WD 기어를 통해 전륜 측으로 전달된다. 클러치 가압력을 조정하여 전륜 측 전달 토크양을 조절한다.

Part 03 주행성능

학습목표

1. 자동차 주행을 방해하는 4가지 저항을 설명할 수 있다.
2. 주행저항의 종류 4가지를 구하는 공식을 설명할 수 있다.

Chapter 01 자동차 주행저항과 구동력

자동차의 동력성능은 그 사용 엔진 및 동력전달 장치의 성능과 제원에 따라 결정되며, 가속성능, 등판성능, 최고속도 및 연료 소비율을 포함한다. 또 자동차 주행 중에는 그 주행을 방해하는 힘의 작용을 받는다. 이를 주행저항(running resistance)이라 하며 주행저항의 크기는 자동차의 동력성능에 큰 영향을 미친다.

자동차가 일정한 속도로 주행할 때는 주행저항이 작용하여 그 진행을 방해하므로, 일정속도를 유지하기 위해서는 구동바퀴가 주행저항에 상응하는 만큼의 구동력을 발생시키지 않으면 안 된다. 따라서 일정 속도로 주행하고 있는 자동차는 그림 3-1의 주행저항 D와 구동력 F가 같은 값이 된다.

이 경우 어떤 원인으로 주행저항이 구동력보다 커지면(등판을 할 경우 또는 가속페달을 놓아 엔진의 회전력이 감소한 경우 등) 자동차는 감속을 시작하며, 반대로 구동력이 주행저항보다 커지면 자동차는 가속하게 된다.

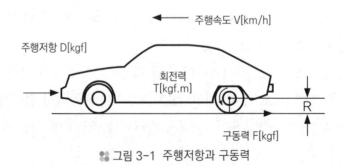

🎘 그림 3-1 주행저항과 구동력

자동차의 주행저항은 자동차 주행을 방해하는 쪽으로 작용하는 힘의 총칭으로 구름저항, 공기저항, 등판저항, 가속저항 등 4가지가 있다.

1 구름저항(rolling resistance, Rr)

바퀴가 수평 도로면을 굴러가는 경우 발생하는 저항으로 도로 면의 굴곡, 타이어 접지 부분의 변형, 타이어와 도로 면의 마찰 손실에서 발생하며, 바퀴에 걸리는 자동차 하중에 비례한다. 즉 바퀴가 수평 도로 면을 전동하는 경우 발생하는 저항과 에너지 손실에 의한 것으로 다음과 같은 저항 및 손실로 표현된다.

① 타이어 접지 부분의 변형에 의해 발생하는 저항.

② 도로면을 변형시키는 데 필요로 하는 동력손실에 의한 저항.

③ 도로면의 요철 등에 의한 충격 저항.

④ 바퀴와 도로면 사이의 접지 부분에서의 미끄러짐에 의한 저항.

⑤ 바퀴 베어링 등의 마찰에 의한 저항.

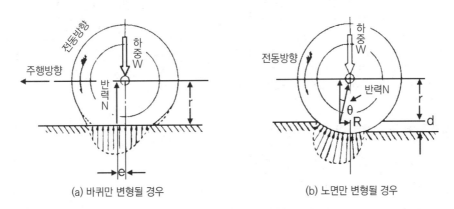

(a) 바퀴만 변형될 경우   (b) 노면만 변형될 경우

그림 3-2 바퀴 및 도로면의 변형과 구름저항

구름저항은 여러 가지 원인에 의해 발생하기 때문에 바퀴에 걸리는 하중, 도로 면 상태 및 주행속도에 따라 변화하지만, 일반적으로 하중에 비례하므로 주행속도의 영향은 받지 않는다고 본다. 그리고 구름저항 계수가 바퀴의 공기압력에 의해 변화하는 것은 공기압력이 낮을수록 바퀴 변형이 커지고, 바퀴의 변형이 커지면 동력을 전달할 때의 변형과 복원

에 의한 에너지 손실이 커진다. 또 접지 부분에서 바퀴가 도로 면에서 미끄러지기 때문에 마찰에 의한 손실이 커지며 구름저항 계수는 바퀴가 새것일 때, 공기압력이 낮을 때, 주행 속도가 증가할 때 커진다. 이 현상은 고속이 되면 급격히 증가하여 스탠딩 웨이브가 발생한다. 구름저항은 다음 공식으로 나타낸다.

$$Rr = \mu r \times W \text{--} ①$$

여기서, Rr : 구름저항(kgf)　　μr : 구름저항 계수　　W : 자동차 총중량(kgf)

2 공기저항(air resistance, Ra)

자동차 주행을 방해하는 공기저항이며, 대부분 압력저항이다. 차체의 형상에 따라 공기 흐름의 박리(剝離)에 의해 발생하는 맴돌이 형상 저항과 양력에 의한 유도저항이다. 공기저항은 자동차의 투영면적과 주행속도의 곱에 비례한다. 또 공기저항은 압력저항이 주된 것이지만 그 중 형상저항이 전체의 60%를 차지한다. 공기저항은 다음 공식으로 나타낸다.

$$Ra = \mu a \times A \times V^2 = Cd \times \left(\frac{\rho}{2}\right) \times A \times V^2 \text{----------------------} ②$$

여기서, Ra : 공기 저항(kgf)　　μa : 공기저항 계수　　A : 전면(前面)투영 면적(㎡)
Cd : 공기저항 계수　　V : 주행속도(km/h)

그리고 차체에 작용하는 공기의 힘은 다음과 같다.

1. 차체에 작용하는 3분력과 3모멘트

차체에 작용하는 공기의 힘은 차체의 앞뒤로 작용하는 항력(抗力, drag), 옆으로 작용하는 횡력(橫力, side force), 위쪽으로 작용하는 양력(揚力, lift)이 3분력이고, 각각의 롤링 모멘트(rolling moment), 피칭 모멘트(pitching moment), 요잉 모멘트(yawing moment)가 3모멘트 등 6자유도이다.

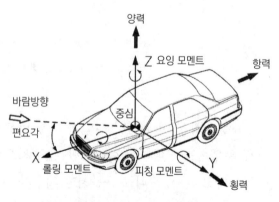

❈ 그림 3-3 공력 6분력과 좌표계

2. 항력과 롤링 모멘트

항력은 공기저항이라고도 하며, 평탄한 도로를 정상적으로 주행하는 자동차에 가해지는 주행저항은 주로 바퀴와 도로면 사이의 구름저항과 공기저항이다. 항력은 주행속도의 2승에 비례하므로 고속으로 주행할수록 주행저항이 차지하는 비율이 증가하므로, 공기저항을 줄일 수 있으면 고속주행에서 연료 소비율을 향상시키고, 최고 주행속도를 증가시킬 수 있다. 발생 원인은 외부저항과 내부저항으로 구분된다.

외부저항은 차체의 형상과 관련된 것으로 돌기나 부착물에 의한 영향으로 구분된다. 내부저항은 엔진 냉각을 요하는 통풍저항과 브레이크 등의 부품 냉각에 필요한 통풍저항으로 구분된다. 방지 방법은 다음과 같다.

① 차체 앞부분에 에어댐(air dam) 등을 설치하여 공기저항을 줄인다.

② 차체 뒷부분에는 리어 스포일러(rear spoiler ; 공기 흐름을 방해하여 차체 주위의 공기흐름을 제어하는 역할을 하는 것)를 설치한다.

③ 엔진 냉각 바람 : 차체 뒷면으로 배출시켜 뒷면의 부압을 완화한다.

④ 차체 외부 부착물 : 몰딩(molding), 거울(mirror), 머드 가이드(mud guide)를 공기저항이 줄도록 설계한다.

⑤ 롤링 모멘트를 줄이기 위해 전자제어 현가장치(ECS)를 설치한다.

3. 양력과 피칭 모멘트

(1) 발생 원인

주행 중 상하 공기 흐름의 속도 차이로 인하여 양력이 발생하는 것으로, 자동차가 고속 주행할 때 양력이 크게 발생하여 자동차가 들리는 현상으로 조정 안정성에 악영향을 준다. 즉, 양력의 증가는 타이어 코너링 포스를 줄이기 때문에 일반적으로 안정성에 악영향을 주지만, 자동차의 조향특성에 대한 영향은 앞·뒷바퀴의 양력 분담과 현가장치의 특성에 따라 바뀐다. 양력의 주원인은 차체형상, 냉각바람, 부착물 등이다.

(2) 감소방지 방법

① 해치백(hatch back) 자동차가 노치백(notch back, 세단)보다 유리하다.

② 리어 스포일러를 설치한다.

③ 자동차 앞부분에 에어댐을 설치한다.

④ 냉각 바람을 도입한다.

4. 횡력과 요잉 모멘트

(1) 발생원인

자동차 주행 중 바람이 가로방향에서 불 때 힘을 받으며, 이 횡력에 의해 주행 방향 안정성에 영향을 받는다.

(2) 감소 방지 방법

① 공기저항을 줄이기 위해 차체형상을 유선형으로 하거나 필러(pillar) 등을 둥글게 한다.

② 고속으로 주행을 할 때 바람의 압력에 영향을 덜 받는 언더스티어링 자동차가 유리하다.

③ 요잉 모멘트를 감소하기 위해 4바퀴 구동장치나 액티브 요잉 제어장치(active yawing control system)를 사용한다.

3 등판저항(gradient resistance, Rg)

자동차가 경사면을 올라갈 때 자동차 무게에 의해 경사면에 평행하게 작용하는 분력의 성분이다. 경사 각도를 경사면 구배비율 %로 표시한다. 경사면의 수직성분에 구름저항 계수를 곱한 것은 등판할 때 구름저항 계수가 되지만, 그 수직 값이 일반적으로 작기 때문에 구름저항의 구배에 의한 값은 무시하는 것이 일반적이다. 내리막길에서는 등판저항이 반대로 되며, 구름저항이나 공기저항보다 등판저항의 절대값이 커지면 자동차 주행속도도 빨라진다. 등판저항은 다음 공식으로 나타낸다.

$$Rg = W \times \sin\theta \quad\text{------------------------------------}\quad ③$$

여기서, Rg : 등판저항(kgf) W : 자동차 무게(kgf) θ : 경사면의 경사각도(deg)

4 가속저항(acceleration resistance, Ri)

자동차의 주행속도를 변화시키는데 필요한 힘을 가속저항이라 하며, 자동차의 관성을 이기는 힘이므로 "관성저항"이라고도 할 수 있다.

① 자동차 구동계통 회전부분의 회전속도를 상승시키는 힘이다.

② 회전부분을 제외하고 자동차의 가속부분만 고려한 힘이다. 회전부분 상당중량은 변속기의 변속비율에 따라 따르며, 저속에서 중요한 인자가 된다. 가속저항은 다음 공식으로 나타낸다.

$$Ri = \left(\frac{a}{g}\right) \times (1 - \varepsilon) \times W \text{--} ④$$

여기서, Ri : 가속저항(kgf)　　W : 자동차 무게(kgf)　　a : 가속도(m/s²)

ε : 회전부분 상당관성 계수　　g : 중력가속도(9.8m/s²)

5　전체 주행저항(total running resistance, Rt)

자동차의 주행저항은 주행 조건에 따라 여러 가지 상태로 나타낼 수 있으며 구분은 다음과 같다.

① 평탄한 도로 정속주행에서의 전체 주행저항 = 구름저항 + 공기저항

② 경사로 정속주행에서의 전체 주행저항 = 구름저항 + 공기저항 + 등판저항

③ 평탄한 도로 가속주행에서의 전체 주행저항 = 구름저항 + 공기저항 + 가속저항

④ 경사로를 가속주행에서의 전체 주행저항 = 구름저항 + 공기저항 + 가속저항 + 등판저항

04 현가장치(suspension system)

현가장치는 자동차의 중량을 지지하고, 주행 중에는 도로 면으로부터 전달되는 충격이나 진동을 완화하여 바퀴와 도로 면의 점착성과 승차 감각을 향상시키는 장치이며, 하중에 충분히 견딜만한 강도와 강성이 필요하다.

또한, 현가장치는 차체(body)와 차축 사이에 설치하며, 스프링을 비롯하여 스프링의 자유진동을 흡수하여 승차 감각을 향상시키는 쇽업소버(shock absorber), 좌우 진동을 방지하는 스태빌라이저(stabilizer) 등으로 구성된다. 구동바퀴의 구동력, 제동 시의 제동력 등을 프레임에 전달하고 또 선회할 때의 원심력을 이겨내 바퀴가 차체에 대해 바른 위치를 갖게 하는 역할을 한다.

Chapter 01 현가장치의 구성부품

1 스프링(spring)

스프링은 재질에 따라 강(steel) 스프링, 가스(gas) 스프링, 유압 스프링, 고무 스프링, 가스와 액체를 동시에 이용한 유공압 스프링 등으로 나누어지며, 형식에 따라 판스프링, 코일 스프링, 토션 바 스프링 등의 금속스프링과 고무스프링, 공기스프링 등의 비금속 스프링 등이 있다.

1. 판스프링(leaf spring)

　판스프링은 스프링 강을 적당히 구부린 띠 모양으로 된 것을 몇 장 겹쳐서 그 중심에서 센터볼트(center bolt)로 조인 것이다. 맨 위쪽에 길이가 가장 긴 주 스프링 판(main spring plate)의 양 끝에는 스프링 아이(spring eye)를 두고, 섀클 핀(shackle pin)을 통하여 차체에 설치하도록 되어 있다.

　스프링 아이 중심 사이의 거리를 스팬(span)이라 한다. 판스프링을 차체에 설치한 부분을 브래킷 또는 행거(bracket or hanger)라 하며, 다른 끝은 섀클(shackle)이라 한다. 새클은 스팬의 길이 변화를 위하여 설치하며, 사용되는 부싱에 따라 고무부싱 섀클, 나사 섀클, 청동부싱 섀클 등이 있다. 판스프링의 특징은 다음과 같다.

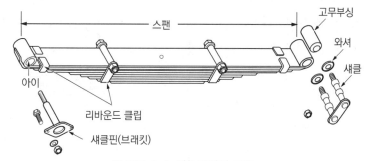

❄ 그림 4-1 판스프링의 구조

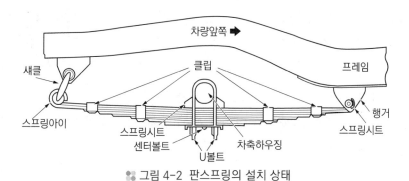

❄ 그림 4-2 판스프링의 설치 상태

(1) 장점

　① 스프링 자체의 강성에 의해 차축을 정해진 위치에 지지할 수 있어 현가장치의 구조가 간단하다.

　② 판간 마찰에 의한 진동억제 작용이 크다.

　③ 내구성이 크다.

(2) 단점

① 판간 마찰 때문에 작은 진동흡수가 곤란하다.

② 강성이 낮은 스프링을 사용하면 차체 위상 유지력이 부족하고 불안정하다.

2. 코일 스프링(coil spring)

코일 스프링은 스프링 강을 코일 모양으로 제작한 것이다. 외부로부터 힘을 받아 변형되는 경우 판스프링은 구부러지면서 응력을 받으나, 코일 스프링은 코일 1개 단면마다 비틀림에 의해 응력을 받는다.

미세한 진동에도 민감하게 작용하므로 승차감, 안전성을 크게 요구하는 현가장치에 사용한다. 코일 스프링만으로 차축을 지지할 수 없으므로 조정 암(control arm) 및 레터럴로드(lateral rod)에 의해 지지한다.

코일 스프링 현가장치 차량에서 차축에 발생하는 회전력이나 전후방의 힘은 조정로드를 거쳐 차체에 전달된다. 옆 방향의 힘은 레터럴 로드 혹은 파나르 로드(panhard rod)를 거쳐 차체에 전달된다. 코일 스프링의 특징은 다음과 같다.

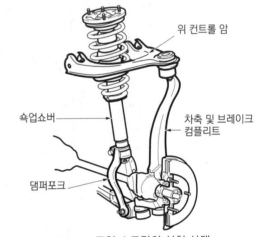

그림 4-3 코일 스프링의 설치 상태

① 단위 중량 당 에너지 흡수율이 높다.

② 제작비용이 적고, 스프링 작용이 유연하다.

③ 판간 마찰이 없어 진동 감쇠작용을 하지 못한다.

④ 옆 방향 작용력에 대한 저항력이 없어 차축에 설치할 때 쇽업소버나 링크기구가 필요해 구조가 복잡하다.

3. 토션바 스프링(torsion bar spring)

토션바 스프링은 막대를 비틀었을 때 탄성(彈性)에 의해 원래의 위치로 복원하려는 성질을 이용한 스프링 강의 막대이다. 이 스프링은 단위중량 당 에너지 흡수율이 매우 크며 가볍고 구조가 간단하다. 스프링의 힘은 막대(bar)의 길이와 단면적으로 정해지며 진동의 감쇠작용이 없어 쇽업소버를 병용하여야 하며 좌·우의 것이 구분되어 있다.

또 설치 방식에 따라 차체에 평행하게 설치하는 세로방식과 직각으로 설치하는 가로방식이 있으며 세로방식은 바의 길이에 제한이 없고 설치 장소를 크게 차지하지 않는 장점이 있다. 토션 바 스프링의 단면은 보통 원형이지만 평판 모양의 스프링 강을 겹쳐서 사각형으로 된 것도 있다.

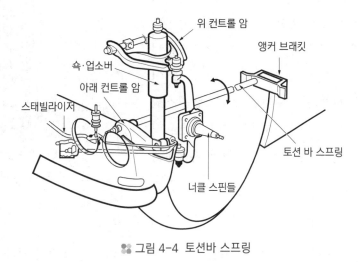

위 컨트롤 암

앵커 브래킷

쇽·업소버

아래 컨트롤 암

스태빌라이저

토션 바 스프링

너클 스핀들

❇ 그림 4-4 토션바 스프링

2   쇽업소버(shock absorber)

쇽업소버는 실린더, 피스톤, 오일 오리피스, 오일 등으로 구성되며, 스프링이 압축되었다가 원위치로 되돌아올 때, 작은 구멍을 통과하는 오일 흐름의 저항력으로 도로면에서 발생한 스프링의 상하 운동 에너지를 열로 신속하게 변환, 흡수하여 진동을 완화하여 승차감각을 향상시키고 동시에 스프링의 피로를 감소시키며 로드홀딩(road holding)을 향상시킨다. 쇽 업쇼버(shock absorber)가 피스톤이 작동하는 범위를 행정이라고 한다. 감쇠력이 클 경우에는 딱딱한 느낌이 들며 오버 댐핑(over damping)이라 하고, 반대로 감쇠력이 작은 경우를 언더 댐핑(under damping)이라고 한다.

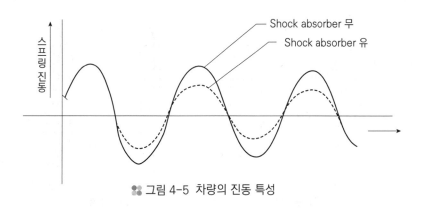

스프링 진동

Shock absorber 무

Shock absorber 유

❇ 그림 4-5 차량의 진동 특성

1. 텔레스코핑형(telescoping type)

이 형식은 안내를 겸한 가늘고 긴 실린더의 조합이다. 내부에는 차축과 연결되는 실린더와 차체에 연결되는 피스톤 로드가 있으며, 피스톤을 중심으로 상하 실린더에는 오일이 가득 차있다. 피스톤에는 오일이 통과하는 작은 구멍(orifice)이 있고, 이 구멍에는 구멍을 개폐하는 밸브가 있다. 텔레스코핑형은 링크나 로드를 사용하지 않고 섀시 스프링과 함께 직접 설치할 수 있으며, 단동형과 복동형이 있다.

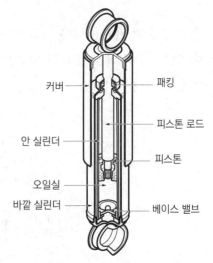

🐾 그림 4-6 텔레스코핑형 쇽업소버의 구조

(1) 장점

① 링크기구 등에 의한 마찰손실이 적다.

② 유압이 비교적 낮게 사용된다.

③ 구조가 간단하다.

(2) 단점

① 피스톤 행정이 길다.

② 실린더 공작이 어렵다.

단동형(single action type)은 스프링이 늘어날 때는 통과하는 오일의 저항으로 진동을 제어하고, 스프링이 압축될 때는 피스톤에 설치된 밸브가 열려 오일을 저항 없이 통과하므로 진동제어 작용을 하지 않는다. 따라서 압축될 때 저항이 없어서 차체에 충격을 주지 않기 때문에 상태가 좋지 않은 도로에서 유리하다.

복동형(double action type)은 스프링이 늘어날 때와 압축될 때 모두 저항이 발생하는 형식이다. 출발할 때 노스업(nose up)이나 제동할 때 노스다운(nose down)을 방지하여 주행안정성을 향상시킬 수 있으나 구멍이나 밸브부분이 복잡해지는 결점이 있다.

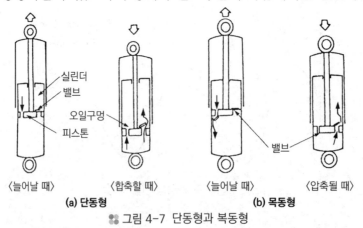

🐾 그림 4-7 단동형과 복동형

2. 드가르봉 형식(가스봉입 형식)

드가르봉 형식 쇽업소버도 유압방식의 일종이며, 프리피스톤(free piston)을 더 두고 있다. 프리피스톤의 위쪽에는 오일이 들어 있고, 아래쪽에는 고압(30kgf/cm²)의 질소가스가 봉입되어 내부에 압력이 걸려 있고 1개의 실린더가 있다. 작동은 쇽업소버가 압축될 때 오일이 오일실(oil chamber) A(피스톤 아래쪽)의 유압에 의해 피스톤에 설치된 밸브의 바깥 둘레가 열려 오일실 B로 들어온다.

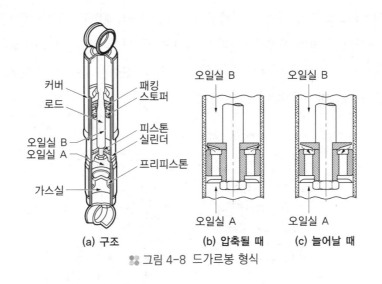

(a) 구조   (b) 압축될 때   (c) 늘어날 때

그림 4-8 드가르봉 형식

이때 밸브를 통과하는 오일의 유동저항으로 인해 피스톤이 하강함에 따라 프리피스톤도 가압된다. 쇽업소버의 작동이 정지하면 프리피스톤 아래쪽의 질소가스가 팽창하여 프리피스톤을 밀어 올려 오일실 A의 오일을 압력을 가한다. 그리고 쇽업소버가 늘어날 때에는 피스톤의 밸브는 바깥 둘레를 지점으로 하여 오일실 B에서 A로 이동하지만 오일실 A의 압력이 낮아지므로 프리피스톤이 상승한다. 또 늘어남이 정지하면 프리피스톤은 원위치로 복귀한다. 드가르봉 형식의 특징은 다음과 같다.

오버 댐핑(over damping)이란 쇽업소버의 감쇠력이 너무 커 승차 감각이 저하되는 현상을 말하며, **언더 댐핑**(under damping)이란 쇽업소버의 감쇠력이 너무 적어 승차 감각이 저하되는 현상이다.

① 구조가 유압식보다 조금 복잡하다(오일, 체크밸브, 프리피스톤, 가스).

② 작동할 때 오일에 기포가 없어 장시간 작동하여도 감쇠효과의 감소가 적다.

③ 외부 실린더가 1개이므로 방열이 잘 되어 냉각 성능이 좋다.

④ 내장된 질소 가스의 압력으로 인하여 분해하는 것은 위험하다.

3. 레버타입 쇽업쇼버

(1) 피스톤식

그림과 같이 링크 로드가 차체의 하중을 받으면, 앵커 레버가 좌측으로 이동하면서 리턴 스프링의 작용에 의하여 오일은 릴리스 밸브를 통하여 서서히 우측으로 이동한다. 하중 제거 시에는 오일 흐름이 반대로 유동하여 차체의 진동을 흡수하며 차체에 설치가 용이하지만 구조가 복잡하고 중량이 큰 단점이 있다.

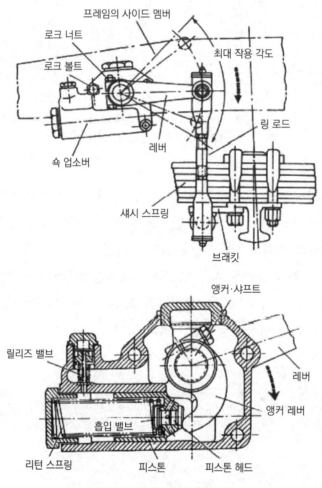

그림 4-9 피스톤식 쇽업쇼버

(2) 회전 날개식

레버에 의해 날개가 움직이면, 케이스의 칸막이벽과 날개 사이에 있는 오리피스를 오일이 반대쪽 압력실에 유입되며, 이때 오일의 유동저항에 의해 진동감쇠작용을 한다. 이 형식은 날개바퀴가 회전축의 일부로 되어 있어 구조가 간단하고 소형으로 할 수 있는 장점이 있다. 하지만 오일 누유 방지를 위해 정밀하게 다듬질하여야 하고 높은 점도의 오일을 사용하여야하는 단점이 있다.

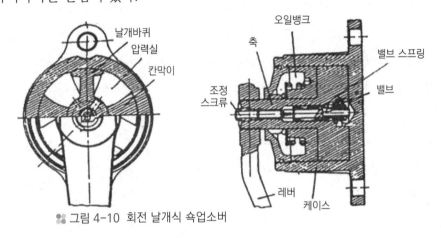

❀ 그림 4-10 회전 날개식 쇽업소버

3 스태빌라이저(stabilizer)

스태빌라이저는 토션바 스프링의 일종이다. 독립현가장치는 유연한 스프링을 사용하면 선회 시 원심력에 의해 차체의 기울기가 증가하는 경향이 심하므로, 선회 시 차체의 기울어짐을 감소시키기 위하여 토션토크를 이용하는 스테빌라이져의 양 끝을 좌우의 로어 암에 연결하고, 중앙부는 차체에 부시를 통하여 장착한다.

바퀴가 동시에 상하로 움직이면 토션력은 작동하지 않지만, 좌우의 상하작동이 틀릴 경우 스테빌라이져가 비틀림에 의한 토션력의 발생으로 인하여 차체의 기울기, 즉, 차체 롤링(rolling ; 좌우 진동)을 감소시켜 평형을 유지하는 기구이다.

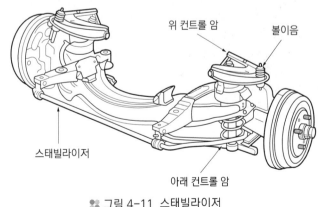

❀ 그림 4-11 스태빌라이저

현가장치에는 구조상 일체차축 방식, 독립현가 방식, 공기현가 방식 등이 있다.

1 일체차축 방식(solid axle suspension)

이 방식은 I형 단면 형상의 양단에 조향너클을 장치하기 위한 킹핀 구멍과 리프 스프링을 부착하기 위한 스프링 시트가 일체로 된 차축에 좌·우 바퀴가 설치되며, 다시 이것이 스프링을 거쳐 차체에 설치된 것으로 화물자동차의 앞뒤 차축에서 사용된다.

스프링은 주로 판스프링을 사용하며, 일체차축 방식의 특징은 다음과 같다.

① 부품 수가 적어 구조가 간단하다.
② 선회할 때 차체의 기울기가 작다.
③ 스프링 밑 질량이 커 승차 감각이 불량하다.
④ 앞바퀴에 시미(shimmy)가 발생하기 쉽다.
⑤ 평행 판스프링 형식에서는 스프링 정수가 너무 작은 것은 사용하기 어렵다.

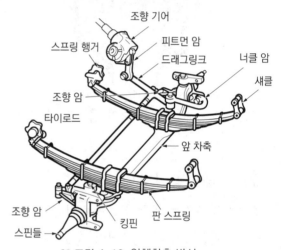

❖ 그림 4-12 일체차축 방식

시미(shimmy)란 바퀴의 좌우 진동을 말하며, 고속시미와 저속시미가 있다. 바퀴가 동적 불평형일 때 고속시미가 발생한다. 저속시미의 원인은 다음과 같다.
㉮ 스프링 정수가 작을 때
㉯ 링키지의 연결 부분이 헐거울 때
㉰ 타이어 공기압력이 낮을 때
㉱ 캐스터(caster)가 과도할 때

1. 독립현가 방식의 개요

이 방식은 차축을 분할하여 양쪽 바퀴가 서로 관계없이 움직이도록 하여 승차감각과 안정성이 향상되도록 한 것이다. 독립현가 방식의 특징은 다음과 같다.

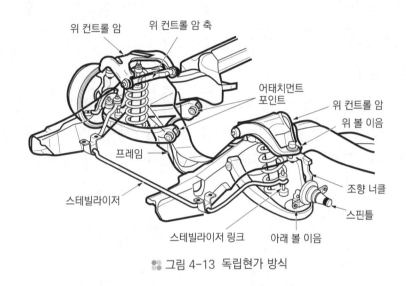

위 컨트롤 암   위 컨트롤 암 축
어태치먼트 포인트
위 컨트롤 암
위 볼 이음
프레임
조향 너클
스테빌라이저
스핀틀
스테빌라이저 링크   아래 볼 이음

🔹 그림 4-13 독립현가 방식

① 스프링 아랫부분의 질량(스프링 하 중량)이 작아 승차감이 좋다.
② 바퀴의 시미(shimmy)현상이 적으며, 로드홀딩(road holding)이 우수하다.
③ 스프링 정수가 작은 유연한 것을 사용할 수 있다.
④ 차고를 낮출 수 있으므로 안정성이 향상된다.
⑤ 구조가 복잡하므로 가격이나 취급 및 정비 면에서 불리하다.
⑥ 볼 이음부분이 많아 이음부분의 마멸에 의한 바퀴의 정렬 변화가 발생할 수 있다.
⑦ 바퀴의 상하 운동에 따른 윤거(tread) 변화량에 따라 타이어 마모량이 커지고 바퀴 정렬의 변화가 발생할 수 있다.

2. 독립현가장치의 종류

독립식 현가장치에는 위시본형, 맥퍼슨형, 트레일링 링크형, 스윙차축형, 듀보네형(dubbonet type) 등이 있으며 주로 위시본형식과 맥퍼슨형식을 사용한다.

(1) 위시본형(wishbone type)

위시본형은 위·아래 컨트롤 암(upper & lower control arm), 조향너클(steering knuckle), 코일 스프링 등으로 구성되어 바퀴가 스프링에 의해 완충되면서 상하운동을 하도록 되어 있다. 이 형식은 위·아래 컨트롤 암의 길이에 따라 평행사변형 형식과 SLA형식으로 나누어지며, 평행사변형 형식은 윤거(tread)가 변화하고 SLA형식은 캠버(camber)가 변화한다. 그러므로 위시본 형식은 스프링이 피로하거나 약해지면 캠버(negative camber) 또는 윤거가 변화한다.

(가) 평행사변형 형식

이 형식은 위·아래 컨트롤 암을 연결하는 4점이 평행사변형을 이루고 있는 것이며, 바퀴가 상하운동을 하면 조향너클과 연결하는 2점이 평행이동을 하여 윤거가 변화하므로 타이어 마모가 촉진된다. 그러나 캠버의 변화가 없으므로 선회주행에서 안전성이 증대된다.

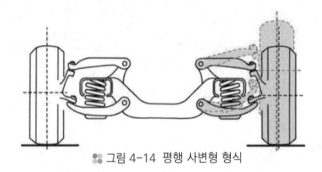

:: 그림 4-14 평행 사변형 형식

(나) SLA 형식(short long arm type)

이 형식은 아래 컨트롤 암이 위 컨트롤 암보다 긴 형식이다. 바퀴가 상하운동을 하면 위 컨트롤 암은 작은 원호를 그리고, 아래 컨트롤 암은 큰 원호를 그리게 되어 컨트롤 암이 움직일 때마다 캠버(camber)가 변화하는 결점이 있다. 이 경우 위, 아래 볼 이음의 중심선이 킹핀 중심선 역할을 하며 이 볼 이음의 중심선을 조향축(stering axle)이라고 한다.

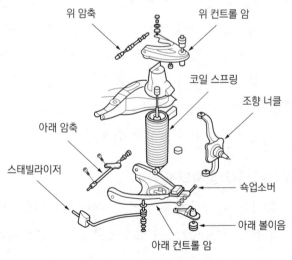

:: 그림 4-15 SLA 형식

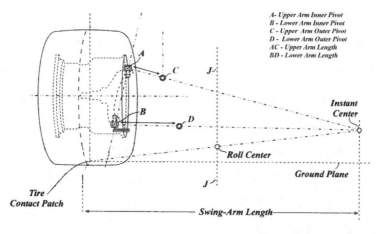

A- Upper Arm Inner Pivot
B - Lower Arm Inner Pivot
C - Upper Arm Outer Pivot
D - Lower Arm Outer Pivot
AC - Upper Arm Length
BD - Lower Arm Length

🔅 그림 4-16 SLA 지오메타리(geometry)

(다) 커플 더블 위시본 형식(couple double wishbone type)

커플 더블 위시본 형식은 위시본 형식과 맥퍼슨 형식을 조합한 형식이며 위시본 형식의 단점을 보완한 것으로, 일반적인 구조는 위시본 형식과 비슷하나 엔진실(engine room)의 공간을 효율적으로 활용할 수 있다. 맥퍼슨 형식보다는 상대적으로 강도가 크고, 바퀴가 상하운동을 하여도 캠버나 캐스터 등의 변화가 작으며, 승차 감각이 부드럽고, 조향안정성 등이 큰 장점이 있다.

또 컨트롤 암의 형상이나 배치에 따라 얼라인먼트 변화나 가·감속할 때 자동차의 자세를 비교적 자유롭게 제어할 수 있으며, 강성도 높기 때문에 조종성능 및 안정 성능을 중요시하는 승용자동차에서 널리 사용된다. 그러나 구조가 복잡하고 넓은 설치공간이 필요한 단점이 있다.

🔅 그림 4-17 커플 더블 위시본

(2) 맥퍼슨 형식(Macpherson type)

이 형식은 조향너클과 일체로 되어 있으며, 쇽업소버가 내부에 들어 있는 스트럿(strut; 기둥) 및 볼 이음, 현가 암, 스프링으로 구성되어 있다. 스트럿 위쪽에는 현가 지지를 통하여 차체에 설치하며, 현가 지지에는 스러스트 베어링(thrust bearing)이 들어 있어 스트럿이 자유롭게 회전할 수 있다. 그리고 아래쪽에는 볼 이음을 통하여 현가 암에 설치되어 있다. 코일 스프링을 스트럿과 스프링시트 사이에 설치하며, 스프링시트는 현가지지의 스러스트 베어링과 접촉되어 있다. 따라서 자동차 중량은 현가지지를 통하여 차체를 지지하고, 조향할 때에는 조향너클과 함께 스트럿이 회전한다. 이 형식의 특징은 다음과 같다.

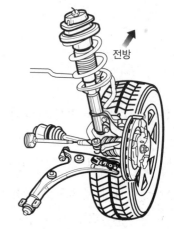

① 구조가 간단해 마멸되거나 손상되는 부분이 적으며 정비작업이 쉽다.
② 스프링 밑 질량이 작아 로드홀딩(road holding)이 우수하다.
③ 엔진실의 유효체적을 크게 할 수 있다.

🔩 그림 4-18 맥퍼슨 형식

3 공기 현가장치(air suspension system)

1. 공기 현가장치의 개요

공기 현가장치는 압축공기의 탄성을 이용한 것이다. 공기스프링은 코일 스프링이나 판 스프링 등과 달리 차고에 영향을 미치는 하중에 따라 스프링 상수 K를 변화시킴으로써 차고를 일정하게 유지 할 수 있다. 승차감이 가장 좋은 현가장치이다.

공기스프링, 레벨링 밸브, 공기탱크, 공기압축기로 구성되어 있다. 차량 중량이 감소하여 차고가 높아지려고 하면 레벨링 밸브는 공기스프링 안의 공기를 방출하여 차고를 낮춘다. 또한 차량 중량이 증가하여 차고가 낮아지면 공기탱크로부터 공기를 보충하여 차고를 높인다. 특징은 다음과 같다.

① 하중증감에 관계없이 차체 높이를 항상 일정하게 유지하며 앞·뒤, 좌·우의 기울기를 방지할 수 있다.
② 스프링 정수가 자동으로 조정되므로 하중의 증감과 관계없이 고유 진동수를 거의 일정하게 유지할 수 있다.

③ 고유 진동수를 낮출 수 있으므로 스프링 효과를 유연하게 할 수 있다.

④ 공기스프링 자체에 감쇠성이 있으므로 작은 진동 즉, 고주파 진동을 흡수하는 효과가 있다.

⑤ 진동완화로 인하여 차의 수명이 연장된다.

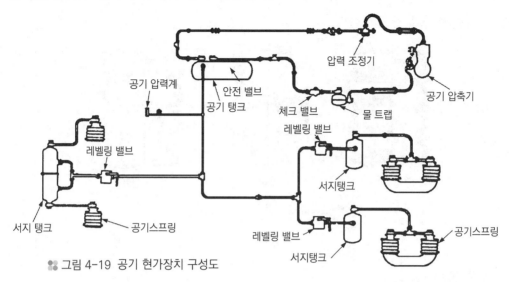

❖ 그림 4-19 공기 현가장치 구성도

2. 공기 현가장치의 구조 및 기능

(1) 공기압축기(air compressor)

공기압축기는 엔진의 크랭크축에 의해 벨트로 구동되며, 압축공기를 생산하여 공기탱크로 보낸다.

(2) 서지탱크(surge tank)

서지탱크는 공기스프링 내부의 압력변화를 완화하여 스프링작용을 유연하게 하며, 각 공기스프링마다 설치되어 있다.

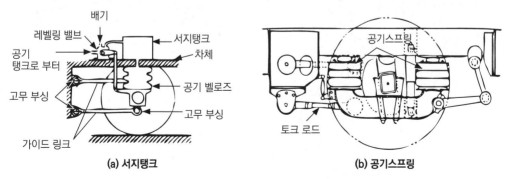

(a) 서지탱크   (b) 공기스프링

❖ 그림 4-20 서지탱크와 공기스프링

(3) 공기스프링(air spring)

공기스프링에는 벨로즈형(bellows type), 다이어프램형(diaphragm type), 복합형이 있으며, 공기탱크와 스프링 사이의 공기통로를 조절하여 도로 상태와 주행속도에 가장 적합한 스프링 효과를 얻도록 한다.

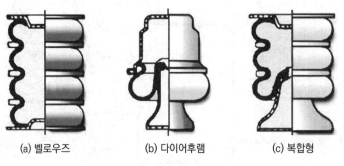

(a) 벨로우즈   (b) 다이어후램   (c) 복합형

그림 4-21 공기 튜브의 종류

(4) 레벨링 밸브(leveling valve)

레벨링 밸브는 공기탱크와 서지탱크를 연결하는 파이프에 설치된 것이며, 자동차의 높이가 변화하면 압축공기를 스프링으로 공급하거나 배출시켜 자동차 높이(車高)를 일정하게 유지한다.

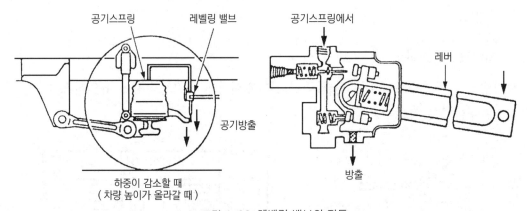

그림 4-22 레벨링 밸브의 작동

자동차의 진동 및 승차감각

1 자동차 진동

자동차는 현가스프링에 의해 지지되는 스프링 위 질량과 타이어와 현가장치 사이에 있는 스프링 아래 질량으로 분류되며 각각의 고유진동에는 다음과 같은 것들이 있다.

1. 스프링 위 질량 진동

① 바운싱(bouncing ; 상하 진동) : 차체가 Z축을 중심으로 상하방향으로 평행운동을 하는 고유진동이다.

② 피칭(pitching ; 앞뒤 진동) : 차체가 Y축을 중심으로 전후로 회전운동하는 고유진동이며 축거에 따라 영향을 많이 받는다.

③ 롤링(rolling ; 회전 진동) : 차체가 X축을 중심으로 좌우로 흔들릴 때 나타나는 회전운동의 고유진동이며 윤거의 영향을 많이 받는다.

④ 요잉(yawing ; 차체 회전운동) : 차체 전체가 Z축을 중심으로 회전운동을 하는 고유진동이다.

⑤ 서징(surging) : 차체 전체가 X축을 중심으로 전후 운동하는 진동이다.

⑥ 러칭(lurching) : 차체가 Y축을 중심으로 전체적으로 좌우운동하는 진동이다.

❋ 그림 4-23 스프링 위 질량 진동

2. 스프링 아래 질량 진동

① 휠 홉(wheel hop or hopping) : 차축이 Z방향의 상하평행 운동 시 복합적 요인으로 발생하는 진동이다.

② 휠 트램프(wheel tramp or tramping) : 차축이 X축을 중심으로 구동피니언의 회전운동 시 복합적 요인으로 발생하는 진동이다.

③ 와인드업(wind up or wheel winding) : 차축이 Y축을 중심으로 액슬축의 회전 시 복합적 요인으로 발생하는 진동이다.

④ 스키딩(skiding) : 타이어가 슬립하면서 동시에 요잉하는 진동이다.

⑤ 시미(shimmy) : 스티어링 너클 핀을 중심으로 앞바퀴가 좌우로 회전하는 진동이다.

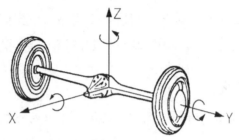

❇ 그림 4-24 스프링 아래 질량 진동

2 진동수와 승차감각

자동차에서 멀미나 피로를 느끼는 것은 자동차의 이상 진동이 사람의 뇌에 작용하여 자율신경에 영향을 주기 때문이다. 사람이 걸어갈 때 머리의 상하진동은 60~70cycle/min 이고 뛰어갈 때는 120~160cycle/min이라 하며, 일반적으로 60~120cycle/min의 상하 진동을 할 때 가장 좋은 승차감각을 얻을 수 있다고 한다. 진동수가 120cycle/min을 넘으면 딱딱해지고, 45cycle/min 이하에서는 멀미를 느끼게 된다.

스프링 고유진동수

$$f_c - \frac{1}{2\pi} \sqrt{\frac{k}{m}}$$

여기서 m : 질량(kgf)

k : 스프링 상수(kgf/mm)

f_c : $(cycles/\sec)$

g : $9800(mm.\sec)$

의 식으로 나타낼 수 있다.

3 자동차의 진동 소음

1. 쉐이크(shake)

자동차가 노면을 주행하면 노면의 요철이 차체를 진동시키고 그 힘은 가진력으로 작용한다. 가진력이 현가장치에 의하여 차체, 시트 및 조향 휠 등에 전달되어 각 부품이 상하 방향으로 요동하는 현상을 쉐이크라고 한다.

2. 져더(judder)

자동차가 주행 중 브레이크 페달을 밟으면 대쉬 패널, 조향핸들이 상하로 진동하거나, 조향핸들이 좌우로 진동하는 경우 또는 브레이크 페달에서 진동에 의하여 발생하는 맥동을 말한다. 진동수는 쉐이크와 같은 정도(5~30Hz)지만 진동의 크기는 쉐이크보다 크다.

3. 부밍(booming)

(1) 저속 및 중속 부밍

주행 중 "부웅"하는 낮은 소리로 들려오는 소음이다. 귀에 압박감이 있고 머리에 압박감을 느낄 수 있으며 진동수는 일반적으로 30~100Hz 정도이다.

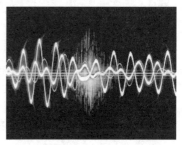

🔹 그림 4-25 부밍 노이즈

(2) 고속 부밍

주행 중 실내에서 귀에 압박감을 느끼는 "윙"하는 소음이며 심한 경우, 운행 종료 이후에도 귀에 여운이 남기도 한다. 진동수는 일반적으로 100~200Hz 정도이며, 소리로는 느낄 수 있지만, 진동으로는 느낄 수 없는 성질의 소음이다.

4. 비트음(beat noise)

비트음은 2개의 서로 다른 주파수의 부밍음이 주기적으로 변화하며 복합적으로 1초에 2~3회 정도 "우~웅"하는 파도 치는 것과 비슷한 음의 현상이다.

5. 하시니스(harshness)

주행 중 포장도로의 단차 부분 또는 홈이 파진 부분을 통과할 때 충격력이 현가장치를 통해 차체에 전달되어 충격적인 진동(20~60Hz)과 동시에 단발적으로 발생하는 현상을 말한다.

전자제어 현가장치

💡 **학습목표**

1. 전자제어 현가장치의 기능과 제어의 종류를 설명할 수 있다.
2. 전자제어 현가장치의 종류와 구조 및 특징을 설명할 수 있다.
3. 전자제어 현가장치의 입·출력요소와 기능을 설명할 수 있다.
4. 전자제어 현가장치의 제어기능과 작동상태를 설명할 수 있다.

Chapter 01 전자제어 현가장치의 개요

전자제어 현가장치(ECS, electronic control supension)는 ECU와 각종 센서 및 액추에이터(actuator) 등을 설치하고 도로 면의 상태, 주행 조건, 운전자의 선택 등과 같은 요소에 따라서 자동차의 높이와 현가특성(스프링 정수 및 감쇠력)이 컴퓨터에 의해 자동으로 제어한다. 즉, 비포장도로를 주행할 경우에는 차체를 높이고 포장된 도로를 주행할 때는 안전성을 높이기 위해 차체를 낮추며 현가장치를 매 순간 강하게(hard) 또는 부드럽게(soft) 컴퓨터가 능동적으로 제어한다. 이 장치의 기능은 다음과 같다.

① 급제동할 때 노스다운(nose down)을 방지한다.
② 급선회할 때 원심력에 대한 차체의 기울어짐(Rolling)을 방지한다.(자세제어)
③ 승차인원 및 화물의 하중 변화에 따라 자동차 높이를 제어할 수 있다.(차고제어)
④ 도로 면의 상태에 따라 승차감각을 제어할 수 있다.(감쇠력제어)

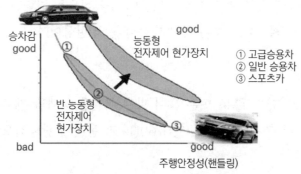

그림 5-1 승차감과 주행안정성 특성

또한 ECS는 차체의 좌우, 앞뒤의 자동차 높이, 조향핸들 각속도, 가속페달 조작속도(스로틀 위치 센서), 주행속도, 도로 면 상태 등을 판단하고, 연산하여 주행상태에 따른 쇽업소버의 감쇠력과 공기 스프링의 압력을 조정하여 아래와 같은 자세제어를 수행한다.

제어 종류		제어 시기
쇽업소버 감쇠력	auto	sport일 때
	super soft	medium일 때
	soft	
	medium	hard일 때
	hard	
차체자세 제어	롤 제어	주행 중 선회할 때
	스커트 제어	주행 중 가속, 출발, auto stall, 급가속할 때
	다이브 제어	주행 중 제동할 때
	변속할 때 스커트 제어	변속레버 위치를 변환할 때(N→D, N→R)
	피칭, 바운싱 제어	작은 요철 도로를 주행할 때
	스카이훅 제어	큰 요철도로를 주행할 때
	도로 면 대응제어	고속 주행할 때
	급속 자동차 높이 제어	험한 도로를 주행할 때
	통상 자동차 높이 제어	일반 도로를 주행할 때

Chapter 02 전자제어 현가장치의 종류

1 감쇠력 가변방식 전자제어 현가장치

감쇠력 가변방식 전자제어 현가장치는 구조가 간단하며 쇽업소버의 감쇠력(damping force)을 다단계로 변화시킬 수 있으며, 주로 중형 승용자동차에서 사용된다. 쇽업소버의 감쇠력을 soft, medium, hard 등 3단계로 제어하며, 쇽업소버의 감쇄력은 좌우가 독립적으로 할 수 있다.

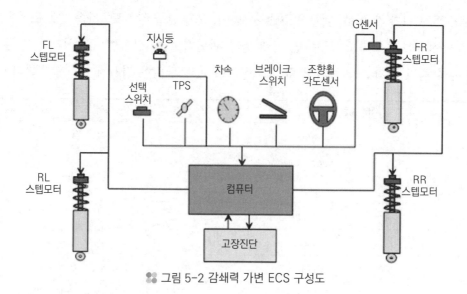

🟡 그림 5-2 감쇄력 가변 ECS 구성도

각 각의 쇽업소버 상단부에 4개의 스텝모터를 설치하여 빈번히 변화하는 주행상태에 따라 3단계의 절환이 가능하며 응답속도가 빠른 스텝모터를 사용한다.

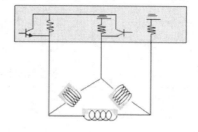

🟡 그림 5-3 스텝 모터

단자	하드(Hard)	미디움(Medium)	소프트(Soft)
1		+	−
2	+	−	
3	−		+
스텝 모터 위치			

2 복합방식 전자제어 현가장치

복합방식 전자제어 현가장치는 쇽업소버의 감쇠력을 soft와 hard로 제어하며, 자동차 높이는 low, normal, high 3단계로 제어할 수 있다. 코일 스프링이 하던 역할을 공기스프링이 대신하기 때문에 하중 변화에도 일정한 승차감각과 자동차의 높이를 유지할 수 있다.

3 세미 액티브(semi active type) 전자제어 현가장치

세미 액티브 전자제어 현가장치는 스카이훅(sky hook) 이론에 바탕을 두고 개발된 것이다. 역방향 감쇠력 가변방식 쇽업소버를 사용하여 기존의 감쇠력 가변방식 전자제어 현가장치의 경제성과 액티브 전자제어 현가장치의 성능을 만족시킬 수 있는 장치이다.

쇽업소버의 감쇠력은 쇽업소버 외부에 설치된 감쇠력 가변 솔레노이드 밸브에 의해 연속적인 감쇠력 가변제어가 가능하고, 쇽업소버 피스톤이 팽창과 수축할 때에는 독립제어가 가능하다. 또 컴퓨터에 의해 256단계까지 연속제어가 가능하다.

> **Reference**
> **스카이훅 제어**(sky hook control)이란 이상적인 승차감각이 얻어지는 현가장치는 도로 면의 영향을 전혀 받지 않고 비행하는 헬리콥터와 같이 도로 면의 영향을 가능한 흡수하여 차체를 일정의 높이로 유지되는 것이 요구된다. 이에 따라 다음과 같이 쇽업소버의 감쇠력을 제어할 필요가 있다.

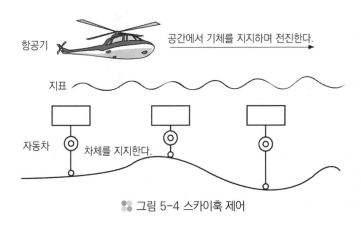

그림 5-4 스카이훅 제어

필요한 때	① 차체가 움직이지 않을 때는 감쇠력을 최저로 한다. ② 도로 면이 거칠(작은 요철 凹凸) 때도 감쇠력을 최저로 한다.
필요한 만큼 감쇠력을 낸다	① 차체의 움직임을 G센서로 측정하고, 차체의 움직임에 맞추어 감쇠력을 바꾼다.

일반적인 ECS는 소프트(soft), 미디엄(medium), 하드(hard) 등의 감쇠력 구간을 두어 차량 상황에 따라 몇몇 구간의 감쇠력을 선정하는 방식이지만, 세미 액티브 전자제어 현가장치는 댐퍼솔레노이드 밸브를 이용하여 차량상황에 따른 최적의 감쇠력을 설정하게 함으로써 최적의 차량 상태를 유지하는 현가시스템이다.

바디 G-센서
(FL, FR, RR)

휠 G-센서
(FL, FR)

연속 가변 댐퍼
(FL, FR)

연속 가변 댐퍼
(RL, RR)

그림 5-5 세미 액티브 전자제어 현가장치

세미 액티브 전자제어 현가장치는 차량의 횡방향을 감지하는 바디G센서 3개(레터럴 가속도센서, lateral acceleration sensor)와 상하방향의 가속도를 감지하는 휠 G센서 2개 (버티칼 가속도센서, vertical acceleration sensor), 차량 속도센서, 조향각센서 등을 장착하여 주행상태를 정확히 감지한 후 ECS 컨트롤 유니트(ECS control unit)는 쇽업소버에 장착된 댐퍼솔레노이드 밸브에 구동전압을 인가함으로써 차량자세를 최적으로 실현한다.

운전자는 ECS 모드스위치로 소프트모드 또는 하드모드를 선택할 수 있으며 ECS 컨트롤 니트는 일반적인 도로를 주행할 때 승차감을 부드럽게 제어한다(소프트모드, "SPORT"램프 소등). 험로운전, 커브길 운전 등 조정안전성을 향상시키고자 할 때는 ECS 모드스위치를 눌러 하드모드를 선택하면, 계기판에 있는 "SPORT"램프는 점등되고 ECS 컨트롤 유니트는 하드한 상태에서 댐퍼솔레노이드 밸브를 제어(무단제어)하여 조향안정성과 승차감을 향상시킨다.

만약 시스템에 결함이 발생하면 계기판에 있는 ECS 경고등을 점등하여 운전자에게 시스템에 결함이 있음을 알려주고, 쇽업소버는 가장 하드한 상태로 작동한다.

1. 구성 부품

(1) 바디가속도 센서

평면을 감지하기 위해서는 최소한 3개의 지점에서 감지를 해야 하므로 "G"센서는 앞쪽 좌/우, 뒤쪽에 각 1개, 총 3개가 장착되어 있다. ECU는 이 "G"센서의 출력전압을 감지하여 차량의 가속도를 판단하며, 이 입력신호는 앤티-바운스, 앤티-피치, 앤티-롤제어 시 주 신호로 사용된다. 또한 바디 가속도 센서의 화살표가 지면을 향한 오조립 상태에서는 0.5V가 출력될 수 있다.

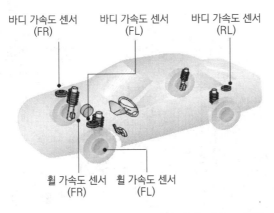

바디 가속도 센서 (FR)   바디 가속도 센서 (FL)   바디 가속도 센서 (RL)

휠 가속도 센서 (FR)   휠 가속도 센서 (FL)

※ 바디 가속도 센서

※ 휠 가속도 센서

그림 5-6 바디 및 휠 가속도 센서

(2) 휠 가속도센서

비포장도로 주행 시 발생하는 노면의 상황과 요철 통과 시 험로를 판정하고 타이어의 상하속도와 연속가변 댐퍼의 작동상태를 판단하며 판단자는 전원(5V), 신호선(정차시

2.5.V), 접지(0V) 3개로 구성된다.

연속 가변 댐퍼(CDC)

휠 가속도 센서

🟣 그림 5-7 휠 가속도 센서

(3) ESC 컨트롤 유니트

(4) ESC 스위치

험로운전, 커브길 운전 등에서 조향안정성을 향상시키고자 할 때 운전자가 조작할 수 있는 스위치이다.

(5) ESC 경고등

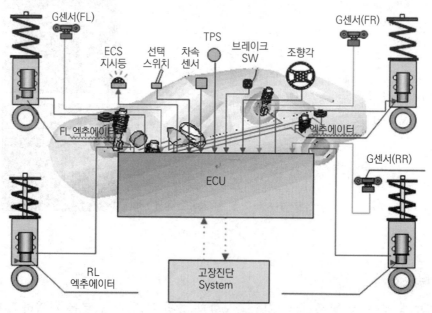

🟣 그림 5-8 세미 액티브 서스펜션 시스템 구성 요소

(6) 가변 솔레노이드

감쇄력 가변 솔레노이드 밸브는 ECU에 의해 전류제어되며, 전류량에 따라 액추에이터 내부에 있는 스풀 밸브가 이동하면서 유로를 변경시켜 감쇄력을 조절한다. 감쇄력 가변 솔레노이드 밸브는 256단계까지 연속적인 제어가 가능하며, 4개의 쇽업소버를 독립적으로 제어할 수 있다.

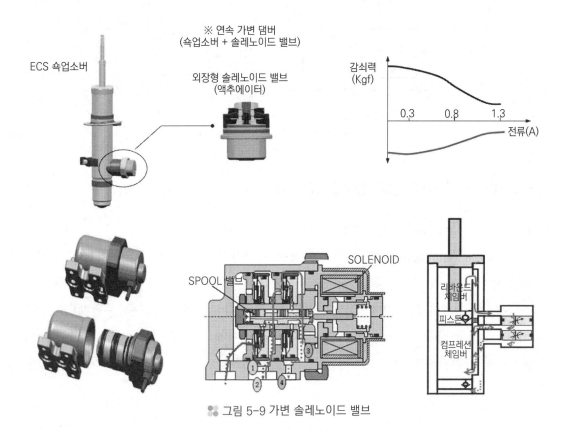

그림 5-9 가변 솔레노이드 밸브

(7) 스로틀 포지션센서 (TPS)

스로틀 포지션센서는 앤티-스쿼트 제어 시 입력 주 신호로 사용된다. 스로틀 포지션센서의 변화속도와 변화량으로 급가속 상태를 감지한 후, 이 신호를 기준으로 스쿼트 감쇄력 가변 솔레노이드 밸브의 위치를 설정하는 것이다. 스로틀 포지션센서는 가변저항형 아날로그 센서이지만, 엔진 ECU는 이 신호를 디지털 펄스(PWM)신호로 변환하여 다른 장치에 공급하므로, ECS ECU에는 디지털 펄스(PWM)신호로 입력된다.

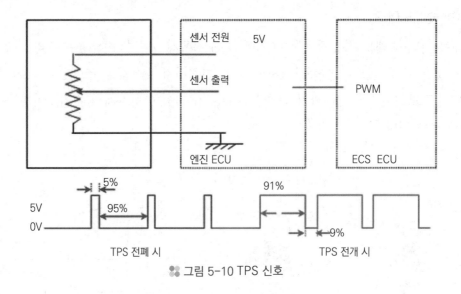

5V

0V

5% 95% 91% 9%

TPS 전폐 시 　　　　　　　　　　　　　　 TPS 전개 시

그림 5-10 TPS 신호

2. 세미 액티브 전자제어 현가장치의 제어특성

1) 무단 감쇄력 전환시스템(continuous variable damping control)

　세미 액티브(semi-active, 반능동) 전자제어 현가장치는 노면의 상황과 차체의 움직임에 따라 주행 중 상하 및 횡방향 가속도 센서와 쇽업소버 외부에 장착된 감쇄력 가변 댐퍼솔레노이드 밸브를 이용하여 오리피스(orifice)의 유로를 연속적으로 무단제어(CDC, continuous variable damping control)조절하여, 이에 따른 감쇄력의 증감으로 제어력을 발생시키는 현가장치이다. 운전자가 노면 및 운전조건에 따라 스포츠모드를 선택할 수 있다.

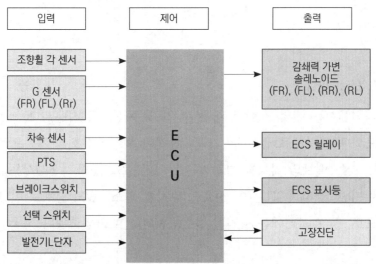

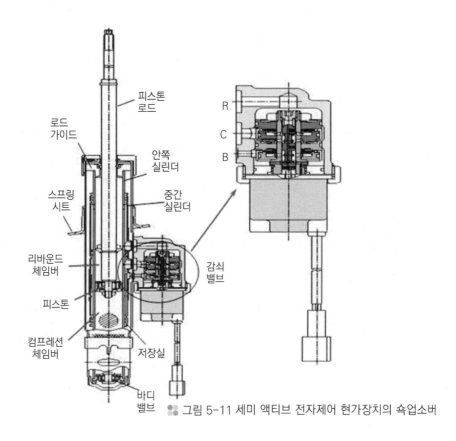

피스톤 로드
로드 가이드
안쪽 실린더
스프링 시트
중간 실린더
리바운드 체임버
피스톤
컴프레션 체임버
저장실
바디 밸브
감쇠 밸브

R
C
B

❋ 그림 5-11 세미 액티브 전자제어 현가장치의 쇽업소버

(2) 감쇄력제어 효과

(가) 차체제어(피칭 pitching, 바운싱 bouncing제어)

차체의 수직운동량을 전후의 G 버티컬 가속도센서를 이용하여 전·후륜을 독립하여 감쇄력을 세밀히 전환하여 피칭, 바운싱을 억제하여 플래트한 승차감을 만든다. 감쇄력 제어 모드는 "G"센서를 통해 차체와 휠 사이의 속도와 차체의 움직임 등을 통합하여 가속도를 산출하고 목표 감쇄력을 설정한 다음, 감쇄력 가변 솔레노이드 밸브의 전류를 제어하여 감쇄력을 변화시킨다.

(나) 안티롤 제어(anti-roll)

차량 회전 시에 Z 횡방향의 가속도와 차속의 정보에 의해 롤 상태를 초기에 검출하여 범프되는 쪽의 감쇄력(예: 오른쪽 : hard/soft ⇔ soft/hard 왼쪽 : soft/hard ⇔ hard/soft)을 독립적으로 제어하여 하드하게 유지한다.

(다) 안티다이브제어(anti-dive)

제동 시의 브레이크 스위치 신호와 차속 정보에 의해 차량 앞쪽의 감쇄력을 하드로 전환(앞 : soft/hard 뒤 : hard/soft)하여 차량의 다이브를 억제한다. 제어조건은 브레이크 스위치가 "ON"이고 감속도가 0.25G 이상일 때이며, 제어 시간은 0.9초이다.

(라) 안티스쿼드제어(anti-squat)

가속 시의 스쿼드현상을 전후의 버티칼 가속도센서와 차속센서에서 정보에 의해 감쇄력을 전환(앞 : hard/soft 뒤 : soft/hard)하여 차량의 스쿼드를 억제한다. 제어조건은 스로틀 밸브의 개도가 56% 이상일 때이며, 제어 시간은 2.3초이다.

(마) 고속감응제어(high-speed)

고속 시 감쇄력을 하드로 전환하여 고속 직진 안정성 및 조정 안정성을 향상시킨다.

제어	선택모드		차속				
			10 이하	11	120	160	160 이상
고속 안정성	sport	앞 쪽	69.3%	69.3%	75.6%	81.9%	81.9%
		뒤 쪽	37.9%	37.8%	37.8%	37.8%	37.8%
	normal	앞 쪽	50.4%	19.4%	25.2%	25.2%	25.2%
		뒤 쪽	19.3%	19.3%	19.3%	19.3%	19.3%

(바) 안티 바운스 제어(anti - bounce)

차량 전후의 "G"센서(FR, FL, Rr)의 정보를 이용하며, 로우 패스 필터 영역의 작은 진동 이외의 영역에서 전후 측 감쇄력을 동시제어(Hard/Soft ⟷ Soft/Hard)가 제어한다.

(사) 안티 피치 제어(anti-pitch)

차량에 장착된 "G"센서(FR, FL, Rr)의 정보를 이용하여 로우 패스 필터 영역의 작은 진동 이외의 영역에서 전후측의 감쇄력(앞 : hard/soft ⟷ soft/hard 뒤 : soft/hard ⟷ hard/soft)을 독립적으로 제어한다.

4 액티브(active) 전자제어 현가장치

액티브 전자제어 현가장치 방식은 감쇄력 제어와 자동차 높이 제어기능이 있으며, 자동차의 자세변화에 능동적으로 대처하기 때문에 자세제어가 가능한 장치이다.

쇽업소버의 감쇄력은 super soft, soft, medium, hard 등 4단계로 제어되며, 자동차 높이는 low, normal, high, extra high 등 4단계로 제어된다. 자세제어 기능에는 앤티 롤(anti roll), 앤티 바운스(anti bounce), 앤티 피치(anti pitch), 앤티 다이브(anti dive), 앤티 스쿼트(anti squat) 제어 등을 수행한다.

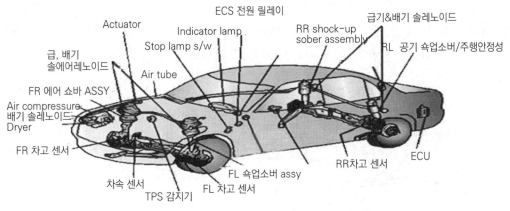

🏵 그림 5-12 액티브 전자제어 현가장치의 구성

1. 프리뷰 제어(preview control)

자동차 앞쪽에 있는 도로 면의 돌기나 단차(單差)를 초음파로 검출하여 바퀴가 단차 또는 돌기를 넘기 직전에 쇽업소버의 감쇠력을 최적으로 제어하여 승차감각을 향상시킨다. 프리뷰 센서는 초음파에 의해 자동차 앞쪽에 있는 도로 면의 돌기나 단차를 검출하는 것으로 앞 범퍼 좌우에 2개가 설치된다.

돌기를 검출한 경우에는 쇽업소버의 감쇠력을 부드럽게(soft)로 제어하여 돌기를 넘을 때 충격을 흡수한다. 그리고 단차를 검출한 경우에는 쇽업소버의 감쇠력을 딱딱하게 (hard) 제어하여 단차를 통과할 때 쇽업소버의 스토퍼(stoper)가 닿는 것을 방지한다.

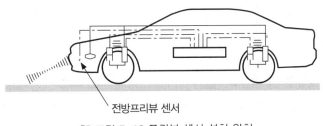

전방프리뷰 센서

🏵 그림 5-13 프리뷰 센서 설치 위치

(1) 프리뷰 센서의 돌기검출 원리

진동자(압전 세라믹)에 펄스전압을 가하여 얻는 초음파는 바퀴 앞쪽의 도로 면을 향해 200kHz 정도의 주파수를 발산한다. 바퀴 앞쪽에 돌기가 있으면 초음파는 돌기에 의해 반사되어 수신기로 되돌아온다. 이때 되돌아오는 초음파의 세기로 전압이 발생하는 전자회로가 구성되어 있어, 이 전압의 유무에 따라 앞쪽의 돌기 여부를 검출한다.

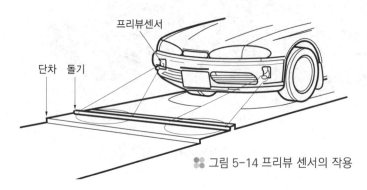

그림 5-14 프리뷰 센서의 작용

(2) 프리뷰 센서의 단차검출 원리

편평하게 보이는 포장도로에서도 노면에는 작은 요철이 있다. 이 요철에 의해 초음파가 반사되기 때문에 센서에는 약한 초음파가 되돌아오는 것으로, 일반적인 주행에서도 센서 내부에는 미세한 전압이 발생한다. 그러나 바퀴 앞쪽에 단차가 있으면 센서로 되돌아오는 초음파가 두절되어 진동자에 의한 전압도 0V가 된다. 이것에 의해 앞쪽의 단차를 검출한다.

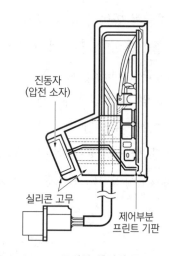

그림 5-15 프리뷰 센서의 구조

2. 퍼지제어(fuzzy control)

(1) 도로 면 대응제어

현가장치의 상하진동을 주파수로 분석하여 가볍게 뜨는 느낌과 거친 느낌의 정도를 판단하여 최적의 승차감각을 얻도록 쇽업소버의 감쇠력을 퍼지제어하여 상하진동이 반복되는 주행 조건에서도 우수한 승차감각을 얻도록 한다.

(2) 등판 및 하강제어

등판 및 하강제어는 컴퓨터에서 도로 면 경사각도 및 조향핸들의 조작횟수를 추정하여 운전상황에 따른 조향 특성을 얻기 위해 앞·뒷바퀴의 앤티 롤(anti - roll) 제어 시기를 조절한다. 경사진 도로에서 조향핸들 각속도가 클 때는 앞바퀴의 앤티 롤 제어를 지연시켜 오버스티어링(over steering)의 경향으로 한다. 지연량(시간)은 도로 면의 경사 정도와 주행속도를 기초로 퍼지제어를 한다.

반대로 내리막 경사진 도로에서 조향핸들 각속도가 작을 때는 뒷바퀴의 앤티 롤 제어를 지연시켜 언더스티어링(under steering)의 경향으로 한다. 지연량(시간)은 도로 면의 내리막 경사 정도와 조향핸들 각속도 정도 및 주행속도를 기초로 퍼지 제어를 한다.

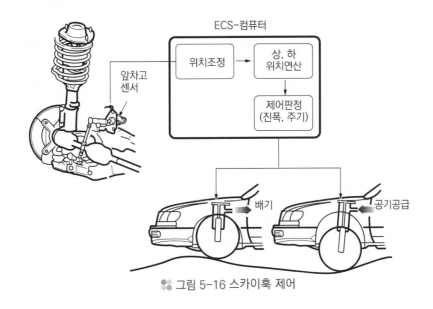

그림 5-16 스카이훅 제어

3. 스카이훅 제어(sky hook control)

스프링 위(차체)에 발생하는 상하방향의 가속도 크기와 주파수를 검출하여 상하 G(중력가속도)의 크기에 대응하여 공기스프링의 공기 흡·배기 제어와 동시에 쇽업소버의 감쇠력을 딱딱하게(hard) 제어하여 차체가 가볍게 뜨는 것을 감소시킨다. 뒷바퀴는 앞바퀴에 대하여 주행속도에 연동되어 자동으로 제어된다.

액티브 현가장치(active air suspension)는 스틸 스프링을 에어 스프링(air spring)으로 대체한 것으로 압축공기를 형성하는 컴프레셔와 에어 순환을 제어하는 밸브, 에어를 저장하는 리저버탱크, ECU 및 센서류 등으로 구성되어 있다.

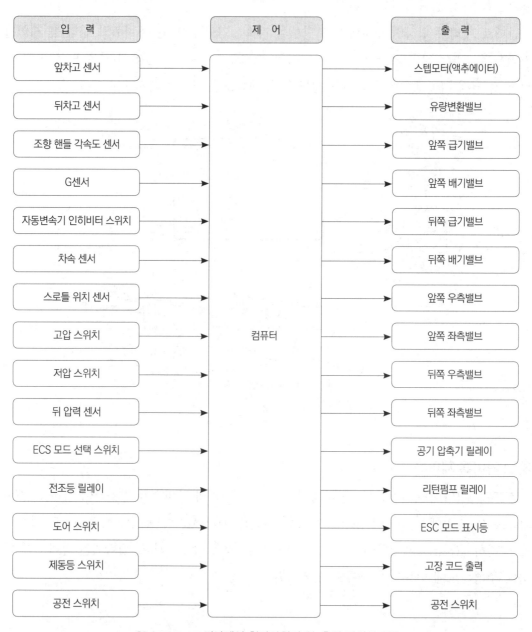

입 력	제 어	출 력
앞차고 센서		스텝모터(액추에이터)
뒤차고 센서		유량변환밸브
조향 핸들 각속도 센서		앞쪽 급기밸브
G센서		앞쪽 배기밸브
자동변속기 인히비터 스위치		뒤쪽 급기밸브
차속 센서		뒤쪽 배기밸브
스로틀 위치 센서		앞쪽 우측밸브
고압 스위치	컴퓨터	앞쪽 좌측밸브
저압 스위치		뒤쪽 우측밸브
뒤 압력 센서		뒤쪽 좌측밸브
ECS 모드 선택 스위치		공기 압축기 릴레이
전조등 릴레이		리턴펌프 릴레이
도어 스위치		ESC 모드 표시등
제동등 스위치		고장 코드 출력
공전 스위치		공전 스위치

그림 5-17 전자제어 현가장치의 입·출력 다이어그램

1 액티브 전자제어 현가장치 입력요소들의 구조 및 작동

1. 차고 센서(vehicle high sensor)

차고 센서의 종류는 가변저항식, 포토트랜지스터(photo transistor)와 발광다이오드(LED)를 사용하는 형식, 엔코더 방식, PWM 방식 등이 있으나 여기서는 PWM 방식에 대해 설명한다. 차고 센서의 기능은 다음과 같다.

① 자동차의 높이를 검출한다.

② 자세제어 중 피칭(pitching) 및 바운싱(boun- cing)을 검출한다.

③ 스카이훅 제어를 할 때 차체의 상하 중력가속도를 검출한다.

(1) 차고 센서의 구조

차고 센서는 레버(lever)로 연결된 로드(rod)와 센서 보디로 구성되며, 차량에 3 또는 4군데 설치되어 있다. 앞 차고 센서는 로워 암(lower arm)과 차체에, 뒤 차고 센서는 뒤 차축(rear axle)과 차체에 연결되어 차체의 상하 움직임에 따라 센서의 레버가 회전하며, 차고 센서는 레버가 회전하는 양으로 자동차 높이를 검출한다.

컴퓨터는 차고 센서의 레버가 회전하는 양을 연산하여 현재의 자동차 높이를 9단계로 검출하고, 설정된 목표 높이가 되도록 자동차 높이를 low, normal, extra - high 등 4단계로 제어한다.

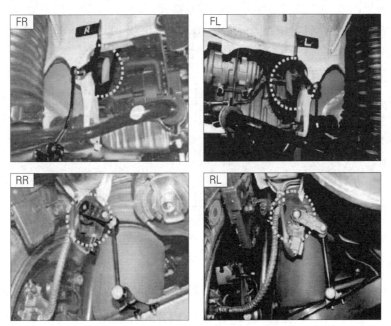

그림 5-18 차고 센서 장착 위치

(2) 차고 센서의 작동원리

높이센서(height sensor)의 작동전압은 5V이며, 센서출력은 PWM신호를 사용한다.

핀번호	기능
1	GND
2	-
3	-
4	-
5	+5V(ECU)
6	시그널(PWM)

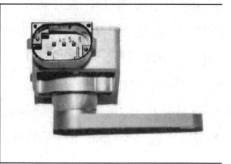

2. 조향 각 센서(steering wheel angle sensor)

(1) 조향핸들 각속도 센서의 기능 및 구조

조향 각 센서는 스티어링 컬럼과 스티어링 컬럼 샤프트 사이에 장착하며 스티어링 컬럼 어셈블리를 탈거한 후, 조향휠 각 센서를 탈거한다. 또한, 조향휠 각 센서는 ECS 시스템과 ESP(electronic stability program) 시스템 모두 공통으로 사용하는 센서로서, 기본적으로 ESP ECU(electronic control unit)에서 조향 각 센서의 신호를 받아서 ECS 유니트에 스티어링 휠의 변화량, 즉, 각속도를 CAN 통신 라인을 통하여 전달한다. 이 신호는 주행 중 조향 휠 조작으로 인한 차량 좌우 움직임의 변화에 따른 감쇄력을 제어하는 주요 신호가 된다.

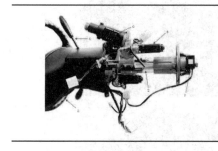

1	조향각 센서
2	스티어링 컬럼
3	조향휠 틸팅 모터
4	멀티펑션 스위치
5	스티어링 휠
6	키 실린더

(2) 조향핸들 각속도 센서의 작동원리

조향핸들 각속도 센서는 옵티컬 형식과 엔코터 형식이 있다. 근래에는 주로 엔코더 형식을 사용하며 출력신호 전압은 펄스 형태로 VDC ECU로 입력되면 그 전송된 신호를

CAN을 통해서 ECS ECU가 인식한다. 조
향각센서의 2개의 전압 펄스 신호는 조향
휠의 회전각속도 및 회전방향을 검출하기
위함이며, 조향휠의 센터 정렬 여부를 확
인하는 역할을 수행한다.

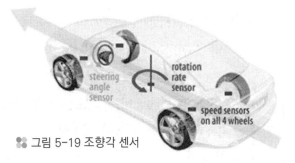

🎎 그림 5-19 조향각 센서

3. G센서(gravity sensor)

각각의 에어스프링과 차체에 장착된 G센서는 차체의 상하가속도(스프링 밑 질량의 변
화량)와 차체의 전후 방향 가속도를 감지하는 역할을 한다. G센서는 ECS ECU의 소프트
웨어에 의해서 모니터링되는데 G센서의 출력값이 100m/s 이상 잘못 입력될 경우에는 고
장으로 인식한다.

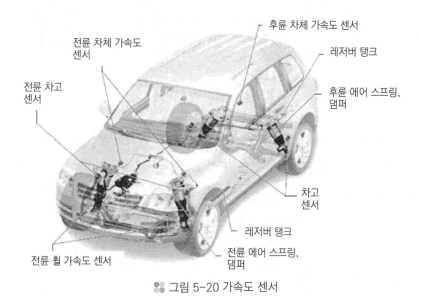

🎎 그림 5-20 가속도 센서

항목	규정값	프론트 바디 가속도 센서	리어 바디 가속도 센서
센서 형식	가속도센서		
측정범위(g)	-1.33~+1.33		
출력전압(V)	0.5~4.5		
작동온도(℃)	-40~120		
공급전압(V)	5±0.25		

4. 인히비터 스위치(inhibitor switch)

인히비터 스위치는 자동변속기에 설치되어 있으며, 운전자가 변속레버를 P, R, N, D, 2, L 중 어느 위치로 선택 및 이동하는지를 컴퓨터로 입력하는 스위치이다. 컴퓨터는 이 신호를 기준으로 변속레버를 P 또는 N 위치에서 D 또는 R 위치로 선택하였을 때 차체의 진동을 억제하기 위한 감쇠력 제어를 실행한다. 비접촉식 인히비터 스위치는 차량자세장치 편을 참조한다.

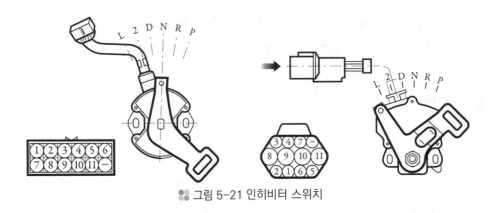

그림 5-21 인히비터 스위치

5. 차속 센서(vehicle speed sensor)

차속 센서는 홀(hall)소자 형식으로 변속기 출력축에 설치하며 자동차의 주행속도를 컴퓨터로 전송하며 선회할 때 롤(roll) 정도를 예측하고, 제동할 때 다이브(dive) 현상을 방지하는 앤티 - 다이브(anti - dive)제어, 출발할 때 스쿼트(squat) 현상을 방지하는 앤티 - 스쿼트(anti - squat)제어 및 고속 안정성 제어를 한다.

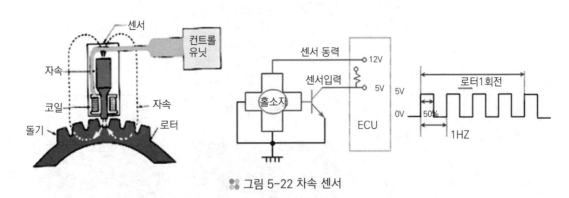

그림 5-22 차속 센서

6. 스로틀 위치 센서(throttle position sensor)

스로틀 위치 센서는 스로틀 밸브의 열림 정도를 검출하며 이 신호를 기준으로 운전자의 가·감속 의지를 판단한다. 급 가속할 때 차체의 앞쪽이 들리는 스쿼트(squat) 현상을 방지하는 앤티 - 스쿼트(anti - squat)제어에 이용한다.

7. 고압스위치(high pressure switch)

공기 탱크는 공기 압축기에 의해 압축된 공기를 저장해 두었다가, 자세를 제어할 때 신속하게 압축공기를 쇽업소버의 공기스프링으로 공급하기 위하여, 1개의 공기 압축기와 2개의 공기 탱크가 설치되어 있다.

공기 탱크는 중간을 밀폐시켜 고압탱크와 저압탱크로 분리하며, 고압스위치를 고압탱크 쪽에 설치하여 공기압력이 규정 값 이하로 낮아지면 공기 압축기를 작동시켜 고압탱크의 압력을 일정하게 유지하는 작용을 한다. 고압스위치에 의해 항상 유지되는 고압탱크 내의 공기압력은 7.6~9.5kgf/cm²이다.

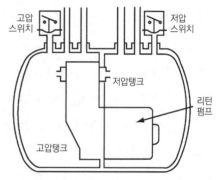

🍀 그림 5-23 고·저압 스위치의 설치 위치

8. 저압스위치(low pressure switch)

자동차에 앞쪽과 뒤쪽에 설치된 공기 탱크는 내부가 저압탱크와 고압탱크로 나누어져 있으며, 공기 탱크 중간에 리턴 펌프(return pump)가 설치되어 있다.

즉, 고압탱크 쪽은 자세를 제어할 때 필요한 공기를 공급하고 저압탱크 쪽은 자세를 제어할 때 배출되는 공기를 저장한다. 만약, 저압탱크 쪽으로 배출되어 저장되는 공기가 많아 압력이 높아지면 자세를 제어할 때 쇽업소버에서 공기배출이 불량해져 정밀한 자세제어가 어려워지기 때문에 공기스프링의 원활한 공기배출을 위함이며 저압탱크 쪽 압력이 규정값(0.7~1.4kgf/cm²)이상으로 상승하면 저압스위치가 작동하여 내부의 리턴펌프를 작동하여 저압탱크 쪽의 공기를 고압탱크 쪽으로 공급된다.

9. 뒤 압력 센서(rear pressure sensor)

뒤 압력 센서는 뒤 쇽업소버 공기스프링 내의 공기압력을 검출하는 역할을 한다. 뒤 쇽업소버 공기스프링내의 공기압력은 뒷좌석 승차인원이나 트렁크(trunk) 내의 화물 적재량에 따라 많은 변화가 일어나는데 컴퓨터는 뒤 압력 센서의 신호로 자동차 뒤쪽의 하중을 검출하고, 하중에 따라 뒤 쇽업소버 공기스프링의 공기공급 시간과 배출 시간을 다르게 제어한다.

또 승차 인원이 많거나 화물 적재량이 많아 뒤 쇽업소버 공기스프링 내의 공기압력이 규정압력 이상으로 높아지면 자세제어를 할 때 뒤쪽의 제어를 금지한다.

10. 모드 선택 스위치

모드 선택 스위치는 운전자가 주행 조건이나 도로 면의 상태에 따라 쇽업소버의 감쇠력 특성과 자동차 높이를 변화시키고자 할 때 사용하는 것이다.

(1) SPT

SPT는 SPORT를 줄여서 표기한 것이며, SPT 스위치를 한번 누르면 계기판의 SPT 표시등이 점등되면서 전자제어 현가장치 제어모드가 SPORT 모드로 변환된다.

SPORT 모드는 쇽업소버의 기본 감쇠력이 Super Soft에서 Medium으로 변환되고, Hard 영역이 넓어져 승차감각은 다소 낮아지나, 차체의 자세변화를 줄일 수 있기 때문에 구불구불한 도로를 주행하거나 sporty한 운전을 즐길 때 효과적이다.

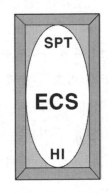

❄ 그림 5-24 모드 선택 스위치

(2) HI

HI는 HIGH를 줄여서 표기한 것이며, 주행속도 80km/h 이하에서 HI 스위치를 한번 누르면 계기판의 HI 표시등이 점등되면서 자동차 높이가 Normal 상태보다 30mm 더 상승하며, 비포장도로 또는 울퉁불퉁한 도로를 주행할 때 사용하면 효과적이다. 그리고 주행속도가 70km/h를 초과하면 자동으로 Normal 상태로 되돌아온다.

(3) Extra - HIGH

Extra - HIGH는 AUTO 모드로 주행 중 주행속도가 10km/h 이하인 상태에서 HI 스위치를 3초 이상 누르고 있으면 계기판의 Extra - HIGH 표시등이 점등되면서 자동차 높이가 Extra - HIGH 상태를 유지한다. Extra - HIGH에서는 Normal 상태보다 50mm 더 상승하며, 험한 도로를 주행하거나 과속방지 턱을 넘어갈 때 사용하면 효과적이다. 그리고 주행속도가 10km/h를 초과하면 자동으로 Normal 상태로 되돌아간다. AUTO 모드로 되돌아갈 때는 HI로 선택된 상태에서는 다시 한번 HI 스위치를 누르고, SPT로 선택된 상태에서는 다시 한번 SPT 스위치를 누르면 된다.

11. 전조등 릴레이(head light relay)

전조등 릴레이는 운전자가 전조등을 점등시켰을 때 축전지 전기를 공급하는 역할을 한다. 컴퓨터는 전조등 릴레이 신호에 의해 전조등 작동 여부를 판단하여 야간에 고속으로 주행할 때 자동차 높이 제어를 다르게 한다. 즉, 주행속도가 90km/h로 10초 이상을 유지하거나 100km/h를 초과하는 고속주행에서는 자동차 높이를 Normal 상태보다 10mm 낮은 Low 위치로 낮춰준다.

전조등을 켜지 않은 주간에는 자동차의 앞쪽만 Low 위치로 내려주고, 뒤쪽은 Normal 상태로 유지하여 고속주행에 따른 공기저항을 줄여준다. 그러나 전조등 릴레이 신호가 컴퓨터로 입력되면 자동차의 앞뒤 높이를 모두 Low 위치로 내려 전조등의 각도와 광도가 달라지는 것을 방지한다.

12. 도어스위치(door switch)

도어스위치는 자동차의 도어가 열리고 닫히는 것을 검출하는 스위치이다. 컴퓨터는 도어스위치 신호에 의해 승객의 승·하차 여부를 판단하고 승·하차할 때 차체의 흔들림을 방지하기 위해 쇽업소버의 감쇠력을 제어한다. 또 자동차 높이가 HIGH 또는 Extra - HIGH 인 상태에서 승객이 승·하차를 하기 위해 도어를 열면 승·하차의 편의를 위해 자동차 높이를 Normal 위치로 낮춘다.

13. 제동등 스위치(brake lamp switch)

제동등 스위치는 운전자의 브레이크 페달 조작여부를 검출하여 컴퓨터로 입력한다. 컴퓨터는 제동등 스위치의 신호에 따라 운전자의 브레이크 페달 조작 여부를 판단하고 제동을 할 때 차체가 앞쪽으로 기울어지는 다이브(dive) 현상을 방지하기 위해 앤티 - 다이브(anti - dive) 제어를 실행한다.

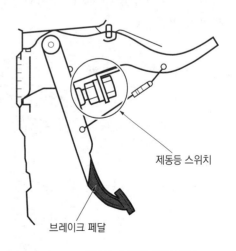

제동등 스위치

브레이크 페달

🟦 그림 5-25 제동등 스위치 설치 위치

14. 공전 스위치

공전스위치는 운전자의 가속페달 조작 여부를 검출하는 스위치이며, 컴퓨터는 엔진 ECU에서 공급된 CAN신호에 의해 가속페달 조작 여부를 판단한다. 이 신호에 의해 자동차가 출발할 때 앞쪽이 들리는 스쿼트(squat)현상을 방지하기 위한 앤티 - 스쿼트(anti - squat)제어와 변속레버를 조작할 때 차체의 진동이 발생하는 것을 방지하기 위한 앤티 - 시프트 스쿼트(anti - shift squat)제어를 실행한다.

2   전자제어 현가장치 출력요소들의 구조 및 작동

1. 스텝모터(step motor ; 액추에이터)

(1) 스텝모터의 기능 및 구조

스텝모터는 4개의 쇽업소버 위쪽에 설치되며, 컴퓨터의 전기적 신호에 의해 작동한다. 내부구조는 페라이트 계열 영구자석으로 된 로터(rotor, 회전자)와 스테이터(stator, 고정자), 그리고 코일 A와 B로 되어 있다. 코일에 직류전류를 공급하면 이때 발생하는 전자력으로 로터를 끌어당겨 회전력을 발생시킨다.

컴퓨터는 자동차 운행 중 쇽업소버 감쇠력을 변환시켜야 할 조건이 되면 스텝모터를 일정한 각도로 회전 시키고, 스텝모터가 회전하면 스텝모터에서 쇽업소버 내부까지 연결된 컨트롤 로드(control rod)가 회전하면서 쇽업소버 내부의 오일통로 크기가 변화하여 감쇠력이 변화한다.

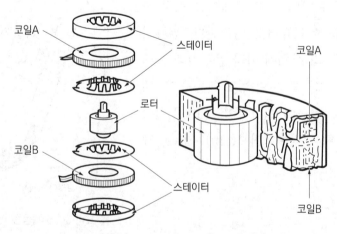

🎗️ 그림 5-26 스텝모터의 내부 구조

(2) 스텝모터의 작동원리

그림 5-27의 스테이터 1과 같이 전류를 A, B 각 상의 코일에 공급하면 플레밍의 오른손 법칙에 따라 A1극, B1극이 N극으로, A2극, B2극이 S극으로 되어 로터의 N극과 S극을 각각 끌어당겨 그림 5-28에 나타낸 바와 같은 위치를 유지한다. 스테이터 1상태에서 스테이터 2와 같이 A상의 코일에 전류의 방향으로 반대로 공급하면 A1극, B2극이 S극으로, A2극, B2극이 N극으로 되면서 로터가 약 90° 반시계방향으로 회전한다. 이렇게 코일에 흐르는 전류의 방향을 바꾸어줌으로써 로터를 움직이도록 한다.

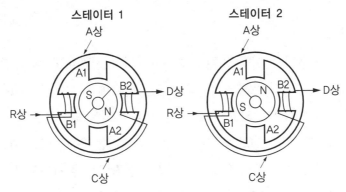

❖ 그림 5-27 스테이터의 작동원리(1)

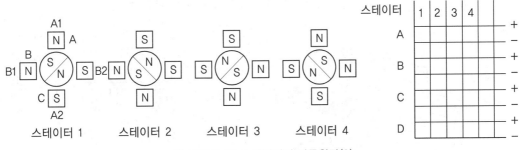

❖ 그림 5-28 스테이터의 작동원리(2)

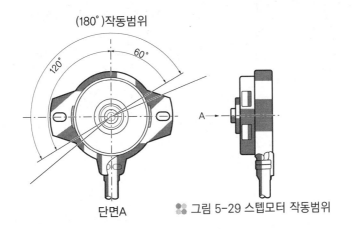

❖ 그림 5-29 스텝모터 작동범위

위치	1	2(기준 위치)	3	4	5
각도	60°	0°	37.5°	37.5°	120°
감쇠력	HARD	MEDIUM	AUTO/SOFT	SOFT	HARD

❖ 그림 5-30 감쇠력 위치

2. 유량 변환밸브

유량 변환밸브는 자동차 높이를 조절할 때 또는 자세를 제어할 때 앞뒤 쇽업소버의 공기스프링에 공기를 공급하기 위해 앞뒤 공기공급 밸브에 공기를 공급하는 역할을 한다. 유량 변환밸브에는 밸브의 작동과 관계없이 항상 열려 있는 공기통로가 1개 있으며, 컴퓨터의 신호에 의해 솔레노이드 밸브가 작동하여야만 열리는 통로가 또 1개 있다.

자동차 높이를 상승시키는 제어를 할 때는 항상 열려있는 공기통로로 공기가 공급되지만, 자세제어를 하거나 급속히 자동차 높이를 제어할 때에는 컴퓨터가 솔레노이드 밸브를 작동시켜 많은 양의 공기가 쇽업소버의 공기스프링으로 공급되도록 한다.

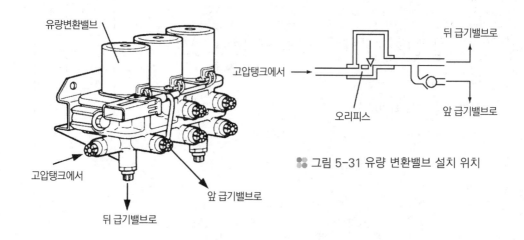

❖ 그림 5-31 유량 변환밸브 설치 위치

3. 앞 공기공급 밸브

앞 공기공급 밸브는 자동차 높이를 제어하거나 자세를 제어할 때 앞쪽 좌우 스트럿 (strut) 공기스프링에 공기를 공급하는 밸브이며, 공기를 공급할 때는 ON으로 되며, 배출을 할 때는 OFF로 된다. 그리고 공기의 역류를 방지하기 위한 체크밸브(check valve)가 설치되어 있다.

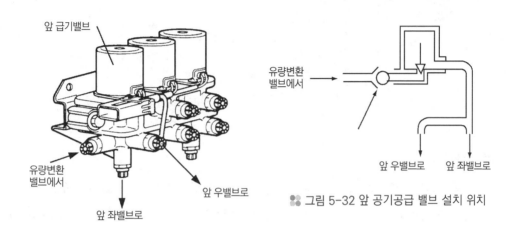

그림 5-32 앞 공기공급 밸브 설치 위치

4. 뒤 공기공급 밸브

뒤 공기공급 밸브는 자세를 제어하거나 자동차 높이를 상승으로 제어할 때는 뒤쪽 좌우 쇽업소버의 공기스프링에 공기를 공급하는 밸브이며, 공기를 공급할 때는 ON으로 되며, 배출을 할 때는 OFF 상태를 유지한다. 이 밸브에는 뒤 쇽업소버의 공기스프링 내의 압력을 검출하는 뒤 압력 센서가 설치되어 있다.

5. 앞·뒤 공기배출 밸브

앞·뒤 공기배출 밸브는 컴퓨터의 전기적 신호로 작동하며, 앞뒤·좌우 쇽업소버의 공기를 대기 중으로 배출할 것인지 아니면 저압탱크 쪽으로 보낼 것인지를 결정하여 공기를 배출시키는 밸브이다.

컴퓨터는 자동차 높이 제어 또는 자세제어의 조건에 따라 앞뒤 공기배출 밸브를 작동시키는데 자동차 높이를 하향 제어를 할 때 배출되는 공기는 대기 중으로 배출시키고, 자세를 제어할 때 배출되는 공기는 그 양이 많지 않기 때문에 저압탱크 쪽으로 보낸다.

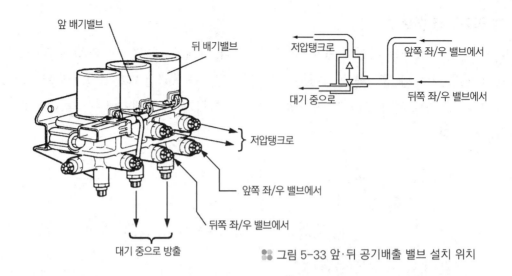

앞 배기밸브

뒤 배기밸브

저압탱크로

앞쪽 좌/우 밸브에서

대기 중으로

뒤쪽 좌/우 밸브에서

저압탱크로

앞쪽 좌/우 밸브에서

대기 중으로 방출

뒤쪽 좌/우 밸브에서

그림 5-33 앞·뒤 공기배출 밸브 설치 위치

6. 앞뒤·좌우 밸브

앞뒤·좌우 밸브는 컴퓨터의 전기적인 신호로 작동하며, 앞뒤·좌우 쇽업소버의 공기스프링에 공기를 공급하거나 배출하는 역할을 한다. 컴퓨터는 자동차 높이를 제어하거나 또는 자세를 제어할 때 조건에 따라 앞뒤·좌우밸브를 작동하여 공기스프링의 공기를 공급하거나 배출한다.

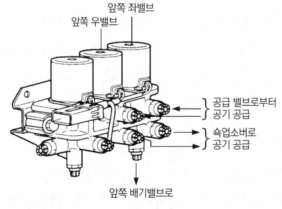

앞쪽 좌밸브

앞쪽 우밸브

공급 밸브로부터 공기 공급

쇽업소버로 공기 공급

앞쪽 배기밸브로

그림 5-34 앞뒤·좌우밸브 설치 위치

7. 공기 압축기 릴레이

공기 압축기 릴레이는 압축기에 축전지 전기를 공급하는 역할을 한다. 고압탱크의 공기 압력이 규정값 이하로 낮아지면 고압스위치가 작동하고, 컴퓨터는 고압스위치의 작동신호를 기준으로 공기 압축기 릴레이를 작동시켜 압축기를 구동한다.

압축기가 구동되면 압축공기가 고압탱크로 공급되어 고압탱크의 압력이 규정 압력으로 높아진다. 자동차 높이를 상승시킬 때에도 컴퓨터가 직접 공기 압축기 릴레이를 작동시켜 압축기의 압축공기를 공기스프링에 공급한다.

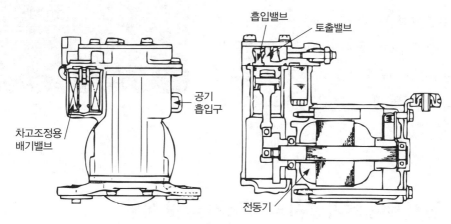

그림 5-35 공기 압축기의 구조

8. 리턴펌프 릴레이

리턴펌프(return pump) 릴레이는 리턴펌프에 축전지 전기를 공급한다. 리턴펌프는 앞쪽 공기 탱크에 설치되어 저압탱크 쪽의 공기를 고압탱크 쪽으로 보내는 역할을 한다. 자세를 제어할 때 쇽업소버의 공기스프링에서 배출된 공기는 저압탱크에 저장되고, 저압탱크 쪽의 공기압력이 규정 압력보다 높아지면 저압스위치가 작동하여 컴퓨터로 신호를 보내고, 저압스위치의 작동신호를 받은 컴퓨터는 리턴펌프 릴레이를 작동시켜 리턴펌프를 구동하여 저압탱크의 공기를 고압탱크로 보낸다. 따라서 저압탱크의 공기압력은 다시 규정값(0.7~1.4kgf/cm²) 이하로 낮아진다.

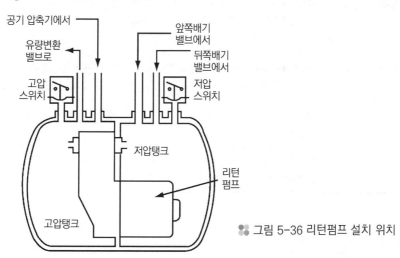

그림 5-36 리턴펌프 설치 위치

9. 모드 표시등

모드 표시등은 계기판에 설치되어 있으며, 컴퓨터는 운전자의 스위치 선택에 따른 현재 컴퓨터의 작동모드를 표시등에 점등하여 알려준다. 전자제어 현가장치장치에 고장이 발생하였을 때 알람(Alarm) 표시등을 점등하여 고장을 알려준다. 모드 표시등의 점등 조건은 다음 표와 같다.

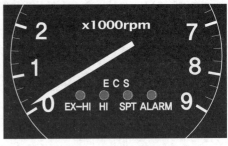

그림 5-37 모드 표시등

Chapter 04 전자제어 현가장치의 제어기능 및 작동

Active 전자제어 현가장치는 다양한 센서들의 신호를 받아 감쇠력 제어, 자동차 높이 제어, 자세제어를 통해 자동차의 승차감과 주행안정성을 확보한다.

표_ ECS 작동 표시등

전자제어 현가장치 모드 표시등	점등 조건 및 제어모드
Extra – HIGH	주행속도 10km/h 이하에서 운전자가 모드 선택스위치로 Extra – HIGH를 선택하면 표시등이 점등되면서 자동차 높이가 Extra – HIGH로 상승한다. 주행속도가 10km/h를 초과하면 자동으로 표시등이 소등되며, 자동차 높이는 Normal 상태로 되돌아간다.
HIGH	주행속도 70km/h 이하에서 운전자가 모드 선택스위치로 HIGH를 선택하면 표시등이 점등되면서 자동차 높이가 HIGH로 상승한다. 주행속도가 70km/h를 초과하면 자동으로 표시등이 소등되고 자동차 높이는 Normal로 되돌아간다.
SPORT	운전자가 모드 선택스위치에서 SPT를 선택하면 표시등이 점등되고, 기본 감쇠력이 Super – soft에서 Medium으로 변환되고, Hard 영역이 넓어진다. 운전자가 SPT 스위치를 다시 한 번 누를 경우에만 표시등이 소등되고 AUTO 모드로 되돌아간다.
ALARM	운행 중 전자제어 현가 장치에 고장이 발생할 경우 표시등이 점등되며, 그 밖의 경우에는 소등된다.
모두 소등	표시등이 전혀 점등되지 않는 상태는 AUTO 제어모드로, 운행 조건이나 도로 면 상태에 따라 컴퓨터가 자동으로 쇽업소버의 감쇠력과 자동차 높이를 제어한다.

1 감쇠력 제어기능(damping force control)

　주행 조건에나 도로 면의 상태에 따라 쇽업소버의 감쇠력이 Super-Soft, Soft, Medium, Hard의 4단계로 컴퓨터에 의해 제어된다. 컴퓨터는 제어모드에 따라 쇽업소버 위쪽에 설치된 스텝모터를 구동하고, 스텝모터의 구동에 의해 쇽업소버 내부로 연결된 컨트롤 로드가 회전한다. 컨트롤 로드가 회전하면 쇽업소버 내의 오일통로의 크기가 변화하여 차체에 발생하는 고유진동(Roll, Dive, Squat, Pitching, Bouncing, Shake)이 쇽업소버의 감쇠력을 강하게 또는 약하게 변화시켜 제어한다.

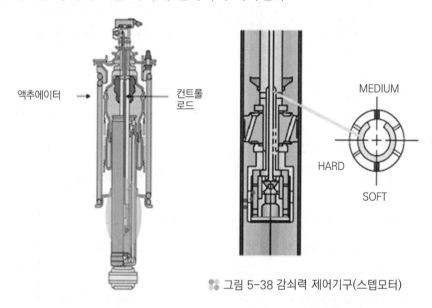

액추에이터　　　　컨트롤 로드

MEDIUM

HARD

SOFT

🎯 그림 5-38 감쇠력 제어기구(스텝모터)

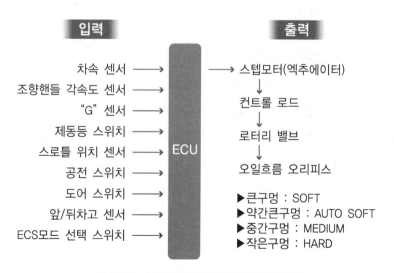

입력		출력

차속 센서 ⟶
조향핸들 각속도 센서 ⟶
"G" 센서 ⟶
제동등 스위치 ⟶
스로틀 위치 센서 ⟶　ECU
공전 스위치 ⟶
도어 스위치 ⟶
앞/뒤차고 센서 ⟶
ECS모드 선택 스위치 ⟶

⟶ 스텝모터(엑추에이터)
↓
컨트롤 로드
↓
로터리 밸브
↓
오일흐름 오리피스

▶ 큰구멍 : SOFT
▶ 약간큰구멍 : AUTO SOFT
▶ 중간구멍 : MEDIUM
▶ 작은구멍 : HARD

🎯 그림 5-39 감쇠력 제어기구의 다이어그램

1. 선택모드별 특징

선택모드	감쇠력 제어	특 징
AUTO 모드	Super Soft	AUTO 모드를 선택하면 기본 감쇠력은 Super Soft이며, 주행속도, 주행 조건, 도로 면 상태 등에 따라 Super Soft, Soft, Medium, Hard의 4단계로 제어된다.
	Soft	
	Medium	
	Hard	
SPORT 모드	Medium	SPORT 모드를 선택하면 기본 감쇠력은 Medium으로 변환되고, 주행 조건이나 도로 면의 상태에 따라 Medium, Hard 2단계로 자동제어된다.
	Hard	

2. Anti – Roll 제어의 감쇠력 전환

규정 속도(15km/h) 이상에서 규정각도 이상으로 조향시킬 경우에 차체에서 롤링이 발생하면 공기공급 및 배출과 동시에 맵(map)에 따라 감쇠력을 1초 동안 Soft, Medium 또는 Hard로 전환한 후 감쇠력을 1단 내려서 유지한다.

다만, 좌우 방향의 가속도(G)가 규정값 이상인 경우에는 감쇠력을 Medium 또는 Hard로 유지한다. 그리고 처음으로 복귀할 때에는 다시 한번 감쇠력을 1단 올려서 약 1초 후에 처음의 감쇠력으로 복귀한다.

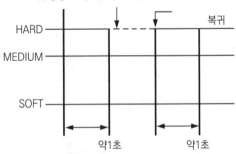

그림 5-40 Anti-roll 제어의 감쇠력 전환

3. Anti – Dive 제어의 감쇠력 전환

주행 중 급제동하면 관성에 의해 차체의 무게중심이 앞부분으로 이동되는 현상(차체의 앞부분은 크게 낮아지고 뒷부분은 높아짐)을 다이브라고 한다. 규정 속도 이상에서 급제동을 할 때 Nose - Dive를 줄이기 위해 공기 공급 및 배출과 동시에 감쇠력을 Medium 또는 Hard로 전환한다.

① 제동등 스위치가 ON으로 된 후 즉시 앞뒤 방향의 가속도가 규정값 이상으로 될 때, 앞쪽에는 규정시간 이상으로 공기를 공급하여 감쇠력은 AUTO모드일 경우에는 Medium으로, Sport 모드일 때에는 Hard로 한다.

② 제동등 스위치 ON 상태에서 가속도가 더욱더 증가하면 뒤쪽을 앞쪽과 동시에 공기

를 배출하고, 감쇠력은 및 AUTO 모드일 경우에도 Hard로 제어한다.

③ 가속도가 규정 값 미만으로 내려가면 감쇠력을 약 1초 후에 처음으로 복귀시키고, 공기배출 또는 배출한 시간만큼 공기를 공급하여 앞쪽과 뒤쪽의 공기량을 제어 전의 상태로 복귀시킨다.

4. Anti – Squat 제어의 감쇠력 전환

자동차가 규정 속도 이하에서 급발차할 경우 차체의 앞부분이 올라가고 뒷부분이 낮아지는 현상을 스쿼트라고 한다. 이와 같은 스쿼트를 줄이기 위해 공기 공급 및 배출과 동시에 감쇠력을 Medium 또는 Hard로 전환한다.

① 스로틀 밸브의 열림 속도가 규정 값 이상으로 되면 일정 시간 동안 앞쪽은 공기를 배출하고, 뒤쪽에는 공기를 공급하여 감쇠력을 AUTO 모드일 경우에는 Medium 또는 Hard에, Sport 모드일 때에는 Hard로 약 1초 동안 전환하고 그 후 처음의 감쇠력으로 복귀시킨다.

② 자동변속기 자동차의 경우 제동등 스위치가 ON되고, 주행속도가 3km/h 이하의 상태에서 스로틀 위치 센서 출력이 규정 값 이하로 되면 자동변속기 스톨(stall) 상태로 판단하고 감쇠력을 Hard로 한다. 그 후 제동등 스위치 OFF에서 차속 센서의 펄스입력이 있으면 자동변속기 스톨 상태로부터 급발진으로 판단하고 앞쪽에서는 공기를 배출하고, 뒤쪽에는 공기를 공급하고, 동시에 약 1초 후에는 감쇠력을 처음으로 복귀시킨다.

③ 스로틀 위치 센서의 출력전압이 4V(가속페달을 끝까지 밟은 상태)로 1초 이상 계속되면 감쇠력을 AUTO 모드에서는 Medium에 Sport 모드에서는 Hard로 전환한다.

④ ①항과 ②항의 조건에 해소된 경우에는 실행한 공기공급 빛 배출시간과 같은 시간의 복귀 쪽의 공기공급과 배출을 실행한다. 이때 감쇠력은 제어 시작 시간과 같이 Medium 또는 Hard에 약 1초 동안 전환되고 난 후 처음의 감쇠력으로 복귀시킨다.

5. 주행속도에 의한 감쇠력 전환

그림 5-41에 나타낸 바와 같이 주행속도에 따른 감쇠력을 전환하여 고속주행 안정성을 높인다.

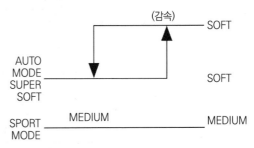

그림 5-41 주행속도에 의한 감쇠력 전환

2 자동차 높이 제어기능(hight control)

주행 조건이나 운전자의 선택모드에 따라 Low, Normal, High, Extra-High의 4단계로 컴퓨터에 의해 제어된다. 컴퓨터는 제어모드에 따라 목표 자동차 높이를 설정하고, 앞쪽에 1개, 뒤쪽에 1개 총 2개의 차고 센서 신호에 의해 현재의 자동차 높이를 검출하여 목표 자동차 높이가 되도록 공기스프링 내의 공기압력을 제어한다.

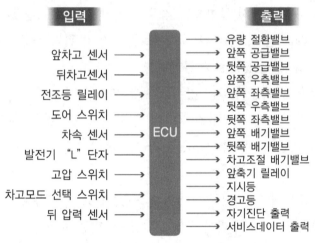

그림 5-42 자동차 높이 제어기능 다이어그램

1. 선택모드별 작동 조건

선택모드	제어모드	작동조건	특징
AUTO 모드	High	40km/h 이하의 주행속도에서 험한 도로를 검출하였을 때 차체가 도로 면에 닿는 것을 방지하기 위해 자동으로 자동차 높이를 높인다.	High, Normal, Low의 자동차 높이가 자동으로 전환된다.
	Normal	평상 상태의 자동차 높이	
	Low	① 주행속도가 10초 이상 90km/h 이상 또는 100km/h 이상일 때 Low로 하향 조정되고, 다시 70km/h 이하로 감속되면 Normal로 상향 조정된다. ② 목표 자동차 높이 Low 상태에서 전조등을 OFF시키면 앞쪽은 Low, 뒤쪽은 Normal로, 전조등을 ON으로 하면 앞뒤 쪽 모두 Low로 하향 조정된다.	
HIGH 모드	High	주행속도 70km/h 이하에서 운전자가 스위치 조작으로 선택할 수 있으며, 주행속도가 70km/h를 초과하면 자동으로 AUTO 모드로 복귀한다.	눈길, 진흙 요철을 통과할 때 사용한다.
Extra-High 모드	Extra-High	주행속도 10km/h 이하에서 운전자가 스위치 조작으로 선택할 수 있으며, 주행속도가 10km/h를 초과하면 자동으로 AUTO 모드로 복귀한다.	매우 심한 요철 및 타이어체인을 설치하였을 때 사용한다.

2. 모드별 자동차 높이 조절 기능

선택모드		목표 자동차 높이	제어 조건	제어 및 공기공급 및 배출순서
수동모드	Extra – High	Extra – High	선택스위치 신호입력 주행속도 10km/h 이하(주행속도 10km/h 이상에서는 선택불가)	자동차 높이를 Normal+50mm 상승 ① 공기공급 순서 : 공기 압축기→드라이어→고압탱크→유량 전환밸브→앞뒤 공급밸브→앞뒤·좌우밸브→쇽업소버 ② 공기배출 순서 : 쇽업소버→앞뒤·좌우밸브→앞뒤 배출밸브→드라이어→공기 압축기의 배출밸브
	High	High	선택스위치 신호입력 주행속도 70km/h 이하(주행속도 70km/h 이상에서는 선택불가)	자동차 높이를 Normal+30mm 상승 공기공급 및 배출순서는 Extra – High와 같다.
자동모드	High (급속 차고)	High	주행속도 40km/h 이하에서 차고 센서를 통한 험한 도로를 검출하였을 때	자동차 높이를 Normal+30mm 상승 ① 공기공급 순서 : 고압탱크→유량 전환밸브→앞뒤 공급밸브→앞뒤·좌우밸브→쇽업소버 ② 공기배출 순서 : 쇽업소버→앞뒤·좌우밸브→앞뒤 배출밸브→저압탱크

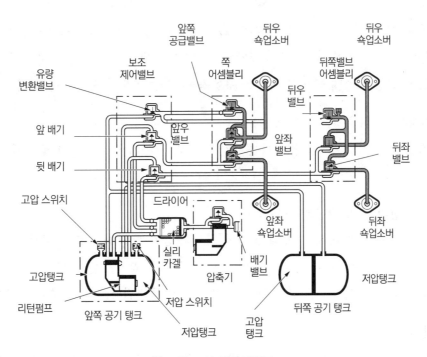

🍀 그림 5-43 공기 배관도

3. 자동차 높이 제어

(1) 자동차 높이를 높일 때

각종 센서와 스위치들로부터 자동차 높이를 높여야 하는 조건의 신호가 컴퓨터로 입력되면, 공기 탱크에 설치된 공기공급 솔레노이드 밸브와 앞뒤 자동차 높이 조절 공기밸브가 컴퓨터의 출력신호에 의해 작동(밸브 열림)된다. 이에 따라 압축공기가 공기스프링(air chamber)에 공급되어 체적이 증가하면 스트럿(쇽업소버)의 길이가 길어지므로 자동차 높이가 높아진다.

(2) 자동차 높이를 낮출 때

자동차 높이를 낮추어야 하는 조건일 경우에는, 공기 압축기에 설치된 배출 솔레노이드 밸브와 앞뒤 자동차 높이 조절 공기밸브가 컴퓨터의 출력신호에 의해 작동(밸브 열림)하여 공기스프링 내의 공기가 대기 중으로 배출되고, 공기스프링의 체적이 감소하여 스트럿의 길이가 짧아져 자동차 높이가 낮아진다.

(3) 자동차 높이 제어착수 및 준비 조건

앞뒤 차고 센서의 신호는 3단계(목표 자동차 높이보다 높다, 목표 자동차 높이이다. 목표 자동차 높이보다 낮다)로 나누어지며, 목표 자동차 높이와 실제 자동차 높이가 다를 때 자동차 높이 조정이 착수된다. 다만, 자동차 높이의 불필요한 조정을 피하기 위해 자동차 높이 조정을 결정하는 데 필요한 시간은 주행속도, 자동차의 사용 조건에 따라 변화한다.

(가) 엔진시동 직후(주행은 하지 않음)

실제 자동차 높이와 목표 자동차 높이가 다르면 자동차 높이(상하) 조정이 즉시 시작된다.

(나) 자동차 정지 상태(엔진은 가동 중)

실제 자동차 높이와 목표 자동차 높이의 차이가 6초 이상 계속되면 자동차 높이(상하) 조정이 시작되지만, 주행 후 정지하고 나서 즉시 도어가 열리지 않을 때는 목표 자동차 높이와 실제 자동차 높이가 다르면 차고 센서의 신호는 무시된다(이때는 준비 상태이다).

(다) 주행 중

목표 자동차 높이와 실제 자동차 높이의 차이가 30초 이상 계속되면 자동차 높이(상하) 조정이 시작된다. 다만, 다음 조건에서 결정 시간은 5초이다.

① 목표 자동차 높이가 주행속도에 의해 변경되었을 때.

② 목표 자동차 높이가 모드 선택스위치의 작동에 의해 변경되었을 때.

③ 목표 자동차 높이가 불량한 도로 면으로 인해 Normal 높이에서 Hard 높이로 변경 되었을 때(이때의 결정 시간은 2초이다).

④ 전조등 스위치의 작동으로 뒤쪽 자동차 높이를 변경시킬 필요가 있을 때.

(라) 주행 중 엔진 가동을 정지한 경우

엔진 가동을 정지하기 전의 자동차 높이가 목표 자동차 높이보다 높으면 즉시 자동차 높이가 낮아지도록 조정된다. 이때 자동차 높이를 높이는 조정은 이루어지지 않는다. 점 화스위치가 OFF되고 난 후 3분 이내에 최대 60초 동안 자동차 높이를 낮추는 조정이 이루어지고, 3분 후 컴퓨터의 전원공급이 자동으로 차단되므로 그 이후에는 제어가 이루어 지지 않으며, 점화스위치가 OFF되면 장치 내의 비정상적인 조건이 있더라도 컴퓨터로의 전원공급이 차단되므로 자기진단 출력코드도 나타나지 않는다.

(4) 자동차 높이 조정 정지 조건

① AUTO 모드에서는 험한 도로를 검출한 경우 자동차 높이를 High로 할 때 평상시보 다 신속히(약 2초) 자동차 높이를 높인다.

② Extra - High 모드에서의 자동차 높이는 승차 인원수와 화물적재량에 따라 앞쪽과 뒤쪽에서 상승하는 높이가 다른 때도 있다. 그리고 목표 자동차 높이는 다음과 같다.

자동차 높이	앞쪽	뒤쪽
Extra - High	Normal + 50mm	←
High	Normal + 30mm	←
Normal(기준)	398 ± 5mm	366.5 ± 5mm
Low	Normal - 10mm	←

4. 자동차 높이 제어의 종류

(1) 급속 자동차 높이 제어

주행 중 험한 도로 면을 검출하면 신속히 자동차 높이를 높인다.

자동차 높이	자동차 높이 제어	
감쇠력	Normal + 50mm	Hard
	Normal + 30mm	
공기공급 및 배출	398 ± 5mm	앞쪽 공기공급 후 뒤쪽 공기공급
	Normal − 10mm	앞뒤 쪽 모두 공기배출

① 주행속도는 3km/h 이상 40km/h 미만(3km/h ≦ 주행속도 〈 40km/h)이고, 험한 도로를 검출하였을 때 제어한다. 험한 도로란 앞차고 센서가 2초 이내에 HIGH 이상이 2회 이상 출력되고, 뒤 차고 센서가 2초 이내에 LOW 이하를 2회 이상 출력할 때 판정한다.

② 앞쪽에 450MS 공기를 공급한 후, 뒤쪽에 400MS 공기를 공급한다.

③ 뒤쪽 공기압력이 7.0kgf/cm² 이상(2.25V)인 경우에도 제어를 실행한다.

④ 그 후 험한 도로의 조건에 해당하면 자동차 높이를 High로 올린다.

⑤ 공기공급 제어 중에는 감쇠력을 Hard로 제어하고, 공기공급 및 배출 시작 1초 후에 감쇠력을 복귀시킨다.

⑥ 제어유지

㉮ 주행속도는 3km/h 이상 40km/h 미만(3km/h ≦ 주행속도 〈 40km/h)이어야 하며, 앞바퀴 차고 센서가 2초 이내에 HIGH 이상을 2회 이상 출력하면 유지한다.

㉯ 앞바퀴 차고 센서가 2초 이내에 LOW 이하를 2회 이상 출력할 경우 계속 유지한다.

⑦ 제어 유지 조건이 없어지고 15초 이상 경과하면 통상 자동차 높이 조정에 의한 자동차 높이로 복귀된다.

(2) 통상 자동차 높이 제어

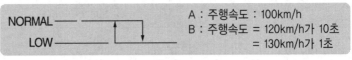

그림 5-44 AUTO 모드 제어

(가) AUTO 모드

① 주행속도에 따라 목표 자동차 높이를 조정하여 이에 따른 자동차 높이를 제어한다.

② 주행속도 120km/h 이상이 10초 이상 유지되면 자동차 높이는 LOW로 제어한다.

③ 주행속도 130km/h 이상이 1초 이상 유지되면 자동차 높이는 LOW로 제어한다.

④ 주행속도가 100km/h 이하로 낮아지면 자동차 높이는 Normal로 제어한다.

(나) HIGH(자동차 높이 HIGH) 모드

① 선택은 주행속도 70km/h 미만에서 가능하며, AUTO 모드에서 HIGH/AUTO 모드
   스위치의 입력이 있을 때 제어한다.

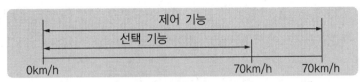

🔅 그림 5-45 HIGH 모드 제어

② AUTO 모드의 복귀

  ㉠ HIGH 모드에서 HIGH/AUTO 모드 스위치 신호가 입력될 때 복귀한다.

  ㉡ 주행속도 70km/h 이상이 10초 이상 입력될 때 복귀한다.

  ㉢ 주행속도 90km/h 이상이 1초 이상 입력될 때 복귀한다.

③ 다만, Normal → High 또는 High → Normal로 제어되기 이전의 주행속도가
   3km/h 미만이며, 제동등 스위치가 ON이면 제어를 보류한다.

④ 위의 (다)항에서 제동등 스위치가 OFF이면 제어를 시작한다.

(다) Extra-HIGH(Extra-HIGH 자동차 높이) 모드

① 선택 가능 주행속도는 70km/h 미만에서 가능하며, AUTO 모드에서 HIGH/ AUTO
   모드 스위치의 신호가 2초 이상 계속해서 입력될 때 제어한다.

② Extra-HIGH가 입력된 후 3분 동안은 다시 입력되지 않는다.

③ 점화스위치를 OFF에서 ON으로 할 때는 즉시 Extra-HIGH를 선택 가능하다.

④ 주행속도 20km/h 미만에서 제어한다.

⑤ 자동차 높이가 HIGH보다 낮은 경우에는 일단 자동차 높이를 HIGH까지 제어한 후

  ㉠ 뒤쪽은 30초 공기공급 또는 Extra-HIGH의 입력이 5초 동안 계속될 때까지 공
     기를 공급한다.

  ㉡ 앞쪽은 45초 공기공급 또는 Extra-HIGH의 입력이 5초 동안 계속될 때까지 공
     기를 공급한다.

  ㉢ 뒤쪽을 앞쪽보다 먼저 제어한다.

⑥ 제어 후 모드를 변환할 때까지는 자동차 높이 제어가 금지된다. 다만, 제어 후 자동차
   높이가 HIGH에 도달하지 않은 경우에는 HIGH까지 제어한다.

⑦ 주행속도 3km/h 이상으로 1분 이상 경과하였을 때 AUTO 모드로 복귀한다.

⑧ AUTO 모드(자동차 높이 Normal)로의 복귀

　　㉠ 주행속도가 25km/h 이상으로 입력될 때(1초) 복귀된다.

　　㉡ 주행속도가 3km/h 이상 25km/h 이하로 입력될 때(1분) 복귀된다.

　　㉢ 주행속도가 3km/h 미만에서 10km/h 이상으로 되었을 때(1초) 복귀된다.

　　㉣ Extra-HIGH 모드에서 AUTO/HIGH 모드스위치의 신호가 입력될 때 복귀된다.

⑨ 복귀제어

　　㉠ 앞쪽과 뒤쪽을 HIGH로 제어한 후 Normal로 제어한다.

　　㉡ 앞쪽 또는 뒤쪽으로 어느 한쪽 또는 양쪽이 HIGH보다 낮은 E에는 Normal로 제어한다. 다만, Normal → Extra-HIGH까지는 HIGH → Normal로의 제어는 주행속도가 3km/h 미만이며, 제동등 스위치 신호가 ON이면 제어를 보류한다.

　　㉢ 위 사항에서 제동등 스위치가 OFF이면 제어를 시작한다.

(3) 자동차 높이 제어 보류 조건

① 자세제어 중에는 자동차 높이 제어(롤, 다이브, 스쿼트, 자동변속 스쿼트, 피칭, 바운싱 제어)를 보류한다.

② 험한 도로 조건이 발생한 후 해제 조건이 만족되면 15초 동안은 자동차 높이 제어를 보류한다.

③ 제동등 스위치 ON의 경우 아래 조건이 만족되면 자동차 높이 제어를 보류한다. 다만, Normal, HIGH의 자동차 높이에서는 주행속도 3km/h 이상에서의 상태이다.

목표 자동차 높이	앞 차고 센서	뒤 차고 센서
Normal	LL 이하	H 이상
HIGH	L 이하	HH 이상
HI	LL 이하	NH 이상

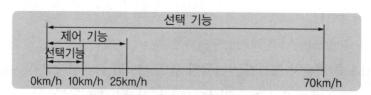

🔧 그림 5-46 자동차 높이 제어 보류 조건

④ 주행속도가 3km/h 이상이고, 100km/h 이하에서 스로틀 위치 센서의 전압이 4V 이상(스로틀 밸브 열림 80% 이상)으로 1초 이상 유지되면 자동차 높이 제어를 보류한다(공기 압축기 작동으로 인한 엔진 출력감소 방지).

(4) AUTO/SPORT 모드 제어

(가) 모드의 변화

① 자동차의 운전 상태와 도로의 교통상황에 따라서 AUTO 모드와 SPORT 모드로 변환한다.

② 험한 도로를 주행 중일 때에는 60km/h 이상이 되면 SPORT 모드로 변환된다.

③ 일반적인 주행 중일 때에는 60km/h 이상이 되면 SPORT 모드로 변환된다.

그림 5-47 모드의 변화

(나) 모드변환 금지 조건

① 점화스위치를 OFF에서 ON으로 하면 AUTO 모드이며, 점화스위치를 ON으로 한 후 60초 동안은 모드변환이 금지된다.

② 고장이 발생하면 AUTO 모드로 고정된다.

3 자세제어 기능

숍업소버의 감쇠력 가변과 숍업소버 위쪽에 설치된 공기스프링의 압력으로 차체의 자세를 제어하는 기능이다. 차체의 자세변화가 예상되면, 컴퓨터는 숍업소버의 감쇠력을 변환시킴과 동시에 차체가 기울어지는 쪽의 공기스프링에는 공기를 공급하고, 반대로 차체가 들리는 쪽의 공기스프링에는 공기를 배출시켜 차체의 자세를 제어한다.

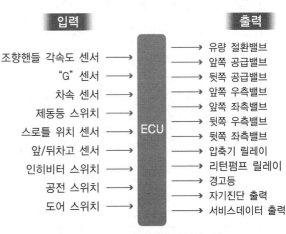

그림 5-48 자세제어 다이어그램

1. Anti – Roll 제어

주행 중 조향핸들을 조작하여 선회를 하며 자동차 안쪽의 차체는 올라가고 바깥쪽 차체는 내려가는 현상을 제어한다. 컴퓨터는 일정 주행속도 이상에서 조향핸들을 조작하면 조향핸들 각속도 센서 신호로 조향핸들의 조작속도, 조향방향 및 조향속도를 연산하는데, 연산에 의해 차체의 Roll이 발생할 조건으로 판단되면 쇽업소버의 감쇠력과 쇽업소버의 공기스프링에 공기를 공급하거나 배출하여 차체의 기울어짐을 방지한다.

입력센서	선택모드	감쇠력 제어	자세제어	
조향핸들 각속도 센서 차속 센서 G센서	AUTO 모드	Medium 또는 Hard	시작	복귀
	SPORT 모드	Hard	바깥쪽 공기공급 안쪽 공기배출	좌우 공기통로 연결

안티롤 제어

발생원인	주행 중 차량 선 회시	
현상	원심력에 의해 차량 중심이동으로 바깥쪽이 낮아지고 안쪽은 높아짐	
ECS 제어	좌우 감쇠력 제어로 롤링 최소화	

(1) 조향핸들 각속도 센서에 의한 제어

조향핸들 각속도 센서의 방향과 G센서의 방향이 같고 G센서의 출력이 0.05G 이상 되면 제어한다. 제어방법은 안쪽은 공기를 배출하고, 바깥쪽에는 공기를 공급한다. 그리고 각 영역은 발생된 Roll의 양에 의해 결정된다.

AUTO 모드	SPORT 모드
제어 시작 제어 금지 40 45 km/h	제어 시작 제어 금지 40 45 km/h

❖ 그림 5-49 조향핸들 각속도 센서에 의한 제어

모드 영역	AUTO		SPORT		
	공기공급 및 배출시간	감쇠력	공기공급 및 배출시간		감쇠력
1	300mS	유지	300mS		Hard
2	100mS	Medium	+10mS		Hard
3 3	+100mS	Medium	앞쪽	100mS	Hard
			뒤쪽	250mS	

(2) G센서에 의한 제어

G센서에 의한 제어는 주행속도가 일정값 이상이고, 0.15G 이상이면 제어한다. 제어는 일정 시간 동안 안쪽은 공기를 배출하고, 바깥쪽은 공기를 공급하며, 유량조정 밸브는 OFF 상태이다.

아래 표의 영역 1~5는 발생한 roll의 양에 의해 결정되고, 제어 시작 속도는 그림 5-50과 같다. 공기공급 및 배출을 완료한 후 G센서값이 0.1G 이상이면 제어 상태를 계속 유지하며, G센서값이 0.1G 미만으로 낮아진 경우에는 해제된다.

AUTO 모드	SPORT 모드

제어 시작 ──┐
제어 금지 ┘
   20 25 km/h
	제어 시작 ──┐
	제어 금지 ┘
	   20 25 km/h

🎴 그림 5-50 G센서에 의한 제어

모드 영역	AUTO(90km/h 미만)		AUTO(90km/h 이상)		Sport	
	공기공급 및 배출시간	감쇠력	공기공급 및 배출시간	감쇠력	공기공급 및 배출시간	감쇠력
1	비작동	현 상태	+100mS	현 상태	+150mS	Hard
2	비작동	현 상태	+150mS	현 상태	+150mS	Hard
3	통로 닫음	현 상태	+200mS	Medium	+200mS	Hard
4	+150mS	Medium				
5	+200mS	Medium				

2. 안티 다이브(Anti - Dive) 제어

주행 중 브레이크 페달을 밟으면 자동차의 무게 중심이 앞쪽으로 이동하면서 차체의 앞쪽은 내려가고, 뒤쪽은 올라가는 현상을 제어한다. 컴퓨터는 일정 주행속도 이상에서 운전자가 브레이크 페달을 밟으면 차속 센서의 신호로 감속 정도를 계산하고 만약, 차체의 다이브 현상이 발생할 조건으로 판단되면 쇽업소버의 감쇠력과 공기스프링의 공기를 공급하거나 배출시켜 차체의 기울어짐을 방지한다.

 제동등 스위치 ON 후 0.4초 이내의 감속도가 0.2G 이상일 때와 0.45G 이상일 때로 구분하여 제어한다.

입력 센서	센서모드	감쇠력	자세제어	
			시작	복귀
제동등 스위치 차속 센서	AUTO 모드	Medium or Hard	앞쪽 공기공급	앞쪽 공기공급
	SPORT 모드	Hard	뒤쪽 공기배출	뒤쪽 공기배출

안티 다이브 제어

발생원인	주행 중 감속 시
현상	제동 감속도에 의해 차량 앞쪽이 낮아지고 뒤쪽은 높아짐
ECS 제어	전후 감쇠력을 제어하여 노스-다운 현상 최소화

모드 \ 구분	0.2G 이상일 때의 제어		0.4G 이상일 때의 제어	
	공기공급 및 배출시간		공기공급 및 배출시간	
	앞쪽	뒤쪽	앞쪽	뒤쪽
AUTO	100mS 공기공급	×	100mS 공기공급	100mS 공기배출
SPORT	100mS 공기공급	×	100mS 공기공급	100mS 공기배출

3. 안티 스쿼트(anti - squat) 제어

정지 상태 또는 일정 주행속도 이하에서 운전자가 가속페달을 급격히 밟으면 자동차의 무게 중심이 뒤쪽으로 이동하면서 차체 앞쪽은 들리고, 뒤쪽은 내려가는 현상을 제어한다. 컴퓨터는 자동차가 정지된 상태에서 차속 센서와 스로틀 위치 센서의 신호로 급출발이라고 판단되면, 차체의 스쿼트 현상이 발생하지 않도록 쇽업소버의 감쇠력과 공기스프링의 공기를 공급하거나 배출하여 차체의 기울어짐을 방지한다.

입력 센서	센서모드	감쇠력	자세제어	
			시작	복귀
스로틀 위치 센서 차속 센서	AUTO 모드	Medium or Hard	앞쪽 공기공급	앞쪽 공기공급
	SPORT 모드	Hard	뒤쪽 공기배출	뒤쪽 공기배출

안티 스쿼트 제어

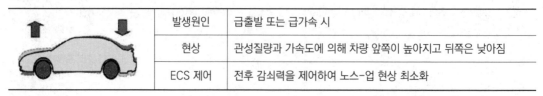

발생원인	급출발 또는 급가속 시
현상	관성질량과 가속도에 의해 차량 앞쪽이 높아지고 뒤쪽은 낮아짐
ECS 제어	전후 감쇠력을 제어하여 노스-업 현상 최소화

1) 주행 중 가속할 때의 제어

주행속도가 3km/h 이상이고 스로틀 위치 센서의 전압변화가 발생하면 제어를 시작하며, 앞쪽은 150mS로 공기를 배출하고, 뒤쪽은 150mS로 공기를 공급한다. 감쇠력은 아래 표와 같이 제어 후 1초가 지나면 복귀한다. 그리고 주행속도가 3km/h 이상(주행 중 급가속할 때)인 경우에는 공기공급 및 배출제어는 하지 않고 감쇠력 변환만 실행한다.

영역	AUTO 모드	SPORT 모드
1	유지	유지
2	유지	Hard
3	Medium	Hard

4. 안티 피칭/바운싱(anti‑pitching/bouncing) 제어

비포장도로 또는 요철 도로를 주행할 때 차체의 상하진동 또는 진행 방향으로 차체가 기울어지는 현상을 제어한다. 컴퓨터는 차고 센서에 의해 험한 도로라고 판단되면 차체의 피치 또는 바운스 현상이 발생하지 않도록 쇽업소버의 감쇠력과 공기스프링의 공기를 공급하거나 배출하여 차체의 기울어짐을 방지한다.

즉 차고 센서로부터 행정(stroke) 주파수를 검출하면 행정의 변화(피치, 바운스)에 대해 공기스프링에 공기공급 또는 배출을 실행한다.

안티 피칭/바운싱 제어

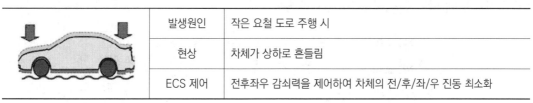

발생원인	작은 요철 도로 주행 시	
현상	차체가 상하로 흔들림	
ECS 제어	전후좌우 감쇠력을 제어하여 차체의 전/후/좌/우 진동 최소화	

5. 고속 안정성 제어

주행 중 주행속도가 100km/h를 초과하면 고속 안정성을 확보하기 위해 쇽업소버의 감쇠력과 자동차 높이를 제어하며, 컴퓨터는 차속 센서에 의해 90km/h 이하의 주행속도가 검출되면 자동차 높이를 다시 복귀시킨다.

입력 센서	센서모드	감쇠력 제어	자세제어	
			시작	복귀
차속 센서	AUTO 모드	Super Soft or Soft	Normal→Low	Low→Normal
	SPORT 모드	Medium		

6. 그 밖의 제어

(1) 초기 제어

컴퓨터를 리셋(reset)한 후 점화스위치를 ON으로 하면 감쇠력은 AUTO 모드이며, 자동차 높이 모드도 AUTO 모드로 초기화된다. 그리고 축전지 백업(back up) 상태에서 점화스위치를 ON으로 하면 기억된 제어모드로 재생된다.

(2) 점화스위치 OFF 후의 자동차 높이 제어

점화스위치를 OFF로 할 때 자동차 높이 제어 판정 시간은 1.5초이며, 자동차 높이 제어는 하향만 제어하며, 목표 자동차 높이는 점화스위치 OFF 직전의 높이이다. 자동차 높이 조정 시간은 최대 60초이며, 그 이후에는 전원이 OFF된다. 다만, 점화스위치 OFF 후 승차 인원 변화 등에 의해 자동차 높이가 변하면 점화스위치 OFF 후 3분이 지난 후 자동차 높이를 제어한다. 조정 완료 후 또는 위의 조정시간 완료 직후에 전원을 OFF한다. 다만, 자동차 높이 조정과 관계가 있고, 고장코드를 검출할 때에는 점화스위치 OFF와 동시에 전원을 OFF한다.

(3) 주행속도에 따른 감쇠력 제어(AUTO 모드)

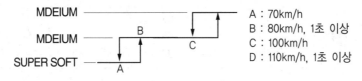

MDEIUM
MDEIUM
SUPER SOFT

A : 70km/h
B : 80km/h, 1초 이상
C : 100km/h
D : 110km/h, 1초 이상

그림 5-51 주행속도에 따른 감쇠력 제어

(4) 비포장 도로제어

앞차고 센서의 출력이 2초 후에 7주기(3.5Hz) 이상이 변화하면 비포장도로로 판정한다. 험한 도로로 판정되면 AUTO, SPORT 모드의 roll, dive, squat 등을 제어할 때 감쇠력이 hard로 변환될 조건이라도 medium으로 제어한다. 이때 험한 도로라고 판단되면 스카이훅 제어는 금지되며, 험한 도로로 판정 후 4초 동안은 험한 도로의 판정을 유지한다.

(5) 각 제어 사이의 우선순위

자동차 높이 제어		감쇠력 제어	
순위	항목	순위	모드 변화에 의한 제어
1	모드 스위치에 의한 제어	1	롤, 다이브, 스쿼트 제어의 Hard
2	롤 제어	2	스카이훅 제어의 Hard
3	다이브 제어	3	피치/바운스 제어의 Hard
4	스쿼트 제어	4	도로 면 대응 제어의 Hard
5	피치/바운스 제어	5	롤, 다이브, 스쿼트, A/T변속 스쿼트 제어의 Medium
6	급속 자동차 높이 제어	6	도로 면 대응제어의 Medium
7	스카이훅 제어(AUTO 모드)	7	주행속도에 의한 감쇠력 제어의 Medium(AUTO 모드)
8	통상 자동차 높이 제어	8	도로 면 대응제어의 Soft(AUTO모드)
		9	주행속도에 의한 감쇠력 제어의 Soft(AUTO모드)
		10	주행속도에 의한 감쇠력 제어의 Super Soft(AUTO모드)
		11	주행속도에 의한 감쇠력 제어의 Super Soft(AUTO모드)
		12	기본 감쇠력(Super Soft 감쇠력)

(6) 공기 압축기 제어

① 고압탱크의 압력이 7.6kgf/cm² 이하(고압스위치 ON)가 되면 공기 압축기를 작동시키고, 고압탱크의 압력이 9.5kgf/cm² 이상(고압스위치 OFF)이 되면 2초 후에 공기 압축기 작동을 중지시킨다.

② 자동차 높이 조종의 공기배출 제어 또는 리턴펌프가 작동 중일 때에는 공기 압축기 작동을 중지시킨다.

③ 공기 압축기 작동시간이 4분을 초과하면 작동을 중지시킨다(경고등 점등). 그러나 일단 공기 압축기 릴레이를 작동시키면 200mS 동안 OFF하지 않는다.

④ 자동차 높이를 높이는 제어 후 6초가 되어도 고압스위치가 ON되지 않으면 공기 압축기를 3분 동안 강제 구동한다. 이때는 자동차 높이 제어가 완료될 때까지 강제 구동한다.

(7) 리턴펌프 제어

① 리턴펌프가 작동 중일 때에는 공기 압축기를 구동하지 않는다.

② 저압탱크의 압력이 1.5kgf/cm² 이상(저압스위치 OFF)이 되면 리턴펌프를 작동시킨다.

③ 저압탱크의 압력이 0.7kgf/cm² 이하(저압스위치 ON)가 되면 2초 후에 리턴펌프의 작동을 중지시킨다.

④ 리턴펌프의 작동시간이 2분을 초과하면 작동을 중지시키고 이로부터 2분 후에 다시 작동이 가능하도록 한다(이를 10회 이상 반복하면 고장으로 기억한다. 그러나 경고 등은 점등되지 않으며, 또 공기 압축기도 작동하지 않는다).

⑤ 일단 리턴펌프 릴레이를 작동시키면 200mS 동안은 OFF하지 않는다.

⑥ 주행속도가 3km/h 미만일 때에는 리턴펌프는 작동하지 않는다.

⑦ 주행속도가 3km/h 이상인 경우 리턴펌프 작동 중일 때에는 저압스위치가 ON 될 때까지 작동한다.

⑧ 고압스위치가 ON 상태이고, 저압스위치가 OFF 상태일 때에는 주행속도가 3km/h 미만이라도 작동한다.

(8) 로터리 솔레노이드 밸브 제어

① 동시에 2개 이상의 감쇠력 모드는 입력되지 않는다.

② 1개의 감쇠력 모드 입력 중 다른 모드 입력이 발생하면 규정 통전시간이 지난 후 통전을 완료하고 다른 모드를 입력한다.

③ 점화스위치 ON 상태에서 L단자가 Low에서 High로 되면 0.5초 동안 감쇠력을 Soft로 한다.

④ 0.5초 후 현재의 상태에 맞는 감쇠력으로 제어된다.

⑤ 점화스위치 ON 후 0.5초 동안은 로터리 솔레노이드 밸브는 작동하지 않는다.

(9) 뒤쪽 압력에 따른 공기공급 및 배출제어

① 뒤쪽 공기압력이 높을 때에는 공기공급은 길게, 배출은 짧게 한다.

② 뒤쪽 공기압력이 낮을 때에는 공기공급은 짧게, 배출은 길게 한다.

③ 뒤 압력 센서의 출력이 2.25V 이상일 때(7.0kgf/cm² 이상) 공기공급 및 배출은 아래 표와 같다.

제어항목	공기공급 및 배출제어	제어항목	공기공급 및 배출제어
롤 제어	좌우 통로만 차단	피치/바운스 제어	제어금지
다이브 제어	앞쪽만 제어	스카이훅 제어	제어금지
스쿼트 제어	앞쪽만 제어	자동차 높이 제어	제어 즉시

(10) 전원(電源) 이상 제어

전원 전압이 6V 이하로 낮아진 경우에는 컴퓨터를 리셋(reset)한다.

Reference 전자제어 현가장치의 자세제어

① **앤티 롤링 제어(anti-rolling control)** : 이것은 선회할 때 자동차의 좌우 방향으로 작용하는 가로 방향 가속도를 G센서로 감지하여 제어하는 것이다. 즉 자동차가 선회할 때에는 원심력에 의하여 중심 이동이 발생하여 바깥쪽 바퀴 쪽은 목표 자동차 높이보다 낮아지고 안쪽 바퀴는 높아진다. 이에 따라 바깥쪽 바퀴 스트럿의 압력은 높이고 안쪽 바퀴의 압력은 낮추어 원심력에 의해서 차체가 롤링하려는 힘을 억제한다.

② **앤티 스쿼트 제어(anti-squat control)** : 이것은 급출발 또는 급 가속할 때에 차체의 앞쪽은 들리고, 뒤쪽이 낮아지는 노스업(nose-up) 현상을 제어하는 것이다. 작동은 컴퓨터가 스로틀 위치 센서의 신호와 초기의 주행속도를 검출하여 급출발 또는 급가속 여부를 판정하여 규정 주행속도 이하에서 급출발이나 급가속 상태로 판단되면 노스업(스쿼트)을 방지하기 위하여 쇽업소버의 감쇠력을 증가시킨다.

③ **앤티 다이브 제어(anti-dive control)** : 이것은 주행 중에 급제동하면 차체의 앞쪽은 낮아지고, 뒤쪽이 높아지는 노스다운(nose down) 현상을 제어하는 것이다. 작동은 브레이크 오일 압력스위치로 유압을 검출하여 쇽업소버의 감쇠력을 증가시킨다.

④ **앤티 피칭 제어(anti-pitching control)** : 이것은 자동차가 요철 도로 면을 주행할 때 자동차 높이의 변화와 주행속도를 고려하여 쇽업소버의 감쇠력을 증가시킨다.

⑤ **앤티 바운싱 제어(anti-bouncing control)** : 차체의 바운싱은 G센서가 검출하며, 바운싱이 발생하면 쇽업소버의 감쇠력은 Soft에서 medium이나 hard로 변환된다.

⑥ **차속감응 제어(vehicle speed control)** : 자동차가 고속으로 주행할 때에는 차체의 안정성이 결여되기 쉬운 상태이므로 쇽업소버의 감쇠력은 soft에서 medium이나 Hard로 변환된다.

⑦ **앤티 셰이크 제어(anti-shake control)** : 사람이 자동차에 승하차할 때 하중의 변화에 따라 차체가 흔들리는 것을 셰이크라고 한다. 자동차의 속도를 감속하여 규정 속도 이하가 되면 컴퓨터는 승차 및 하차에 대비하여 쇽업소버의 감쇠력을 Hard로 변환시킨다. 그리고 자동차의 주행속도가 규정 값 이상 되면 쇽업소버의 감쇠력은 초기 모드로 된다.

Chapter 05 능동형 전자제어 에어 서스펜션(electronically air suspension)

능동형 전자제어 서스펜션 시스템의 ECU는 입력 신호를 기반으로 출력요소를 제어하며 4개의 차고 센서와 3개의 G센서, 압력센서, 모드 선택 스위치, 밸브블럭 내부의 솔레노이드 밸브와 배기 밸브, 컴프레이서에 장착된 2개의 리버싱 밸브, 컴프레서 릴레이, 4개의 가변 댐퍼 밸브 및 CAN 통신으로 구성되어 있다.

승차 인원이나 적재하중의 변화에 따른 감쇠력과 차고제어 기능으로 차체의 자세 변화를 억제하여 차량의 승차감과 주행안전성을 확보하며, 고속주행 시 차량의 차고를 낮춰

주행안전성을 높이고, 험로 주행 시에는 차고를 높여 노면과의 접촉을 방지하여 안정된 차체를 유지한다. 또한 강체 스프링보다 유연한 공기 스프링의 특성을 이용한 능동형 전자제어 현가장치는 다양한 센서 신호를 이용하여 차량의 높이를 제어하므로 기계식에 비해 광범위하고 높은 수준의 제어를 할 수 있다.

1 구성부품

에어 스프링(air-spring)을 장착한 능동형 전자제어 에어 서스펜션은 에어압력을 형성하는 컴프레서, 에어를 공급하는 밸브블록과 에어튜브, 에어를 저장하는 리저버 탱크 그리고 여러 센서 및 ECS ECU로 구성되어있다.

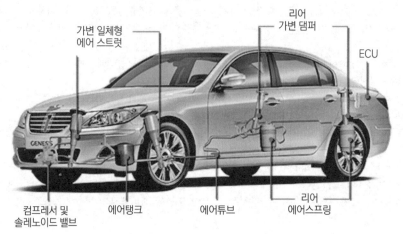

가변 일체형 에어 스트럿 / 리어 가변 댐퍼 / ECU / 컴프레서 및 솔레노이드 밸브 / 에어탱크 / 에어튜브 / 리어 에어스프링

🔹 그림 5-52 에어 서스펜션 전자제어 현가장치 구성

1. 컴프레서(compressor)

컴프레서는 모터, 리버싱 밸브, 압력해제 밸브, 체크밸브, 드라이어로 구성되어 있으며 안전을 위해 압력을 배출할 수 있는 릴리프 밸브가 장착되어 있다. 더불어 리저버 탱크의 에어를 각 에어스프링에 보내주거나, 반대로 에어 스프링의 에어를 리저버 탱크로 보내는 기능을 하며 시스템의 에어가 부족할 경우 작동한다.

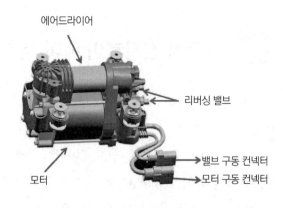

에어드라이어 / 리버싱 밸브 / 밸브 구동 컨넥터 / 모터 구동 컨넥터 / 모터

🔹 그림 5-53 컴프레서

(1) 리버싱 밸브 (reversing valve)

컴프레서 내부에 장착되어 있으며 에어 스프링에 에어 공급 또는 배출 시에 내부 밸브의 작동을 달리하여 그 과정을 수행한다.

(2) 압력해제 밸브 (relief pressure valve)

컴프레서 내부 압력이 규정 압력 이상이 되면 밸브가 열려 에어를 배출하는 안전밸브이다.

(3) 에어 드라이어 (air drier)

공기 중 수분을 흡수하여 시스템 내에 수분 등이 공급되지 않도록 하며, 내부 공기가 외부로 방출될 때 내부 습기도 동시에 방출된다.

2. 전륜 댐퍼 및 에어 스트럿

전륜 댐퍼 및 에어스프링은 에어 스프링과 가변 댐퍼로 구성된다. 에어 스프링은 에어 튜브를 통해 공기를 보충 또는 방출하여 차량의 높이를 조절하는 역할을 한다. ECS ECU는 G센서를 통해 차체의 거동을 검출하여 가변 댐퍼의 감쇠력과 가변 솔레이노이드 밸브를 실시간으로 제어하며, 주행 시 노면 및 주행 상황에 최적의 차량 상태를 유지하여 승차감과 조종 성능을 향상시킨다.

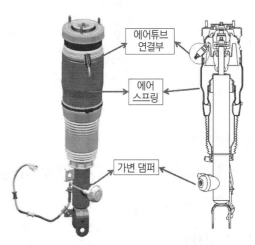

에어튜브 연결부

에어 스프링

가변 댐퍼

▒ 그림 5-54 가변 일체형 에어 스트럿

3. 후륜 에어 스프링

에어 스프링부와 충격 완화를 위한 우레탄 패드, 그리고 이물질 침입 방지를 위한 프로텍터로 구성되어 있다. 주행조건 또는 운전자의 차고선택에 따라 차량의 높이를 조절한다.

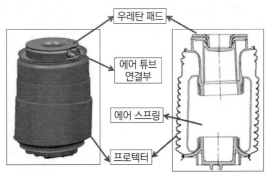

우레탄 패드

에어 튜브 연결부

에어 스프링

프로텍터

▒ 그림 5-55 후륜 에어 스프링

4. 후륜 댐퍼

가변 댐퍼와 상부 마운틴 브라켓으로 구성되며, 노면의 상태에 따라 실시간으로 감쇠력을 조절하는 기능을 한다. ECS ECU로부터 제어되는 입력 전류의 신호에 따라 제어 밸브 안의 슬라이더(slider)가 작동하여, 밸브를 통과하는 유량을 제어하여 실시간으로 차량의 감쇠력을 제어한다.

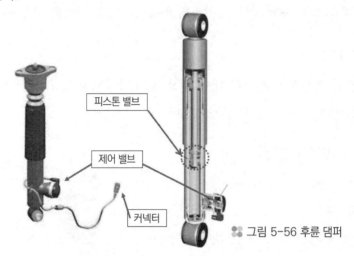

피스톤 밸브

제어 밸브

커넥터

그림 5-56 후륜 댐퍼

5. 에어튜브

에어튜브(air tube)는 차고 조절을 위하여 각각의 장치에 공기를 공급하거나 배출하는 역할을 한다.

6. 차고센서

차고센서는 가변 저항식 센서이며 앞 차고센서 2개와 뒤 차고센서 2개로 구성된다. 차체와 로워암 사이에 장착되어 차체의 상하 움직임에 따른 레버의 회전량 변화로 차체의 높이를 감지한다.

7. 가속도 센서

차량의 상하 가속도를 감지하기 위한 가속도센서(G센서)는 앞쪽에 2개, 뒤쪽에 1개가 장착되어 있다. ECU는 가속도센서의 출력값으로 차량의 상태를 파악하여 쇽업소버의 외부에 장착된 감쇠력 가변 솔레이노이드 밸브를 제어한다.

8. 압력센서

압력센서(pressure sensor)는 시스템 내의 압력을 감지하며, ECS가 작동하지 않을 때는 리저버 탱크와 관련된 시스템 압력을 감지하고, ECS가 작동할 때에는 에어 스프링 작동과 연결된 시스템의 회로의 압력을 감지한다.

9. ECS 모드 선택 스위치

ECS모드 선택 스위치는 운전자의 선택의지(차고/감쇠력)를 ECS ECU에 전달하는 기능을 한다. 차고를 선택하는 차고제어 스위치와 감쇠력을 선택하는 감쇠력 제어 스위치가 있다.

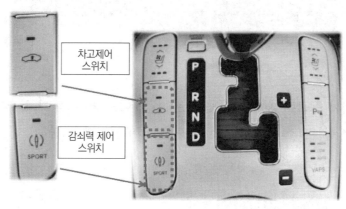

차고제어 스위치

감쇠력 제어 스위치

%% 그림 5-57 ECS 모드 선택 스위치

10. CAN통신 데이터

ECS ECU는 CAN통신 라인을 통하여 엔진토크, 엔진 회전수, 차속, 계기판, 조향각센서 등의 정보를 받는다.

2 차량 자세제어

공기회로시스템은 기본적으로 폐회로(close circuit)로 구성되며, 회로 내의 작동압력 조정을 위해 외부 공기 유입 또는 방출을 할 수 있도록 되어있다. 더불어 공기압력장치는 크게 컴프레서, 밸브블록, 리저버 탱크 및 4개의 에어스프링으로 구성된다.

1. 차고 상승

컴프레서 내에 있는 모터가 작동하여 리저버에 저장되는 공기를 리버싱 밸브를 통해 밸브블록에 공급하고, 블록 내에 있는 각 솔레노이드 밸브가 작동하여 에어스프링에 에어를 공급하여 차고가 상승한다.

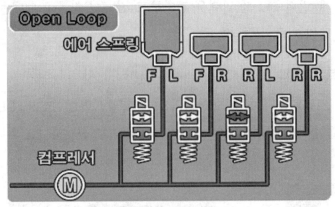

🎗 그림 5-58 차고 상승 시

2. 차고 하강

리저버 탱크에서 공급된 에어스프링의 에어는 에어드라이어를 거쳐 리저버 탱크로 이동하여 차고를 상승 또는 하강하는 시스템으로 제어 시간은 Open Loop방식에 비해 짧다.

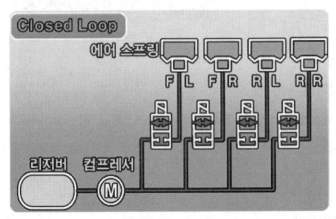

🎗 그림 5-59 차고 하강 시

3 주요 제어

1. 차고제어

ECU는 차고 변화를 방지하기 위해 목표 차고와 실제 차고를 비교하여 각 솔레노이드 밸브의 On/Off로 급기 및 배기를 실행하며, 리저버 탱크의 압력을 감시하여 공기 압축기 작동 여부를 결정한다. 또한 차속과 조향각 등의 정보를 이용하는 차속감응 제어와 선회

시 내, 외륜의 차고 차이를 보정하는 자세 제어 여부를 결정한다.

한 예로 주행 중 차고 높이는 크게 3단계로 자동으로 제어되는데 운전자가 노멀(normal) 모드를 선택하고 오프로드 주행을 할 경우에는 전·후륜 차고가 노멀 모드를 기준으로 30mm 상승하며, 고속주행을 할 때는 차고가 15mm 하강한다.

차고 제어 변화

차고 모드	앞 차고	뒤 차고	
높음(High)	+30 mm	+30 mm	
보통(Normal)	0 mm	0 mm	
낮음(Low)	-15 mm	-15 mm	

일반적인 주행 시 차고는 차속에 연동하여 제어되는데 노말 모드를 기준으로 했을 때 70km/h 이하의 속도에서 하이(hi) 모드를 선택하면 차량은 오프로드에 주행하기 적합한 하이레벨 모드가 되어, 차체가 약 30mm 상승한다. 이 상태에서 10초 이상 70km/h 이상의 속도로 주행하면, 자동으로 하이레벨 모드에서 노멀모드로 제어된다.

그리고 10초 이상 120km/h 이상의 속도로 주행하면 고속 주행에 적합한 로우레벨로 변경되어 차체가 약 15mm 하강한다. 이때 차속이 80km/h 이하로 5초 이상 지속되거나 40km/h 이하로 떨어지면 다시 노말 모드로 제어된다.

상황별 차고 제어

모드	차고변화	효과	기타
High 모드	30mm 상승	험로 주행성 향상	험로 주행 시(~70km/h) 스위치 조작으로 차고 30mm 상승
Normal 모드	유지	일정 차고 유지	승차/적재 등에 의해 기준차고 대비 10mm 이상 하강 시 기준차고로 조정하여 유지함
Low 모드	15mm하강	고속 안정성 향상	시속 120km/h 이상, 10초 지속 시 자동으로 차량높이를 15mm 하강하여 고속 주행 안정성 확보

2. 감쇠력 제어

오토(auto)모드로 주행 중에 급출발, 급제동, 선회 시에는 감쇠력(damping force)을 증대하고 일반적인 주행 시에는 감쇠력을 저감하여 부드럽고 안락한 운전이 가능하도록 제어한다. 스포츠(sport)모드를 선택하는 경우에는 감쇠력으로 증대하여 조종안정성 및 선회안정성을 극대화한다.

3. 자세제어

주행 중에는 노면의 상태, 주행 조건, 그리고 운전자의 의도에 따라 차량의 자세에 여러 가지 변화가 일어난다. 즉, 차량의 주행 중에 차체가 상하로 움직이는 바운스(bounce), 선회 시 원심력에 의해 차체가 바깥 방향으로 기울어지는 롤(roll), 차량을 감속 또는 제동 시 관성에 의해 차체가 앞쪽으로 기울어지는 다이브(dive) 현상이 발생한다. 가속 시에는 차체가 뒤쪽으로 기울어지는 스쿼트(squat), 다이브와 스쿼트가 반복되어 일어나는 피칭(pitching), 주행 중 차량의 CG점을 중심으로 회전하려는 요(yaw) 현상이 발생한다. 이와 같이 차량의 주행안정성과 다양한 자세 변화에 대응하기 위하여 ECS 시스템은 항상 최적의 주행안정성을 확보하는 제어를 한다.

🔅 학습목표

1. 애커먼 장토식 조향장치의 원리를 설명할 수 있다.
2. 조향기구의 구성품과 기능을 설명할 수 있다.
3. 동력조향장치의 주요 구성품과 작동을 설명할 수 있다.

조향장치는 자동차의 진행방향을 운전자가 임의의 방향으로 바꾸기 위한 장치이다. 조향핸들을 좌 또는 우로 돌리면 핸들의 회전력이 조향기어에 전달되어 감속됨과 동시에 토크가 증대되어서 조향 너클과 조향 링키지를 작동하여 조향바퀴를 좌우로 회전시켜 방향전환이 가능하게 하는 장치이다.

Chapter 01 조향장치의 개요

1 애커먼-장토 방식(ackerman - jantoud type)의 조향 원리

그림 6-1에서 A와 B는 킹핀(king pin), C와 D는 조향너클 암과 타이로드와의 연결 부분이다. 그림 (a)와 같이 직진을 할 경우에는 AC, BD의 연장선은 뒤 차축의 중심 E점에서 만나며, 선회할 때에는 좌우 앞바퀴의 축 중심선의 연장과 뒤 차축의 연장이 E'점에서 만난다.

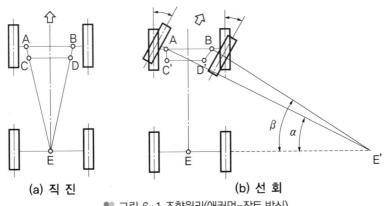

(a) 직 진 (b) 선 회

🌼 그림 6-1 조향원리(애커먼-장토 방식)

이때 E'점을 선회중심으로 하면 옆방향 미끄럼 없이 원활하게 방향을 바꿀 수 있는데 이를 애커먼 - 장토 방식이라 한다. 이때 AE'와 BE'의 거리가 각각 다르므로 그림과 같이 안쪽 바퀴의 조향각도(β)가 바깥쪽 바퀴의 조향각도(α)보다 크며, 이런 상태로 선회를 하면 좌우 앞바퀴의 앞 간격은 뒤 간격보다 크게 된다. 이에 따라 앞·뒷바퀴는 어떤 선회 상태에서도 중심이 일치되는 원(동심원)을 그릴 수 있다.

2 최소회전 반지름

조향각도를 최대로 하고 선회할 때 그려지는 동심원 중에서 가장 바깥쪽 바퀴가 그리는 원의 반지름을 말하며, 다음의 공식으로 산출된다.

$$R = \frac{L}{\sin\alpha} + r$$

여기서, R : 최소회전 반지름 L : 축간거리(축거 ; wheel base)
$\sin\alpha$: 가장 바깥쪽 앞바퀴의 조향각도 r : 바퀴 접지면 중심과 킹핀과의 거리

3 조향장치의 구비 조건

① 노면의 충격이 핸들에 전달되지 않아야 하며 적당한 조향 회전감각이 있을 것.
② 조작이 쉽고, 방향변환이 원활하게 이루어질 것.
③ 좁은 곳에서도 방향변환을 할 수 있도록 회전 반지름이 작을 것.
④ 조향으로 인하여 섀시 및 차체 각 부분에 무리한 힘이 작용되지 않으며 선회 후 복원성이 좋을 것.
⑤ 고속주행 시 조향핸들이 안정적 일 것.
⑥ 조향핸들의 회전과 조향휠의 선회 차이가 크지 않을 것.
⑦ 수명이 길고 다루거나 정비하기 쉬울 것.

1 일체차축 방식의 조향기구

일체차축 방식의 조향기구는 조향핸들(steering wheel), 조향축(steering shaft), 조향기어(steering gear), 피트먼 암(pitman arm), 드래그 링크(drag link), 타이로드(tie rod), 조향너클 암(steering knuckle arm) 등으로 구성된다. 작동은 조향핸들을 돌리면 그 조작력이 조향축을 거쳐 조향기어로 전달된다. 조향기어에서는 감속하여 섹터 축(sector shaft)을 회전 시키며, 섹터 축이 회전하면 피트먼 암이 원호운동을 하여 드래그 링크를 앞·뒤 방향으로 이동시킨다. 이에 따라, 오른쪽이나 왼쪽 바퀴가 조향너클에 의해 선회하게 되고, 또 타이로드를 통해 반대쪽 바퀴를 선회시켜 진행방향을 변환시킨다.

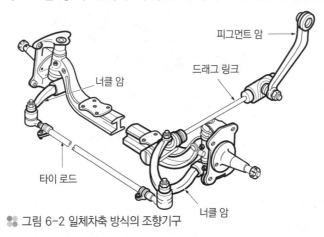

피그먼트 암

드래그 링크

너클 암

타이 로드

너클 암

🟤 그림 6-2 일체차축 방식의 조향기구

2 독립차축 방식의 조향기구

독립차축 방식 조향기구에는 드래그 링크가 없으며 타이로드가 둘로 나누어져 있다. 그 구성은 조향기어를 볼 - 너트 형식을 사용하는 자동차에서는 조향핸들, 조향축, 조향기어, 피트먼 암, 센터링크(center link), 아이들러 암(idler arm), 타이로드, 조향너클 암 등으로 되어있다. 최근에는 래크와 피니언 형식(rack & pinion type)의 조향기어를 사용하고, 센터링크와 아이들러 암을 사용하지 않는다.

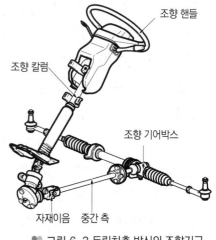

조향 핸들

조향 칼럼

조향 기어박스

자재이음 중간 측

🟤 그림 6-3 독립차축 방식의 조향기구

3   조향기구(steering linkage)

1. 조향핸들(steering wheel)

조향핸들은 림(rim), 스포크(spoke) 및 허브(hub)로 구성되어 있으며, 스포크나 림 내부는 강철이나 알루미늄 합금 심으로 보강되고, 바깥쪽은 합성수지로 성형되어 있다. 조향핸들은 조향축에 테이퍼(taper)나 세레이션(serration) 홈에 끼우고 너트로 고정시킨다. 최근에는 허브에 경음기(horn)를 작동시키는 스위치를 부착한다. 또 에어백(air bag)을 설치하여 충돌할 때 질소가스 압력으로 팽창하는 구조로 된 것도 있다.

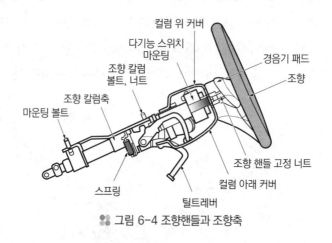

🎀 그림 6-4 조향핸들과 조향축

2. 조향 축(steering shaft)

조향 축은 조향핸들의 회전을 조향기어의 웜(worm)으로 전달하는 축이다. 웜과 스플라인을 통하여 자재이음으로 연결되어 있다. 또 조향기어와 축을 연결할 때 오차를 완화하고, 도로 면으로부터의 충격을 흡수하여 조향핸들로 전달되지 않게 하기 위해 조향핸들과 축 사이가 탄성체 이음으로 되어있다. 조향 축은 조향하기 쉽도록 35~50°의 경사를 두고 설치하며, 운전자 요구에 따라 알맞은 위치로 조정할 수 있다.

또한 운전 중 충돌사고 등으로 운전자가 관성에 의해 앞으로 넘어져 핸들에 신체가 닿았을 경우, 부상을 경감시키는 구조인 충격흡수식 스티어링 휠(colapsible handle)의 장착을 의무화하고 있다. 충격흡수식 스티어링 휠은 충돌 시 차체파손(1차 충돌)이 되면 조향장치가 운전자 측에 돌출하여 운전자에게 위해를 가하는 것을 방지함과 동시에, 운전자가 관성으로 조향장치에 접촉(2차 충돌)하였을 때 충격을 완화해 주는 구조이다. 충격흡수식 스티어링 휠에는 스틸볼(stel bal)식(볼 습동식), 벨로우즈(belows)식, 메시(mesh)

식이 있으며 어느 것이나 컬럼 튜브와 조향 샤프트를 어퍼(uper : 윗부분)와 로워(lower : 아랫부분)로 2분할하여, 규정 이상의 충격력이 가해지면 수축하게 되어 있다.

(a) 스틸볼 형   (b) 벨로우즈 형   (c) 메쉬 형

❖ 그림 6-5 스티어링 컬럼 축

3. 조향기어(steering gear)

조향기어는 조향조작력을 증대시켜 앞바퀴로 전달하는 장치이다. 종류에는 웜 섹터형(worm sector type), 웜 섹터 롤러형(worm sector roller type), 볼 - 너트형(ball & nut type), 캠 레버형(cam lever type), 래크와 피니언형(rack & pinion type), 스크루 너트형(screw nut type), 스크루 볼형(screw ball type) 등이 있다. 현재 주로 사용하는 형식은 볼 - 너트 형식과 래크와 피니언이다.

(1) 조향기어의 형식

(가) 볼 - 너트 형식(ball & nut type)

이 형식은 스크루(screw)와 너트(nut) 사이에 많은 볼(ball)이 들어 있어 조향핸들의 회전을 볼의 동력전달 접촉을 통하여 너트로 전달한다. 작동은 조향핸들이 회전하면 스크루 홈을 이동하여 너트의 한끝에서 밖으로 나와 안내 튜브를 지나서 다시 스크루 홈으로 들어간다. 볼은 2줄로 나누어 순환하며, 이 순환운동으로 너트는 직선운동을 하고 섹터는 원호운동을 한다.

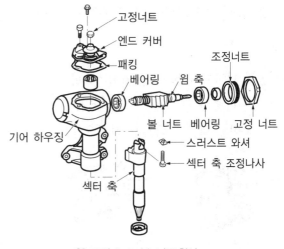

❖ 그림 6-6 볼-너트 형식

(나) 랙 앤 피니언 형식
(rack & pinion type)

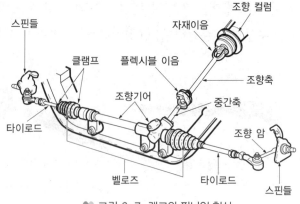

조향핸들에 의한 피니언기어의 회전운동을 랙의 직선운동으로 바꾸어 타이로드를 거쳐 좌우의 조향너클 암을 이동시켜 조향하도록 하는 구조이다. 랙이 조향 링키지의 일부가 되며 구조가 간단하고 경량이다.

그림 6-7 래크와 피니언 형식

① 조향핸들의 회전운동을 랙(rack)을 통해 직접 직선운동으로 바꾼다.
② 소형 경량이며 낮게 설치할 수 있다.
③ 충격이 노면으로부터 핸들에 직접 전달된다.
④ 승용 자동차에 주로 적용한다.

(다) 웜 앤 섹터 형식(worm and sector type)

① 웜의 회전운동은 섹터를 통해 피트먼 암에 전달된다.
② 조작력이 크다.

(라) 웜 앤 섹터 롤러형식(worm and sector roller type)

① 롤러를 사용한다.
② 웜과 섹터 간의 섭동마찰을 전동마찰로 전환한 형식으로 소형승용차에 많이 이용된다.

(마) 볼 너트형식(bal and nut type)

① 큰 하중을 견디고 마멸이 작다.
② 볼이 순환하면 너트는 직선운동을 하고 섹터는 원호운동을 한다.

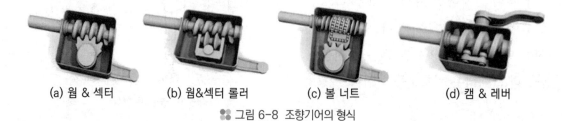

(a) 웜 & 섹터   (b) 웜&섹터 롤러   (c) 볼 너트   (d) 캠 & 레버

그림 6-8 조향기어의 형식

(바) 가변 기어비형식(variable ratio type)

　가변 기어비형 조향기어는 섹터 샤프트와 웜기어 형상이 그림과 같이 스티어링 휠 직진 시에는 조향기어비가 작고 스티어링 휠을 최대로 돌렸을 때는 조향기어비가 크도록 설계되어 있다. 특히 섹터 샤프트는 가운데 이의 피치 반경이 바깥쪽 기어 이보다 작은 구조로 되어 있다. 따라서 직진 시에는 섹터 샤프트의 피치 반경이 작은 가운데의 이가 웜기어와 물리기 때문에 기어비가 작고, 스티어링 휠을 완전히 꺾었을 때는 섹터 샤프트의 피치 반경이 큰 바깥쪽 기어 이와 웜기어가 물리기 때문에 기어비가 크다.

　그림과 같이 A〉B, C〈D의 관계가 있으므로 볼 너트를 L만큼 이동시키기 위한 운전자의 스티어링 휠 회전량은 동일하지만, 섹터 샤프트의 피치 반경이 A〉B로 되어 있기 때문에 섹터 샤프트의 회전각도는 다르다. 따라서 고속도로 등에서 주로 직진 주행을 할 때는 기어비가 작기 때문에 스티어링 휠의 조종성이 좋다. 반대로 시내 주행에서 골목길을 돌 때나 차고에 넣을 때는 기어비가 크고, 토크가 증대되므로 스티어링 휠의 조작이 가벼운 이점이 있다.

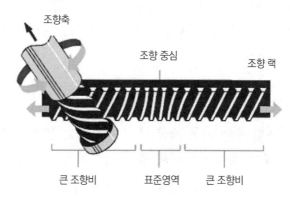

그림 6-9 가변 조향기어

(2) 조향기어의 요구 조건

　① 선회 시 반발력을 이겨낼 수 있는 조향조작력이 있을 것.

　② 선회할 때 조향핸들의 회전각도와 선회반지름의 관계를 감지할 수 있을 것.

　③ 복원성이 있을 것.

　④ 주행 중 받는 충격을 알맞은 반발력으로 조향핸들에 전달하여 충격감각을 운전자에게 전달할 것.

(3) 조향기어 비율

조향기어비가 작으면 조향핸들의 조작은 민첩하지만 큰 회전력이 필요하고, 조향기어비가 크면 핸들 조작은 가벼우나 조향조작이 늦어진다. 위의 조건을 만족시키기 위해 차종에 적합한 감속비율을 두며, 다음 공식으로 나타낸다.

$$조향기어\ 비율 = \frac{조향핸들이\ 회전한\ 각도}{피트먼\ 암이\ 회전한\ 각도}$$

(4) 스티어링 휠의 자유유격

조향휠의 유격 점검은 엔진을 작동시키고 앞바퀴가 앞을 향하게 한 다음 스티어링 휠을 좌우로 가볍게 돌리면서 휠이 이동하기 전 스티어링 휠유격을 점검한다. 이때 스티어링휠의 자유유격은 대략 20~30mm이며, 유격이 한계치를 초과하면 스티어링 샤프트 연결부와 스티어링 링키지의 유격을 점검, 수리한다.

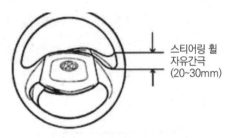

스티어링 휠
자유간극
(20~30mm)

:::: 그림 6-10 조향 휠의 자유 간극

(5) 스티어링 휠의 복원성

조향휠을 가운데로 정렬한 후에 좌우 조향 시 조향 토크는 같아야 한다. 차량을 35km/h의 속도로 운행하면서 주행 중에 스티어링 휠을 90° 회전 후 1~2초 정도 잡고 있다가 놓았을 때 70° 이상 복원하면 스티어링 휠의 복원력은 정상이다.

복원력이 정상이 아닌 경우 타이어 공기압 및 이종사양, 스티어링 기어의 프리로드, 서스펜션의 기하학적인 구조와 관련이 있는 부품의 이상 여부를 점검하여 결함의 원인을 찾아 정비한다.

(6) 조향기어 운동방식

조향기어는 조향 휠의 조작을 경쾌하게 하고, 운전자의 피로를 적게 하며, 스티어링 휠을 놓치는 것을 방지하기 위해 앞바퀴가 노면에서 충격을 받았을 때 그 충격이 스티어링 휠에 미치지 않는 성질이 필요하다. 이와 같은 이유로 힘의 전달 방향에 따라 기계효율이 다른 기어비가 필요하며 감속비율에 따라 가역식, 반가역식, 비가역식으로 분류한다.

(가) 가역식

이 방식은 앞바퀴로도 조향핸들을 움직일 수 있는, 즉 조향기어 비율이 작아서 바퀴가 움직이는 힘이 스티어링 휠에 전달되는 형식이며 소형 차량에 주로 적용한다. 조향기구의 마모가 작고, 앞바퀴에 복원성을 부여한다는 장점이 있지만, 주행 중 노면의 충격으로 인하여 조향핸들을 놓치기 쉽다.

(나) 비가역방식

이 방식은 대형차량에서 주로 사용하며 조향기어 비율이 크기 때문에 조향핸들로는 앞바퀴를 움직일 수 있으나 그 반대로는 조작이 불가능하다. 조향조작력은 작으나 조향조작이 신속하지 못하다. 장점은 바퀴가 노면으로부터 받은 충격이 스티어링 휠에 전달되지 않으므로 비포장도로에서 조향핸들을 놓칠 염려가 없다는 것이다. 그러나 조향기구 각 부분의 마멸이 쉽고, 앞바퀴 복원성을 이용할 수 없다는 결점이 있다.

(다) 반가역식

바퀴의 힘이 스티어링 휠에 어느 정도 전달되는 형식이다.

> **Reference** 소형 자동차에서는 **가역방식**을 사용하며, 중형 자동차일수록 비가역방식으로 한다. 이것은 자동차의 중량이 증가하면 앞바퀴를 회전 시키는 데 필요한 힘도 증가하기 때문이다. 따라서 조향기어 비율을 크게(비가역방식)하여야 한다. 그러나 조향기어 비율을 너무 크게 하면 조향핸들 조작력은 가벼워지나 조작이 느려지게 된다. 현재는 주로 동력조향장치를 사용한다.

(7) 조향기어 피니언의 프리로드

조향기어 어셈블리의 피니언을 1회전당 4~6초 정도의 속도로 회전 시키면서 피니언기어 축이 돌 때 느끼는 토크를 피니언기어 축의 프리로드라고 한다. 회전 토크를 측정하여 정비매뉴얼의 값과 일치 여부를 확인하고 측정치가 규정치(약 0.03~0.14kgf·m)를 벗어나면 요크 플러그의 구성부품을 점검, 조정한다.

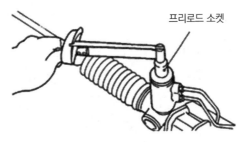

프리로드 소켓

🌸 그림 6-11 피니언 축의 프리로드

4. 피트먼 암(pitman arm)

피트먼 암은 조향핸들의 움직임을 드래그 링크 또는 릴레이 로드에 전달하는 기능을 한다. 그 한쪽 끝은 테이퍼로 된 세레이션(serration)을 통하여 섹터 축에 설치되고, 다른 한쪽 끝은 드래그 링크나 센터 링크에 연결하기 위한 볼 이음(ball stud)으로 조립된다.

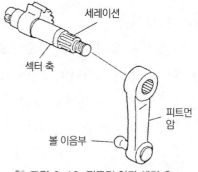

🟅 그림 6-12 피트먼 암과 섹터 축

5. 드래그 링크(drag link)

드래그 링크는 피트먼 암의 작용을 너클 암에 전달하는 역할을 하는 로드이며, 양 끝의 볼 이음부분에는 도로 면의 충격이 조향기어로 전달되지 않도록 스프링이 들어 있다.

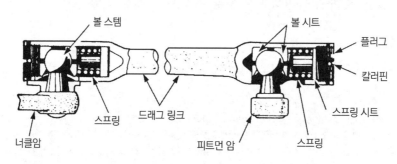

🟅 그림 6-13 드래그 링크

6. 타이로드(tie-rod)

타이로드는 좌우 너클 암을 움직이기 위한 로드이며, 타이로드 엔드가 조립되어 있다. 타이로드와 타이로드 엔드와의 결합부는 한쪽은 오른나사, 다른 한쪽은 왼나사로 되어 있기 때문에 타이로드를 회전 시키면 토인(toe-in)의 조정이 가능하다.

7. 조향너클 암(knuckle arm)

너클 암은 드래그 링크(또는 타이로드 엔드)와 조향 너클을 연결하여 드래그 링크의 운동을 조향너클로 전달하는 기구이다.

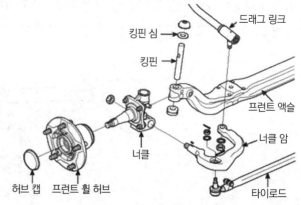

🟅 그림 6-14 조향 너클의 구조

8. 일체차축 방식 조향기구의 앞 차축과 조향너클

일체차축 방식(ridge axle)의 앞 차축은 특수강을 I형으로 단조한 빔이며, 그 양쪽 끝에는 판스프링을 부착하기 위한 스프링시트를 장착한 것이다.

조향너클은 킹핀을 통해 앞 차축과 연결되는 부분과 바퀴 허브가 설치되는 스핀들(spindle) 부분으로 되어있으며 킹핀을 중심으로 회전하여 조향작용을 한다. 그리고 앞 차축과 조향너클의 설치방식에는 엘리옷형, 역엘리옷형, 마몬형, 르모앙형 등이 있다.

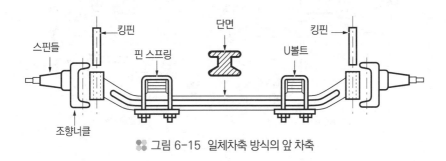

❖ 그림 6-15 일체차축 방식의 앞 차축

(1) 엘리옷형(elliot type)

이 형식은 앞 차축 양 끝 부분이 요크(yoke)로 되어 있으며, 이 요크에 조향너클이 설치되고 킹핀은 조향 너클에 고정된다.

(2) 역 엘리옷형(revers elliot type)

이 형식은 조향너클에 요크가 설치된 것이며, 킹핀은 앞 차축에 고정되고 조향너클과는 부싱을 사이에 두고 설치된다.

(3) 마몬형(marmon type)

이 형식은 앞 차축 윗부분에 조향너클이 설치되며, 킹핀이 아래쪽으로 돌출되어 있다.

(4) 르모앙형(lemoine type)

이 형식은 앞 차축 아랫부분에 조향너클이 설치되며, 킹핀이 위쪽으로 돌출되어 있다.

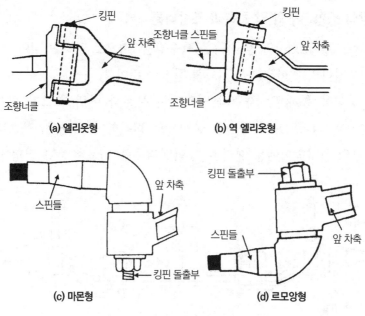

(a) 엘리옷형

(b) 역 엘리옷형

(c) 마몬형

(d) 르모앙형

❉ 그림 6-16 조향너클 설치방식

9. 킹핀(king pin)

이것은 일체차축 방식 조향기구에서 앞 차축에 대해 규정의 각도(킹핀 경사각도)를 두고 설치되어 앞 차축과 조향너클을 연결하며, 고정 볼트에 의해 앞 차축에 고정되어 있다.

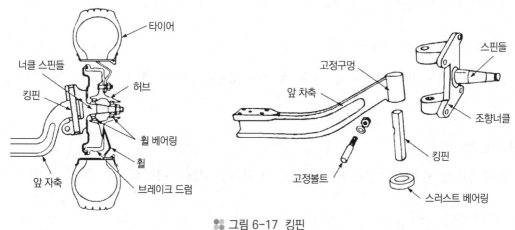

❉ 그림 6-17 킹핀

1 동력 조향장치의 종류

1. 링키지형(linkage type)

조향 링키지 중간에 동력 실린더를 설치한 형식이며 조합형과 분리형이 있다.

(1) 조합형(combined type)

동력 실린더와 제어밸브가 일체로 되어 있고, 기어박스가 분리된 형식이며 취부 공간이 크며 링크구조가 복잡하다.

(2) 분리형(separate type)

기어박스, 동력 실린더와 제어밸브가 각각 분리된 형식으로, 설치 장소의 제한을 받는 소형 산업기계, 농기계 등에 주로 사용한다.

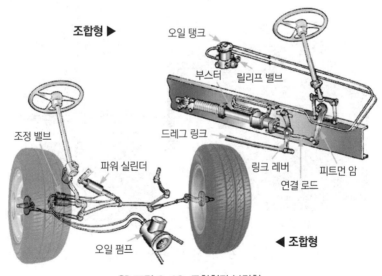

그림 6-18 조합형과 분리형

2. 일체형(integral type)

조향기어 박스 내에 동력 실린더 및 제어밸브를 설치한 형식이며 외형이 작고 장착과 배관을 단순화할 수 있다.

(1) 볼 너트형식(ball and nut type)

조향기어 하우징과 볼 너트를 직접 동력기구로 사용하는 형식으로 조향기어 박스 상부와 하부를 동력 실린더로 사용한다.

(2) 랙 피니언 형식(rack and pinion type)

랙이 링크의 로드를 겸하여 구조가 간단하다. 대부분의 승용차 등에 사용한다.

(3) 세미 인터그럴 타입(semi-integral type)

제어밸브와 기어박스가 일체로 되어 있으며, 동력실린더만 분리된 형식이다.

2 동력 조향장치의 구조

동력 조향장치는 작동부(power cylinder), 제어부(control valve), 동력부(power pump)의 3가지 주요부와 최고 유량을 제어하는 유량조절밸브(flow control valve), 최고 유압을 제어하는 압력조절밸브(presure relief valve), 동력부가 고장 났을 때 수동 조작을 가능하게 해주는 안전체크밸브 등으로 구성된다.

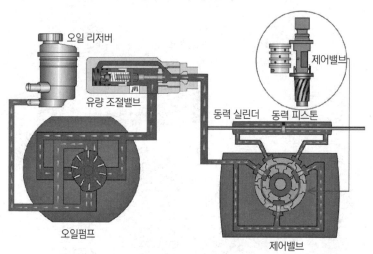

오일 리저버
제어밸브
유량 조절밸브
동력 실린더 동력 피스톤
오일펌프
제어밸브

🔩 그림 6-19 동력 조향 장치의 구조

1. 오일펌프(oil pump) 동력부

오일펌프는 유압을 발생시키는 기구로, 엔진의 크랭크축에 의하여 벨트로 구동된다. 종류에는 베인형, 로터리형이 있으며 베인형(vane type)을 주로 사용한다. 작동은 로터(rotor)가 회전하면 베인이 방사선상으로 섭동하여 베인 사이의 공간을 증감시켜 저장탱크로부터 오일을 흡입하여 출구로 배출한다.

2. 동력 실린더(power cylinder)

동력 실린더는 실린더 내에 피스톤과 피스톤 로드가 내장되어 있으며, 오일펌프에서 발생한 유압유를 피스톤에 작용시켜서 조향 방향으로 힘을 가해주는 장치이다.

3. 제어밸브(control valve)

제어밸브는 조향 휠의 조작력을 조절하는 기구이다. 조향 휠을 돌려 피트먼 암에 힘을 가하면 오일펌프에서 보낸 유압유의 유로를 동력 실린더의 피스톤이 조향방향으로 작동하도록 변환시킨다.

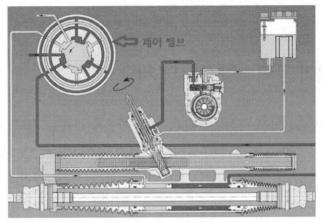

그림 6-20 제어 밸브

4. 안전 체크밸브(safety check valve)

안전 체크밸브는 제어밸브에 내장되어 있다. 파워스티어링 오일펌프에서 유압이 발생하지 않을 경우에 조향 휠의 작동이 가능하도록 바이패스 통로를 구성하는 기구이다.

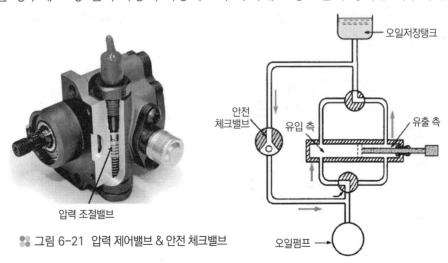

그림 6-21 압력 제어밸브 & 안전 체크밸브

전자제어 동력조향장치

💡 **학습목표**

1. 전자제어 동력조향 장치의 효과와 기능을 설명할 수 있다.
2. 유압방식 전자제어 동력조향 장치의 구조와 작용을 설명할 수 있다.
3. 전동방식 동력조향 장치의 구조와 제어기능에 대하여 설명할 수 있다.

Chapter
01 ## 전자제어 동력조향장치의 개요

자동차에서 가장 바람직한 조향조작력은 주행 조건에 따라 최적의 조향조작력을 확보하여 주차를 하거나 저속으로 주행할 때에는 가볍고 부드러운 조향특성을, 중속 및 고속 운전 영역에서는 안정성을 얻을 수 있는 적당히 무거운 조향조작력이다.

기존의 유압방식 동력조향장치는 저속주행 및 주차할 때 운전자가 조향핸들에 가하는 조향조작력을 감소시키기 위해 유압에너지를 이용하였으나, 고속 주행 시 도로 면과의 접지력 저하에 따라 조향핸들의 조작력이 가벼워지는 단점이 있다.

즉 배력이 일정한 동력조향장치는 저속영역의 특성을 중요시하면 고속영역에서 조향조작력이 가벼워 불안정하고, 고속영역 특성을 중요시하면 저속영역에서 조향조작력이 무거워지는 상반된 저·고속 두 조건의 요구 특성을 만족시키기 위하여 저속과 고속영역 특성 양쪽의 최적점에서 설계한다.

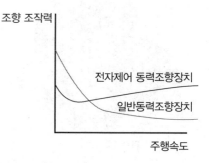

🔆 그림 7-1 주행속도와 조향조작력의 관계

이처럼 저·고속영역 두 조건의 요구 특성을 만족시키기 위한 전자제어 동력조향장치 (ECPS : electronic control power steering)는 그림 7-1에 나타낸 바와 같이 자동차의 주행속도에 따라 조향조작력을 적절히 변화시킨다. 주차 또는 저속 영역에서는 조향조작력을 가볍게 하여 조향을 원활하게 하며 고속영역에는 조향조작력을 무겁게 하여 주행 안정성을 제공하며, 아래와 같이 분류한다.

① 엔진 회전수에 따라 유압을 제어하는 방식.

② 차량 속도에 따라 유압을 제어하는 방식.

③ 모터를 이용하여 파워스티어링 오일펌프를 구동하는 방식.

④ 모터를 이용하여 직접 조타력을 증대하는 방식.

1   전자제어 동력조향장치의 구비 조건

① 소형·경량이고 간단한 구조일 것.

② 작동이 원활하고, 고행 주행 안정성이 있을 것.

③ 내구성과 신뢰성이 클 것.

④ 주행중 정숙성이 있을 것.

⑤ 광범위한 사용 조건에 대한 안정성이 있을 것.

2   전자제어 동력조향장치의 특징

① 기존 동력조향장치와 일체형이다.

② 기존 동력조향장치의 변경 없이 사용할 수 있다.

③ 제어밸브에서 직접 입력회로 압력과 복귀회로 압력을 바이패스시킨다.

④ 조향각도 및 횡가속도를 검출하여 캐치 업(catch up)을 보상한다.

> **Reference**   **캐치 업**(catch up)이란 고속으로 주행하거나 또는 급조향을 할 때(유량이 적을 때) 조향하는 방향으로 잡아당기는 현상을 말한다.

3   전자제어 동력조향장치의 효과

① 저속에서 편리하고 안정적인 핸들링이 가능하다.

② 고속으로 주행할 때 최적화된 load contact에 의한 안전한 조향이 가능하다.

③ 정밀한 밸브제어에 의한 정교하고 민감한 핸들링이 가능하다.

④ 필요에 따라서 고속주행 상태에서 안전한 유압 지원이 가능하다.

⑤ 마이크로 프로세스의 프로그래밍에 의해 자동차 특성과의 최적화가 가능하다.

4 전자제어 동력조향장치의 기능

전자제어 동력조향장치는 아래와 같은 기능을 수행한다.

번호	기능	내용
1	주행속도 감응 기능	주행속도에 따른 최적의 조향조작력을 제공한다.
2	조향각도 및 각속도 검출 기능	조향 각속도를 검출하여 중속 이상에서 급 조향할 때 발생하는 순간적 조향핸들 걸림 현상(catch up)을 방지하여 조향 불안감을 해소한다.
3	주차 및 저속영역에서 조향조작력 감소 기능	주차 또는 저속 주행에서 조향조작력을 가볍게 하여 조향을 용이하게 한다.
4	직진 안정 기능	고속으로 주행할 때 중립으로의 조향복원력을 증가시켜 직진 안정성을 부여한다.
5	롤링 억제기능	주행속도에 따라 조향조작력을 증가시켜 빠른 조향에 따른 롤링의 영향을 방지한다.
6	페일 세이프(fail safe) 기능	축전지 전압변동, 주행속도 및 조향핸들 각속도 센서의 고장과 솔레노이드 밸브 고장을 검출한다.

전자제어 동력조향장치의 종류

1 유압방식 전자제어 동력조향장치

조향장치는 자동차의 주행속도가 증가함에 따라, 구동력 증가에 대한 반발력이 발생하거나 양력 및 항력에 의한 조향축 하중 감소 등으로 조향할 때 타이어와 도로 면 사이의 접지저항이 감소한다. 따라서 고속으로 주행할 때에는 조향 안전성이 떨어져 불안해지므로 자동차의 주행속도가 증가할수록 조향조작력은 무겁고 주행속도가 낮을수록 가볍게 할 필요가 있다. 이처럼 조향조작력을 변화시키기 위한 유압방식 전자제어 동력조향장치(EPS : electronic power steering system)는 유량제어 솔레노이드 밸브를 추가하여, 엔진에 의해 구동되는 유압펌프의 유압을 제어하고, 주행속도 변화에 대응하여 조향기어

박스로 공급되는 유량을 적절하게 제어한다. 이 유량제어 솔레노이드 밸브는 주행속도 및 조향핸들 각속도 센서의 정보를 입력받은 파워스티어링 컨트롤모듈(EPSCM: electronic power steering control module)에 의해 전류를 제어한다. 반력 플런저로 가는 유압을 조절함에 따라 최적의 조타력을 실현할 수 있는 시스템이다.

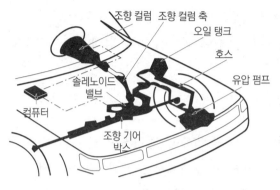

🕸 그림 7-2 유압방식 전자제어 동력조향장치

🕸 그림 7-3 솔레노이드 밸브

1. 유압방식 동력조향장치의 기본원리

승용자동차에서 주로 사용되는 래크 & 피니언 방식(rack & pinion type)은 유압펌프에서 공급된 유압을 운전자의 조향핸들 조작에 따라 오일의 흐름방향이 토션 바(torsion bar)에 의해 적합한 유로를 형성하게 함으로써 해당 실린더로 공급하여 조향이 이루어진다.

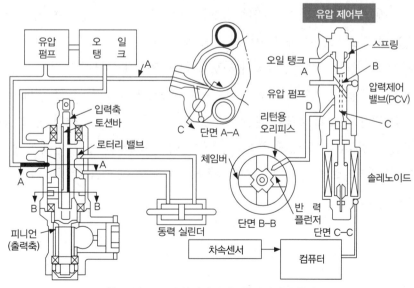

🕸 그림 7-4 유압방식 동력조향장치 기본 원리도

(1) 정차 및 저속으로 주행할 때

정차 또는 저속으로 주행(0~60km/h) 시에는 많은 양의 오일을 동력실린더에 공급하기 위하여 컴퓨터는 솔레노이드 밸브로 약 1A의 전류를 PWM 방식으로 공급된다. 이로 인해 압력제어 밸브(PCV)는 위쪽에 위치한 스프링을 압축하면서 상승하여 유압 펌프의 유압이 작용하는 오일회로 A와 반력 플런저(reaction plunger)로 공급되는 오일회로 D를 차단하는 위치에 있게 된다. 그러므로 반력 플런저에 작용하는 유압을 제어하면(이때의 유압은 0이다.) 반력 플런저가 입력 쪽을 누르는 힘이 없어서 가장 경쾌한 조향조작력을 얻을 수 있다.

(2) 중속 및·고속으로 주행할 때

중속 및 고속으로 주행할 때에는 솔레노이드 밸브 플런저 및 압력제어 밸브(PCV)의 위치는 오일회로 A에서 오일회로 D로의 통로를 연다. 이 상태에서 조향핸들을 통상적인 조향범위 내에서 조작하면 유압 펌프의 토출 압력은 저속 주행할 때와 같이 조향각도에 대해서 상승하기 때문에 조향 조작력에 비례한 출력유압이 얻어져 중·고속 주행에서의 적절한 조향 감각을 얻을 수 있다.

(3) 고속으로 주행할 때

고속으로 주행 시(약 150~180km/h)에는 작은 양의 오일을 동력실린더에 공급하기 위하여 컴퓨터는 솔레노이드 밸브로 약 0.2A의 전류를 PWM 방식으로 공급한다. 유량은 주행속도의 증가에 따라 감소하여 압력제어 밸브가 아래쪽으로 이동하여 오일회로 B가 열리면서 오일회로 D로 오일이 공급되어 반력 플런저 뒤쪽을 밀게 되므로, 플런저가 유압의 입력을 막아 토션 바와 피니언이 일체가 되도록 하여 조향조작력이 무거워진다.

따라서 험한 도로를 주행하는 경우나 타이어가 펑크 난 경우 등 도로 면에서 큰 반력이 작용하면 유압 펌프의 토출압력이 일반적인 조향의 경우보다 상승하여 반력 플런저에 작용하는 유압을 규정 값 이하로 제어한다. 이에 따라 주행할 때 도로 면에서 큰 힘이 작용한 경우에도 조향조작력을 일정값 이하로 제어하여 험한 도로를 주행하더라도 조향핸들을 놓치는 일이 없다.

2. 유압방식 동력조향장치의 종류

(1) 유량제어 방식(속도감응 제어방식)

유량제어 방식 전자제어 동력조향 장치에서는 차속 센서 및 조향핸들 각속도 센서의 입력에 대응하여, 컴퓨터가 유량조절 솔레노이드 밸브의 전류를 제어하여 조향기어 박스에 유압(유량)을 조절함에 따라, 주행속도에 따른 최적의 조향조작력을 실현한다.

즉, 메인밸브에서 공급된 유량을 바이패스(by-pass)하여 공급유량을 조절하여 특성의 변화를 얻는다. 특성의 가변 폭은 밸브가 지니는 유량

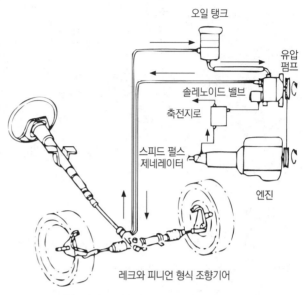

그림 7-5 유량제어 방식의 구조

특성의 범위 내에 있어 작고, 또 유량을 제어할 때 조향응답성의 저하 때문에 현재는 일부 차종에서 사용되고 있다. 유량제어 방식의 작동원리는 다음과 같다.

주차 할 때에는 솔레노이드 밸브에 의해 유량조절밸브 스풀(spool)은 바이패스 라인을 차단하여 저속 밸브에 의해 유압이 발생하도록 하여 가벼운 조향조작력을 제공한다. 그리고 주행을 할 때는 솔레노이드 밸브에 의해 유량조절밸브 스풀이 유압의 바이패스 양을 주행속도에 따라 증대시켜 무거운 조향조작력을 제공한다.

(2) 실린더 바이패스 제어 방식

조향기어박스에 실린더 양쪽을 연결하는 바이패스 밸브와 통로를 두고, 주행속도의 상승에 따라 바이패스 밸브의 면적을 확대하여 실린더 작용압력을 감소시켜 조향조작력을 제어하는 방식이다. 이 방식에서는 바이패스 밸브 내의 흐름 방향이 조향방향에 따라 역회전하므로 좌우의 특성을 갖추기 위해 설계 면과 제조 면에서 배려가 담겨 있다.

급조향할 때 응답성 지연의 제약 및 대응 방법은 유량제어 방식과 마찬가지이나 조향조작력의 변화량은 유량제어 방식보다 약간 크다. 바이패스 밸브와 바이패스 통로를 조향기어박스에 설치해야 하므로 가격이 비싸다.

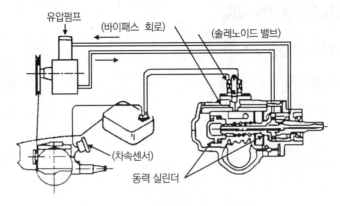

그림 7-6 실린더 바이패스 제어 방식

(3) 유압반력 제어 방식

동력조향장치의 밸브부분에 유압반력 제어장치를 두고, 유압반력 제어밸브에 의해 주행속도의 상승에 따라 유압 반력실(reaction chamber)에 도입하는 반력압력을 증가시켜 반력기구의 강성을 가변제어하여 직접 조향조작력을 제어하는 방식이다. 조향조작력의 변화량은 반력압력의 제어에 의해 유압 반력기구의 용량 범위에서 임의의 크기가 주어지며, 급조향할 때 응답 지연의 문제가 없어 승용차에 바람직한 조향장치이다.

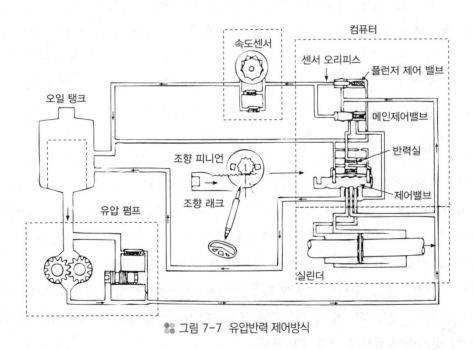

그림 7-7 유압반력 제어방식

유압반력 제어방식의 작동원리는 다음과 같다. 주차할 때에는 솔레노이드 밸브에 의해 유량조절밸브 스풀은 반력라인을 차단하여 로터리밸브(rotary valve)에 의해 유압이 발생하도록 하여 가벼운 조향조작력을 제공한다. 그리고 주행을 할 때에는 솔레노이드 밸브에 의해 유량조절밸브 스풀은 반력라인에 유압이 발생하도록 하고, 반력압력은 주행속도에 따라 증대시켜 무거운 조향조작력을 제공한다.

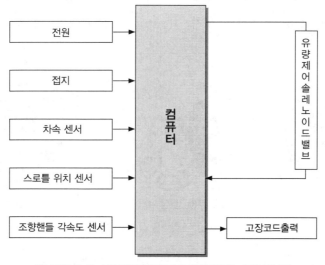
동력 실린더
아우터 보디
이너 보디
유압 펌프
솔레노이드 밸브
오일 탱크

❈ 그림 7-8 로터리 밸브의 유압

3. 유압방식 동력조향장치 구성요소

전자제어 동력조향장치(ECPS)의 종류에는 여러 가지가 있지만 일반적인 구성은 컴퓨터, 차속 센서, 조향기어박스로 되어있다. 또 조향기어박스에는 주행속도 등에 의해 유량특성을 제어하는 유량제어 솔레노이드 밸브가 설치되어 있다. 또 필요에 따라서는 조향핸들 각속도 센서로부터 조향각속도를 검출하여, 중속 이상 조건에서 급조향할 때 발생하는 순간적 조향핸들 걸림 현상인 캐치 업(catch up)을 방지하여 조향 불안감을 해소한다. 그리고 스로틀 위치 센서로부터 스로틀 밸브 열림 정도를 검출하기도 한다. 이것은 스로틀 밸브 열림 정도가 일정 값 이상 열린 상태에서 주행속도가 입력되지 않는 경우, 차속 센서의 고장으로 판단하기 위함이다. 일반적으로 전자제어 동력조향장치에서 차속 센서가 고장 났을 때에는 주행 안정성을 확보하기 위해 조향조작력을 중속(조금 무겁게) 조건으로 일정하게 유지한다.

```
전원 ──→ ┌──────┐ ──→ 유량제어 솔레노이드 밸브
접지 ──→ │      │
차속 센서 ──→ │ 컴퓨터 │
스로틀 위치 센서 ──→ │      │
조향핸들 각속도 센서 ──→ └──────┘ ──→ 고장코드출력
```

❈ 그림 7-9 유압제어 방식 동력조향장치 입·출력 구성도

(1) 컴퓨터

차속 센서, 스로틀 위치 센서, 조향핸들 각속도 센서로부터 정보를 입력받아 유량제어 솔레노이드 밸브의 전류를 듀티 제어한다. 즉 유량제어 솔레노이드 밸브에 저속으로 주행할 때에는 많은 전류를, 그리고 고속으로 주행할 때에는 적은 전류를 공급하여 유량제어 밸브의 상승 및 하강을 제어하여 주행 조건에 따른 최적의 조향조작력을 확보한다. 또 고장이 나면 안전모드로의 전환제어 및 고장코드를 출력하는 기능을 한다.

(2) 차속 센서

컴퓨터가 주행속도에 따른 최적의 조향조작력으로 제어할 수 있도록 주행속도를 입력한다. 또 컴퓨터는 차속 센서가 고장일 때 중속의 조향조작력으로 일정하게 유지하여 고장이 나더라도 중속 이상에서의 주행 안정성을 확보한다.

(3) 스로틀 위치 센서

스로틀 위치 센서는 스로틀 보디에 설치되어 있으며, 운전자가 가속페달을 밟은 양을 검출하여 컴퓨터에 입력하여 차속 센서의 고장을 검출하기 위해 사용한다. 컴퓨터는 스로틀 밸브의 열림 정도가 일정값 이상 열린 상태에서 주행속도가 입력되지 않는 경우, 차속 센서 고장으로 판단한다. 일반적으로 차속 센서가 고장 나면 주행 안정성을 확보하기 위해 조향조작력을 중속(조금 무겁게) 조건으로 일정하게 유지한다.

(4) 조향핸들 각속도 센서

조향핸들 각속도 센서는 조향각속도를 검출하여, 중속 이상 조건에서 급조향할 때 발생하는 순간적 조향핸들 걸림 현상인 캐치 업(catch up)을 방지하여 조향 불안감을 해소하는 역할을 한다.

(a) 장착위치   (b) 형상   (c) 원리

그림 7-10 조향핸들 각속도 센서의 구조

(5) 유량제어 솔레노이드 밸브

유량제어 솔레노이드 밸브는 주행속도와 조향각
도 신호를 기초로 하여 최적 상태의 유량을 제어한
다. 컴퓨터는 공회전 또는 저속으로 주행할 때 유량
제어 솔레노이드 밸브에 큰 전류를 공급하여 스풀밸
브가 상승하도록 하고, 고속으로 주행할 때에는 적
은 전류를 공급하여 스풀밸브가 하강하도록 하여 입
력 및 바이패스(by-pass) 통로의 개폐를 조절한다.

솔레노이드 밸브 구성 부품
① PCV 밸브 하우징   ② 스풀 밸브
③ 스프링 시트   ④ 스프링
⑤ O-링   ⑥ 솔레노이드 밸브

※ 그림 7-11 유량제어 솔레노이드 밸브

이와 같이 유량제어 솔레노이드 밸브에서 유량을 제어하기 때문에 저속으로 주행할 때
에는 가벼운 조향조작력이, 고속으로 주행할 때에는 무거운 조향조작력이 되도록 변화 시
키는 기능을 한다. 그리고 컴퓨터는 유량제어 솔레노이드 밸브에 흐르는 전류를 저속으로
주행할 때에는 큰 전류를, 고속으로 주행할 때에는 적은 전류를 공급하여 반력 플런저로
공급되는 유량을 제어한다.

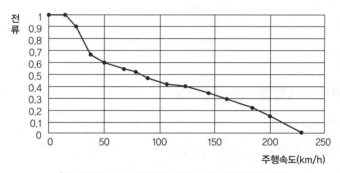

※ 그림 7-12 유량제어 솔레노이드 작동전류 특성

---

2 전동방식 전자제어 동력조향장치(MDPS, motor driver power steering system)

1. 전동방식 전자제어 동력조향장치의 개요

전동기(motor)를 이용하여 조향조작력을 보조(assist)하는 전동식 동력조향 시스템
(EPS system)은 차량의 주행속도에 따라 스티어링 휠의 조타력을 주차 또는 저속 시에는
조타력을 가볍게 하고, 고속 시에는 조타력을 무겁게 하여 고속 주행 안정성을 운전자에
게 제공하는 시스템으로 차량의 연비 향상과 전기 자동차에 적합한 구조이다.

전동방식 동력조향장치(MDPS ; motor driven power steering system)는 유압방식 동력조향장치에 비해 간단한 제어장치로서 엔진의 작동과 관계없이 독립적으로 기능을 수행할 수 있다. 조향조작력 제어의 자유도를 넓히면서 가격과 무게 감소, 그리고 작업 성능 등의 향상 효과가 있으며, 연료소비율 향상에 중점을 둔다. 전동방식 동력조향장치는 토크 센서, 조향각 센서, 페일 세이프 릴레이, EPS 유닛 등으로 구성되며 자동 주차장치, 전기자동차 등에 유익하게 활용할 수 있다.

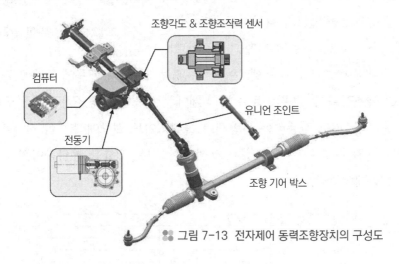

조향각도 & 조향조작력 센서

컴퓨터

전동기

유니언 조인트

조향 기어 박스

⁂ 그림 7-13 전자제어 동력조향장치의 구성도

2. 전동방식 전자제어 동력조향장치의 장점

① 연료소비율이 향상된다.

② 에너지 소비가 적으며 구조가 간단하다.

③ 엔진의 가동이 정지된 때에도 조향조작력 증대가 가능하다.

④ 조향특성 튜닝(tuning)이 쉽다.

⑤ 엔진룸 레이아웃(ray - out) 설정 및 모듈화가 쉽다.

⑥ 유압제어 장치가 없어 환경친화적이다.

3. 전동방식 전자제어 동력조향장치의 단점

① 전동기의 작동소음이 크고, 설치 자유도가 적다.

② 유압방식에 비하여 조향핸들의 복원력이 낮다.

③ 조향조작력의 한계 때문에 중·대형차량은 적합지 않다.

④ 조향성능 향상 및 관성력이 낮은 전동기의 개발이 필요하다.

4. 전동방식 동력조향장치의 특징

전동방식 동력조향장치의 특징을 유압방식과 비교하면 다음과 같다.

① 전동기 방식은 유압방식에 필요한 오일을 사용하지 않으므로 환경친화적이다.

② 유압발생 장치나 유압파이프 등이 없어 부품 수가 감소하여 조립성능 향상 및 경량화 (약 2.5kg)를 꾀할 수 있다.

③ 경량화로 인한 연료소비율을 향상(약 2~3%)시킬 수 있다.

④ 전동기를 운전 조건에 맞추어 제어하여 자동차 주행 속도별 정확한 조향조작력 제어 가 가능하고 고속 주행안전성이 향상되어 조향성능이 향상된다.

5. 전동방식 동력조향장치의 종류

전동방식 동력조향장치는 전동기의 설치 위치에 따라 다음과 같이 분류한다.

(1) 칼럼 구동 방식(C-type, column drive type)

전동기를 조향칼럼 축에 설치하고 클러치, 감속기구(웜과 웜기어) 및 토크 센서 등을 통하여 조향조작력 증대를 수행한다. 컴퓨터는 차속 센서, 조향조작력 센서 등의 입력신호 값에 따라 설정된 제어 로직으로 출력부는 전동기의 구동력을 구동제어하며 경고등, 아이들 업, 자기진단기능을 수행한다.

① 모터 소음에 불리, 탑재 자유도 제한

② 전류 : 25~60A

③ 출력 : 약 600kg/f

(2) 피니언 구동 방식(P-type, pinion drive type)

전동기를 조향기어의 피니언 축에 설치하여 클러치, 감속기구(웜과 웜기어) 및 조향조작력 센서 등을 통하여 조향조작력 증대를 수행한다. 컴퓨터가 차속 센서, 조향조작력 센서 등을 통하여 운전상황을 검출하여 전동기의 구동력을 제어함으로써 적절한 조향조작력 증대를 수행한다.

① 열에 대한 대책이 요구되며 탑재 자유도 제한

② 전류 : 30~60A

③ 출력 : 약 700kg/f

전동기
조향핸들
조향기어박스

:: 그림 7-14 칼럼 구동 방식

전동기

:: 그림 7-15 피니언 구동 방식

전동기

:: 그림 7-14 래크 구동 방식

(3) 래크 구동 방식(R-type, rack drive type)

전동기를 조향기어의 래크 축에 설치하고 감속기구(볼 너트와 볼 스크루) 및 조향조작력 센서 등을 통하여 조향조작력 증대를 수행한다(중대형 승용자동차에 사용 가능). 컴퓨터가 차속 센서, 위치 센서, 조향조작력 센서 등을 통하여 운전 상황을 검출하여 전동기의 구동력을 제어하며, 복원력 및 댐핑 제어로 킥백, 시미 등의 감소 및 최적 조향조작력 증대를 수행한다.

① 고출력이며 기어 직경을 크게 할 수 있다.

② 전류 : 60~90A

③ 출력 : 700~1,000kg/f

> **Reference** **킥백**(Kick Back)이란 요철이 있는 도로 면을 주행할 때 조향핸들의 원주방향에 발생하는 충격을 말한다. 타이어가 도로 면의 요철에 의해 킥(발로 참)함으로서 백(되돌아가는 것)하고, 조향핸들을 충격적으로 돌리므로 이렇게 부른다.
> **시미**(Shimmy) : 전륜의 옆 흔들림에 따라서 스티어링휠의 회전축 주위에 발생하는 진동으로, 이 진동은 발생 이유에 따라 저속시미와 고속시미로 분류할 수 있다. 저속시미는 노면의 요철 부분을 지나갈 때의 외란에 의해, 고속시미는 차륜의 회전 불균형 등에 의해서 발생하기 쉽다.

6. 전동방식 전자제어 동력조향장치의 구성 및 기능

전동방식 동력조향장치에는 여러 종류가 있지만 그 제어방식이 비슷하므로 여기서는 칼럼 구동 방식 조향장치를 위주로 설명한다.

(1) 칼럼 구동 방식 조향장치의 구성

칼럼 구동 방식은 입력부분, 제어부분, 출력부분으로 되어 있다. 입력부분은 입력 센서 신호로부터 운전상황을 판단하는 역할을 한다. 제어부분은 입력 센서의 정보를 바탕으로 컴퓨터에 설정된 제어 논리에 따라 출력부분을 제어한다. 출력부분은 컴퓨터(EPSCM)의 신호를 받아 전동기를 구동하며 경고등 제어, 아이들 업 제어(idle up control), 자기진단 기능을 수행한다.

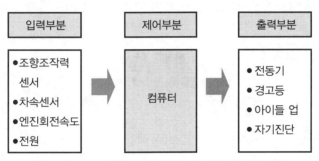

그림 7-15 칼럼 구동 방식의 입·출력 다이어그램

(2) 칼럼 구동 방식의 입력부분

(가) 차속 센서

차속 센서는 변속기 출력축에 설치되며 홀 센서 방식이다. 주행속도에 따라 최적의 조향조작력(고속으로 주행할 때에는 무겁고, 저속으로 주행할 때에는 가볍게 제어)을 실현하기 위한 기준 신호로 사용된다.

(나) 엔진 회전속도

EPS 시스템에서는 CAN라인을 통하여 엔진 ECU로부터 RPM을 입력받으며 MDPS 전동기가 작동할 때 엔진 부하(발전기 부하)가 발생되므로 이를 보상하기 위한 신호로 사용되며, 500rpm 이상에서는 정상적으로 작동한다.

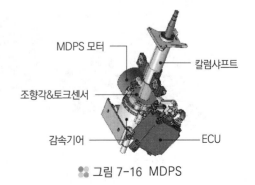

그림 7-16 MDPS

(다) 조향조작력(토크) 센서

조향조작력 센서는 조향 칼럼과 일체로 되어있으며, 운전자가 조향핸들을 돌려 조향 컬럼을 통해 래크와 피니언, 그리고 바퀴를 돌릴 때 발생하는 조작력을 측정한다. 광학식과 자기식이 있으며 MDPS교환시 입력축 기준점인 인덱스 포인트가 달라지므로 0점 설정을 하여야 한다.

1) 광학식

조향 토크 센서는 조향조작력 센서는 발광소자(led) 및 수광소자(linear array) 각 2개와 입·출력 디스크(wide 1개, narrow 1개), 그리고 조작력 연산부분 2개로 이루어져 있고 발광소자에서 발생한 빛을 수광소자에서 받아 그 양으로 각도와 비틀림을 감지한다. 더불어 MDPS교환 시 입력축 기준점인 인덱스 포인트가 달라지므로 0점 설정을 하여야 한다.

(a) 광학식의 구조   (b) 광학식

❈ 그림 7-17 광학식 조향각 및 토크 센서

2) 자기식

조향 시 메인 및 위성축 기어와 입력축 로터의 자기력을 이용하여 조향각 토크를 검출하며, 선회 시 메인기어 회전으로 위성기어와 위상차를 이용하여 홀IC로 회전각을 검출한다. 또한 토크센서는 토션바 비틀림으로 감지된 토크를 전압으로 출력한다.

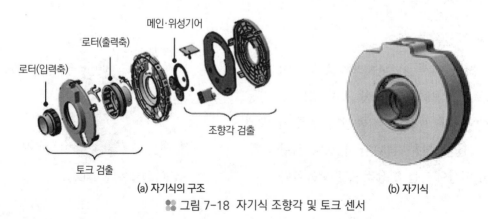

(a) 자기식의 구조   (b) 자기식

❈ 그림 7-18 자기식 조향각 및 토크 센서

(라) 전동기 회전도 센서

전동기 회전도 센서는 전동기 내에 설치되어 있으며, 전동기(motor)의 로터(rotor)위치를 검출한다. 이 신호에 의해서 컴퓨터가 전동기 출력의 위상을 결정하며 광학식은 발광소자에서 발생한 빛을 수광소자에서 받아 그 양으로 각도와 비틀림량을 감지하는 방식이다. MDPS교환시 입력축 기준점인 인덱스 포인트가 달라지므로 0점 설정을 하여야 한다. 또한, 자기식은 메인 및 위성축 기어와 입력축 로터의 자석을 이용하여 조향각 토크를 검출하고 선회 시에는 홀IC에 의해 메인기어 회전으로 위성기어와 위상차로 회전각을 검출하며 토크는 토션바 비틀림량을 전압으로 출력한다.

(3) 칼럼 구동 방식의 제어부분

컴퓨터는 조향조작력 센서의 신호에 의해 최적의 조향조작력을 제어하기 위해 설정된 제어논리(control logic)에 따라 출력부분의 전동기를 제어한다. 전동기의 구동력은 조향 핸들을 조작하는 회전력에 비례하여 구동된다. 또 각종 신호를 모니터링(monitoring)하고, 고장이 발생한 경우에는 수동으로 조작할 수 있도록 하는 페일세이프(fail safe) 기능이 있다. 3상 전동기를 사용하므로 제어의 고속성능이 필요하여, 16bit 마이크로컴퓨터를 사용한다. 또 경고등 및 아이들 업 제어(idle up control) 등을 수행한다.

(4) 전동기(motor)

전동기는 단상직류 또는 삼상 모터를 사용한다. 전동기와 로터 안쪽에 래크 축(rack shaft)과 볼 너트(ball nut)를 설치하고, 너트의 회전(전동기의 회전)에 의해 래크 축과 일체로 된 볼 너트가 직선운동을 한다.

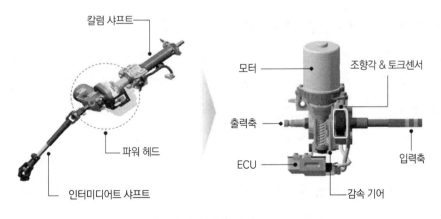

🔆 그림 7-19 전동식 파워 스티어링의 구조

7. 전동방식 전자제어 동력조향장치의 작동과정

운전자가 조향핸들을 조작하면 조향핸들(입력축)과 전동기의 래크(출력축)를 연결하는 토션 바(torsion bar)의 비틀림량을 검출한다.

이때 컴퓨터는 조향조작력 센서 출력값으로 조향조작력 및 배력을 연산하고 전동기에 전류신호를 보낸다. 따라서 전동기는 연산 값 만큼 조향기어의 피니언 축으로 전달되어 원하는 만큼 조향핸들이 회전한다.

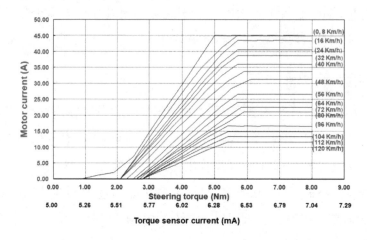

🎔 그림 7-20 토크 센서값과 모터 전류 특성

8. 전동방식 전자제어 동력조향장치의 제어

컴퓨터는 각종 입력정보에 의해 전동기 제어, 경고등 제어, 아이들 업 제어, 자기진단 및 고장코드 출력기능을 수행한다.

(1) 주행속도에 따른 전동기 구동전류 제어

전동기에 가해지는 전류의 크기는 조향조작력에 의해 결정된다. 컴퓨터는 운전자가 조작하는 조향핸들의 크기를 조향조작력 센서를 통해 검출한다. 이 크기는 전류로 환산되어 컴퓨터로 입력된다. 이 값은 조향조작력 제어의 기본정보로 사용되며 여기에 주행속도를 결합하여 하나의 테이블 형식의 표가 형성된다.

예를 들어 주행속도가 0km/h일 경우는 조향조작력 센서가 5.26mA부터 전동기에 전류를 공급하고 6.28mA 이상이 되면 전동기의 최대전류인 45A가 적용된다. 그 이상의 조향조작력 발생하더라도 전동기의 전류는 변화하지 않는다. 그러나 주행속도가 점차 빨라지면 해당하는 전류는 변화한다.

120km/h의 주행속도에 도달하면 전동기의 전류는 약 12A로 제한된다. 즉 조향조작력이 무거워진다. 따라서 속도 감응방식 조향이 된다.

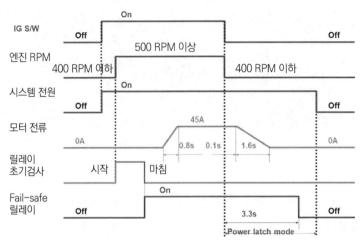

그림 7-21 MDPS 시스템 작동 시 및 비작동 시 time chart

(2) 과부하보호 제어

자동차가 정지한 상태에서 비정상적으로 연속 조향을 할 때 전동기에 가해지는 전류가 최대 45A이므로 이때 발생하는 열이 높아진다. 이 전류는 컴퓨터 내부에도 영향을 미친다. 이것은 고장을 야기하므로 지양해야 한다. 컴퓨터는 내부에 서미스터를 설치하고 컴퓨터의 온도를 직접 측정한다. 전동기에 일정 시간 동안 계속하여 작동하면 일정시간 후에 전류를 제한하기 시작한다.

이 전류는 약 8A 정도까지 제한하며 이후에 조향을 하지 않는 상황이 약 20분 정도 유지되면 정상 상태로 복귀된다. 과부하보호 제어 모드는 정상적인 실제 주행 및 주차에서는 문제가 되지 않지만, 급속한 과도 조작으로 발생할 수도 있으며 과부하보호 제어 시간은 컴퓨터 내부 온도에 따라서 달라진다.

(3) 인터록 회로 기능(interlock circuit function)

중·고속으로 주행할 때 장치의 고장(컴퓨터 고장 등)에 의한 예상하지 못한 급조향을 방지하기 위한 기능으로 전동기로의 전류공급을 제한하는 범위를 설정한 기능이다.

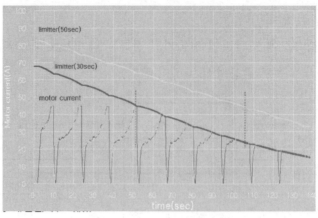

그림 7-22 과부하 보호 제어

(4) 보상제어

전동기가 자동차가 정지된 상태에서 작동하거나 또는 작동 상태에서 정지할 때, 전동기의 작동속도가 변화하며 이에 따라 회전가속도가 변화한다. 전동기를 정밀하게 제어하기 위해 전동기의 작동속도나 가속도에 따라 보상을 수행하는 제어를 보상제어라 한다. 즉 조향감각을 향상시키기 위한 보상을 하는 것이다.

(가) 마찰보상 제어

마찰보상 제어는 전동기가 작동할 때 발생하는 마찰 값에 대한 보상을 의미한다. 기계적으로 모든 물체는 최초 움직일 때 마찰을 갖게 되는데 이를 보상해주는 제어이다. 이 보상값은 전동기의 전류에 계산되어 전동기의 작동이 원활하도록 돕는다. 마찰제어는 최초 움직이는 값을 돕는 것이다.

(나) 관성보상 제어

전동기의 회전속도에 따라서 전동기의 관성이 다르기 때문에 원활한 회전을 위하여 전류보상을 행한다. 컴퓨터는 일정한 상수를 두어 제어할 때 그 값에 맞는 데이터 값을 공급하여 제어하는 것을 관성보상이라 하며 속도에 따른 가속도를 정밀하게 제어하기 위함이다.

(다) 댐핑(damping) 보상 제어

고속에서 급격한 차로변경과 같은 조향을 하였을 경우 저속에 비해 상대적으로 큰 복원력이 발생한다. 이때 전동기와 같이 관성이 큰 부분에 영향을 미쳐 조향핸들이 중립을 벗어나게 되며, 자동차의 작동에 물고기 꼬리(fish tailing)와 같은 영향을 미친다. 따라서 전룟값을 제한(전룟값을 감소)하는 보상을 하여 전동기의 속도에 따른 진동을 흡수하기

위한 제어이다. 조향속도 즉, 전동기가 회전하는 일정 각속도를 기준(기준값: 12.2rad/s)
으로 느릴 때와 빠를 때 제어를 달리한다.

아이들업 제어　　　　　　　　　　　　경고등 제어

그림 7-23　아이들 업 제어 및 경고등 제어

(5) 아이들 업 제어(idle up control)

전동방식 동력조향장치는 전동기를 사용하므로 전동기가 작동할 때 소모전류가 매우
크다(약 45A). 따라서 전동기가 공회전할 때 작동하면 발전기의 부하가 커져 엔진 가동이
불안해질 우려가 있다. 컴퓨터는 이를 방지하기 위해서 모터에 걸리는 전류가 25A 이상
일 경우에 엔진ECU에 아이들 업 신호를 송신하며 모터에 걸리는 전류가 20A 이하이거나
또는 차량 속도가 5km/h 이상이 될 경우는 아이들 업을 하지 않는다.

그림 7-23와 같이 MDPS 컴퓨터는 전동기가 작동할 때 트랜지스터(TR)를 ON시켜 엔
진ECU의 전압을 어스함으로서 아이들 업 작동 신호를 보낸다. 이때 엔진 컴퓨터는 엔진
회전속도를 상승시켜 엔진 회전속도의 저하를 방지한다.

(6) 경고등 제어

전동방식 동력조향장치는 주행 안정성과 밀접한 관계에 있는 장치이므로 고장이 발생
하면 운전자에게 고장 상태를 알리기 위해 계기판에 경고등이 점등된다.

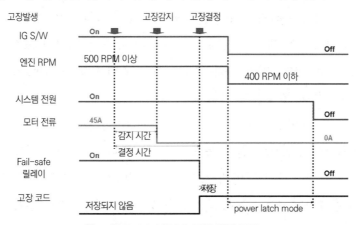

그림 7-24　MDPS 고장 진단 로직

08 4바퀴 조향장치

학습목표

1. 4바퀴 조향장치의 기본 개념과 작동을 설명할 수 있다.
2. 4바퀴 조향장치의 제어목적과 효과를 설명할 수 있다.
3. 4바퀴 조향장치에서 뒷바퀴 조향각도 설정 방법을 설명할 수 있다.
4. 4바퀴 조향장치 제어방식을 설명할 수 있다.

Chapter 01 4바퀴 조향장치의 개요

　일반적인 자동차는 앞바퀴만으로 조향하는 데 비해 4바퀴 조향장치는 뒷바퀴도 조향한다. 2바퀴 조향장치는 고속에서 선회할 때 앞바퀴에는 조향핸들에 의한 회전으로 코너링 파워(cornering power)가 발생하지만, 뒷바퀴는 차체의 가로방향 미끄러짐이 발생하여야만 코너링 파워가 발생하기 때문에 선회 지연과 차체 뒷부분이 심하게 흔들리는 문제점이 있다.

　그러나 4바퀴 조향장치를 사용하면 고속에서 차로를 변경할 때 안정성이 향상되고, 차고(車庫)에 넣거나 U턴과 같은 좁은 회전을 할 때 회전 반지름이 작아져 운전이 쉬워진다. 자동차 주행 역학의 가장 중요한 목표는 능동적 안전도의 향상 즉, 조향성능과 승차 감각의 향상이며, 4바퀴 조향장치는 4바퀴를 모두 조향하여 조향성능을 향상시키는 장치이다.

　즉 4바퀴 조향장치는 운전자가 조향핸들을 조작함에 따라 앞바퀴에서 발생하는 코너링 포스(cornering force)에 대해 동시에 뒤 차축에서도 해당 코너링 포스가 발생하도록 뒷바퀴 조향각도를 제어하여, 차체 무게 중심에서의 측면 미끄럼 각도(side slip angle)를 감소시켜 안정되게 하는 조향장치이다.

　또 원하는 자동차의 가로방향 미끄럼 각도 및 요(yaw)속도를 얻기 위해 자동차의 앞바퀴 조향각도와 뒷바퀴 조향각도를 능동적으로 제어한다. 자동차의 주행속도, 조향핸들의 조작각도, 요속도의 함수로서 뒷바퀴 조향각도를 제어하는 방법과 뒷바퀴 조향각도 제어를 통해 저속 주행에서의 조종성능과 직진안정 성능을 대폭 향상시킨다.

1   2바퀴 조향과의 비교

자동차가 2바퀴 조향에 의해 조향하였을 때 그림 8-1(a)와 같이 조향핸들을 돌려 앞바퀴의 방향을 변환시키면, 앞바퀴에 발생하는 가로방향의 힘(lateral force)에 의해 자동차 중심에 요잉(yawing)의 힘이 생겨 자동차의 방향이 변화한다.

이때 방향이 고정된 뒷바퀴(다만, 휠 얼라인먼트에 의해 뒷바퀴 방향이 차체와 수평을 이루지 않을 수 있음)는 차체와 같은 방향으로 움직이고, 이어서 가로방향의 힘을 발생시켜 자동차의 회전이 가능하게 된다.

그러나 방향변환을 시작하는 요잉 모멘트(yawing moment)와 실제로 자동차를 회전시키는 앞 바퀴의 가로방향 작용력이 동시에 발생하지 않기 때문에 조향핸들이 회전하고 자동차가 회전을 시작하기까지의 시간 지연이 있게 된다. 이런 현상이 발생하는 주요 원인은 앞바퀴에 비해 뒷바퀴에서 가로방향의 작용력이 늦기 때문이다. 이러한 문제점을 개선하여 조종 성능을 우수하게 향상시키고자 하는 것이 4바퀴 조향장치의 목적이다.

4바퀴 조향장치에서 그림 8 - 1(b)와 같이 뒷바퀴가 앞바퀴와 같은 방향으로 동시에 조향 된다면, 앞·뒷바퀴에 가로방향 작용력이 거의 동시에 발생하므로 시간지연이 최소화되어 요잉 모멘트를 시작하자마자 앞·뒷바퀴의 가로방향 작용력에 의해 자동차가 선회하게 되므로 고감도의 조향성능이 가능하다.

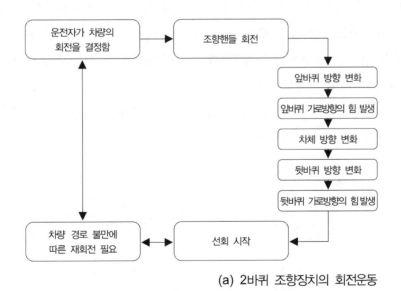

(a) 2바퀴 조향장치의 회전운동

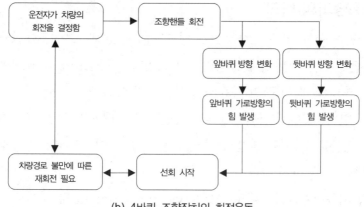

(b) 4바퀴 조향장치의 회전운동

🎖️ 그림 8-1 2바퀴 조향과 4바퀴 조향의 비교

2 4바퀴 조향장치 자동차의 자유로운 선회

자동차가 저속으로 선회할 경우 자동차의 진행방향과 타이어의 방향은 거의 일치한다고 간주해도 무방하므로 각 타이어에 코너링 포스는 거의 발생하지 않는다. 4바퀴의 진행방향의 수직선은 1점에서 교차하고, 자동차는 그 점(선회중심)을 중심으로 하여 선회한다.

그림 8-2에서 저속에서 선회할 때 주행 궤적을 보면 2바퀴 조향 자동차(앞바퀴 조향)의 경우, 뒷바퀴는 조향되지 않으므로 선회중심은 거의 뒷바퀴 연장선상에 있다. 4바퀴 조향 장치의 경우, 뒷바퀴를 역위상 조향을 하면 선회중심은 자동차 앞쪽 근접한 위치에 오게 된다. 저속에서 선회할 때 2바퀴 조향장치와 4바퀴 조향장치 자동차의 앞바퀴 조향각도가 같다면 4바퀴 조향장치 자동차 쪽이 선회 반지름이 작게 형성되므로 회전이 자유롭고 안쪽 바퀴의 차이도 작아진다. 승용자동차의 경우 뒷바퀴를 5° 역위상 조향하면 최소회전 반지름은 약 50cm, 안쪽 바퀴의 차이는 10cm 정도 감소시킬 수 있다.

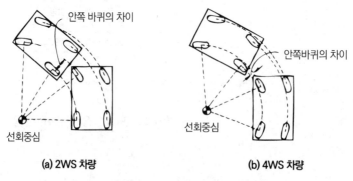

🎖️ 그림 8-2 저속선회에서 주행궤적

3 4바퀴 조향장치 자동차의 중·고속에서의 선회성능

직진하는 자동차가 선회할 때, 자동차의 중심점이 진행방향을 바꾸는 공전과 그 중심점 주위의 자동차 자전이라는 2가지 운동이 합성되어 실행된다. 그림 8-3은 고속선회 시 자동차의 움직임을 나타낸 것이다.

먼저, 앞바퀴 조향이 실행되면 앞바퀴에는 미끄럼 각도 α가 발생하고 코너링 포스가 발생하여 차체가 자전(自轉)을 시작한다. 이에 따라 차체가 편향되어 뒷바퀴에도 미끄럼 각도 β가 발생하여 코너링 포스가 생기고, 4바퀴의 힘이 자전과 공전의 힘을 분담하여 균형을 이루면서 선회를 한다. 그러나 주행속도가 빨라지는 만큼 원심력이 증가하므로 코너링 포스도 증대되어야 한다. 따라서 앞바퀴에 큰 미끄럼 각도를 주어 큰 코너링 포스를 발생시켜야 한다. 앞바퀴에 의해 큰 미끄럼 각도를 주기 위해 차체에 의해 큰 자전운동을 일으키게 할 필요성이 있다. 그러나 주행속도가 빨라질수록 자전운동은 불안정성이 증가하므로 자동차의 스핀(spin)이나 옆으로 쏠리는 현상이 발생하기 쉽다. 이상적인 고속 선회운동은 차체의 방향과 자동차의 진행방향을 가능한 일치시켜 여분의 차체운동을 억제하여, 앞·뒷바퀴에 충분한 코너링 포스를 발생시키는 것이다.

그림 8-4와 같이 4바퀴 조향장치 자동차에서는 뒷바퀴를 동위상으로 조향함에 따라 뒷바퀴에도 미끄럼 각도 α를 발생시켜 앞바퀴의 코너링 포스와 균형을 이루어 자전운동을 억제한다. 따라서 차체의 방향과 자동차의 진행방향을 일치시킨 안정된 선회를 기대할 수 있다.

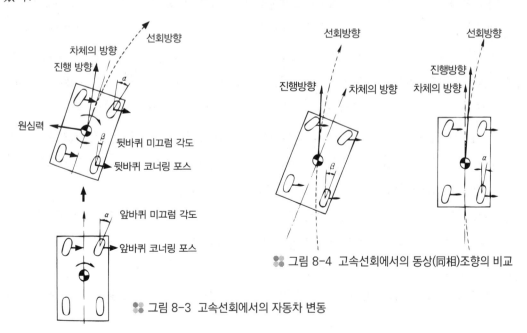

그림 8-3 고속선회에서의 자동차 변동

그림 8-4 고속선회에서의 동상(同相)조향의 비교

4바퀴 조향장치의 제어목적

1 4바퀴 조향장치의 제어목적

코너링 포스가 발생할 때 앞·뒷바퀴의 시간 지연을 최소화하고, 자동차의 자세와 진행 방향을 각각 제어할 수 있도록 또 주행경로를 변환할 때 안정성 및 앞바퀴와 뒷바퀴 사이의 차체 미끄럼 각도를 최소화하여 저속으로 주행을 할 때 자동차의 회전 반지름을 감소하게 한다. 즉 4바퀴 조향장치의 제어목적은 다음과 같다.

① 가로방향 가속도(lateral acceleration)와 요 레이트(yaw rate)의 위상지연(phase lag)을 최소화한다.

② 차체의 사이드슬립 각도(side slip angle)를 0으로 하여 선회 안정성을 증대한다.

③ 주행할 때 안정성을 증대한다.

④ 저속 운전영역에서 우수한 조향성능을 유지한다.

⑤ 모델 매칭(model matching)을 통하여 원하는 조향응답성을 실현한다.

⑥ 자동차의 변화나 외란(外亂)에 대한 강인성을 가진다.

2 4바퀴 조향장치의 효과

① 고속에서 직진성능이 향상된다. – 직선도로를 고속으로 주행할 때 운전자는 가로방향의 바람이나 도로 면의 요철 때문에 조향핸들이 조금씩 계속 움직여 자동차의 궤적과 주행방향을 일치시키려고 노력한다. 4바퀴 조향장치는 이와 같은 작은 조향에서도 뒷바퀴를 앞바퀴와 같은 방향으로 조향시켜 부드럽고 안정된 주행이 가능하도록 한다.

② 차로변경이 용이하다. – 차로를 변경하기 위해 앞바퀴를 작은 각도로 조향할 때 뒷바퀴도 거의 동시에 같은 방향으로 조향되므로 안정된 차로 변경이 가능해진다.

③ 경쾌한 고속선회가 가능하다. – 선회할 때 뒷바퀴도 앞바퀴와 같은 방향으로 조향되어 코너링 포스가 발생하므로 차체 뒷부분이 원심력에 의해 바깥쪽으로 쏠리는 스핀(spin)현상없이 안정된 선회를 할 수 있다.

④ 저속회전에서 최소회전 반지름이 감소한다. – 교차로와 같이 90° 회전을 할 때, 또는 U턴을 할 때 뒷바퀴는 앞바퀴와 조향방향이 반대로 되어 안쪽 바퀴와 바깥쪽 바퀴의 차이를 감소시킨다.

⑤ 주차할 때 일렬 주차가 편리하다. – 주차 시킬 때 저속으로 작은 곡률로 조향핸들을 돌

리면 앞·뒷바퀴가 역방향으로 되어 2바퀴 조향장치보다 최소회전 반지름과 안쪽 바퀴의 차이가 작아져 조향의 반복을 줄일 수 있다. 또 일렬로 주차할 때에도 앞·뒷바퀴가 역방향으로 조향되므로 회전반지름의 감소로 주차가 쉬워진다.

⑥ 미끄러운 도로를 주행할 때 안정성이 향상된다. – 빙판이나 눈길 또는 도로 면이 미끄러운 도로에서 주행할 때, 4바퀴 조향장치는 뒷바퀴의 조향에 의해 차체 뒷부분의 미끄럼을 줄일 수 있어 주행 안정성이 향상된다. 그러나 타이어가 도로 면과 마찰력을 상실하면 2바퀴 조향장치와 4바퀴 조향장치 모두 아무런 효과를 기대할 수 없다.

Chapter 3 4바퀴 조향장치의 작동

1 4바퀴 조향장치의 원리

4바퀴 조향장치 컴퓨터는 차속 센서의 신호에 따라 적절한 신호를 뒷바퀴 조향제어 박스(rear steering control box)의 제어 전동기(control motor)로 보내 제어 요크(control yoke)를 회전 시키고, 앞바퀴 조향각도에 따라 뒷바퀴 조향축이 뒷바퀴 조향제어 박스 내의 베벨기어(bevel gear)를 회전 시킨다.

제어 요크와 베벨기어의 회전이 위상제어 기구 내에서 조향되어 제어밸브 로드(control valve rod)의 움직임 양과 방향을 결정하며, 제어밸브 내에서 오일회로가 변환되어 출력 로드(power rod)가 뒷바퀴를 조향한다.

2 뒷바퀴 조향각도 설정 방법

중속과 고속 운전영역에서 앞바퀴와 같은 방향으로 뒷바퀴를 조향하기 때문에 조향응답성과 조향안정성이 향상된다. 요 각속도 등의 정보로 뒷바퀴를 조향하여 도로 면의 외란이나 가로방향의 바람에 의한 외란에 대한 안정성이 향상된다. 저속 운전영역에서는 앞바퀴와 반대 방향으로 뒷바퀴를 조향하기 때문에 작은 회전 반지름으로 회전이 가능하며, 앞쪽 바퀴의 차이가 감소한다.

그리고 4바퀴 조향장치 제어방식의 종류는 다음과 같다.

① 앞바퀴 비례 조향각도 방식 : 뒷바퀴 조향각도를 앞바퀴 조향각도에 비례하게 하여 조향하는 방식이다.

② 조향조작력 피드백(feed back) 방식 : 조향조작력을 입력으로 하는 뒷바퀴 조향방식으로, 뒷바퀴 조향각도는 앞바퀴의 가로방향 작용력에 비례하여 조향된다고 생각하는 방식이다.

③ 요(yaw) 각도 피드백 방식 : 자동차 주행속도의 상태량인 요 각속도에 비례하도록 뒷바퀴를 조향하는 방식이다.

④ 무게 중심 사이드슬립 각도 제로(zero) 제어방식 : 무게 중심점 사이드슬립 각도를 제로(zero)에 근접하게 하는 것을 목표로 하는 제어 방식이다.

⑤ 모델 플로잉 방식 : 요 각속도와 가로방향 가속도의 조향응답성을 미리 설정한 가상 모델에 실제의 자동차를 충족시켜 일치시키는 방식이다.

4바퀴 조향장치 제어방식의 종류

1 미세(微細) 조향각도 제어

1. 가로방향 가속도, 차속감응 방식

그림 8-5는 전체 구성도이다. 앞바퀴의 동력조향장치에 뒷바퀴 전용밸브를 하나 더 추가하여, 가로방향 가속도에 거의 비례하는 앞바퀴의 조향저항과 평행한 유압을 발생시켜 그 유압을 뒷바퀴 액추에이터로 보내는 구조이다. 뒷바퀴 액추에이터는 그림 8-6과 같이 장력이 큰 스프링 들어있어 공급된 유압과 평형을 이루는 지점까지 출력 로드의 위치가 변화한다. 이 로드의 움직임에 의해 뒷바퀴가 전체가 조향된다. 주행속도와 뒷바퀴 전체 조향각도의 관계는 가로방향 가속도의 함수로 표시된다.

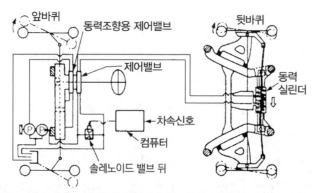

:: 그림 8-5 가로방향 가속도 감응형 4바퀴 조향장치의 전체구성도

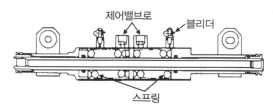

🦠 그림 8-6 가로방향 가속도 감응형 4바퀴 조향장치의 뒤 액추에이터

2. 앞바퀴 조향각도 차속감응 방식

고속에서 조향성능을 향상시키기 위해 앞바퀴 조향각도를 차속감응으로 제어하는 장치
가 개발되었다. 그림 8-7은 전체구성도이다. 이 장치에서 유압 펌프로부터 토출되는 오일
은 직접 솔레노이드 서보밸브(solenoid servo valve)로 들어가 컴퓨터의 지시에 의해 제
어되어 뒷바퀴 액추에이터로 공급된다.

제어는 조향각도 센서의 신호로부터 조향 각속도 및 가속도를 컴퓨터로 연산하여 실행
된다. 이에 따라 중속 및 고속주행에서의 빠른 조향일 경우에는 순간 역위상으로 조향할
수 있어 자동차의 회전운동의 시작을 빠르게 하여 조향에 대한 응답성을 향상시킨다.

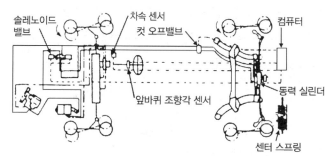

🦠 그림 8-7 앞바퀴 조향각도 감응형 4바퀴 조향장치의 전체구성도

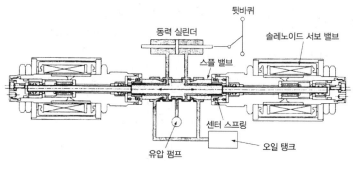

🦠 그림 8-8 앞바퀴 조향각도 감응형 4바퀴 조향장치 솔레노이드 서보밸브

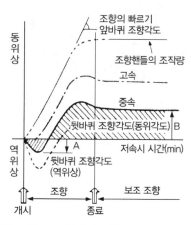

🦠 그림 8-9 앞바퀴 조향각도 감응형
4WS의 뒷바퀴 조향 특성

2 큰 조향각도 제어

큰 조향각도 제어는 고속주행에서의 주행 안정성과 동시에 저속 운전영역에서 작은 반지름의 회전성능도 달성하는 4바퀴 조향장치이다.

1. 앞바퀴 조향각도 감응 방식

그림 8-10은 전체구성도이며, 앞바퀴의 래크와 피니언 조향기어에 뒷바퀴에 앞바퀴의 조향각도를 전달하기 위해 뒷바퀴 조향용 피니언이 설치되어 있다. 그 각도변화는 센터 조향축(center steering shaft)을 거쳐 뒷바퀴 조향기어로 전달된다.

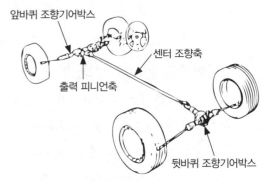

그림 8-10 앞바퀴 조향각도 감응형4바퀴 조향장치 구성도

뒤 조향기어는 그림 8-11과 같이 편심축과 유성기어의 조합으로 구성되며, 그림 8-12와 같은 입·출력 특성이 얻어진다. 이에 따라 전체 구성도에서는 그림 8-13과 같이 작은 조향각도, 동위상 전체조향, 큰 조향각도 역위상 전체조향의 특성이 된다. 매우 작은 각도로 조향되는 고속주행에서는 동위상 전체조향으로 되어 주행 안정성이 얻어지며, 큰 조향각도로 조향되는 매우 저속인 상태에서는 역위상 전체조향으로 되어 작은 지름의 회전성능이 얻어진다.

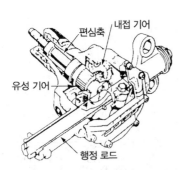

그림 8-11 앞바퀴 조향각도 감응형 4바퀴 조향장치의 뒷바퀴 조향기어

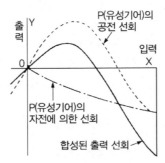

그림 8-12 뒷바퀴 조향기어의 입출력 특성

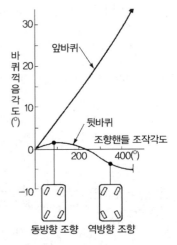

그림 8-13 조향각도 감응형 4바퀴 조향장치의 특성

2. 앞바퀴 조향각도 비례 차속감응 방식

조향각도 비례 제어란 조향핸들의 조향각도에 비례하여 저속 영역에서는 역위상으로, 고속 운전영역에서는 동위상으로 뒷바퀴 조향을 실행하는 제어이다. 중·고속 운전영역에서 조향할 때 앞·뒷바퀴의 균형이 안정되어 정상선회 상태가 되었을 때에는 자동차의 진행방향과 차체의 방향이 일치되어 안정된 선회성능을 얻을 수 있다.

조향 초기에 과도할 경우 처음부터 앞·뒷바퀴에 동시에 코너링 포스가 발생하므로 차체가 자전보다 앞서 공전운동을 하고, 차체가 선회 바깥쪽으로 향하는 경향이 있지만, 2바퀴 조향장치 자동차의 선회와 비교하면 선회방향과의 차이를 충분히 작게 할 수 있다.

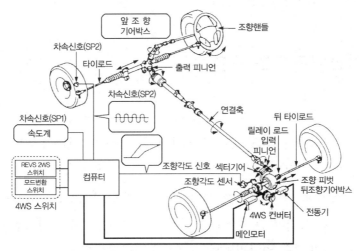

그림 8-14 조향각도 비례제어 4바퀴 조향장치 구성도

휠 얼라인먼트(wheel alignment)

Chapter 01 휠 얼라인먼트의 개요

자동차의 휠 얼라이먼트는 차체 현가장치(suspension)와 스티어링 시스템을 구성하는 각각의 부품이 휠과 어떤 각도를 이루며 차체에 부착되어 있는지 나타내는 기하학적인 각도 관계를 말한다. 캠버(camber), 캐스터,(caster) 토우 인(toe-in), 킹핀 경사각(sai, steering axis inclination), 셋백(set back), 스러스트 각(thrust angle, geometrical drive axis) 등이 있다. 이러한 각도들은 주행 시 차량의 중량이 현가장치의 가동부분에 적당히 배분되도록 하며, 휠 얼라인먼트의 역할은 다음과 같다.

① 조향핸들의 조작을 확실하게 하고 안전성을 준다. (캐스터)
② 조향핸들에 복원성을 부여한다. (캐스터와 조향축 경사각도)
③ 조향핸들의 조작력을 가볍게 한다. (캠버와 조향축 경사각도)
④ 타이어 마멸을 최소화 한다. (토인)

Chapter 02 휠 얼라인먼트의 요소

1 캠버(camber)

자동차를 앞에서 보았을 때, 앞바퀴의 중심선과 기하학적인 수직선이 이루는 각도를 캠버(camber angle)라고 하며, 일반적으로 +0.5~+1.5° 정도이다. 그리고 바퀴의 윗부분이 바깥쪽으로 기울어진 상태를 정(正)의 캠버(positive camber), 바퀴의 중심선이 기하학적인 수직선과 일치할 때를 0의 캠버(zero camber), 그리고 바퀴의 윗부분이 안쪽으로 기울어진 상태를 부(負)의 캠버(negative camber)라고 한다.

그리고 캠버의 역할은 다음과 같다.

① 수직방향 하중에 의한 앞 차축의 휨을 방지한다.

② 조향핸들의 조작을 가볍게 한다. - 이것은 조향축 경사각도와 함께 접지면의 중심과 조향축 연장선이 도로 면에서 교차하는 점과의 거리인 캠버 오프셋(camber off-set) 양을 감소시켜 조향핸들의 조작력을 경감시킨다.

③ 하중을 받았을 때 앞바퀴의 아래쪽(부의 캠버)이 벌어지는 것을 방지한다.

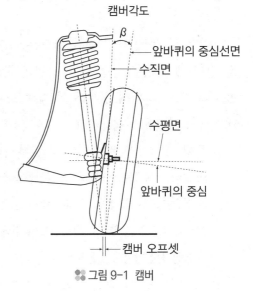

❊ 그림 9-1 캠버

2 캐스터(caster)

자동차의 앞바퀴를 옆에서 보면 독립차축 방식에서는 위·아래 볼 이음을 연결하는 조향축(일체차축 방식에서는 조향너클과 앞 차축을 고정하는 킹핀)이 수직선과 어떤 각도를 두고 설치되는데, 이를 캐스터라 하며 그 각도를 캐스터 각도라 한다. 캐스터 각도는 일반적으로 +1~+3˚ 정도이다.

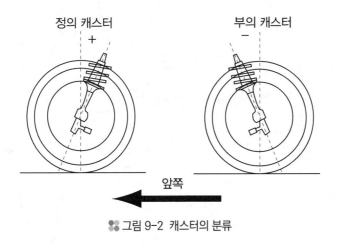

❊ 그림 9-2 캐스터의 분류

그리고 위 볼 이음의 윗부분(또는 킹핀의 윗부분)이 자동차의 뒤쪽으로 기울어진 상태를 정의 캐스터, 조향축(또는 킹핀의 중심선)이 수직선과 일치된 상태를 0의 캐스터, 위 볼 이음(또는 킹핀의 윗부분)이 앞쪽으로 기울어진 상태를 부의 캐스터라고 한다. 그리고 캐스터의 역할은 다음과 같다.

① 주행 중 조향바퀴에 방향성을 부여한다. – 조향바퀴에서 방향성이 얻어지는 것은 조향바퀴에 걸리는 하중은 스핀들의 중심선을 통하여 작용하지만, 도로 면에서의 반발력은 그림 9-3의 P점에 작용하므로 이 점에 큰 마찰력이 발생하기 때문이다. 또 구동바퀴에서 발생한 추진력은 차체를 통하여 조향축 방향으로 작용하므로 주행 중 O점이 P점을 잡아당기는 것과 같이 작용하므로 바퀴는 항상 전진방향으로 안정된다.

② 조향하였을 때 직진방향으로의 복원력을 준다. – 복원력은 조향너클(steering knuckle)과 스핀들(spindle)의 관계에서 발생한다. 이 관계에서는 선회할 때 선회하는 쪽 바퀴의 스핀들은 낮아지고 반대쪽 바퀴의 스핀들은 높아진다. 따라서 스핀들의 높이가 낮아지면 현가장치를 통하여 차체가 위쪽으로 올라간다. 또 스핀들의 끝 부분이 높이가 높아지면 이와 반대로 차체가 아래쪽으로 내려가므로 이와 같은 차체의 운동은 조향핸들에 가해진 힘에 의해 형성된다. 이에 따라 조향핸들에 가한 힘을 제거하면 차체가 원위치로 복귀하므로 조향바퀴도 직진 상태가 된다.

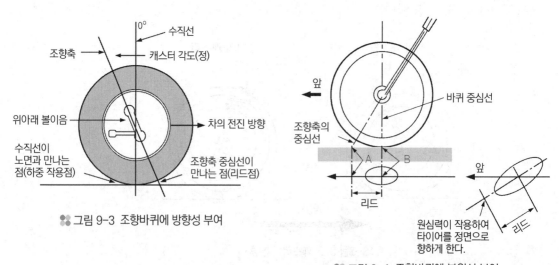

🌼 그림 9-3 조향바퀴에 방향성 부여

🌼 그림 9-4 조향바퀴에 복원성 부여

3 토인(toe - in)

자동차 앞바퀴를 위에서 내려다보면 바퀴 중심선 사이의 거리가 앞쪽이 뒤쪽보다 약간 작게 되어 있는데 이 상태를 토인이라고 하며, 일반적으로 2~6mm 정도이고 타이로드의 길이로 조정한다. 토인의 역할은 다음과 같다.

① 캠버에 의한 토 아웃을 방지하며, 앞바퀴를 평행하게 회전 시킨다.

② 주행 중 타이어 접지면에 발생하는 저항에 의한 토 아웃 방지하여 바퀴의 사이드슬립과 타이어 마멸을 방지한다.

③ 조향 링키지 마멸에 따라 토 아웃(toe - out)이 되는 것을 방지한다.

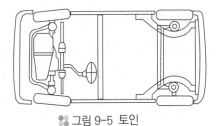

❖ 그림 9-5 토인

4 킹핀 경사각(king pin angle)

앞바퀴를 전방에서 보았을 때 킹 핀 상부가 안쪽으로 비스듬히 장치되어 있는데, 노면에 대한 수직선과 이루는 각을 킹 핀 경사각이라고 한다. 킹 핀을 사용하지 않는 독립차축 방식에서는 위·아래 볼 이음의 중심선이 수직에 대하여 이루는 각도를 킹핀 경사각이라 한다. 킹핀 경사각은 일반적으로 7~9° 정도 두며 역할은 다음과 같다.

① 캠버와 함께 조향핸들의 조작력을 가볍게 한다.

② 캐스터와 함께 앞바퀴에 복원성을 부여한다.

③ 앞바퀴가 시미(shimmy)현상을 일으키지 않도록 한다.

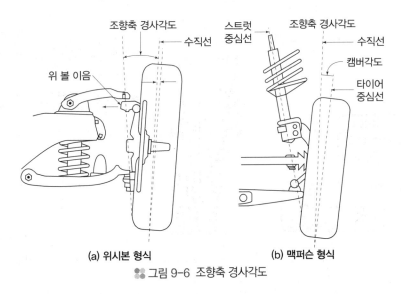

(a) 위시본 형식   (b) 맥퍼슨 형식

❖ 그림 9-6 조향축 경사각도

> 캠버 각도와 조향축 경사 각도를 합한 각도를 **협각**(狹角 ; included angle)이라 하며, 이 각도의 크기에 따라 타이어 중심선과 조향축 연장선이 만나는 점이 결정된다. 이들이 만나는 점이 도로 면 밑에 있으면 토 아웃의 경향이 발생하고, 도로 면 위에 있으면 토인의 경향이 발생한다.

5 셋백(setback)

앞 차축이 뒤 차축을 기준으로 기울어진 각도로서 조수석 타이어가 운전석에 비하여 위치하는 정도를 나타낸 수치이다. 차축의 평행도에 따라 좌우 회전 반경이 달라지고 전륜 타이어에 이상 마모가 발생 할 수 있다.

6 인클루디드 앵글(included angle)

킹핀 각에 캠버의 각도를 합한 것이다. 킹핀 각이 정상이라도 좌우 인클루디드 각이 다르면 차체의 변형을 예상할 수 있다.

7 선회할 때 토 아웃(toe-out on turning)

자동차가 선회할 때 애커먼 장토방식의 원리에 따라 모든 바퀴가 동심원을 그리려면 안쪽 바퀴의 조향각도가 바깥쪽 바퀴의 조향각도보다 커야 한다. 즉, 자동차가 선회할 경우에는 토 아웃이 되어야 하며 이 관계는 조향너클 암, 타이로드 및 피트먼 암에 의해 결정된다.

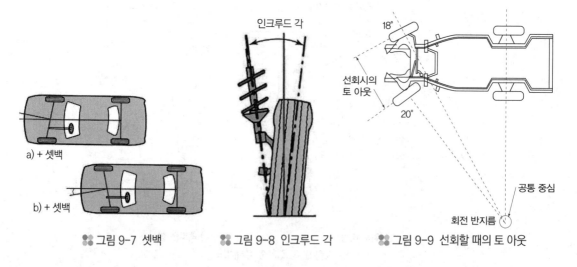

a) + 셋백
b) + 셋백

❖ 그림 9-7 셋백   ❖ 그림 9-8 인크루드 각   ❖ 그림 9-9 선회할 때의 토 아웃

8 스러스트 각(thrust angle)

자동차의 기하학적 중심선과 뒷바퀴가 나아가려고 하는 추진선(스트러스 선)이 이루는 각도를 스러스트 각 또는 지오 메트리컬 드라이브 엑시스(geometirical drive axis)이라 한다. 그림에서의 기하학적 중심선은 전륜 축과 후륜 축의 중심을 지나도록 그은 선으로 보통 추진선이 조수석 쪽을 향하고 있을 때 +로 정의하고 있다.

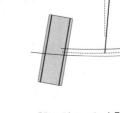

그림 9-10 스러스트 각

1. 스러스트 각의 변화 원인

① 시고 등 뒷바퀴 한쪽의 충격의 원인

② 프런트 멤버의 옆으로 이동(사이드 슬립) 또는 가운데 구부러짐. 로워 암 지지 부분의 변형이 원인

③ 뒤차축이 펴으로 이동이 원인

④ 뒤차축의 셋백 즉 한쪽이 뒤로 후퇴(판 스프링의 경우)이 원인

2. 스트러스 각이 클 때의 문제점

① 스트러스 각이 크면 자동차는 직진중 옆으로 비스듬이 진행하게 되어 핸들이 무겁고 고속주행 시 사고의 위험이 높다.

② 주차 시 차를 똑바로 주차시키기 어렵다.

③ 코너링시 한쪽은 오버 스티어링 현상, 반대쪽은 언더 스티어링 현상이 되어 조향시 좌우 감각의 차이를 느낄 수가 있다.

④ 주행 중 핸들의 센터가 틀려지게 된다.

8 휠얼라이먼트 준비작업(사전점검)

휠얼라이먼트 상태가 정확하지 않을 경우 승차감 불안정, 타이어 이상마모, 연료소모 증가, 주행 직진성 불량 및 진동 소음 발생 등으로 운전 피로감의 증가는 물론 경제적인 운행 및 안전운행이 불가능하기 때문에 주기적으로 정확한 차륜 정렬이 필요하며, 작업하기 전에 반드시 다음 사항을 점검하고 불량으로 판정이 되면 먼저 교환 및 수리하고 측정하여야 한다.

1. 운전자의 자동차 운행 상태에 따른 문제점을 청취한다.

2. 필요할 경우 해당 자동차를 주행시험하여 다음 사항을 점검한다.

   ① 조향핸들의 쏠림 및 복원 여부

   ② 조향핸들의 위치가 중앙에 바르게 있는지 여부

   ③ 자동차가 직진방향으로부터 이탈하려는 현상(wander)이 발행하는지의 여부

   ④ 조향핸들의 진동감각이 차체의 진동과 일치하는지 여부

   ⑤ 휠 밸런스(wheel balance) 상태 불량으로 떨림 여부

   ⑥ 주행 중 조향력 과대, 조향 민감성 등 조종성의 문제 여부

   ⑦ 휠 베어링 소음, 현가장치 소음, 선회할 때 타이어의 미끄러짐 소음 여부

   ⑧ 브레이크의 끌림 및 소음 여부

3. 조향장치 관련 부품을 육안으로 점검한다.

   ① 조향 링키지(steering linkage)의 마모 및 헐거움 여부

   ② 컨트롤 암 부싱(control arm bushing)과 이와 관련된 부품의 이상 여부

   ③ 쇽업소버(shock absorber)의 설치 상태 및 누유 여부

   ④ 볼조인트(ball joint)의 작동상태 및 유격 여부

   ⑤ 스태빌라이저(stabilizer)의 부싱과 마운팅 마모 여부

   ⑥ 조향 기어박스(steering gear box) 내부 기어의 유격 여부

4. 휠 림(wheel rim)과 타이어를 육안으로 점검한다.

   ① 림과 타이어의 동일한 규격 여부

   ② 마모상태의 균일 여부

   ③ 공기압 및 밸런스 상태 여부

   ④ 휠 림(wheel rim)의 변형 여부

5. 해당 차량을 전용 리프터(lifter)에 올려놓고 차체(현가장치)의 높이를 점검한다. 휠얼라이먼트를 정확하게 하려면 차체의 좌·우·전·후 평행여부와 현가장치의 높이를 측정하여 좌·우·전·후 모두 정비지침서와 일치하도록 조정한다.

6. 허브 베어링 및 액슬 베어링의 유격을 점검하고 수리한다.

7. 차체의 앞부분과 뒷부분을 3~4회 높은 다음, 차체의 수평여부를 재점검한다.

8. 위와 같이 점검하고 이상이 없으면 계측기를 설치하고 휠얼라이먼트 작업을 한다.

10 코니시티(conicity)와 플라이 스티어(ply steer)

1. 코니시티(conicity)

코니시티는 스틸 벨트 또는 트레드의 위치 또는 두께 불평형 등으로 타이어의 내측과 외측 사이드 월에서의 반발력에 따른 쏠림 현상이며 주로 타이어 제조상의 결함에 기인 한다.

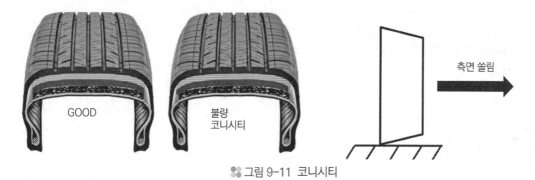

GOOD

불량
코니시티

측면 쏠림

🎀 그림 9-11 코니시티

2. 플라이 스티어(ply steer)

타이어 트레드 내부에 타이어의 원주 방향으로 비스듬히 각을 이루며 감겨 있는 스틸 벨트의 경사각에 의해 발생하는 것이다. 코드의 경사진 각도가 각 층간에 밸런스가 이루 어지지 않았을 때나 트레드 부분의 마모가 진행되면서 스틸 벨트가 감겨질 때 이루는 각 에 직각 방향으로 쏠림이 나타난다. 이와 같은 현상은 타이어의 좌·우 위치를 교환하여도 쏠리는 방향은 동일하다.

트레드

스틸 벨트

타이어 사이드 월

타이어 비드

이너 라이너

카케이스 플라이

🎀 그림 9-12 타이어 스틸 벨트

학습목표

1. 사이드슬립을 할 때 바퀴에 작용하는 힘에 대하여 설명할 수 있다.
2. 코러링 포스와 코너링 파워에 영향을 주는 요소를 설명할 수 있다.
3. 언더 스티어링과 오버 스티어링의 방향 안전성에 대하여 설명할 수 있다.

Chapter
01 **선회성능의 개요**

자동차의 선회성능은 안정 성능과 조향성능이 포함되는데 주로 선회주행의 능력과 성질을 대상으로 하며, 현가장치·조향장치 및 바퀴의 성능에 따라 결정된다. 자동차가 선회할 때 매우 저속인 운전영역에서는 코너링 포스(cornering force)가 없기 때문에 애커먼 장토 방식의 조향이론에 가까운 조향을 하지만, 고속 운전영역에서는 원심력이 작용한다. 자동차가 선회할 수 있는 것은 원심력과 평형인 코너링 포스가 발생하기 때문이다. 코너링 포스는 도로 면에 옆 방향 구배가 없는 경우는 대부분 바퀴의 사이드슬립(side slip)으로 발생한다.

Chapter
02 **사이드슬립을 할 때 바퀴에 작용하는 힘**

바퀴의 사이드슬립(side slip)은 도로 면과 접촉하는 트레드(tread)의 중심 면과 진행방향이 일치하지 않을 때 바퀴 옆쪽과 도로 면의 접촉으로 미끄럼이 발생하는 현상이다. 사이드슬립이 발생하는 이유는 자동차가 선회할 때 차체는 원심력에 의하여 바깥쪽으로 밀리지만 바퀴는 도로 면과의 마찰에 의해 접촉 면이 이동하지 않으므로 차체의 진행방향과 바퀴의 회전방향이 서로 다르게 작용하기 때문이다.

사이드슬립이 발생하면 바퀴는 그림 10-1과 같이 접지 부분에 직각으로 작용하는 사이드포스(side force) F가 발생한다. 사이드포스는 진행방향과 직각인 분력과 평행인 분력으로 분류하며, 평행인 분력은 바퀴의 동력전달 저항이 되고, 진행방향에 직각인 분력은 코너링 포스의 역할을 한다.

그리고 바퀴는 그림 10-2와 같이 변형되며 뒤쪽으로 갈수록 오른쪽으로 향하여 변형이 증가한다. 따라서 코너링 포스는 바퀴의 변형에 의해 발생하는 것으로 그 작용점은 바퀴 접지면 중심보다 뒤쪽에 있기 때문에, 사이드슬립이 발생하는 바퀴는 코너링 포스의 작용점이 접지면 중심보다 뒤쪽에 있으므로 바퀴를 자동차의 진행방향과 일치시키는 방향으로 작용한다. 그러므로 복원 회전력(self aligning torque)이라 부르기도 하며 복원 회전력의 크기는 리드(lead 또는 조향축 오프셋)×코너링 포스가 된다. 실제로는 캐스터의 영향으로 바퀴 중심점이 앞쪽으로 이동하여 모멘트가 더욱더 증가한다.

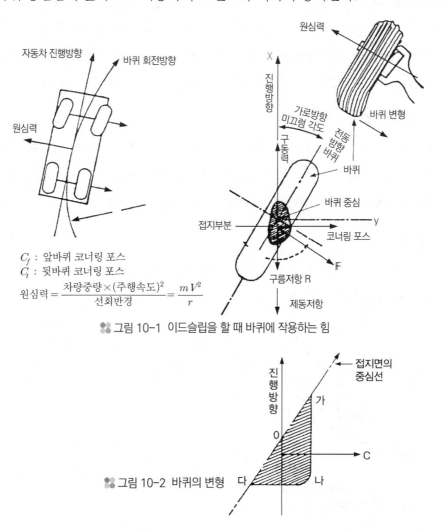

C_f : 앞바퀴 코너링 포스
C_t : 뒷바퀴 코너링 포스

$$원심력 = \frac{차량중량 \times (주행속도)^2}{선회반경} = \frac{mV^2}{r}$$

∷ 그림 10-1 이드슬립을 할 때 바퀴에 작용하는 힘

∷ 그림 10-2 바퀴의 변형

1 코너링 포스(cornering force)

코너링 포스란 자동차가 선회할 때 원심력과 평형을 이루는 힘을 말하며, 자동차 선회성능을 고려할 때 매우 중요한 항목이다. 코너링 포스는 바퀴의 사이드슬립 각도와 하중 등에 의해 변화하며, 그 경향은 그림 10-3에 나타낸 바와 같다.

바퀴의 사이드슬립 각도가 작을 경우 코너링 포스는 비례하여 증가하지만 어떤 각도에 도달하면 최댓값이 된다. 사이드슬립 각도의 실용 범위는

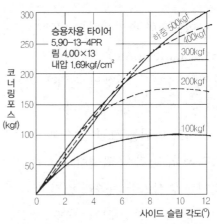

❋ 그림 10-3 코너링 포스와 사이드슬립 각도와의 관계

5~6° 이하이기 때문에 그림 10-3에 나타낸 곡선에서 직선에 가까운 부분을 실용범위로 생각하면 된다. 일반적으로 코너링 포스와 바퀴의 사이드슬립 각도 관계는 바퀴의 크기와 형식에 따라 변화하므로 여러 가지 바퀴의 코너링 포스 특성을 그림 10-3에서 직선 부분과 비교하며, 단위 사이드슬립에 대한 코너링 포스의 크기를 표시하는 코너링파워(Cornering Power, 단위는 kgf/deg)를 사용한다. 코너링 포스와 코너링파워에 영향을 주는 요소는 다음과 같다.

1. 바퀴의 수직 하중

바퀴에 가해지는 수직 하중이 증가하면 코너링 포스는 바퀴와 도로 면과의 마찰력에 의해 증가하며, 코너링파워는 바퀴에 가해지는 무게가 작을 때는 무게에 비례하여 증가하지만, 일정한 무게에 도달하면 최댓값이 되며, 그 이후는 감소한다.

2. 바퀴의 크기

코너링 포스와 파워는 바퀴의 크기가 증가할수록 증가하지만 코너링 포스를 무게로 나눈 하중에 대한 비율은 일정하다.

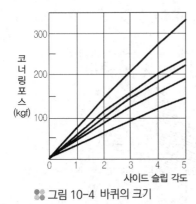

❋ 그림 10-4 바퀴의 크기

타이어 사이즈	접지 lb(kg)	내압 lb	림	속도mph (km/h)
7.50 - 164p	1560(710)	36	5.00F	29(47)
7.00 - 164p	1145(520)	28	5.00F	29(47)
6.50 - 164p	1050(475)	28	4.50F	29(47)
6.00 - 164p	915(4/5)	28	4.00F	29(47)
5.50 - 164p	810(365)	30	3.50D	29(47)

3. 림(rim)의 폭

림의 폭을 크게 하면 코너링 포스가 증가한다. 그림 10-5는 림의 폭이 코너링 포스에 미치는 영향을 나타낸 것으로 점선은 림의 폭과 바퀴 폭의 비율을 표시한 것이다.

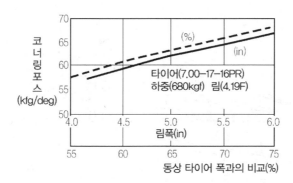

그림 10-5 코너링파워와 림 폭과의 관계

4. 바퀴의 형식과 구조

타이어 트레드 패턴의 홈 깊이가 깊으면 코너링파워가 감소한다. 또 타이어를 형성하는 카커스의 코드 각도가 커지면 코너링파워는 증가하고, 파손 및 마멸이 감소하지만 완충작용이 저하되어 승차감각이 저하되는 원인이 된다.

5. 바퀴의 공기압력

바퀴의 공기압력을 증가시키면 코너링 포스와 파워가 증가하지만 완충능력이 저하되므로 승차감각이 저하된다. 따라서 바퀴의 공기압력을 감소시키고 림의 폭을 크게 하여 선회성능이 저하되는 것을 방지하고 있다.

2 캠버 스러스트(camber thrust)

자동차의 앞바퀴는 0.5~1.5°의 캠버각도가 있다. 그러나 독립현가 방식의 자동차는 선회할 때 원심력에 의해 롤링(rolling)이 발생하기 때문에 바깥쪽 바퀴의 캠버는 감소하고, 안쪽 바퀴의 캠버는 증대되어 자동차를 안쪽으로 기울이려는 힘이 발생한다.

따라서 바퀴는 캠버각도에 의해 원뿔이 도로 면을 굴러가려는 것과 같은 성질이 있으므로 앞 차축의 연장선과 원뿔의 교차점을 중심으로 원운동을 하려고 한다. 그러나 실제로는 차체에 의해 바퀴를 직선 운동하도록 구속되어 있기 때문에, 바퀴는 진행 방향에 대하여 직각인 원뿔 운동의 안쪽으로 향하려는 힘이 작용하는데 이 힘을 캠버 스러스트라 한다. 그리고 사이드슬립과 캠버를 합한 바퀴의 사이드포스는 다음과 같다.

캠버각도가 있는 바퀴가 사이드슬립을 할 때 사이드슬립은 캠버각도가 있고, 사이드슬립이 없는 바퀴의 사이드포스와 캠버각도가 없는 사이드슬립을 일으키는 바퀴의 사이드포스의 합이 된다.

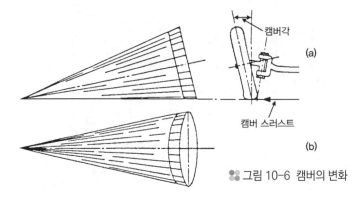

🏵 그림 10-6 캠버의 변화

3 언더스티어링과 오버스티어링

그림 10-7에서 주행속도가 증가함에 따라 필요한 조향각도가 증가하는 현상을 언더스티어링(U.S ; under steering)이라 하고, 조향각도가 감소하는 현상을 오버스티어링(O.S ; Over Steering)이라 한다. 또 언더스티어링과 오버스티어링의 중간 정도의 조향각도, 즉, 주행속도의 증가에 따라 처음에는 조향각도가 증가하고, 어느 주행속도에 도달하면 감소하는 리버스 스티어링(R.S ; reverse steering)이 있다.

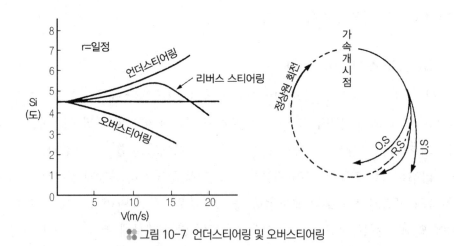

🏵 그림 10-7 언더스티어링 및 오버스티어링

4 선회특성과 방향안전성

일반적으로 언더스티어링의 자동차가 방향 안정성
이 크다고 하는 이유는 다음과 같다. 그림 10-8과 같
이 옆 방향의 바람에 의해 옆 방향의 힘 P를 받으면서
직진하는 자동차를 생각해 보자. 옆 방향의 힘 P를 상
쇄(相殺)시키고 직진하기 위해서는 조향핸들을 약간
회전 시켜 앞·뒷바퀴에 사이드슬립 각도를 부여하여
P와 같은 양만큼의 코너링 포스를 발생시켜야 한다.

이 경우 오버스티어링(앞바퀴의 사이드슬립 각도가
뒷바퀴의 사이드슬립 각도보다 작을 때)일 때는 자동
차는 O점을 중심으로 하여 OY쪽으로 진행방향을 바
꾸게 된다. 이때 선회에 의해 발생하는 원심력은 옆

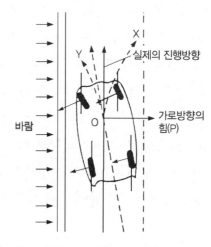

**그림 10-8 옆 방향의 바람을 받으면서
직진 주행할 때의 조향**

방향 힘 P와 같은 방향이므로 주행속도가 빠를수록 이러한 경향이 현저하게 나타난다.

언더스티어링(앞바퀴의 사이드슬립 각도가 뒷바퀴의 사이드슬립 각도보다 클 때)일 경
우 자동차는 OX쪽으로 진행방향을 바꾸게 된다. 이때 선회에 의해 발생하는 옆 방향의 힘
P를 상쇄시키는 방향으로 작용하기 때문에 방향안전성이 향상된다.

또 직진주행 중 강한 바람에 의해서 옆 방향의 힘을 받았을 경우 바람의 압력의 중심은
일반적으로 자동차의 중심점보다 앞에서 형성되기 때문에 자동차는 앞부분이 흔들려 주
행방향도 바뀐다. 아스팔트 포장도로를 장시간 고속주행할 경우에는 옆 방향의 바람에 대
한 영향이 적은 언더스티어링으로 하는 것이 유리하다.

5 조향특성

자동차가 선회할 때 발생하는 원심력에 대응하는 구심력으로 선회가 가능하다. 구심력
은 코너링 포스에 의해 결정되고 다시 이에 의해 발생하는 복원 회전력이 조향감각의 대
부분을 차지한다. 복원 회전력이 조향핸들에 전달될 때까지는 휠 얼라인먼트에 의해 수정
이 되고, 조향기구가 움직일 때의 관성력이나 조향기구 내의 마찰 또는 조향기어 형식 등
에 의해 간섭을 받게 되므로 이들의 합성이 조향감각으로 된다.

조향감각은 너무 무겁거나 가벼워도 나쁘다. 조향감각은 안전성 면에서 보면 주행속도

가 상승함에 따라 조향조작을 할 때 조향핸들에 가해지는 힘이 서서히 증가하여야 한다. 선회 후에 조향핸들을 가볍게 놓았을 때 조향핸들이 중립위치로 복원되면 조향조작이 쉬워지지만 복원되는 속도가 문제된다. 복원속도는 코너링 포스에 의한 회전력과 조향기구 및 그 마찰력에 의해 변화한다.

그리고 그림 10-9와 같이 복원 회전력은 사이드슬립 각도가 5~6° 부근에서 최댓값이 되고 그 이후부터는 급속히 감소하므로 사이드슬립 각도가 큰 범위에서는 부(−, 負)가 되는 경향이 있다. 따라서 급조향을 하면 조향조작이 끝날 무렵에 조향핸들에 가해지는 힘이 감소하여 조향핸들을 놓치는 경우가 있다. 조향효과는 바퀴의 종류, 조향기구의 형상 및 구성, 조향 기어비율 등에 의해 결정되지만, 안전성과는 서로 모순된 성질을 지니고 있다.

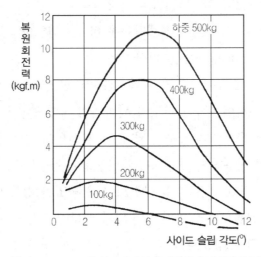

그림 10-9 복원 회전력의 일반적인 성질 및 하중의 영향

6 현가방식에 따른 조향 효과

1. 일체차축 방식의 조향효과

차체가 롤링(rolling)을 하면 그림 10-10(a)와 같이 판스프링의 변형으로 말미암아 차축의 좌우 중심이 변화하여 차체에 대해 어떤 각도를 형성하게 된다. 따라서 조향핸들을 조작하지 않아도 차축 자체가 조향효과를 나타내게 되는데 이것을 차축조향(axle shaft steering)이라 한다.

그림 (b)에서 차축조향이 뒤 차축에서 발생하면 오버스티어링이 되므로 판 스프링의 캠버(camber, 휨량), 새클(shackle) 등의 설치 방법을 다르게 하여 임의로 수정이 가능하다. 앞 차축에서 차축조향이 발생하면 차축조향 이외에도 차축의 설치 위치가 변화하므로 조향핸들의 위치를 일정하게 하여도 조향각도가 변화하여 복잡하고 미묘한 작용이 발생한다.

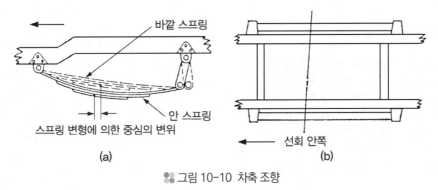

바깥 스프링

안 스프링

스프링 변형에 의한 중심의 변위

(a)

선회 안쪽

(b)

그림 10-10 차축 조향

2. 독립현가 방식의 조향효과

일체차축 현가방식에서는 차체의 롤링이 발생하여도 캠버의 변화는 없으나, 독립현가 방식에서는 캠버가 변화하므로 복잡한 조향특성이 발생한다.

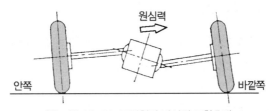

원심력

안쪽

바깥쪽

그림 10-11 독립현가 방식의 조향효과

(brake system)

1. 제동장치를 여러 분류별로 목적에 맞게 설명할 수 있다.
2. 유압브레이크의 구조 및 기능을 설명할 수 있다.
3. 디스크 브레이크의 구조와 기능을 설명할 수 있다.
4. 배력 방식 브레이크의 구조와 기능을 설명할 수 있다.
5. 공기 브레이크의 구조와 기능을 설명할 수 있다.
6. 주차 브레이크의 종류별 구조와 기능을 설명할 수 있다.
7. 감속 브레이크의 구조 및 기능을 설명할 수 있다.

제동장치는 주행중인 자동차를 감속 또는 정지시키고 주차상태를 유지하기 위한 장치이다. 제동장치는 마찰력을 이용하여 주행 중인 자동차의 운동 에너지를 열에너지로 바꾸어 제동작용을 하며, 제동장치는 특히 작동이 확실하고 제동효과와 신뢰성 및 내구성이 커야 하며 점검·정비가 쉬워야 한다.

Chapter 01 제동장치의 분류

제동장치는 발로 조작하는 풋 브레이크(foot brake)와 손으로 조작하는 핸드 브레이크(hand brake) 및 전기적으로 조작하는 전자브레이크가 있다. 조작 기구는 로드(rod)나 와이어(wire)를 사용하는 기계방식과 유압방식으로 분류한다.

또 제동력을 높이기 위한 배력 방식에는 흡기다기관의 진공을 이용하는 진공서보 방식, 압축공기 압력을 이용하는 공기 브레이크 등이 있으며, 풋 브레이크의 과도한 사용에 의한 과열을 방지하기 위하여 사용하는 배기브레이크(엔진 브레이크), 와전류 리타더, 하이드롤릭 리타더 등의 감속 브레이크(제3 브레이크)가 있다.

1. 작동 방식에 의한 분류

① 핸드브레이크

② 풋 브레이크

③ 감속 브레이크

④ 전자브레이크

2. 설치 위치에 의한 분류

① 휠 브레이크 : 보통 바퀴에 설치되어 있으며 슈 또는 패드로 제동.

② 센터 브레이크 : 변속기 출력축에 외부 수축 또는 내부 확장방식으로 제동력을 발생시킴.

3. 조작방법에 의한 분류

① 핸드 브레이크 : 센터 브레이크식 또는 뒷바퀴를 제동하는 형식.

② 풋 브레이크 : 브레이크 페달을 밟는 답력으로 바퀴를 제동.

③ 전자브레이크 : 액추에이터 또는 모터를 이용하는 형식.

4. 구조에 의한 분류

① 확장식 브레이크 : 브레이크 슈가 확장하면서 제동하는 형식.

② 수축식 브레이크 : 브레이크 슈가 수축하면서 제동하는 형식.

③ 디스크 브레이크 : 주로 승용차에 사용되며 휠을 디스크 패드가 압축하여 제동하는 형식.

5. 기구에 의한 분류

① 기계식 브레이크 : 브레이크 페달을 로드나 와이어로 제동력을 발생시키는 형식.

② 유압식 브레이크 : 마스터 실린더를 이용하여 제동력을 발생시킴.

③ 공기식 브레이크 : 압축공기를 이용하여 제동력을 배력시키는 것.

④ 진공 배력식 브레이크 : 엔진의 흡입부압과 대기압의 압력차를 이용하여 제동력을 발생시킴.

⑤ 압축공기 배력식 브레이크 : 압축공기와 대기압의 압력차를 이용하는 형식.

⑥ 압축공기 브레이크 : 압축공기와 브레이크 챔버를 이용하는 형식.

⑦ 전자식 브레이크 : 전기 모터를 이용하는 형식.

유압브레이크는 파스칼의 원리(Pascal of law)를 응용한 것이며, 유압을 발생시키는 마스터 실린더, 이 유압을 받아서 패드(또는 브레이크슈)를 디스크(또는 드럼)에 압착시켜 제동력을 발생시키는 캘리퍼(또는 휠 실린더) 및 마스터 실린더와 휠 실린더 사이를 연결하여 유압 회로를 형성하는 파이프(pipe)나 플렉시블 호스(flexible hose) 등으로 구성되어 있다.

유압 브레이크의 특징은 다음과 같다.

① 제동력이 모든 바퀴에 동일하게 작용한다.

② 마찰손실이 적다.

③ 페달 조작력이 작아도 된다.

④ 유압회로가 파손되어 오일이 누출되면 제동기능을 상실한다.

⑤ 유압회로 내에 공기가 침입하면 제동력이 감소한다.

⑥ 베이퍼 록 현상이 발생 할 수 있다.

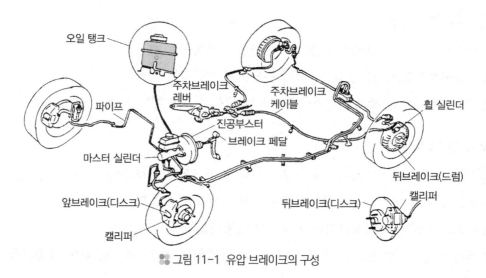

오일 탱크 · 파이프 · 마스터 실린더 · 앞브레이크(디스크) · 캘리퍼 · 주차브레이크 레버 · 진공부스터 · 브레이크 페달 · 주차브레이크 케이블 · 휠 실린더 · 뒤브레이크(드럼) · 뒤브레이크(디스크) · 캘리퍼

그림 11-1 유압 브레이크의 구성

파스칼의 원리란 밀폐된 용기 내에 액체를 가득 채우고, 그 용기에 힘을 가하면 그 내부의 압력은 용기의 각 면에 작용하여 용기 내의 어느 곳이든지 동일한 압력이 적용하는 원리이다.

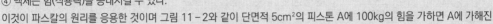

Reference **액체의 성질**

① 공기는 압력을 가하면 압축되지만 액체는 압축되지 않는다.

② 액체는 운동을 전달할 수 있다.

③ 액체는 힘(작용력)을 전달할 수 있다.

④ 액체는 힘(작용력)을 증대시킬 수 있다.

이것이 파스칼의 원리를 응용한 것이며 그림 11-2와 같이 단면적 5cm²의 피스톤 A에 100kg의 힘을 가하면 A에 가해진

압력 = $\dfrac{\text{힘}}{\text{단면적}}$ 은 100kgf/5cm² = 20kg/cm²가 된다. 이 압력은 피스톤 B에 작용하며, B의 단면적이 10cm²이므로

발생하는 힘은(A의 유압×B의 단면적) 20kgf/cm²×10cm² = 200kgf이 된다. 여기서 A는 마스터 실린더에, B는 휠 실린더에 해당한다. 피스톤 B에서 증대된 힘이 제동에 사용된다.

⑤ 액체는 힘(작용)을 감소시킬 수 있다. – 유압 실린더의 지름이 작은 부분에서 큰 부분으로 전달하면 힘이 증가하고, 반대로 큰 부분에서 작은 부분으로 전달하면 힘이 감소한다.

그림 11-2 힘의 증대

1 브레이크 오일

브레이크 오일은 피마자기름에 알코올 등의 용제를 혼합한 식물성 오일이며, 구비 조건은 다음과 같다.

① 점도 변화가 작고 점도지수가 클 것.

② 윤활성이 있을 것.

③ 빙점이 낮고, 비등점이 높을 것.

④ 화학적 안정성이 클 것.

⑤ 고무 또는 금속 제품을 부식·연화 및 팽창시키지 않을 것.

⑥ 침전물 발생이 없을 것.

2 유압브레이크의 구조와 그 작용

유압브레이크는 브레이크 페달을 밟으면 마스터 실린더에서 유압이 발생하여 휠 실린더로 압송된다. 이때 휠 실린더에서는 그 유압으로 피스톤이 좌우로 확장되므로 브레이크 슈가 드럼에 압착되어 제동 작동을 한다. 반대로 페달을 놓으면 마스터 실린더 내의 유압이 저하되며, 브레이크슈는 리턴 스프링의 장력으로 제자리로 복귀되고 휠 실린더 내의 오일은 마스터 실린더 오일탱크로 되돌아가 제동 작용이 풀린다.

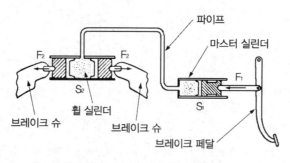

파이프
마스터 실린더
F_2 F_2
F_1
S_2
휠 실린더
S_1
브레이크 슈
브레이크 슈
브레이크 페달

🌸 그림 11-3 유압브레이크 작동도

1. 브레이크 페달(brake pedal)

브레이크 페달은 조작력을 경감시키기 위해 지렛대 원리를 이용하며, 프레임이나 차체에 설치되며 플로어식(Flor type)과 펜던트식(Pendant type)이 있다. 페달을 밟으면 푸시로드를 거쳐 마스터 실린더 내의 피스톤을 움직여 유압을 형성한다. 또 페달의 지렛대 비율을 알맞게 하여 밟는 힘을 증대시킬 수 있고, 또 밟는 힘을 조절하여 제동력을 변화시킬 수 있다.

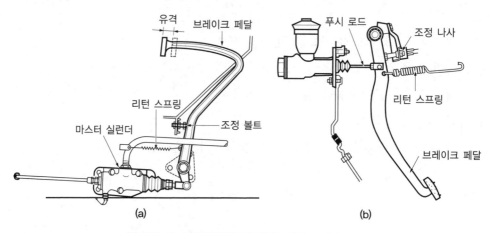

유격   브레이크 페달
푸시 로드
조정 나사
리턴 스프링
리턴 스프링
마스터 실린더
조정 볼트
브레이크 페달
(a)
(b)

🌸 그림 11-4 플로어식(a)과 펜던트식(b) 브레이크 페달

2. 마스터 실린더(master cylinder)

(1) 마스터 실린더의 구조 및 그 작용

마스터 실린더는 브레이크 페달을 밟는 것에 의하여 유압을 발생시킨다. 그 구조는 실린더 보디, 오일탱크, 그리고 실린더 내에는 피스톤, 피스톤 컵, 체크밸브, 피스톤 리턴

스프링 등이 들어 있다. 마스터 실린더의 형식에는 피스톤이 1개인 싱글 마스터 실린더(single master cylinder)와 피스톤이 2개인 탠덤 마스터 실린더(tandem master cylinder)가 있으며 현재는 탠덤 마스터 실린더를 사용한다.

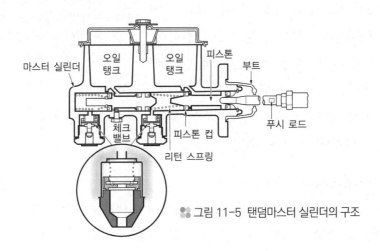

그림 11-5 탠덤마스터 실린더의 구조

(가) 실린더 보디(cylinder body)

실린더 보디의 위쪽에는 오일탱크가 설치되어 있고, 재질은 주철이나 알루미늄 합금을 사용한다.

(나) 피스톤(piston)

피스톤은 실린더 내에 끼우며, 페달을 밟으면 푸시로드가 실린더 내를 미끄럼 운동시켜 유압을 발생시킨다.

(다) 피스톤 컵(piston cup)

피스톤 컵에는 1차 컵(primary cup)과 2차 컵(secondary cup)이 있으며, 1차 컵의 기능은 유압 발생이고, 2차 컵의 기능은 마스터 실린더 내의 오일이 밖으로 누출되는 것을 방지한다.

최근의 승용자동차의 경우에는 펜던트형 페달을 사용하므로 체크밸브를 두지 않는 형식의 마스터 실린더를 사용한다. 따라서 잔압의 유지는 마스터 실린더와 휠 실린더 설치 위치 차이에 의해 발생하는 낙차(落差)를 이용한다.

(라) 체크밸브(check valve)

체크밸브는 마스터 실린더에서 휠 실린더로 통하는 오일 출구에 장착되어 있으며 피스톤 리턴스프링에 의해 눌려 있다. 브레이크를 작동하여 마스터 실린더 내의 오일 압력이 상승하면 체크밸브가 열리면서 휠 실린더 측으로 오일이 공급된다. 하지만, 페달을 놓으면 마스터 실린더 내 오일 압력이 내려가면 높은 휠 실린더 측의 유압에 체크밸브는 마스터 실린더 장착면으로부터 떨어지면서 오일이 마스터 실린더로 돌아온다. 하지만 파이프 내의 유압과 피스톤 리턴스프

Reference 최근의 승용자동차의 경우에는 펜던트형 페달을 사용하므로 체크밸브를 두지 않는 형식의 마스터 실린더를 사용한다. 따라서 잔압의 유지는 마스터 실린더와 휠 실린더 설치위치 차이에 의해 발생하는 낙차(落差)를 이용한다.

링을 장력이 평형이 될 때까지만 시트에서 떨어져 오일이 마스터 실린더 내로 복귀하도록 하여 회로 내에 잔압(殘壓)을 유지시켜 준다.

(마) 피스톤 리턴스프링(piston return spring)

이 스프링은 체크밸브와 피스톤 1차 컵 사이에 설치되며 페달을 놓았을 때 피스톤이 제자리로 복귀하도록 도와주고 체크밸브와 함께 잔압을 형성하는 작용을 한다.

Reference ❶ **잔압(잔류압력)** : 피스톤 리턴스프링은 항상 체크밸브를 밀고 있기 때문에 이 스프링의 장력과 회로 내의 유압이 평형이 되면 체크밸브가 시트에 밀착되어 어느 정도의 압력이 남게 되는데 이를 잔압이라 하며 $0.6{\sim}0.8kgf/cm^2$ 정도이다. 잔압을 두는 목적은 다음과 같다.① 브레이크 작동지연을 방지한다.② 베이퍼록(vapor lock)을 방지한다.③ 유압회로 내에 공기가 침입하는 것을 방지한다.④ 휠 실린더 내에서 오일이 누출되는 것을 방지한다.

❷ **베이퍼 록(Vapor lock)** : 베이퍼 록은 브레이크 회로 또는 연료회로 내의 오일이 비등·기화하여 오일의 압력전달 작용을 방해하는 현상이며 그 원인은 다음과 같다.

① 긴 내리막길에서 과도하게 풋 브레이크를 사용할 때

② 브레이크 드럼과 라이닝의 마찰열이 과열되었을 때

③ 마스터 실린더, 브레이크슈 리턴스프링 쇠손에 의한 잔압이 저하되었을 때

④ 브레이크 오일변질에 의한 비등점의 저하 및 불량한 오일을 사용할 때

(2) 탠덤 마스터 실린더의 작용

탠덤 마스터 실린더는 유압 브레이크에서 안정성을 높이기 위해 각각 독립적으로 작동하는 2계통의 회로를 두는 형식이다. 각각의 피스톤은 리턴스프링과 스토퍼(stopper)에 의해 그 위치가 결정되며, 앞·뒤 피스톤에는 리턴 스프링이 각각 설치되어 있고, 각각의 피스톤에 대응하는 보상구멍과 복귀 구멍 및 체크밸브가 설치되어 있다.

작동은 페달을 밟으면 1차 피스톤이 푸시로드에 의해 리턴스프링을 압축시키면서 오일을 압축하고, 이와 동시에 2차 피스톤에 의해 유압을 작동시킨다. 그리고 유압회로의 고장이 있을 경우에는 다음과 같이 작용한다.

① 1차 유압회로에서 오일누출이 있을 경우에는 1차 제동용 피스톤이 더 움직인 후 2차 제동용 피스톤을 작동시킨다.

② 2차 제동용 회로에 고장이 있을 경우에는 2차 피스톤이 더 움직인 후 뒷바퀴 1차 제동용 회로에 유압을 작용시킨다.

③ 1차 또는 2차 유압회로에 고장이 발생하면 제동력이 감소하여 제동거리가 길어지며 제동이 불안정하게 된다.

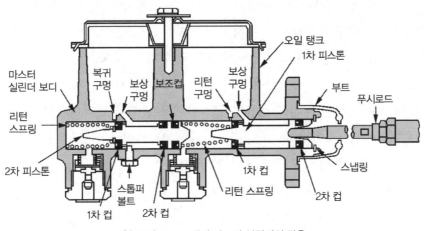

그림 11-6 탠덤 마스터 실린더의 작용

3. 브레이크 파이프(brake pipe)

브레이크 파이프는 강철제 파이프(steel pipe)와 플렉시블 호스(flexible hose)를 사용한다. 파이프는 진동에 견디도록 클립으로 고정하고 연결부는 2중 플레어(double flare)로 하며, 호스는 차축이나 바퀴와 연결하는 부분에서 사용하며 연결부분에는 금속제 피팅(fitting)이 설치되어 있다.

4. 휠 실린더(wheel cylinder)

휠 실린더는 마스터 실린더에서 압송된 유압에 의하여 브레이크슈를 드럼에 압착시키는 작용을 한다. 구조는 실린더 보디, 피스톤, 피스톤 컵 그리고 실린더 보디에는 파이프와 연결되는 오일구멍과 회로 내에 침입한 공기를 제거하기 위한 공기빼기용 나사(bleeder screw)가 있고 실린더 내에는 확장 스프링이 들어 있어 피스톤 컵을 항상 밀어서 벌어져 있도록 한다. 구성은 다음과 같다.

① 실린더 본체(cylinder body)

② 피스톤(piston)

③ 피스톤 컵(piston cup)

④ 확장 스프링(expanding spring)

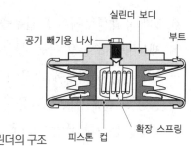

🌸 그림 11-7 휠 실린더의 구조

5. 브레이크슈(brake shoe)

브레이크슈는 휠 실린더의 피스톤에 의해 드럼과 접촉하여 제동력을 발생시키는 부분이며, 라이닝이 리벳이나 접착제로 부착되어 있다. 그리고 슈에는 리턴 스프링(return spring)을 두어 마스터 실린더 유압이 해제되었을 때 슈가 제자리로 복귀하도록 하며, 홀드다운 스프링(hold down spring)에 의해 슈를 알맞은 위치에 유지시킨다.

라이닝의 재료는 비석면 재질의 섬유와 금속분말을 혼합한 고무나 합성유지 등의 결합체이다. 종류에는 위브 라이닝(weaving lining), 몰드 라이닝(mould lining), 반금속 라이닝(semi metallic lining), 금속 라이닝(metallic lining) 등이 있다. 그리고 라이닝은 다음과 같은 구비 조건을 갖추어야 한다.

① 내열성이 크고, 페이드 현상이 없을 것.

② 기계적 강도 및 내마멸성이 클 것.

③ 온도의 변화, 물 등에 의한 마찰 계수 변화가 적을 것.

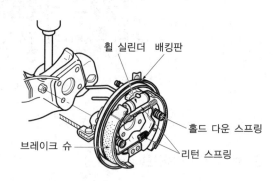

🌸 그림 11-8 브레이크슈 설치 상태

ℝ_{eference} **페이드(fade) 현상**이란 브레이크 페달의 조작을 반복하면 드럼과 슈에 마찰열이 축적되며, 제동 시 페달을 밟는 힘이 일정할 경우 온도상승에 따라 제동력이 감소하는 현상이다. 원인은 드럼과 슈의 열팽창과 라이닝 마찰 계수 저하에 있으며 방지 방법은 다음과 같다.

㉮ 브레이크 드럼 또는 디스크의 냉각성능을 크게 하고, 열팽창률이 적은 형상으로 제작한다.

㉯ 브레이크 드럼은 열팽창률이 적은 재질을 사용한다.

㉰ 온도상승에 따른 마찰 계수 변화가 적은 라이닝을 사용한다.

6. 브레이크 드럼(brake drum)

브레이크 드럼은 휠 허브(wheel hub)에 볼트로 설치되어 바퀴와 함께 회전하며 슈와의 마찰로 제동을 발생시키는 부분이다. 또 냉각성능을 크게 하고 강성을 높이기 위해 원둘레 방향으로 핀(fin)이나 직각 방향으로 리브(rib)를 두고 있다. 그리고 제동할 때 발생한 열은 드럼을 통하여 방산되므로 드럼의 면적은 마찰 면에서 발생한 냉각(열방산) 능력에 따라 결정된다. 드럼이 갖추어야 할 조건은 다음과 같다.

① 가볍고 강도와 강성이 클 것.

② 정적·동적 평형이 잡혀 있을 것.

③ 냉각이 잘되어 과열되지 않을 것.

④ 내마모성이 우수하고 마찰계수가 높을 것.

그림 11-9 브레이크 드럼

3 브레이크슈와 드럼의 조합

1. 자기작동 작용(self energizing)

자기작동 작용이란 회전 중인 브레이크 드럼에 제동을 걸면, 슈는 마찰력에 의해 드럼과 함께 회전하려는 경향이 발생하여 확장력이 커지므로 마찰력이 증대되는 작용이다. 한편, 드럼의 회전 반대 방향 쪽의 슈는 드럼으로부터 떨어지려는 경향이 생겨 확장력이 감소한다. 이때 자기 작동 작용에 의해 확장력이 커져서 마찰력이 증대하는 슈를 리딩 슈(leading shoe), 자기작동 작용을 하지 못하여 확장력이 감소하여 마찰력이 감소하는 슈를 트레일링 슈(trailing shoe)라 한다.

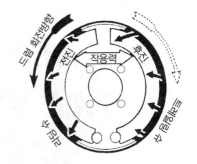

그림 11-10 자기작동 작용

2. 작동 상태에 따른 분류

(1) 넌 서보 브레이크(non - servo brake)

이 형식은 브레이크가 작동할 때 앵커(anchor)에 의해 전진방향에서 자기작동 작용을 하는 슈를 전진 슈, 후진방향에서 자기작동 작용을 하는 슈를 후진 슈라고 하며 마모의 균일화를 위하여 전진슈에 긴라이닝을 사용한다.

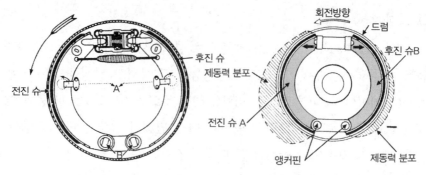

전진 슈

후진 슈
제동력 분포

A

회전방향

드럼

후진 슈B

전진 슈 A

앵커핀

제동력 분포

그림 11-11 넌 서보 브레이크

(2) 서보 브레이크(servo brake)

이 형식은 브레이크가 작동될 때 모든 슈에 자기작동 작용이 일어나는 형식이며, 유니 서보방식과 듀어서보 방식이 있다. 또 먼저 자기작동 작용이 일어나는 슈를 1차 슈, 나중에 자기작동 작용이 일어나는 슈를 2차 슈라고 한다.

(가) 유니 서보 형식(uni-servo type)

이 형식은 단일 직경형 휠 실린더를 사용하며 조정기로 두 개의 슈를 연결한다. 전진 시에는 1차, 2차 슈 모두 리딩 슈로 작용하며, 후퇴 시는 모두 트레일링 슈가 되므로 제동력이 감소한다.

(a) 유니서보 형식

(b) 듀어서보 형식

그림 11-12 유니서보 형식과 듀어서보 형식

(나) 듀어서보 형식(duo-servo type)

이 형식은 동일 직경형 휠 실린더를 사용하며, 조정기로 두 개의 슈를 연결하며 앵커 핀에 의해 슈의 회전방향 움직임이 고정된다. 브레이크슈가 드럼에 압착되어 있을 때 드럼의 회전방향에 따라 고정 측이 바뀌어 전진 또는 후진에서 모두 자기작동 작용이 일어나 강력한 제동력이 발생한다.

3. 자동조정 브레이크

브레이크 라이닝이 마멸되면 라이닝과 드럼의 간극이 커지므로 페달 밟는 양이 증가한다. 이에 따라 라이닝 간극 조정이 필요할 때 후진에서 브레이크 페달을 밟으면 자동으로 조정되는 형식과 주차레버를 작동할 경우 간극이 조정된다.

작동은 후진에서 브레이크 페달을 밟으면 슈가 드럼에 밀착됨과 동시에 회전방향으로 움직여 그림 11-13의 슈 B(2차 슈)가 앵커 핀으로부터 떨어진다. 이에 따라 조정케이블이 조정레버를 당겨 조정기 휠과 접촉하는 부분을 들어 올린다. 슈와 드럼의 간극이 크면 이 움직임도 커지며 간극이 일정값에 도달하면 조정기 휠의 다음 이에 조정레버가 물린다.

이 상태에서 브레이크 페달을 놓으면 슈 B가 다시 앵커 핀에 밀착되어 조정기 케이블이 헐거워지므로 조정레버는 스프링의 장력으로 제자리로 복귀되며, 이때 조정기 휠을 1노치 회전 시킨다. 이에 따라 브레이크슈와 드럼의 간극이 작아진다. 그리고 전진에서는 브레이크 페달을 밟아도 슈 B가 앵커 핀에 밀착된 상태를 유지하므로 조정 장치는 작동하지 않는다.

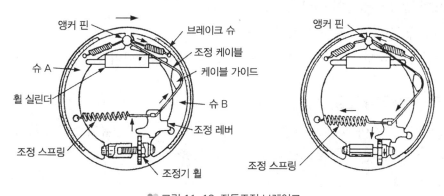

그림 11-13 자동조정 브레이크

Chapter 03 디스크 브레이크(disc brake)

1 디스크 브레이크의 개요

디스크 브레이크는 마스터 실린더에서 발생한 유압을 캘리퍼(caliper)로 보내어 바퀴와 함께 회전하는 디스크를 양쪽에서 패드(pad ; 슈)로 압착시켜 제동 시킨다. 디스크 브레이크는 디스크가 대기 중에 노출되어 회전하므로 페이드 현상이 작으며 자동조정 브레이크 형식이다.

그리고 디스크 브레이크의 구성은 바퀴와 함께 회전하는 디스크, 디스크와 함께 제동력을 발생시키는 패드, 패드와 피스톤을 지지하는 스핀들이나 판에 고정된 캘리퍼 등으로 구성되어 있다.

1. 디스크 브레이크의 장·단점

(1) 디스크 브레이크의 장점

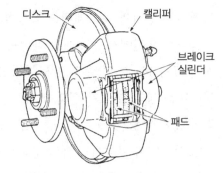

그림 11-14 디스크 브레이크

① 디스크가 대기 중에 노출되어 회전하므로 냉각성능이 커서 페이드(fade)현상이 잘 일어나지 않으며 제동 성능이 안정된다.

② 자기작동 작용(self servo)이 없으므로 고속에서 반복적으로 사용하여도 제동력 변화가 적다.

③ 부품의 평형이 좋고, 좌우 휠의 제동력이 안정되어 제동 시 한쪽으로 쏠리는 현상이 적으며 방향 안정성이 좋다.

④ 디스크에 물이 묻어도 제동력의 회복이 크다.

⑤ 구조가 간단하고 부품 수가 적어 자동차의 무게가 경감되며 점검, 정비가 용이하다.

2) 디스크 브레이크의 단점

① 마찰 면적이 작아 충분한 제동효과를 얻기 위해서는 높은 유압이 필요하며, 페달 답력이 크거나 브레이크 부스터의 용량이 커야 한다.

② 구조상 가격이 고가이다.

③ 패드의 강도가 커야 하며, 패드의 마멸이 크다.

(2) 디스크 브레이크의 분류

(1) 고정 피스톤형(fixed type)

이 형식은 브레이크 실린더 2개를 두고 디스크를 양쪽에서 패드로 압착시켜 제동하는 것이다. 또 이 형식에는 캘리퍼가 일체로 되어 있으며, 연결 파이프를 거쳐 오일이 도입되는 캘리퍼 일체형과 캘리퍼가 중심에서 둘로 분할되고 각각에 실린더를 일체로 주조(鑄造)하고 오일은 내부 홈을 통해 들어오도록 된 캘리퍼 분할형이 있다.

그림 11-15 고정 피스톤형

(2) 부동(浮動) 캘리퍼형(floating type)

이 형식은 캘리퍼 한쪽에 1개의 브레이크 실린더를 두어, 마스터 실린더에서 유압이 작동하면 피스톤이 패드를 디스크에 압착하고, 이때의 반발력으로 캘리퍼의 슬라이딩 로드가 이동하여 반대쪽 패드도 디스크를 압착하여 제동하는 것이다.

그림 11-16 부동형 캘리퍼

2 디스크 브레이크의 패드 간극 조정

1. 캘리퍼 간극 조정기에 의한 형식

디스크 브레이크는 브레이크 실린더에 유압이 작용하지 않을 때는 부싱 하우징이 압축 스프링의 작용으로 피스톤과 접촉상태를 유지한다. 브레이크 페달을 밟아 유압이 작용하면 피스톤이 오른쪽으로 움직인다. 이때 리트랙터 핀과 부싱과의 섭동저항이 압축 스프링의 장력을 이기고, 부싱과 핀의 위치는 변하지 않고 스프링은 피스톤이 움직임에 따라 압축된다. 만일 패드와 디스크 사이의 간극이 크면 피스톤의 이동량이 커지기 때문에 부싱 하우징과 지지판이 접촉하여 피스톤이 리트랙터 부싱의 접촉저항을 이기고 패드를 디스크에 밀착시킬 때까지 부싱을 섭동시킨다.

이 상태에서 브레이크 페달을 놓으면 피스톤이 압축 스프링의 장력으로 부싱 하우징과 지지핀의 간극만큼 되돌아가 새로운 위치를 결정한다. 따라서 패드가 마멸되어도 디스크와 패드의 간극은 항상 일정한 값을 유지한다.

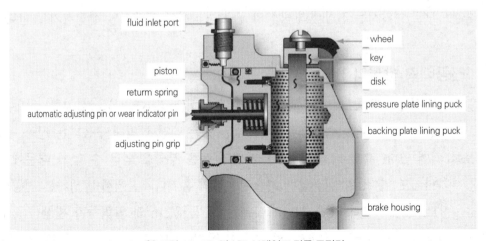

그림 11-17 디스크 브레이크 간극 조정기

2. 피스톤 시일 복원력에 의한 형식

캘리퍼 내의 실린더에 유압을 거는 피스톤은 패드를 그림과 같이 화살표 방향으로 이동시켜 양쪽에서 디스크를 압착시킨다. 또한, 실린더 내의 유압을 없애면 피스톤은 피스톤 시일의 탄성변형에 의해 생기는 힘, 즉 원형으로 되돌아가려는 힘으로 피스톤이 원래의 위치로 되돌아간다. 패드가 마모하면 브레이크 페달의 페달 스트로크가 증대하므로, 디스크 브레이크는 디스크와 패드 틈새를 자동으로 조정하는 기능이 있어야 한다.

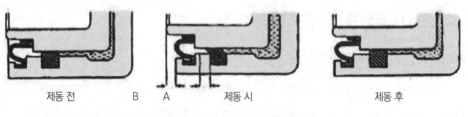

제동 전　　　B　A　　　제동 시　　　　　　　제동 후

🎇 그림 11-18 오일 시일에 의한 복원력

Chapter 04 배력 방식 브레이크(servo brake)

배력 방식 브레이크는 유압 브레이크에서 제동력을 증대시키기 위해 엔진의 흡입행정에서 발생하는 진공(부압)과 대기압력 차이를 이용하는 진공배력 방식(하이드로 백)과 압축공기의 압력과 대기압력 차이를 이용하는 공기배력 방식(하이드로 에어 팩)이 있다.

공기배력 방식은 구조상 공기 압축기와 공기 탱크를 두고 있으며, 작동원리는 진공배력 방식과 같으므로 여기서는 진공배력 방식의 구조와 작동에 대해서만 설명하기로 한다.

1 진공배력 방식의 원리

진공배력 방식은 유압 브레이크 장치에 하이드로백(hydro-vac)을 설치한 것이며, 하이드로백 작용을 위한 부압은 엔진의 흡기다기관 또는 엔진에 의해 구동되는 진공 펌프에서 얻도록 되어 있다. 특히 디젤엔진은 다기관의 높은 부압을 얻을 수 없기 때문에 진공 펌프를 부가하기도 한다. 원리는 일반 가솔린엔진의 흡기다기관에서 발생하는 진공이 늑 50cmHg이므로, 대기압력 76cmHg 사이에는 0.7kgf/cm²의 압력차가 발생(76cmHg - 50cmHg = 26cmHg = 0.34kg/cm², ∴ 대기압력 1.0332kg/cm² - 0.34kg/cm² =

0.7kg/cm²)한다. 이 압력 차이가 진공배력 방식 브레이크를 작동시키는 힘이다.

그러나 기통수가 작은 가솔린엔진은 4기통 가솔린 엔진에 비해 높은 부압을 얻을 수 없으므로 진공도를 증가시킬 수 있는 인텐시파이어(intensifier)를 흡기라인의 중간에 설치하여 오리피스를 통과하는 빠른 유속에 의한 높은 진공값을 이용한다.

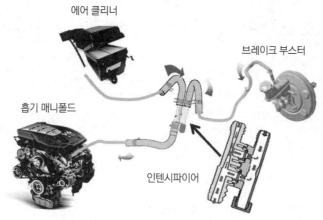

에어 클리너
브레이크 부스터
흡기 매니폴드
인텐시파이어

그림 11-19 인텐시파이어

2   진공배력 방식의 종류

진공배력 방식의 종류에는 마스터 실린더와 배력장치를 일체로 한 직접조작형(마스터 백)과 마스터 실린더와 배력장치를 별도로 설치한 원격조작형(하이드로 백)이 있다. 여기서는 현재 사용되고 있는 직접조작형에 대해 설명하도록 한다.

1. 직접조작형(마스터 백)의 작동

이 형식은 브레이크 페달을 밟으면 작동로드가 포핏(poppet)과 밸브 플런저(valve plunger)를 밀어 포핏이 동력실린더 시트(power cylinder seat)에 밀착되어 진공밸브 (vacuum valve)를 닫으므로 동력실린더(부스터) 양쪽에 진공도입이 차단된다.

동시에 밸브 플런저는 포핏으로부터 떨어지고 공기밸브(air valve)가 열려 동력실린더의 오른쪽으로 여과기를 거친 공기가 유입되어 동력피스톤이 마스터 실린더의 푸시로드 (push rod)를 밀어 배력작용을 한다. 그리고 페달을 놓으면 밸브 플런저가 리턴스프링의 장력에 의해 제자리로 복귀됨에 따라 공기밸브가 닫히고 진공밸브를 열어 양쪽 동력실린 더의 압력이 같아지면 마스터 실린더의 반작용과 다이어프램(diaphragm) 리턴스프링의 장력으로 동력피스톤이 제자리로 복귀한다.

직접조작형의 특징은 다음과 같다.

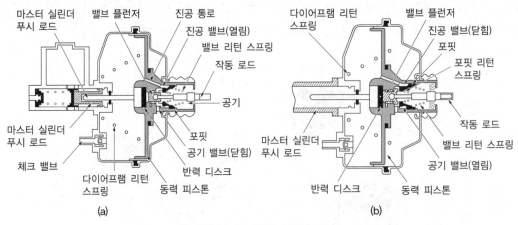

🎗 그림 11-20 직접조작형의 작동

① 진공밸브와 공기밸브가 푸시로드에 의해 작동하므로 구조가 간단하고 무게가 가볍다.
② 배력장치에 고장이 발생하여도 페달조작력은 작동로드와 푸시로드를 거쳐 마스터 실린더에 작용하므로 유압 브레이크 만으로 작동을 한다.
③ 페달과 마스터 실린더 사이에 배력장치를 설치하므로 설치 위치에 제한을 받는다.

3 기타 브레이크 장치

브레이크 시스템에는 과다한 제동력이 스키드 현상을 일으킴으로써 제동거리 및 정지거리가 길어 질 수 있으므로, 앤티스키드(anti skid) 장치로써 브레이크 시스템 라인에 다음과 같은 장치가 장착하는 경우도 있다.

1. 리미팅 밸브(limiting valve)

리미팅 밸브는 안티스키드(anti skid) 장치로, 브레이크 페달을 강하게 밟을 때 후륜이 고착되지 않도록 후륜으로 공급되는 유압이 상승하지 못하게 제한한다.

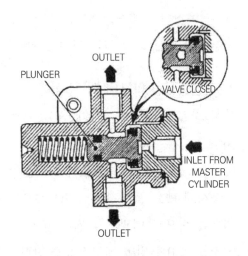

🎗 그림 11-21 리미팅 밸브

2. 프로포셔닝 밸브(P 밸브)(proportioning valve)

주로 승용차의 마스터 실린더와 리어 휠 실린더 사이에 장착하며, 마스터 실린더 유압이 낮을 경우 밸브와 휠 실린더 유로가 관통하고, 마스터 실린더 유압이 과도하게 상승한 경우 밸브가 휠 실린더 유로를 차단하여 후륜 타이어의 록(lock)이 방지한다.

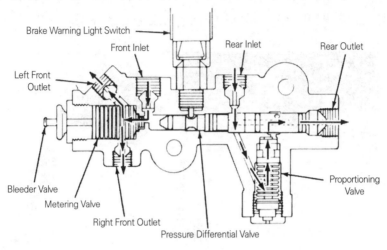

그림 11-22 프로포셔닝 밸브

3. 이너셔 밸브(Inertia valve)(G 밸브)

이너셔 밸브는 조정밸브의 작동 개시점을 자동차의 감속도에 따라 결정하는 것이다. 감속도가 설정값 이상이 되면 밸브 내의 강구가 이동하여, 마스터 실린더로부터의 오일을 차단하여 리어 휠 실린더로 들어가는 출력 유압을 제어하는 장치이다.

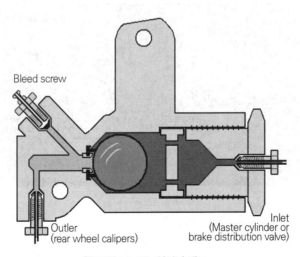

그림 11-23 이셔너 밸브

4. 로드 센싱 프로포셔닝 밸브(L.S.P.V, road sensing proportioning valve)

P 밸브의 일종으로 뒤 바퀴 측의 변동적인 무게에 대해 뒷바퀴의 브레이크 유압을 자동적으로 제어하는 기능이며, 유압제어 개시점을 하중에 따라 변동하도록 한 형식을 로드 센싱 프로포셔닝 밸브라고 한다. 그 구조는 피스톤, 볼밸브, 리턴 스프링, 밸브 가이드 등을 내장한 밸브 보디, 레버, 조정 스프링 및 메인 스프링으로 구성되어 있다.

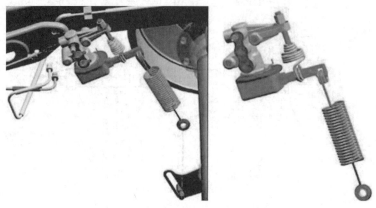

❄ 그림 11-24 로드센싱 프로포셔닝 밸브

5. 로드 센싱 레귤레이터 밸브(LSRV, load sensing regulator valve)

제동력 배분 기능은 로드센싱프로포셔닝밸브와 흡사한 기능이지만, 앞바퀴에 브레이크 압력 조정 시작점이 변화하는 유압 조절밸브(LSRV)를 설치한다. 공차와 적차의 하중 차이가 큰 트럭에서 하중 변화에 대응하기 위해 사용하는 경우가 많다.

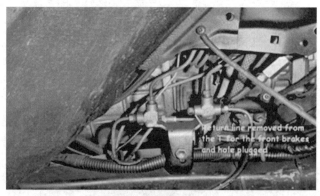

❄ 그림 11-25 LSRV

Chapter 05 공기 브레이크(air brake)

공기 브레이크는 압축공기의 압력을 이용하여 모든 바퀴의 브레이크슈를 드럼에 압착시켜서 제동 작용을 하는 것으로 브레이크 페달로 밸브를 개폐시켜 공기량으로 제동력을 제어한다.

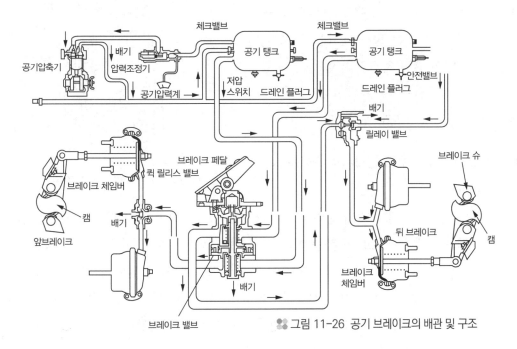

그림 11-26 공기 브레이크의 배관 및 구조

1 공기 브레이크의 장·단점

1. 공기 브레이크의 장점

① 자동차 중량에 제한을 받지 않아서 대형차량에 적합하다.
② 안전성이 높다.
③ 베이퍼록이 발생하지 않는다.
④ 페달 밟는 양에 따라 제동력이 제어된다(유압방식은 페달 밟는 힘에 의해 제동력이 비례한다).

2. 공기 브레이크의 단점

① 공기 압축기 구동에 엔진의 출력이 일부 소모된다.
② 구조가 복잡하고 값이 비싸다.

1. 압축공기 계통

(1) 공기 압축기(air compressor)

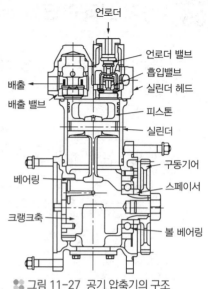

🞂 그림 11-27 공기 압축기의 구조

공기 압축기는 엔진의 크랭크축에 의해 구동되며, 압축공기 입구 또는 출구 쪽에는 언로더 밸브가 설치되어 있어 압력 조정기와 함께 공기 압축기가 과다하게 작동하는 것을 방지하고, 공기 탱크 내의 공기압력을 일정하게 조정한다.

(2) 압력 조정기와 언로더 밸브 (air pressure regulator & unloader valve)

압력 조정기는 공기 탱크 내의 압력이 5~7kgf/cm² 이상 되면 공기 탱크에서 공기 입구로 들어온 압축공기가 스프링 장력을 이기고 밸브를 밀어 올린다. 이에 따라 압축공기는 공기 압축기의 언로더 밸브 위쪽에 작동하여 언로더 밸브를 내려 밀어 열기 때문에 흡입 밸브가 열려 공기 압축기 작동이 정지된다. 또 공기 탱크 내의 압력이 규정 값 이하가 되면 언로더 밸브가 제자리로 복귀되어 공기 압축 작용이 다시 시작된다.

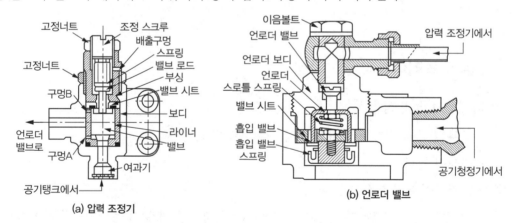

🞂 그림 11-28 압력 조정기와 언로더 밸브

(3) 공기 탱크(air reservoir)

공기 탱크는 공기 압축기에서 보내온 압축공기를 저장하며, 탱크 내의 공기 압력이 규정값 이상이 되면 공기를 배출하는 안전밸브와 공기 압축기로 공기가 역류하는 것을 방지하는 체크 밸브 및 탱크 내의 수분 등을 제거하기 위한 드레인 플러그(drain plug)가 있다.

2. 제동 계통

(1) 브레이크 밸브(brake valve)

브레이크 밸브는 페달에 의해 개폐되며, 페달을 밟는 양에 따라 공기 탱크 내의 압축 공기를 도입하여 제동력을 제어한다. 즉, 페달을 밟으면 상부의 플런저가 메인 스프링을 누르고 배출 밸브를 닫은 후 공급 밸브를 연다. 이에 따라 공기 탱크의 압축 공기가 앞 브레이크의 퀵 릴리스 밸브 및 뒤 브레이크의 릴레이 밸브, 그리고 각 브레이크 체임버로 보내져 제동 작용을 한다. 그리고 페달을 놓으면 플런저가 제자리로 복귀하여 배출 밸브가 열리며 제동 작용을 한 공기를 대기 중으로 배출시킨다.

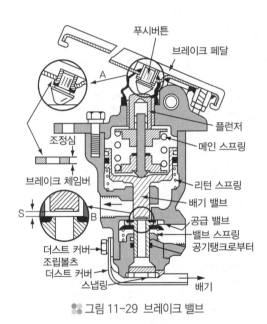

🔶 그림 11-29 브레이크 밸브

(2) 퀵 릴리스 밸브(quick release valve)

퀵 릴리스 밸브는 페달을 밟아 브레이크 밸브로부터 압축 공기가 입구를 통하여 작동하면 밸브가 열려 앞 브레이크 체임버로 통하는 양쪽 구멍을 연다. 이에 따라 브레이크 체임버에 압축 공기가 작동하여 제동된다.

또, 페달을 놓으면 브레이크 밸브로부터 공기가 배출됨에 따라 입구 압력이 낮아진다. 이에 따라 밸브는 스프링 장력에 의해 제자리로 복귀하여 배출 구멍을 열고 앞 브레이크 체임버 내의 공기를 신속히 배출시켜 제동을 푼다.

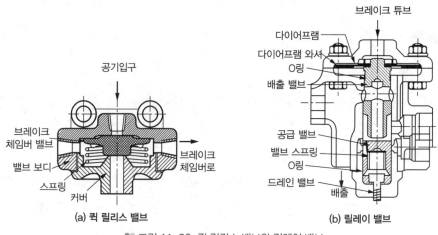

(a) 퀵 릴리스 밸브

(b) 릴레이 밸브

🔩 그림 11-30 퀵 릴리스 밸브와 릴레이 밸브

(3) 릴레이 밸브(relay valve)

릴레이 밸브는 페달을 밟아 브레이크 밸브로부터 공기 압력이 작동하면, 다이어프램이 아래쪽으로 내려가 배출 밸브를 닫고 공급 밸브를 열어 공기 탱크 내의 공기를 직접 뒤 브레이크 체임버로 보내어 제동 시킨다.

또 페달을 놓아 다이어프램 위에서 작동하던 브레이크 밸브로부터의 공기 압력이 감소하면 브레이크 체임버 내의 압력이 다이어프램 위에 작동하던 압력보다 커지므로, 다이어프램을 위로 밀어 올려 윗부분의 압력과 평행이 될 때까지 밸브를 열고 공기를 배출시켜 신속하게 제동을 푼다.

(4) 브레이크 체임버(brake chamber)

브레이크 체임버는 페달을 밟아 브레이크 밸브에서 제어된 압축 공기가 체임버 내로 유입되면 다이어프램은 스프링을 누르고 이동한다. 이에 따라 푸시로드가 슬랙 조정기를 거쳐 캠을 회전 시켜 브레이크슈가 확장하여 드럼에 압착되어 제동한다. 페달을 놓으면 다이어프램이 스프링 장력으로 제자리로 복귀하여 제동이 해제된다.

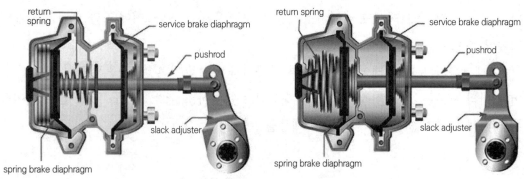

🔩 그림 11-31 브레이크 체임버의 구조

주차 브레이크(parking brake)

1 센터 브레이크 방식(center brake type)

1. 외부수축 방식

외부수축 방식은 강판제 브레이크 밴드 안쪽에 라이닝을 리벳으로 조립하고, 브래킷을 통해 설치되어 있으며, 브레이크 드럼은 변속기 출력축이나 추진축에 설치되어 있다.

작동은 레버를 당기면 풀 로드(pull - rod)가 당겨지며, 작동 캠(operating cam)의 작용으로 브레이크 드럼의 윗부분을 밀어내리

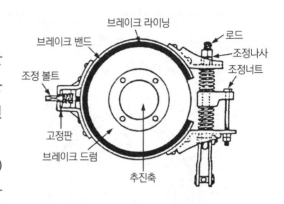

그림 11-32 외부수축 방식

고 동시에 조정 로드(adjusting rod)는 밴드의 아래 끝부분을 위로 잡아당겨 드럼을 조이면서 제동이 된다. 브레이크 밴드와 드럼과의 간극은 앵커 볼트, 조정 로드 및 밴드 조정 볼트로 조정하고 레버의 운동량(잡아당기는 양)은 풀 로드의 길이를 가감하여 조정한다. 그러나 외부 수축식은 마찰 부분에 수분이나 먼지가 묻기 쉽고 제동력이 안정되지 않는 결점이 있다. 그리고 레버에는 래칫(ratchet)을 두어 주차 상태를 유지한다.

2. 내부확장 방식

내부확장 방식은 휠 브레이크와 같이 브레이크 드럼과 브레이크 슈를 사용하며 변속기 후부의 케이스에 설치되어 있다. 레버를 당기면 와이어(wire)가 당겨지며, 이때 브레이크 슈가 확장되어 제동 작용한다.

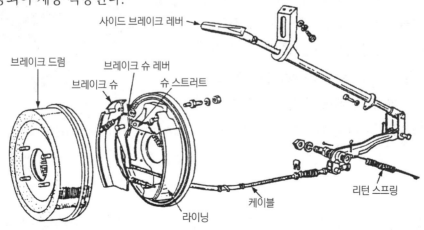

그림 11-33 내부확장 방식

2 휠 브레이크 방식(wheel brake type)

휠 브레이크 방식은 주차브레이크 레버를 당기면 와이어와 로드의 조합에 의해 뒷바퀴의 풋 브레이크 슈를 움직여 드럼에 밀착시키는 것이다. 양쪽 바퀴에 작동하는 제동력을 균일하게 하기 위해 이퀄라이저(equalizer)가 설치되어 있다.

Reference 주차 브레이크 레버를 잡아당기기 시작할 때 어느 정도의 유격이 있고 완전히 작동할 때까지 당긴 행정이 전 작동 범위의 50~70% 이내여야 한다.

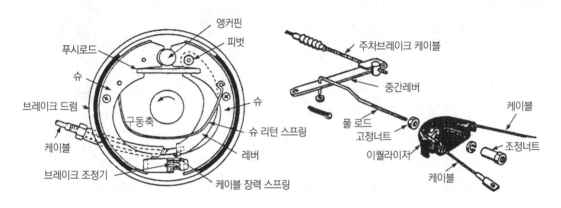

🞘 그림 11-34 휠 브레이크 방식과 이퀄라이저

3 전자브레이크 장치(EPB : electronic parking brake)

1. 전자브레이크의 개요

자동차의 EPB장치는 운전자의 EPB스위치 조작으로 수동조작 모드 및 자동으로 주차브레이크를 작동시키거나 풀어준다. 긴급한 상황에서는 제동 안정성을 확보할 수 있도록 구성된 주차 브레이크 장치이다. EPB 장치의 고장 발생 시 해제 레버를 조작하여 주행이 가능하도록 하는 안전장치가 구성되어 있다.

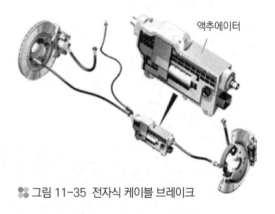

🞘 그림 11-35 전자식 케이블 브레이크

2. 전자브레이크의 구성

EPB는 브레이크 캘리퍼를 직접 모터로 제어하는 방식과 액추에이터를 별도로 설치한 후 케이블로 구동하는 형식이 있다. EPB ECU, 구동 모터, 주차 케이블 구동기어 등으로 구성되어 있으며 고장 시 케이블식은 강제 해제 기능이 있다.

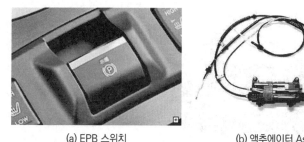

(a) EPB 스위치   (b) 액추에이터 Ass'y   (c) EPB 캘리퍼

🎗 그림 11-36 EPB 구성

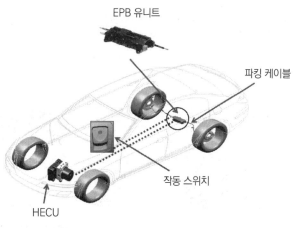

🎗 그림 11-37 EPB 구성품 장착 위치

3. EPB 제어 모드

(1) 수동 주차 브레이크 모드

EPB는 주행속도 3km/h 이하에서 EPB스위치의 조작으로 작동 및 해제가 가능하며, 해제를 위해서는 브레이크 페달을 밟고 점화스위치 ON 상태에서만 가능하다. 만약, 수동 주차 브레이크 모드가 설정되었다면, EPB유닛은 기관 ECU로부터 가속페달을 밟은 정도 및 기관 회전력 등을 CAN을 통해 전달받아 운전자가 가속페달을 조작할 때 자동으로 주차 브레이크를 해제하도록 설정되어 있다. 또 변속레버가 'D 또는 R' 레인지일 경우 자동

차의 경사도에 따라 체결력이 결정되며, 'P 또는 N' 위치일 경우 최대 작동력으로 작동된다. 자동차의 경사도는 EPB 유닛 내부에 적용된 G-센서에 의해 경사도를 인식한다. 특히 'D 또는 R' 레인지일 경우 경사로에서 화물 등을 운반 및 적차할 때 안전성을 기하기 위해 EPB 스위치를 한 번 더 누르면 최대 작동력으로 전환된다.

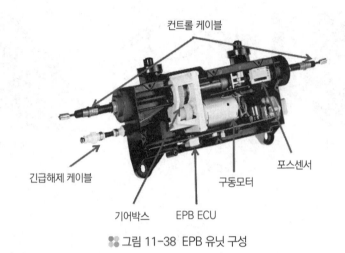

컨트롤 케이블

포스센서

긴급해제 케이블

구동모터

기어박스   EPB ECU

그림 11-38 EPB 유닛 구성

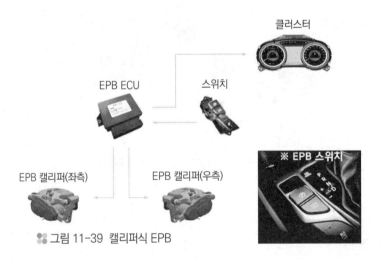

클러스터

EPB ECU   스위치

EPB 캘리퍼(좌측)   EPB 캘리퍼(우측)

※ EPB 스위치

그림 11-39 캘리퍼식 EPB

(2) 자동 주차(auto parking) 모드

EPB 자동 주차스위치의 조작으로 작동 및 해제가 가능하며 스위치를 한번 누르면 설정되고 한 번 더 누르면 해제된다. 수동 주차 브레이크 모드는 EPB 스위치를 작동(EPB 스위치 ON 부분 짧게 누름)한 후 다시 주행하면 수동 주차 브레이크 모드가 해제되지만, 자동 주차 모드에서는 'AUTO PARK 스위치'를 한번 누르면 자동차가 정지한 상태(브레이크 페달을 2초 이상 계속 밟을 경우)에서 항상 주차 브레이크가 체결되도록 한 모드이다.
또 자동주차 모드에서 자동차의 경사 정도에 따라 EPB 작동력이 자동으로 조절되며, 가속페달을 밟은 정도를 연산하여 출발할 때 자동으로 주차 브레이크가 풀리도록 설정되어 있다.

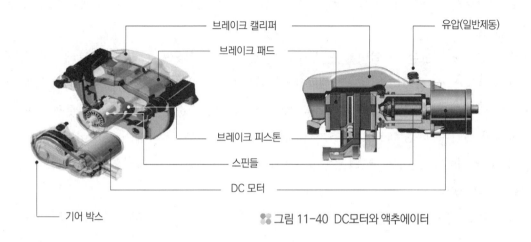

브레이크 캘리퍼
브레이크 패드
유압(일반제동)
브레이크 피스톤
스핀들
DC 모터
기어 박스

🏁 그림 11-40 DC모터와 액추에이터

(3) 비상 브레이크 모드

EPB 비상모드는 비상모드로 주행(3km/h 이상) 중 브레이크 페달을 조작하기 힘든 상황에서 주행속도를 최대한 감속시켜 제동 안정성을 확보하기 위한 모드이며, EPB스위치 상단 부분(ON 위치)을 계속 누르면 운전자가 원하는 주행속도까지 감속할 수 있다.

ESP사양의 경우에는 자동차 정지 직전(3km/h 이상)까지는 ESP모듈의 브레이크장치가 작동하고 정지 순간(3km/h 이하)에는 EPB 장치가 작동해 주차 브레이크를 작동시킨다. ESP가 고장 난 경우나 ABS사양의 경우는 주행상태에서 정지 시점 및 정지 순간까지 모든 사항을 EPB가 직접 제어한다.

비상 모드가 작동 중일 때는 제동등이 점등되지 않으므로 주의하여야 한다.

(4) IG Off시 자동 주차 브레이크 모드

엔진을 정지 시키고 점화스위치를 빼면 자동적으로 주차 브레이크가 작동하는 모드이다. 이때 EPB의 체결력은 최대가 되고 안전상 3km/h 이하에서 작동하도록 설정되어 있으므로 주차 브레이크가 체결되기 전까지는 브레이크 페달을 밟도록 해야 한다. 더불어 2열 주차 등을 할 때, 자동차를 밀어서 움직일 수 있게 EPB모드를 해제할 필요가 있는 경우에는 자동차 사용 설명서를 참조한다.

감속 브레이크는 자동차의 고속화, 대형화에 따라 일반적인 제동 장치만으로는 안전 운전을 할 수 없게 됨에 따라, 풋 브레이크와 핸드(주차) 브레이크 이외에 다른 형식의 제동 기구가 필요하게 되었다. 이를 위해 개발된 것이 감속 브레이크이며, 풋 브레이크 보조로 사용된다.

즉 감속 브레이크는 긴 언덕길을 내려갈 때 풋 브레이크와 병용되며, 풋 브레이크 혹사에 따른 페이드 현상이나 베이퍼로크를 방지하여 제동장치의 수명을 연장한다. 감속 브레이크에는 엔진의 회전 저항을 이용하는 엔진 브레이크(engine brake)를 비롯하여 배기 파이프에 밸브를 두고 엔진을 압축기로 작동시켜 제동력을 얻는 배기 브레이크(exhaust brake), 스테이터(stator), 로터(rotor), 계자코일로 구성되며, 계자코일에 전류가 흐르면 자력선이 발생한다.

이 자력선 속에서 로터를 회전 시키면 맴돌이 전류가 발생하여, 자력선과의 상호작용으로 로터에 제동력이 발생하는 와전류 리타더(eddy current retarder) 및 물이나 오일을 사용하여 자동차 운동 에너지를 액체마찰에 의해 열에너지로 변환시켜 방열기에서 감속시키는 방식의 하이드롤릭 리타더(hydraulic dynamic retarder) 등이 있다.

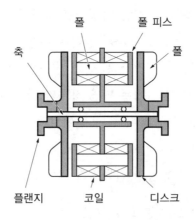

그림 11-41 와전류 리타더의 구조

미끄럼 방지 제동장치
(ABS, anti-lock brake system)

💡 학습목표

1. 미끄럼 방지 제동장치의 기능을 설명할 수 있다.
2. 미끄럼 방지 제동장치 구성 요소와 작동 원리를 설명할 수 있다.
3. 미끄럼 방지 제동장치 고장 진단 방법을 설명할 수 있다.

Chapter 01 미끄럼 방지 제동장치(ABS) 개요

도로에서 주행 중 브레이크 페달을 밟으면, 디스크와 패드 사이의 마찰에 의하여 바퀴의 회전속도가 자동차의 주행속도보다 감소하여 바퀴와 도로 면 사이에서 미끄럼이 발생하려고 하지만, 바퀴와 도로 면 사이의 마찰력이 미끄럼을 방지하여 자동차의 진행방향과 반대방향으로 작용되는 제동력으로 주행속도를 감속시킨다.

그러나 과도한 제동력으로 바퀴의 회전속도와 자동차의 주행속도에 일정 값 이상의 차이가 발생하면, 바퀴와 도로 면 사이의 마찰력으로는 속도 차이를 줄일 수 없게 되어 미끄럼이 발생하고 미끄럼의 발생 정도에 비례하여 제동효과가 감소한다.

이에 따라 바퀴와 도로 면 사이의 미끄럼에 의하여 바퀴는 회전이 정지되고 자동차는 관성에 의해 주행하는 상태가 되는데, 이 현상을 바퀴의 고착(locking)이라 한다. 이와 같이 바퀴가 고착되는 상황에는 조향핸들을 조작하여도 운전자의 의지대로 조향되지 않아, 장애물을 피하거나 안정된 제동을 할 수 없는 위험한 상태가 된다. 이러한 현상을 방지하기 위하여 사용하는 장치가 미끄럼 방지장치(abs, anti-skid brake system 또는 anti-lock brake system)이다.

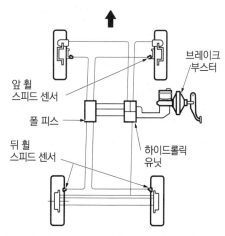

앞 휠 스피드 센서
폴 피스
뒤 휠 스피드 센서
브레이크 부스터
하이드롤릭 유닛

🌸 그림 12-1 미끄럼 방지 제동장치의 구성

1　제동장치 기초 이론

1. 바퀴에 작용하는 힘

　자동차가 주행할 때에는 바퀴와 도로 면 사이에 제동력(brake force)과 코너링 포스(cornering force)가 그림 12-2와 같이 작용한다.

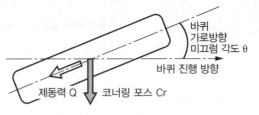
❈ 그림 12-2 선회할 때 바퀴에 작용하는 힘

(1) 제동력

(가) 제동력과 제동 회전력의 관계

　운전자가 브레이크 페달을 밟으면, 마스터 실린더가 유압을 발생시켜 브레이크 캘리퍼(또는 휠 실린더)를 통하여 바퀴의 회전을 멈추도록 하는 힘이 발생한다. 이 힘을 제동 회전력(brake torque)이라 한다. 그림 12-3에서 자동차가 일정한 속도로 주행을 하고 있

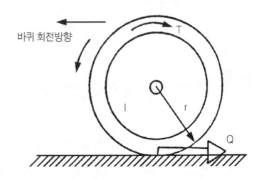
❈ 그림 12-3 바퀴에 제동 회전력이 작용하는 경우

을 때, 주행저항을 0으로 가정하고 바퀴의 회전 각속도(ω)를 바퀴의 회전속도($V\omega$)로 환산하면 자동차의 주행속도(V)와 일치한다.

$$V = V\omega\,(r\times\omega) \qquad\qquad 여기서,\ r\ :\ 바퀴의\ 반지름 \quad \omega\ :\ 바퀴의\ 회전\ 각속도$$

　운전자가 자동차 주행속도를 줄이려고 브레이크 페달을 밟았을 때 유압이 상승하여 제동 회전력(T)이 증가하면 바퀴의 회전 각속도(ω)가 감소한다. 이 경우에 바퀴의 회전속도($V\omega$)가 주행속도(V)보다 작아져 바퀴와 도로 면 사이에 미끄럼이 발생하며, 이때 바퀴와 도로 면 사이에 발생하는 힘을 제동력(Q)이라 한다. 제동력은 바퀴와 도로 면의 미끄럼 비율(slip ratio ; S), 바퀴에 가해지는 하중(W), 바퀴의 가로방향 미끄럼 각도(θ)에 따라 변화한다. 미끄럼 비율은 다음의 공식으로 나타내며, 미끄럼이 클수록($V\omega = 0$) 미끄럼 비율은 100%에 가까워진다.

$$S = \frac{V - V\omega}{V}\times 100$$

이때 제동력은 바퀴를 회전계로 보았을 때 바퀴를 돌리려는 힘이 되며, 자동차 진행방향에 대해 자동차 주행속도를 감속시키려는 힘이 된다.

(나) 제동력의 미끄럼 비율 의존도

미끄럼 비율에 따른 제동력 특성은 그림 12-4에 나타낸 바와 같다. 제동력은 처음에는 미끄럼 비율이 증가하면 함께 증가하나 특정 미끄럼 비율 이상에서는 오히려 감소한다.

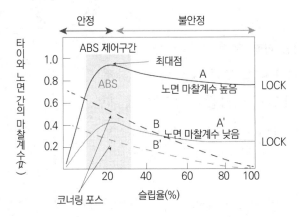

🏵️ 그림 12-4 바퀴와 도로 면 사이의 미끄럼 특성

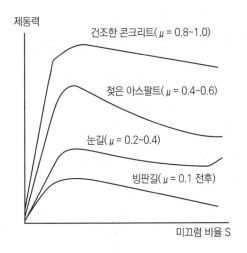

🏵️ 그림 12-5 제동력의 하중 의존도

$$Q = \mu W$$

여기서, Q : 제동력 μ : 도로면의 마찰 계수
W : 바퀴에 걸리는 하중

③ 제동력의 하중 의존도

제동력을 일반적인 마찰 개념으로 생각하면 다음과 같은 공식으로 표현할 수 있다.

따라서 도로 면이 같을 경우에는 바퀴에 걸리는 하중이 크면 클수록 제동력도 커진다. 또 마찰 계수가 클수록 제동력이 증가한다.

2) 코너링 포스(cornering force)

(가) 제동력이 가해지지 않았을 때의 특성

제동력이 가해지지 않는 경우에는, 바퀴의 가로방향 미끄럼 각도(θ)가 커질수록 어느 단계까지는 코너링 포스(CF)가 증가하다가, 어느 단계를 넘어서면 그림 12-6과 같이 감소한다.

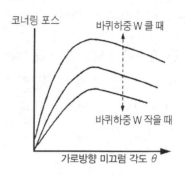

%% 그림 12-6 제동력이 가해지지 않았을 때의 코너링 포스 특성

(나) 제동력이 가해졌을 때의 특성

바퀴에 제동력이 가해지면, 코너링 포스는 기본적으로 가로방향 미끄럼 각도(θ)와 자동차 중량(W)에 대한, 특성 변화가 제동력이 가해지지 않은 경우와 같으나, 그 크기가 미끄럼 비율(S)에 따라 변화한다고 생각하면 된다.

그림 12-7은 자동차 하중을 일정하게 유지하였을 경우에 코너링 포스의 미끄럼 비율과 가로방향 미끄럼 각도에 대한 관계를 나타낸 것이다. 미끄럼 비율(S) 이 0 인 상태에서는 코너링 포스가 최대로 되지만, 미끄럼 비율이 증가할수록 코너링 포스는 감소한다.

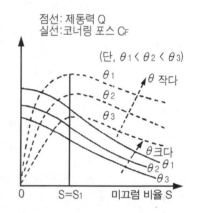

%% 그림 12-7 제동력이 가해질 때의 코너링 포스 특성

(다) 제동력과 코너링 포스의 관계

바퀴의 능력을 제동력 쪽에 많이 사용하면 코너링 포스는 감소하고, 바퀴의 능력을 제동력 쪽에 적게 사용하면 코너링 포스가 증가한다. 브레이크 이론과 특성은 그림 12-8과 같이 운전자가 브레이크 페달을 밟아 제동 회전력(T)을 천천히 증가시키면, 제동 회전력에 거의 비례하여 미끄럼 비율(S)과 제동력(Q)이 커진다. 코너링 포스는 제동 회전력이 증가하면 조금씩 감소하며, 제동

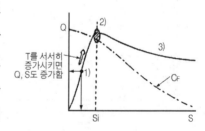

%% 그림 12-8 미끄럼 비율, 제동력, 코너링 포스의 관계

회전력이 좀 더 증가하면 제동력은 이상 미끄럼 비율(Si)에서 최대가 되며, 코너링 포스의 감소도 작아져 능력이 최대의 상태로 된다.

또 미끄럼 비율이 이상 미끄럼 비율 보다 크면($S > Si$) 제동력이 조금씩 감소하면서 바퀴가 고착(locking, S=100%)된다. 이때 코너링 포스가 급격히 감소하기 때문에 자동차는

불안정한 상태가 된다.

　앞바퀴가 고착되면 코너링 포스가 거의 0에 가까워져 주행 중 제동 효과가 현저하게 감소한다. 뒷바퀴가 고착되면 코너링 포스가 거의 0에 가까워져 주행 중의 자동차 안정성이 떨어져 자동차의 좌우 진동이나 스핀(spin)이 발생하기 쉽다. 그리고 4바퀴가 모두 고착되면 앞·뒷바퀴의 코너링 포스가 모두 0에 가까워져 제어할 수 없게 된다. 즉 도로 면에서 외란(外亂)이 없으면 곧게 진행을 하지만 그렇지 못한 경우에는 스키드(skid)나 스핀(spin) 상태가 된다.

2. ABS의 사용목적

　ABS는 바퀴의 회전속도를 검출하여 속도의 변화에 따라 제동력을 제어하는 방식으로 제동 시 자동차의 바퀴가 고착(lock)되지 않도록 유압을 제어하는 장치이다. 즉, 도로 면, 바퀴 등의 조건에 관계없이 항상 알맞은 마찰 계수(μ)를 얻도록 하여 바퀴가 미끄러지지 않게 하는 것, 방향안정성 확보, 조종안전성 유지, 제동거리의 최소화를 목적으로 하는 장치이다.

(1) 직진 주행 중에 제동할 때

　자동차가 직진방향으로 주행 중 한쪽 바퀴는 도로 면에서 미끄러지기 쉬운 상태이고, 다른 한쪽 바퀴의 도로 면이 정상인 상태에서 제동할 때, 미끄럼 방지 제동장치를 장착하지 않은 자동차는 마찰 계수가 낮은 바퀴가 먼저 고착되어 마찰 계수가 높은 방향으로 쏠려서 그림 12-9와 같이 스핀을 일으킨다.

　이와 반대로 미끄럼 방지 제동장치를 장착한 자동차는 제동할 때 각 바퀴의 제동력이 독립적으로 제어되므로, 직진 상태로 제동되는 것은 물론 제동거리 또한 단축된다.

　① 마찰계수가 낮음 : 빙판 노면
　② 마찰계수가 높음 : 일반 노면

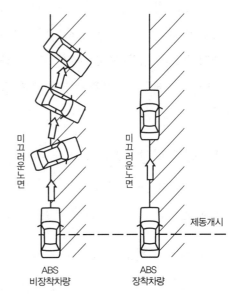

미끄러운노면

미끄러운노면

제동개시

ABS
비장착차량

ABS
장착차량

🔅 그림 12-9 직진 주행 중에 제동할 때

(2) 선회 주행 중에 제동할 때

주행 중 미끄러운 도로 면에서 선회 제동할 때 급제동을 하면, 미끄럼 방지 제동장치를 장착하지 않은 자동차는 바퀴가 고착되어 그림 12-10과 같이 선회곡선의 접선방향으로 미끄러진다. 그러나 미끄럼 방지 제동장치를 장착한 자동차는 바퀴의 고착이 방지되어 선회곡선을 따라 운전자의 의지대로 주행할 수 있다. 즉, ABS는 제동을 제어할 때 도로 면의 상태에 따라 제동력을 제어하여 제동 안정성을 보다 높게 확보할 수 있는 장치이다.

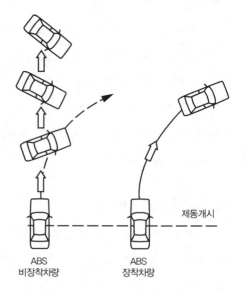

그림 12-10 미끄러운 도로 면을 선회할 때

2 미끄럼 방지 제동장치 기능

1. 방향 안정성 유지(stability)

미끄럼 방지 제동장치가 설치되지 않은 자동차의 경우 자동차 주행 중 급제동을 할 때 바퀴가 유압에 의해서 고착되면서 도로 면과의 마찰력이 낮아지고, 조향기능을 상실하여 조향핸들을 조작하여도 운전자가 원하는 방향으로 진행되지 않는다.

따라서 제동 시 바퀴가 고착되지 않도록 유압을 제어하여 바퀴와 도로 면과의 최적의 마찰력으로 운전자가 요구하는 조향성능을 유지할 수 있다.

2. 조향안정성 유지(steerability)

ABS ECU는 각 바퀴의 회전속도를 주행조건에 적합하게 최적으로 제어하여 안정된 제동과 안정된 조향성능을 확보할 수 있다.

3. 제동거리 최소화(stoping distance)

제동거리 최소화는 도로의 조건에 따라 약간 차이가 있다. 즉 자동차의 안정된 자세와 관계없이 단순하게 제동 후 거리만을 측정한다면, 일반 도로에서는 미끄럼 방지 제동장치를 설치하지 않은 자동차의 제동거리가 더 짧을 수 있다. 그러나 미끄러운 도로, 빗길 등 제반 조건에서 자동차의 안정된 자세를 유지하면서 제동거리를 최단으로 유지한다.

1. 미끄럼 방지 제동장치의 제어원리

(1) 미끄럼 비율과 도로 면과의 관계

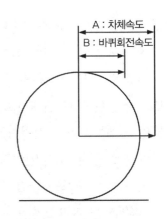

그림 12-11 미끄럼 비율과 도로 면과의 관계

주행 중 제동할 때 바퀴와 도로 면과의 마찰력으로 인하여 바퀴의 회전속도가 감소하면서 자동차의 주행속도가 감소한다. 이때 자동차의 주행속도와 바퀴의 회전속도에 차이가 발생하는 것을 미끄럼 현상이라 하며, 그 미끄럼 양을 백분율로 표시하는 것을 슬립율(%)이라 한다. 미끄럼 방지 제동장치는 주행 중 운전자가 브레이크 페달을 밟으면, 디스크와 패드의 마찰로 인한 제동 회전력이 발생하여 바퀴의 회전속도가 감소하고, 바퀴의 회전속도는 차체 주행속도보다 작아진다. 이것을 슬립현상이라 하고 이 슬립에 의해 바퀴와 도로 면 사이에 발생하는 마찰력이 제동력이 된다. 그러므로 제동력은 슬립율의 크기에 의존하는 특성을 나타내며, 슬립 비율은 미끄럼의 크기를 나타내며, 아래 공식과 같이 정의한다.

$$S = \frac{V - V\omega}{V} \times 100 \qquad 여기서, \; S : 미끄럼 \; 비율 \qquad V : 차체 \; 주행속도 \qquad V\omega : 바퀴의 \; 회전속도$$

요약하면 슬립율은 주행 중 제동할 때 바퀴는 고착되나 관성에 의해 차체가 진행하는 상태를 말한다. 슬립율은 주행속도가 빠를수록, 제동 회전력이 클수록, 노면의 마찰계수가 낮을수록 크다.

(2) 제동력 및 코너링 포스(cornering force)의 특성 곡선

그림 12-12에 나타낸 특성곡선은 제동 특성 및 코너링 포스 특성에 대하여 바퀴와 도로 면 사이의 마찰 계수와 바퀴 미끄럼 비율의 관계를 보여주는 예이다.

그림에서 가로축은 타이어의 슬립율을 표시하고, 0%는 바퀴가 도로 면에 대하여 완전히 회전하는 상태를 나타낸다. 100%는 바퀴가 고착(lock)된 상태

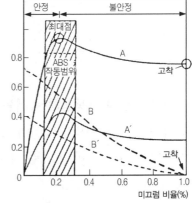

A : 노면 마찰 계수가 높은 제동력 특성 곡선
A′ : 노면 마찰 계수가 낮은 제동력 특성 곡선
B : 노면 마찰 계수가 높은 코너링 포스 특성 곡선
B′ : 노면 마찰 계수가 낮은 코너링 포스 특성 곡선

그림 12-12 제동력 및 코너링 포스의 특성곡선

를 보여준다. 제동 특성에 따라 미끄럼 비율 20% 전후에 최대의 마찰 계수가 얻어지지만, 그 이후에는 감소한다. 선회의 특성에 따라 미끄럼 비율이 증가하면 마찰 계수가 감소하여 미끄럼 비율 100%에서는 마찰 계수가 0이 된다. 이러한 현상은 마찰 계수가 높은 도로 면이나 낮은 도로 면에서도 마찬가지이다. 따라서 바퀴가 고착(slip 100%)되면 제동력이 낮아져 제동거리가 길어지고 코너링 포스를 잃게 되며, 조종 및 방향안정성이 상실되어 차량의 스핀(Spin)이 일어날 수 있다.

즉 코너링 포스는 슬립 0%에서 최대가 되고, 미끄럼 비율 증가와 함께 감소하여 슬립 100%에서는 거의 0이 된다. ABS는 이러한 원리를 기본으로 하여 바퀴가 고착되는 현상이 발생할 때 브레이크 유압을 제어하여, 최적의 슬립율이 그림 12-13의 빗금 친 부분에서 유지되도록 제동력을 최대한 발휘하여 사고를 미연에 방지한다.

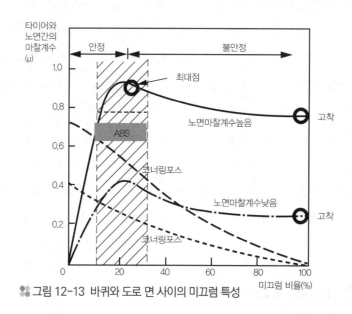

☒ 그림 12-13 바퀴와 도로 면 사이의 미끄럼 특성

미끄럼 방지 제동장치는 제동력이 최대가 되는 미끄럼 비율이 유지되도록 컴퓨터와 제동장치가 각 바퀴의 회전속도를 조절하는 장치이다. 미끄럼 비율 20%를 전후해서 마찰 계수가 가장 높으며 미끄럼 방지 제동장치는 마찰 계수가 가장 높은 미끄럼 비율 영역에서 작동한다.

자동차가 100km/h이고 제동으로 인하여 바퀴 회전속도가 80km/h이면 미끄럼 비율은 20%이다. 도로 면 상태에 따라서 차이가 있지만, ABS system을 이용하여 브레이크 압력을 증압, 감압하여(바퀴 속도 조절 가능) 슬립율(S)를 통상 아스팔트(asphalt) 기준

10~20% 정도를 유지하여 타이어 제동력을 극대화하고 타이어 횡 마찰력 손실을 최소화하여 제동거리를 단축하고 조향 안정성을 확보한다.

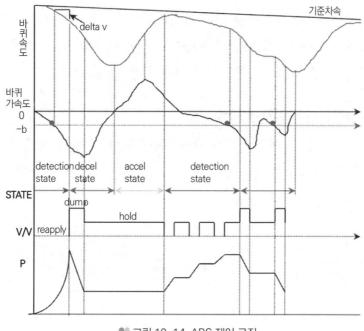

❇그림 12-14 ABS 제어 로직

2. 제동할 때 자동차의 운동

자동차는 주행 중 제동 시 여러 가지 회전운동이 발생하며, 이 운동에 대항하여 최적의 제어하여 안정된 제동효과를 얻는다. 이와같이 제동 시 바퀴와 도로 면 사이에서 자동차의 진행방향과 반대방향으로 발생하는 마찰력을 제동력이라 한다. 제동력에 관련되는 마찰 계수는 제동마찰 계수라 한다. 제동마찰 계수가 클수록 제

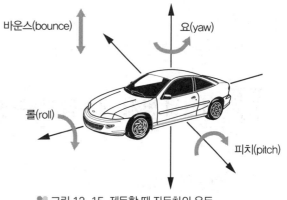

❇그림 12-15 제동할 때 자동차의 운동

동력은 커져 자동차는 빠르게, 그리고 짧은 거리에서 정지할 수 있다.

그리고 4개의 바퀴에 작용하는 제동력의 합과 그 크기가 같고, 방향이 반대인 힘을 관성력이라 한다. 제동력이 좌우바퀴에 대칭적으로 발생한다면 자동차는 진행방향을 유지하면서 정지하지만, 좌우대칭이 아닌 경우에는 자동차를 무게중심의 주위로 회전 시키려는

모멘트가 발생하는데 이를 요잉 모멘트(yawing moment)라 한다.

3. 미끄럼 방지 제동장치 제어 방법

ABS제어는 각종 도로 면에서 마찰 계수 최대점(약 20%) 부근에서 휠의 회전속도를 제어하기 위하여, 휠의 회전속도가 가상의 차체속도에 비해 20% 정도 작도록 제어한다. 또한 차체 주행속도는 바퀴 회전속도에서 가상 차체 주행속도를 산출한다.

4. 미끄럼 방지 제동장치 제어채널 종류

미끄럼 방지, 제동장치는 4개의 바퀴를 제어하는데 뒷바퀴는 공동으로 제어하는 경우도 있지만, 보편적으로 4바퀴의 회전속도를 검출하고 4바퀴를 각각 제어하면 4센서 4채널(4 sensor 4 channel) 형식이라고 한다.

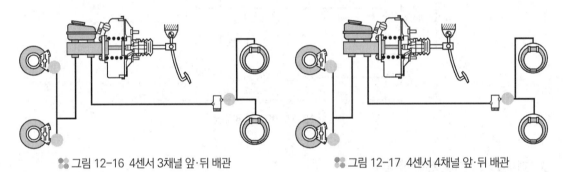

그림 12-16 4센서 3채널 앞·뒤 배관   그림 12-17 4센서 4채널 앞·뒤 배관

Chapter 02

미끄럼 방지 제동장치 구성요소

1 컴퓨터(ECU)

유압제어 유닛(HECU)은 모터를 포함한 유압발생장치인 오일펌프와 제어밸브, ECU, 어큐뮬레이터가 통합되어 있다.

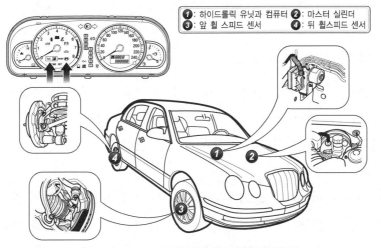

1: 하이드롤릭 유닛과 컴퓨터 **2**: 마스터 실린더
3: 앞 휠 스피드 센서 **4**: 뒤 휠스피드 센서

:::: 그림 12-18 미끄럼 방지 제동장치의 구성부품

컴퓨터는 4개의 휠 스피드 센서와 G센서의 입력을 받아 각 차륜의 속도를 연산하여 급감속 및 어느 한 쪽의 휠에 고착(Lock) 발생 시, 하이드롤릭 유닛(HU)의 솔레노이드 밸브를 제어하여 제동유압의 압력감소, 압력유지, 압력증가를 실행하여 슬립이 발생하지 않도록 제어한다. 엔진 ECU와 통신으로 정보를 공유한다. 시스템에 고장이 발생하면 경고등을 점등 시켜 운전자에게 시스템의 이상을 알려주며, 이때는 ABS 미장착시와 동일한 브레이크가 작동하도록 Fail Safe를 실행한다. 제어로는 ABS(anti-lock brake system)제어, TCS(traction control system)제어, EBD(electronic brake force distribution)제어를 수행한다. 내부 구조는 2개의 CPU로 구성된다. 1개는 연산, 제어, Fail Safe를 실행하고, 다른 CPU는 Fail Safe만 수행하며 상호 간에 Simulation 방식으로 체크한다. ECU 내부에서 TR로 직접 솔레노이드, 모터 등을 구동할 수 있는 액추에이터 테스트(actuator tester)도 할 수 있다.

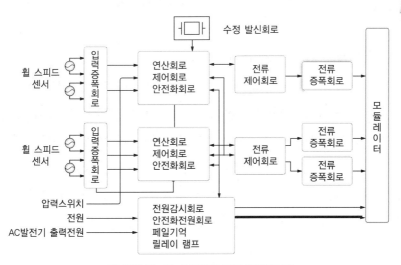

:::: 그림 12-19 컴퓨터의 블록 다이어그램

2   하이드롤릭 유닛(hydraulic unit, 모듈레이터)

하이드롤릭 유닛 내부는 동력을 공급하는 부분과 솔레노이드 밸브 등으로 구성되며, 전동기에 의해 작동하는 펌프가 유압을 공급한다. 컴퓨터가 휠 스피드 센서로부터 전달된 신호에 의해 연산 작업을 실시하여 미끄럼 상태를 판단하고 미끄럼 방지 제동장치 작동 여부를 결정한다.

그러면 컴퓨터의 제어논리(Logic)에 따라 밸브와 전동기가 작동하며 하이드롤릭 유닛의 각종 솔레노이드 밸브를 작동시켜 압력감소, 압력유지, 압력증가를 반복하여 바퀴가 고착되지 않도록 제어한다. 또한 계기판에 미끄럼 방지 제동장치를 제어할 때와 고장 상태를 표시한다.

1. 하이드로릭 유닛(hydraulic unit)의 내부 구성

(1) 솔레노이드 밸브

(가) 상시 열림(NO, normal open) 솔레노이드 밸브

상시 열림 솔레노이드 밸브는 통전되기 전에는 마스터 실린더와 캘리퍼 사이의 오일 통로가 열려 있는 상태를 유지하며, 통전이 되면 오일통로를 차단한다.

(나) 상시 닫힘(NC, normal close) 솔레노이드 밸브

상시 닫힘 솔레노이드 밸브는 통전되기 전에는 밸브 오일통로가 차단된 상태를 유지하며, 통전이 되면 캘리퍼와 저압 어큐뮬레이터(LPA, low presure acumulator)사이의 오일통로를 연결한다.

(2) 저압 어큐뮬레이터(LPA, low pressure accumulator)

저압 어큐뮬레이터는 휠 실린더의 제동 유압이 과다하다고 판단될 경우에 감압하기 위하여 휠 실린더로부터 상시 닫힘(NC) 솔레노이드 밸브를 통하여 덤프(dump)된 오일을 일시적으로 저장하는 기구이다. 어큐뮬레이터 및 댐핑 체임버는 하이드로닉 유닛의 아랫부분에 설치되어 있다. 또한 증압 사이클의 경우에는 리턴 펌프의 작동에 의해 휠 실린더에 신속하게 오일을 공급하여 ABS가 지연됨이 없이 작동되도록 하며, 이 과정에서 발생되는 브레이크 오일의 파동(波動)이나 진동을 흡수하는 기능도 한다.

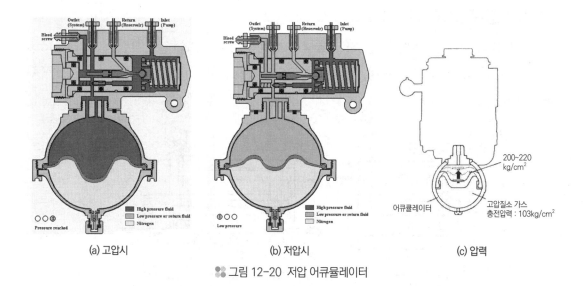

| (a) 고압시 | (b) 저압시 | (c) 압력 |

그림 12-20 저압 어큐뮬레이터

(3) 고압 어큐뮬레이터(HPA, high pressure accumulator)

고압 어큐뮬레이터는 펌프 전동기에 의해 압송되는 오일의 노이즈(noise) 및 맥동을 감소시킴과 동시에 압력감소 모드일 때 발생하는 페달의 킥백(kick back)을 방지한다.

(4) 펌프 전동기(pump motor)

펌프 전동기는 ABS, TCS 및 ESP 작동 시 ECU의 신호에 의해 작동하며, 축과 베어링에 의하여 회전운동을 직선 왕복운동으로 변화시켜 브레이크 오일을 순환시킨다.

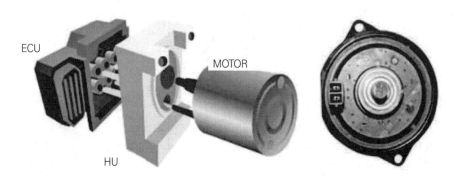

그림 12-21 ABS 모터

2. 하이드롤릭 유닛의 작동 모드

하이드롤릭 유닛은 일반 제동 모드(normal braking mode), 압력감소 모드(dump mode), 유지 모드(hold mode), 압력증가 모드(reapply mode) 등 4가지 작동모드를 수행한다.

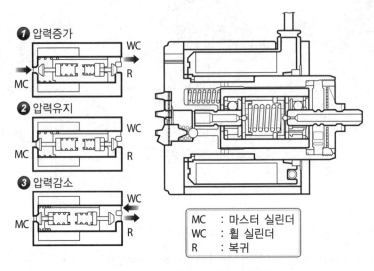

❶ 압력증가

❷ 압력유지

❸ 압력감소

MC	: 마스터 실린더
WC	: 휠 실린더
R	: 복귀

❇ 그림 12-22 하이드롤릭 유닛의 작동

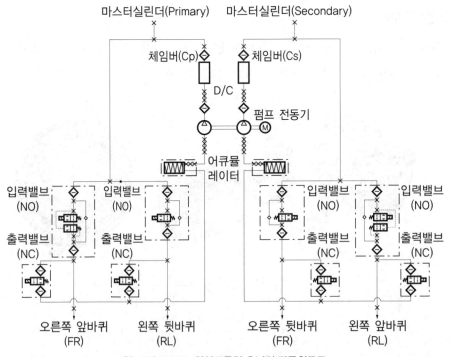

❇ 그림 12-23 하이드롤릭 유닛의 작동회로도

(1) 일반 제동 모드(미끄럼 방지 제동장치가 작동하지 않는 모드)

미끄럼 방지 제동장치가 설치된 자동차에서 바퀴의 고착현상이 발생하지 않을 정도로 브레이크 페달을 밟으면, 마스터 실린더에서 발생한 유압은 상시 열림(NO) 솔레노이드 밸브를 통해 각 바퀴의 캘리퍼로 전달되어 제동 작용을 한다. 더 이상 제동 작용이 필요 없을 때는 운전자가 브레이크 페달의 밟는 힘을 감소시키면 각 바퀴의 캘리퍼로 공급되었던 브레이크 오일이 마스터 실린더로 복귀하면서 유압이 감소한다.

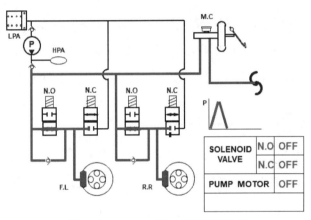

그림 12-24 ABS의 평상시 작동 모드

(2) 하이드롤릭 유닛 압력감소 모드 – 미끄럼 방지 제동장치 작동

미끄럼 방지 제동장치가 설치된 자동차에서 브레이크 페달을 힘껏 밟으면, 바퀴의 회전 속도가 자동차의 주행속도에 비해 급격하게 감소하므로 바퀴의 고착현상이 발생하려고 한다. 이때 컴퓨터는 하이드롤릭 유닛으로 유압을 감소시키는 신호를 전달한다.

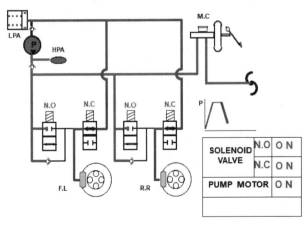

그림 12-25 ABS 작동시 감압 모드

즉, 상시 열림(NO) 솔레노이드 밸브는 오일통로를 차단하고, 상시 닫힘(NC) 솔레노이드 밸브의 오일통로는 열어 캘리퍼의 유압을 낮춘다. 이때 캘리퍼에서 방출된 브레이크 오일은 저압 어큐뮬레이터(LPA)에 임시 저장된다. 저압 어큐뮬레이터에 저장된 브레이크 오일은 전동기가 회전함에 따라 작동하는 펌프(pump) 토출에 따라 마스터 실린더로 다시 복귀한다.

(3) 하이드롤릭 유닛 압력유지 모드 – 미끄럼 방지 제동장치 작동

감압 및 증압을 통하여 캘리퍼의 적정 유압이 작용할 때에는 상시 열림(NO) 및 상시 닫힘(NC) 솔레노이드 밸브를 닫아 캘리퍼 내의 유압을 유지한다. 이때는 캘리퍼 내 유압이 그대로 유지되며, 마스터 실린더 유압이 차단되므로 유압은 더 이상 상승하지 않는다.

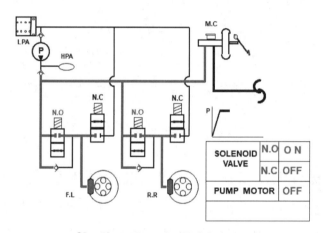

그림 12-26 ABS 작동시 유지 모드

(4) 하이드로릭 유닛 압력증가 모드 – 미끄럼 방지 제동장치 작동

압력감소 작동했을 때, 너무 많은 브레이크 오일을 복귀시키거나 바퀴와 도로 면 사이의 마찰 계수가 증가하면 각 캘리퍼 내의 유압을 증가시켜야 한다. 이때 컴퓨터는 하이드롤릭 유닛으로 유압을 증가시키는 신호를 전달한다.

즉, 상시 열림(NO) 솔레노이드 밸브는 오일통로를 열고 상시 닫힘(NC) 솔레노이드 밸브는 오일통로를 닫아서 캘리퍼 내의 유압을 증가시킨다. 압력 감소 작동 상태에서 저압 어큐뮬레이터(LPA)에 저장되어 있던 브레이크 오일은 압력증가 상태에서 계속 전동기를 작동 시켜 브레이크 오일을 공급한다. 이때 브레이크 오일은 마스터 실린더 및 상시 열림(NO) 솔레노이드 밸브를 거쳐 캘리퍼로 공급한다.

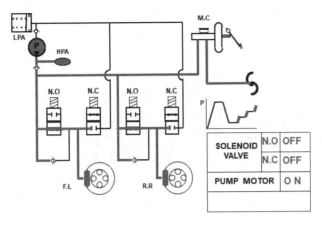

❀ 그림 12-27 ABS 작동시 압력 증가 모드

3 휠 스피드 센서(wheel speed sensor)

바퀴 허브 또는 구동축에 설치된 톤 휠(tone wheel)의 회전에 따라 휠 스피드 센서의 자기장이 변화하는 구조이다. 이들 파장의 값을 ABS ECU는 휠의 가·감속 속도를 연산한다. 휠 스피드 센서는 마그네틱 픽업 코일 방식과 액티브 센서 방식을 주로 사용한다.

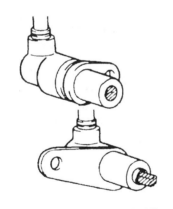

❀ 그림 12-28 휠 스피드 센서의 외형

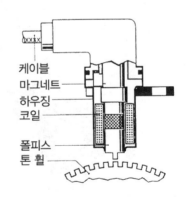

❀ 그림 12-29 휠 스피드 센서의 내부 구조

1. 마그네틱 픽업 코일 형식 센서(magnetic pick up coil type)

영구자석과 구리코일을 이용하는 패시브(passive)센서는 인덕티브센서라고도 부르며, 센서팁과 톤 휠의 에어갭은 0.8~1.2mm 정도를 유지한다. 영구자석에서 발생하는 자속이 톤 휠의 회전에 의해 자기장이 붕괴하는 순간 자기유도작용에 의해 코일에 AC 유도기

전력이 발생하는 것을 이용한 것이다. 톤 휠의 회전속도에 비례하여 유도전압과 주파수는 변화한다. ABS ECU는 주파수의 변화량으로 휠의 회전속도를 검출한다.

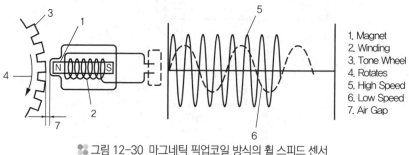

1. Magnet
2. Winding
3. Tone Wheel
4. Rotates
5. High Speed
6. Low Speed
7. Air Gap

❇ 그림 12-30 마그네틱 픽업코일 방식의 휠 스피드 센서

2. 엔코더 타입 센서(encoder type sensor)

엔코더 센서는 강자성의 구조(ferromagnetic encoder)를 가진 휠과 홀IC로 메저링하는 형식이며, 광학식과 비슷한 동작을 하는 자기식 엔코더이다. 이때 코드휠은 극성이 회전각도에 따라 대칭적으로 바뀌는 영구자석을 사용한다. 또한 광센서 대신에 홀센서(Hall effect sensor)를 2개를 이용한다. 이 홀센서는 전면에서 후면으로 자기력선이 지나가면 High가 출력되고, 그렇지 않으면 Low의 사각 구형파를 출력한다.

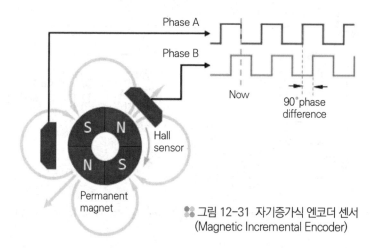

Phase A

Phase B

Now

90°phase difference

Hall sensor

Permanent magnet

❇ 그림 12-31 자기증가식 엔코더 센서
(Magnetic Incremental Encoder)

3. 홀 센서(Hall sensor)

홀 센서는 금속판의 양단에 발생하는 홀 전압으로 센서내부의 TR을 On/Off하여 시그널라인에 사각 구형파를 형성하는 센서이다. 그림과 같이 금속판에 일정한 직류 전류를 흐르게 하면 이때 금속판의 전자들이 정중앙으로 흘러가기 때문에 전류 흐름과 직각 방향

의 양 끝단의 전위 차 Vh는 0이 된다. 그러나 금속판에 자기력선 B를 가하면 판을 흐르는 전자의 진행 경로가 바뀌면서 동시에 전자의 편향성 때문에 전류방향과 수직인 금속판 양단에는 전위차 Vh가 발생하며 이를 홀전압이라고 한다.

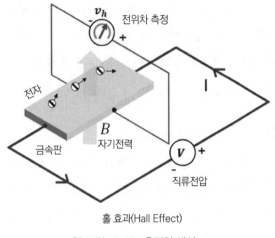

홀 효과(Hall Effect)

☆ 그림 12-32 홀전압 생성

4. 액티브 센서(Active sensor)

액티브(Active) 센서 방식은 홀 IC를 이용한 방식과 MR IC를 이용한 방식이 있다. 홀 IC를 이용한 액티브 휠 스피드 센서는 2선으로 구성된다. 액티브 센서는 패시브 센서에 비해 센서가 소형이며, 바퀴 회전속도 0Km/H까지도 검출이 가능하다. 또 에어 갭(air gap) 변화에도 민감하지 않고 노이즈에 대한 내구성도 우수하다.

그리고 액티브 센서의 출력형태는 디지털 파형으로 출력된다. 출력전류는 약 7~14mA 정도의 신호를 출력하므로, MCU(micro control unit) 등의 제어부에서는 스마트 휠 센서의 신호를 입력단에 설치된 비교기(OP-Amp)를 통해 제어부에서 인식 가능한 전압의 출력 신호(output signal)로 변환할 수 있다. 또한 근래에는 액티브 센서에 로직을 추가하여 휠의 회전방향을 파악할 수 있는 스마트 액티브 센서를 차량에 적용하고 있다.

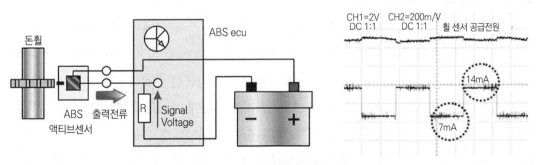

☆ 그림 12-33 액티브 스피드 센서

4 G센서(gravity sensor)

ABS 시스템에서는 급제동 시 모든 휠이 slip되므로 차량 바퀴 간의 속도 차이를 정확히 알 수 없으므로, 휠 스피드 센서 이외에 다른 센서의 속도 참고하기 위하여 사용하는 센서가 ABS 횡축 감지 G-sensor이다. 급제동, 급가속 시 센서에서 나오는 신호를 ABS 시스템 제어에 이용한다. G-sensor 자체의 동작 원리는 여러 방식이 있으나 최근에는 IC 타입센서를 주로 사용한다. 내부에 차량의 전, 후 움직임에 따라서 직선적으로 → 출력전압은 0.5~4.5V 출력되며 G range는 -2G ~ +2G까지 측정한다.

1. 정전 용량형 G센서(capacitor gravity sensor)

정전 용량형 G센서는 검출 부분은 이동 전극과 고정 전극으로 구성된다. 횡 가속도가 가해지면 이동 전극이 이동하여 고정 전극과 이동 전극 사이에 전위차가 발생하여, 두 전극의 용량 차이가 발생한다. 이 차이 값의 크기로 상하가속도의 크기를 검출하며, VDC 제어용 횡 가속도 센서, ECS 시스템에서 피치 및 바운스 제어 및 에어백 신호로 이용하는 절대값 검출형이며, 직류(DC) 출력의 검출이 가능하다. 또한 크기가 초소형이며 가격이 저렴하고 하나의 칩에 신호처리회로를 집적화시킨 원칩(one chip)이 대부분이다.

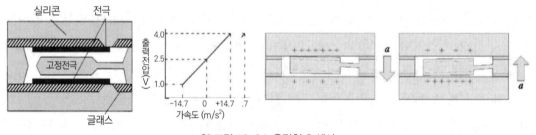

🎲 그림 12-34 용량형 G 센서

2. 전단형 압전저항형(piezoresistive type)

평판 또는 원통 모양의 압전소자를 사용한다. 한쪽의 전극 면에는 질량이 무거운 추를 고정하고, 다른 전극은 베이스에 고정하여 반도체 피에조 저항 효과를 이용한 것이다. 캔틸레버(cantilever) 구조를 한 N형 실리콘 기판에 P형 실리콘 층을 확산하여 게이지 저항이 형성되어 있다. N형 실리콘 결정의 가로 및 세로방향에 게이지 저항 Rc 및 Rs를 형성하여 브리지 회로로 되어 있다. 브리지 회로의 출력은 캔틸레버의 질량 m과 여기에 걸리는 가속도 α의 곱에 비례하고, 게이지 저항부의 두께 t에는 반비례한다. 전단형 가속도 센서는 자동차의 ECS 시스템 등에서 진동수 계측에 사용한다.

그림 (a)는 3축 가속도 센서로, x축, y축, z축 3방향의 가속도를 측정할 수 있다. 기본적으로 z축의 (-) 방향으로 중력가속도 -g 만큼의 값이 출력된다. 가속도 센서가 그림 (b)와 같이 yz평면에 대해서 θ만큼 기울어져 있다고 하면, y축 가속도와 z축 가속도는 다음과 같이 나타낼 수 있다.

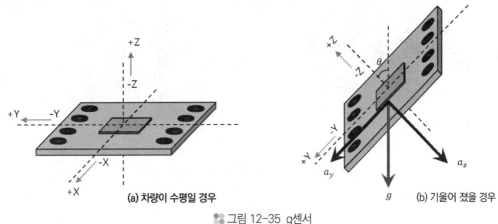

(a) 차량이 수평일 경우

(b) 기울어 졌을 경우

🎲 그림 12-35 g센서

$$\begin{aligned}\alpha_y(k) &= g\sin(\theta(k)) \\ a_z(k) &= g\cos(\theta(k))\end{aligned}$$ —————————— (식 1)

식 1을 통해 식 2와 같이 현재 각도를 추정할 수 있다.

$$\theta = \tan^{-1}\left(\frac{a_y}{a_z}\right) = \tan^{-1}\left(\frac{g\sin(\theta(K))}{g\cos(\theta(K))}\right)$$ —————————— (식 2)

즉, 중력가속도 G가 3축에 얼마만큼 작용하는지를 통해 차량이 어느 방향으로 얼마만큼 기울어져 있는지 알 수 있다. 하지만 가속도 센서는 정적인 상태에서만 기울기를 정확히 측정할 수 있다. 그 이유는 차량이 움직이면 가속도가 발생하므로 중력 가속도와 함께 모션에 의한 가속도도 측정되어, 현재 기울기를 정확히 측정하기 어렵기 때문이다. 따라서 자이로센서를 함께 사용한다.

3. 기계식 G 센서

평상시에는 편심회전 롤러가 플레이트 스프링에 의해 스토퍼에 눌려 있으며, 회전 롤러에는 가동 접점이 설치되어 있다. 또한 플레이트 스프링의 고정부분에는 고정 접점이 설치되어 있다. 그림과 같이 회전 롤러가 화살표 방향으로 일정 값 이상의 가속도를 가하면 회전 롤러는 플레이트 스프링에 저항하여 회전한다. 이때 가동 접점과 고정 접점을 접촉시켜 폐회로가 형성된다. 따라서 회전 롤러의 질량과 스프링의 장력 설정 값을 미리 ECU에 입력시킨 값과 비교 연산하여 가속도를 검출할 수 있다. 이 형식은 과거에 에어백 G센서로 이용되었으며 간단한 제품의 충격센서로 이용한다.

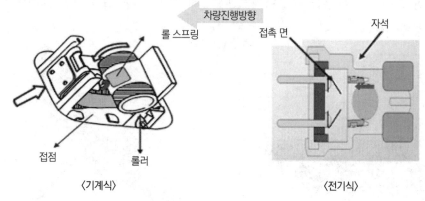

〈기계식〉 　　　　　　　　　　　　　　　　　　　　　〈전기식〉

그림 12-36 기계식 가속도 센서

5 조향각 센서

조향각 센서는 비접촉 방식이며 조향휠의 절대각도와 휠의 회전속도 감지하여 CAN 통신을 통해 조향속도, 조향방향 및 조향각을 ECU에 전달하며 지속적인 자기진단 기능을 가지고 있으며 이상 시 고장코드를 즉시 출력(차량자세장치 참조)한다.

Chapter 03 미끄럼 방지 제동장치 고장진단

1 컴퓨터의 자기진단

ABS 제동장치는 시동 후 주행을 시작하면 항시 자기진단을 실시하여 솔레노이드 밸브 및 펌프 전동기의 기능을 점검한다. ABS 컨트롤 유닛이 휠 스피드 센서의 신호를 가지고 ABS 기능을 수행할 수 있는 차량의 최저속도, 즉 7Km/h 이상부터는 완전한 ABS 기능을 수행하며, 10Km/h 도달하는 시점까지 에어 갭에 대한 감시를 한 후 ABS 구동모터를 점검한다. 이때 고장이 검출되면 미끄럼 방지 제동장치 경고등을 점등하며 고장이 해결되면 미끄럼 방지 제동장치 경고등을 소등한다.

2 경고등 제어

엔진시동 후 미끄럼 방지 제동장치 경고등은 약 3~5초 동안 점등되었다가 점멸된다. 엔진 시동 후 즉시 경고등이 점등되지 않거나 약 5초 후에도 점등이 계속되는 경우에는 고장이다.

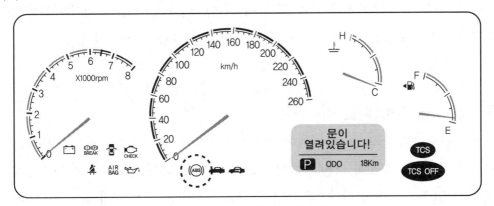

그림 12-37 계기판 경고등 제어

① 점화스위치를 ON하면 점등되어야 한다.
② 엔진이 시동되면 정상인 경우 소등되고, 고장이 있으면 점등되어야 한다.
③ 미끄럼 방지 제동장치에 고장이 발견되면 점등되어야 한다.
④ 미끄럼 방지 제동장치용 컴퓨터에 고장이 발생되면 점등되어야 한다.
⑤ 미끄럼 방지 제동장치용 컴퓨터 커넥터가 분리된 상태에서도 점등되어야 한다.

미끄럼 방지 제동장치 관련 경고등에는 미끄럼 방지 제동장치 경고등과 다음 장에서 소개할 전자 제동력 분배장치(EBD) 경고등이 있다. 예를 들어 휠 스피드 센서 1개가 고장나면 미끄럼 방지 제동장치 경고등은 점등되지만, 전자 제동력 분배장치 경고등은 점등되지 않는다. 따라서 뒷바퀴만 제동력이 제어되므로 미끄럼 방지 제동장치 전체가 작동하지 못할 때보다는 안정성을 확보할 수 있다.

그리고 미끄럼 방지 제동장치와 전자 제동력 분배장치 경고등이 동시에 점등되는 경우는 미끄럼 방지 제동장치용 컴퓨터 쪽 스위치를 상시 열림 상태로 한다. 이에 따라 전압이 최고(high)가 되면서 제너다이오드가 작동하여 트랜지스터가 구동되어 경고등은 둘 다 점등된다. 정상인 경우는 이 스위치를 항상 ON시킨다.

따라서 전압이 접지로 흐르면서 경고등은 소등된다. 또 전자 제동력 분배장치 경고등은 소등되고 미끄럼 방지 제동장치만 점등되려면 특별한 장치가 필요하다. 이때 콘덴서를 사용한다. 콘덴서가 충전되는 동안은 미끄럼 방지 제동장치에 최고(high)전압이 유지되어 경고등이 점등된다.

콘덴서가 완전히 충전되면 전자 제동력 분배장치 쪽에 최고(high)전압이 가해져 점등될 수 있으므로 스위칭 동작을 통해 접지 제어한다. 이와 같이 듀티 제어를 통해 미끄럼 방지 제동장치 경고등은 점등시키고 전자 제동력 분배장치는 소등시킬 수 있다.

3 림프 홈 기능(페일 세이프)

미끄럼 방지 제동장치에서의 림프 홈 기능은 미끄럼 방지 제동장치가 고장 나더라도 일반적인 제동은 가능하도록 하는 것이다. 즉 전기적으로 차단된 경우 기계적으로 유압이 형성될 수 있도록 하여야 한다. 즉, 전기 공급을 차단하면 모든 유압이 기본 오일통로를 형성한다. 미끄럼 방지 제동장치 경고등도 일종의 페일 세이프인데 회로가 단선되면 경고등이 점등되는 구조로 되어 있다.

제동력 조력장치 및 분배장치
(BAS & EBD system)

Chapter 01 **제동력 조력장치**(brake assist system)

제동력 조력장치는 비상 상태에서 급제동 작용을 보조해 준다. 즉 운전자가 급제동을 하여야하는 상황에서 브레이크 페달을 약하게 밟는 경향이 많은 것에서 착안하여, 자동차의 상태가 비상 제동임을 파악하면 브레이크 진공부스터의 동력이 즉시 마스터 실린더에 가해질 수 있도록 한 것이다. 제동력 조력장치는 기계식과 전자식이 있으며, 기계식은 진공부스터 내부에서 증압하는 구조이며 전자식은 ABS ECU가 업그레이드된 즉 차체자세 제어장치(ESP)모듈에 의해 제어하는 구조이다.

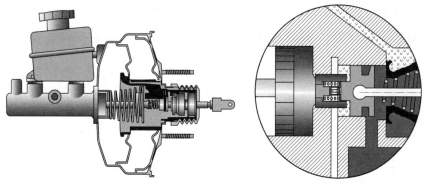

🔹 그림 13-1 제동력 조력장치의 구조

1. 제동력 조력장치의 장점 및 특징

(1) 제동력 조력장치의 장점

① 브레이크 페달 조작력이 일정값 이상 되면 추가적인 배력이 발생한다.

② 브레이크 페달을 밟을 때 페달이 부드럽다.

③ 2단계 배력 비율이 발생한다.

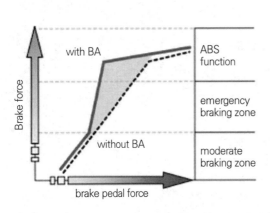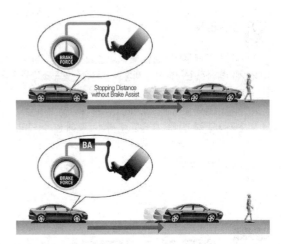

🔹 그림 13-2 BAS(brake assist system)

(2) 제동력 조력장치의 특징

① 제동력 조력장치는 바퀴 미끄럼 방지 제동장치를 설치한 자동차에만 사용된다.

② 일정한 페달 조작력까지는 기존과 동일하다.

③ 과도한 제동을 할 때 빈번한 미끄럼 방지 제동장치의 작동이 나타날 수 있다.

④ 제동효과는 기존과 같거나 향상된다.

2. 제동력 조력장치의 종류

제동 조력장치는 기계방식과 전자방식으로 분류되며, 기계방식은 브레이크 부스터 내부에 설치되고 ,전자방식은 차체자세 제어장치(ESP : electronic stability program)에 소프트웨어를 추가하였다.

(1) 기계방식 제동력 조력장치

기계방식 제동력 조력장치의 경우에는 기존에 진공부스터에 추가 진공라인을 설치하였다고 보면 된다. 즉 기존의 부스터는 브레이크 페달을 밟기 전에는 진공 막을 사이에 두고 양쪽이 진공 상태로 유지된다. 브레이크 페달을 밟으면 한쪽은 진공 상태이고, 다른 한쪽은 대기가 들어와 이들의 압력 차이에 의해 브레이크 배력 효과가 발생한다.

기계방식 제동력 조력장치의 경우는 1차 배력 후에 2차로 추가적인 배력 효과를 주는 것이며, 압력 차이를 크게 유도하기 위하여 별도의 진공라인을 설치한다. 이런 오일통로의 제동력 조력장치를 2비율 부스터(2 ratio booster)라 부른다. 기계방식 제동력 배력장치의 내부 구조는 반력 디스크(reaction disc), 진공밸브(vacuum valve), 입력로드(input rod), 출력로드(output rod), 플런저(plunger) 등으로 구성된다.

① 플런저 : 제동할 때 밀려 대기실과 진공실을 차단하는 포핏밸브를 밀어, 포핏밸브에 의해 진공실과 대기실이 차단되는 것을 도와준다.

② 입력로드 : 브레이크 페달을 밟으면 푸시로드가 밀리고, 이 푸시로드가 입력로드를 밀어 입력로드가 플런저를 밀도록 한다.

③ 출력로드 : 입력로드에 의해 밀린 푸시로드가 끝가지 밀리면, 이때 마스터 실린더에서 유압을 발생시키는 것을 도와준다.

④ 반력 디스크 : 제동 후 브레이크 페달을 놓을 때 작용하여 복귀를 원활히 한다.

⑤ 진공밸브 : 제동할 때 진공실에 진공이 유입되지 않도록 차단한다.

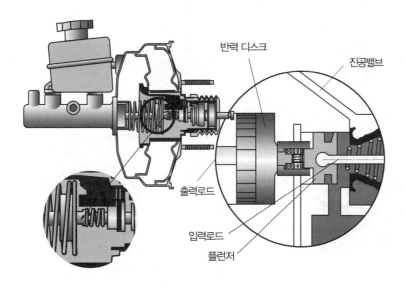

반력 디스크
진공밸브
출력로드
입력로드
플런저

🎰 그림 13-3 기계방식 제동력 조력장치의 내부구조

(2) 전자방식 제동력 조력장치

전자방식 제동력 배력장치(HBA : hydraulic brake assist)라고도 부르며, 차체자세 제어장치(ESP)를 설치한 자동차에서 사용한다. 즉, 기존의 차체자세 제어장치는 운행 중 긴박한 상황에서 차체자세 제어장치 스스로가 제동 유압을 형성하여 해당 바퀴에 제동을 가

했었다. 하지만, 제동력 배력장치의 경우는 운전자가 급제동 했는데 원하는 시간에 제동 유압이 검출되지 않으면 강제로 전동기를 구동시켜 제동 유압을 만든다. 그리고 유압 피드백은 압력 센서로부터 검출한다.

(가) 전자방식 제동력 조력장치의 효과

① 제동거리를 단축한다.

② 운전자별 제동거리 오차를 줄일 수 있다.

③ 긴급한 제동에서 유압이 증가한다.

④ 소프트웨어(software)만 추가하면 사용이 가능하다.

(나) 제동력 조력장치 작동 조건

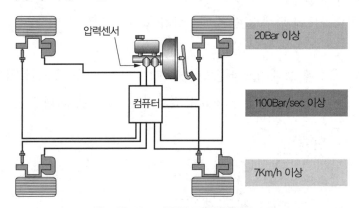

🔹 그림 13-4 제동력 조력장치 작동 조건

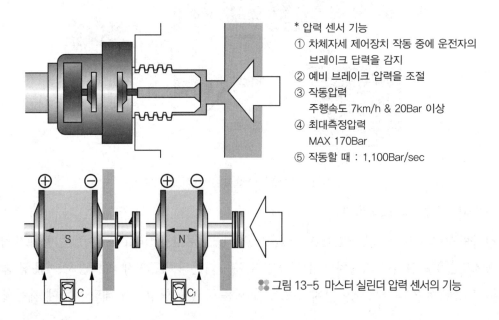

* 압력 센서 기능
① 차체자세 제어장치 작동 중에 운전자의
　브레이크 답력을 감지
② 예비 브레이크 압력을 조절
③ 작동압력
　주행속도 7km/h & 20Bar 이상
④ 최대측정압력
　MAX 170Bar
⑤ 작동할 때 : 1,100Bar/sec

🔹 그림 13-5 마스터 실린더 압력 센서의 기능

(3) 제동력 조력장치 시간 변화에 다른 작동 그래프

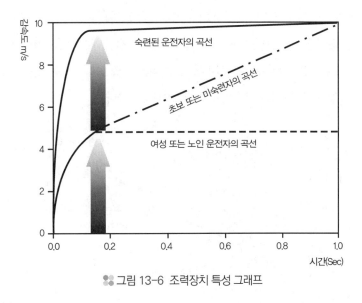

감속도 m/s

시간(Sec)

숙련된 운전자의 곡선

초보 또는 미숙련자의 곡선

여성 또는 노인 운전자의 곡선

✂ 그림 13-6 조력장치 특성 그래프

Chapter
02 **전자 제동력 분배장치**(EBD, electronic brake force distribution control)

주행 중 브레이크 페달을 밟으면 바퀴의 하중(wheel load)은 적재물의 무게, 화물이 적재된 위치, 자동차의 무게중심, 제동감속도 등의 복합적인 작용에 의해 앞쪽으로 밀리게 된다. 따라서 직진 중 브레이크 페달을 밟으면 앞바퀴의 하중은 무거워지고 뒷바퀴의 하중은 가벼워진다. 또 커브 길을 선회할 때 브레이크 페달을 밟으면 바깥쪽 바퀴는 하중을 더 받고 안쪽 바퀴는 하중을 적게 받는다.

이에 따라 대부분의 자동차는 중간 정도의 부하(load)와 중간 정도의 제동감속도에서 최적의 제동 상태가 되도록 한다. 그리고 급제동을 할 경우 보편적으로 자동차의 무게중심이 앞쪽으로 이동하기 때문에 앞바퀴보다 뒷바퀴가 먼저 제동이 된다. 따라서 뒷바퀴가 먼저 고착되어 미끄럼 비율(slip ratio)이 급격히 증가하며, 무게 중심이 자동차의 진행방향과 일치하지 않으므로 무게가 편중된 쪽으로 자동차 뒤쪽이 돌아가는 스핀(spin) 현상이 발생한다. 따라서 주행 중 급제동을 할 경우 앞바퀴보다 뒷바퀴가 먼저 고착되어 자동차가 스핀하는 것을 방지하기 위하여, 대부분의 승용차량은 프로포셔닝 밸브(proportioning valve)를 설치한다. 이 프로포셔닝 밸브로는 정밀한 유압제어가 부족하기 때문에 유압을 전자 제어하여 급제동에서 스핀을 방지할 수 있도록 개발된 것이 전자

제동력 분배장치(EBD, electric brake-force distribution)이며, 미끄럼 방지 제동장치가 고장이 나더라도 전자 제동력 분배장치 제어가 가능하다.

자동차의 무게 중심은 접지면보다 위쪽에 있으며, 제동 시 하중 이동이 발생하여 하중분배가 유동적이므로, 앞·뒷바퀴가 동시에 고착할 수 있도록 하는 것을 이상적인 제동력 분배라고 하며, 이것은 고착한계 감속도일 때 최대가 된다.

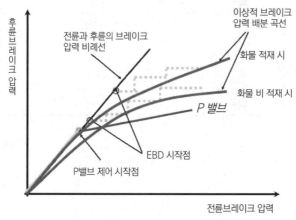

후륜브레이크 압력 / 전륜과 후륜의 브레이크 압력 비례선 / 이상적 브레이크 압력 배분 곡선 / 화물 적재 시 / 화물 비 적재 시 / P 밸브 / EBD 시작점 / P밸브 제어 시작점 / 전륜브레이크 압력

🔹 그림 13-7 이상제동력 분배 곡선

1. 전자 제동력 분배장치 필요성

주행 중 급제동 시 바퀴가 고착되어 미끄러지기 시작하면 가로방향 작용력, 즉, 횡력(side force)이 감소한다. 따라서 앞바퀴가 고착되면 조향성능을 상실하고 뒷바퀴가 고착되면 횡력의 감소로 인하여 자동차의 스핀이 발생할 수 있다. 이에 대한 대응책으로 P-밸브(proportioning valve), G밸브(gravity valve). LCRV(load conscious reducing valve), LSPV(load sensing proportioning valve) 등을 장착하여 후륜의 브레이크 유압을 전륜의 브레이크 유압보다 감소시켜 후륜이 먼저 고착되는 것을 방지하였다. 그러나 이는 모두 기계적인 장치로서 이상적인 후륜 브레이크 유압의 배분을 실현하지 못하였다.

특히 소형 상용 차량에 적용한 LSPV 또는 LSRV 장치는 차량의 하중에 따른 후륜 브레이크의 유압을 어느 정도는 배분할 수 있지만 정밀하지 못하다. 또한 승용 차량의 P-밸브는 항상 일정한 값으로 유압을 감압하므로 중량 증가에 따른 제동력의 배분을 수행하지 못한다. 또한 P-밸브 또는 LSPV 장치에 고장이 발생하였을 경우 운전자가 알 수 없으며, 고장 중 급제동 시 차체의 스핀이 발생할 수 있는 등의 문제점이 있다. 프로포셔닝 밸브, LSPV, LCRV 등은 고장이 발생하여도 운전자가 알 수 없어 급제동할 때 스핀이 발생할 수 있다.

이와 같은 문제점을 해결하기 위하여 전륜과 후륜이 동일하거나 또는 늦게 고착되도록

ABS-ECU가 제어할 수 있게 하는 장치를 EBD 제어라고 한다. 전자 제동력 분배장치 제어는 제동할 때 각 바퀴의 회전속도를 휠 스피드 센서로부터 입력받아 미끄럼 비율을 연산하여, 뒷바퀴의 미끄럼 비율을 앞바퀴보다 항상 작거나 동일하게 하고 뒷바퀴의 유압을 연속적으로 제어하여 스핀현상을 방지하고 제동성능을 향상시켜 제동거리를 단축한다.

(1) 프로포셔닝 밸브(proportioning valve)

프로포셔닝 밸브는 뒷바퀴로 향하는 유압라인에 연결되어 있으며 급제동을 할 때 앞뒤 브레이크의 균형력을 향상시키기 위하여 사용한다. 브레이크 페달을 약하게 밟았을 경우에는 작동하지 않는다.

이 밸브의 설치 목적은 높은 유압이 발생할 때 임의로 설정된 분리점(split point)보다 높은 유압에 도달하면 이후에는 앞바퀴의 유압상승 속도보다 뒷바퀴의 유압상승 낮게 설정하기 위한 밸브이다. 뒷바퀴의 고착이 앞바퀴보다 먼저 발생하는 것을 방지하여 미끄러질 때 자동차가 방향성을 상실하는 것을 방지한다. 이 분리점(split point)은 자동차의 무게, 휠 브레이크의 기본 크기(wheel brake base dimension), 브레이크 설계 등에 의해 결정된다.

(2) 로드 센싱 프로포셔닝 밸브(LSPV ; load sensing proportioning valve)

이 밸브는 변동적인 하중에 대해 뒷바퀴의 유압을 자동으로 제어해주는 것이며, 무게에 의한 차체의 높이 변화를 검출하여 스프링으로 밸브를 조정한다. 즉, 하중이 가벼울 때에는 낮은 압력, 무거울 때에는 높은 압력의 유압을 뒷바퀴로 공급한다.

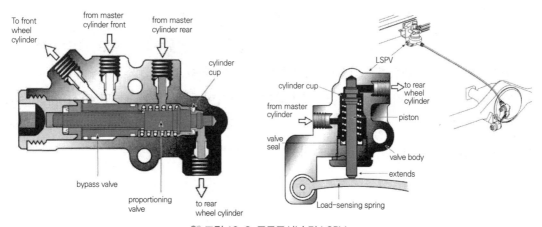

✿ 그림 13-8 프로포셔닝 및 LSPV

2. 전자 제동력 분배장치 작동원리

프로포셔닝 밸브를 설치할 때 이상 제동 배분 곡선보다 낮은 유압에서 감압을 수행하므로, 그 부분만큼 뒷바퀴 쪽의 제동력이 손실된다. 전자 제동력 분배장치는 미끄럼 방지 제동장치용 컴퓨터에 논리를 추가하여 뒷바퀴의 유압을 요구유압 분배 곡선(이상 제동분배 곡선)에 근접시켜 제어하는 원리이다.

제동할 때 각각의 휠 스피드 센서로부터 미끄럼 비율을 연산하여 뒷바퀴 미끄럼 비율이 앞바퀴보다 항상 작거나 동일하게 유압을 제어한다. 따라서 뒷바퀴가 앞바퀴보다 먼저 고착되지 않으므로, 전자 제동력 분배장치를 제어할 때 프로포셔닝 밸브를 설치하였을 경우보다 뒷바퀴에 대한 제동력 향상효과가 크다.

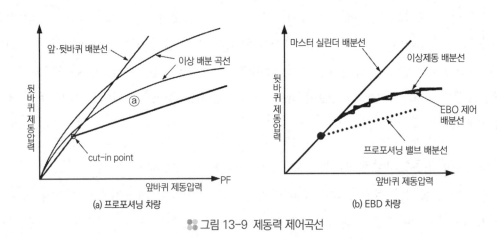

🔹 그림 13-9 제동력 제어곡선

(1) 유압 제어

뒷바퀴가 앞바퀴보다 먼저 고착되기 직전에 미끄럼 방지 제동장치용 컴퓨터는 고착되려는 바퀴 쪽의 상시 열림(NO, normal open) 솔레노이드 밸브를 ON(닫음)으로 하여 고착되려는 바퀴의 유압을 유지하여 고착을 방지한다(이를 유지모드라 함).

그리고 앞바퀴에 비하여 뒷바퀴의 제동력이 감소하여 바퀴가 회전하면 다시 상시 열림 솔레노이드 밸브를 OFF(열림)하여 마스터 실린더에서 가해진 유압을 다시 캘리퍼로 공급한다(이를 압력증가 모드라 함). 이때 펌프 전동기는 작동하지 않는다.

(가) 감압모드

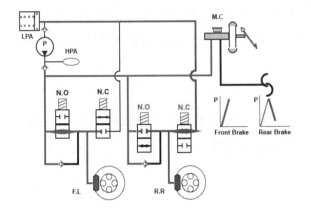

후 솔레노이드 밸브	NO	ON
	NC	ON
펌프 전동기		ON
※ EBD제어 시 뒤쪽 밸브만 구동 함		

(나) 유지모드

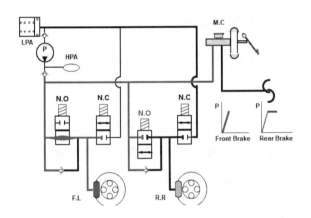

솔레노이드 밸브	NO	ON
	NC	OFF
펌프 전동기		OFF
※ EBD제어 시 뒤쪽 밸브만 구동 함		

(다) 증압모드

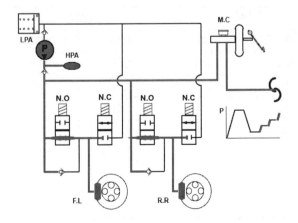

솔레노이드 밸브	NO	OFF
	NC	OFF
펌프 전동기		OFF

(2) 전자 제동력 분배장치 제어의 효과

① 프로포셔닝 밸브보다 뒷바퀴의 제동력을 향상시키므로 제동거리가 단축된다.

② 뒷바퀴의 유압을 좌우 각각 독립적으로 제어할 수 있으므로 선회하면서 제동할 때 안전성이 확보된다.

③ 브레이크 페달을 밟는 힘이 감소한다.

④ 제동할 때 뒷바퀴의 제동 효과가 커지므로 앞바퀴 브레이크 패드의 마모 및 온도 상승 등이 감소하여 안정된 제동효과를 얻을 수 있다.

⑤ 프로포셔닝 밸브를 사용하지 않아도 된다.

(3) 전자 제동력 분배장치의 안전성

(가) 미끄럼 방지 제동장치(ABS) 고장 원인 중 다음과 같은 사항에서도 전자 제동력 분배장치는 계속 제어되므로, 미끄럼 방지 제동장치의 고장률이 감소한다.

① 휠 스피드 센서 1개 고장

② 펌프 전동기의 고장

③ 낮은 전압으로 인한 고장

(나) 프로포셔닝 밸브는 운전자에게 알려주는 경고 장치가 없어 운전자가 고장 여부를 알 수 없다. 만약 고장이 발생한 상태로 급제동을 하면 차체의 스핀이 발생할 수 있으나, 전자 제동력 분배장치에서 고장이 발생하면 주차 브레이크 경고등을 점등하여 운전자에게 경고한다.

(다) 전자 제동력 분배장치의 고장

구분	형식		경고등	
	ABS	EBD	ABS	EBD
정상일 때	작동	작동	OFF	OFF
휠 스피드 센서 1개 고장	비 작동	작동	ON	OFF
펌프 고장	비 작동	작동	ON	OFF
저 전압 상태	비 작동	작동	ON	OFF
• 휠 스피드 센서 2개 이상 고장 • 솔레노이드 밸브 고장 • 컴퓨터 고장 • 그 밖의 고장	비 작동	비 작동	ON	ON

(4) 고장일 때의 조치

구분	전자 제동력 분배장치 장착 자동차
일반적인 성능 비교	자동차의 중량이 크고(5인승) 고속인 상태에서 급제동 하면, 30bar보다 훨씬 큰 압력의 제어가 가능하므로 이상적인 뒤 브레이크 유압 배분이 가능하다.
고장일 경우	일반적인 브레이크로 전환되는 프로포셔닝 밸브가 없어 스핀 발생이 우려되므로 저속 운행을 하여야 하며, 급제동을 삼가고 신속한 정비를 하여야 한다.

Chapter 03 전자 제동력 분배장치 경고등 제어

전자 제동력 분배장치 경고등 ON/OFF 조건은 점화스위치를 ON으로 하였을 때(점화 스위치 OFF 때까지)점등된다. 또한 주차 브레이크 레버를 당겼을 때, 브레이크 오일이 부족할 때, 전자 제동력 분배장치 계통에 불량한 부분이 있을 때(전자 제동력 분배장치 작동 안 됨), 컴퓨터 커넥터를 분리했을 때 등의 경우에 점등된다.

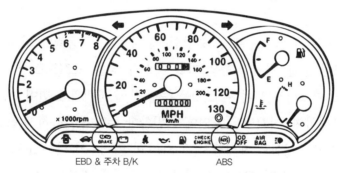

EBD & 주차 B/K   ABS

❄ 그림 13-10 전자 제동력 분배장치 경고등

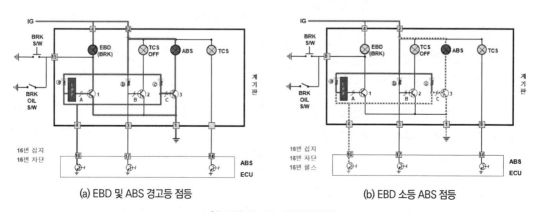

(a) EBD 및 ABS 경고등 점등   (b) EBD 소등 ABS 점등

❄ 그림 13-11 EBD 경고등

Part 14

구동력 제어장치

(TCS, traction control system)

학습목표

1. 구동력 제어장치의 필요성을 설명할 수 있다.
2. 주행중 바퀴에 작동하는 마찰력의 종류를 설명할 수 있다.
3. 구동력 제어장치의 종류와 특성을 설명할 수 있다.
4. 구동력 제어장치의 작동원리를 설명할 수 있다.
5. 구동력 제어장치의 제어방식을 설명할 수 있다.
6. FTCS의 구성요소 및 작동원리를 설명할 수 있다.

Chapter 01 구동력 제어장치 개요

구동력 제어장치는 자동차 주행 중 출발할 때 너무 큰 구동력에 의해 바퀴에서 미끄럼이 발생할 때, 또한 눈길, 빙판길 등의 마찰 계수가 낮은 도로(도로 면 또는 바퀴의 마찰 계수가 매우 적고 미끄러지기 쉬운 도로)를 주행할 때 바퀴와 노면이 서로 미끄러지지 않도록 구동력을 조절하여, 미끄러운 노면에서 원활한 주행이 가능하게 만드는 시스템이다. ABS의 반대 개념이다. 구동력 제어장치(TCS)는 마찰 계수가 낮은 도로에서 주행 시 구동바퀴에서 미끄러짐이 발생할 경우에 엔진과 제동장치를 컨트롤하여 바퀴의 슬립율을 줄이고 최적의 구동력을 도로 면에 효율적으로 전달할 수 있다.

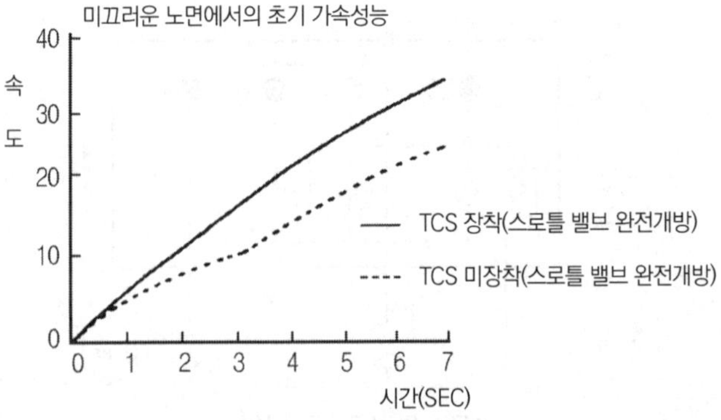
미끄러운 노면에서의 초기 가속성능
40
30
20
10
0
속도
0 1 2 3 4 5 6 7
시간(SEC)
TCS 장착(스로틀 밸브 완전개방)
TCS 미장착(스로틀 밸브 완전개방)

그림 14-1 출발·가속할 때 도달 주행속도 비교

또 일반도로에서 빠른 주행속도로 선회 하면 자동차의 뒷부분이 밖으로 밀려나가는 테일 아웃(tail out) 현상이 발생한다. 이런 경우에도 구동력 제어장치는 운전자가 가속페달을 밟아 스로틀 밸브가 열려 있더라도, 이와 관계없이 엔진의 출력을 제어하여 운전자의 의지대로 안전한 선회가 가능하도록 한다.

구동력을 저하시키는 방법은 엔진으로 흡입되는 공기량을 제한하여 엔진 회전력을 낮추는 ETCS(engine traction control system), BTCS(brake traction control system)과 FTCS(full traction control system)가 있다. 최근에는 엔진 회전력을 감소시킨 후 보다 적극적으로 바퀴에 제동을 가하는 FTCS방식을 주로 사용한다.

⦿1 바퀴의 역할

1. 바퀴와 구동력 제어장치의 관계

주행 중 바퀴와 노면의 마찰 부분에는 가속하기 위한 구동력과 회전 시 발생하는 횡력(side force)이 생기며, 이 2개의 힘을 합쳐 총합력(總合力)이라 한다. 그리고 도로 면과 바퀴 사이의 마찰력에는 한계가 있으며, 그 힘의 크기는 도로 면이 미끄러울수록 작아진다. 이 한계점 이상의 구동력이 바퀴에 가해지면, 바퀴가 공회전하면서 기대한 구동력이 전달되지 않으며 자동차의 조종안정성에도 영향을 준다. 이에 따라 가속할 때 여분의 엔진 회전력을 억제하여 구동바퀴의 공회전을 방지하고 마찰력을 항상 미끄럼 발생 한계 이내에 있도록 자동으로 제어하는 것이 구동력 제어장치의 주요 역할이다. 즉, 바퀴에 작용하는 힘을 제어하여 엔진 회전력을 항상 바퀴의 미끄럼 한계 내에 두도록 하는 것이 구동력 제어장치이다.

2. 바퀴에서 발생하는 힘

(1) 자동차 운동력

자동차의 운동력은 바퀴와 도로 면 사이의 마찰력에 의해 좌우된다.

(2) 바퀴의 마찰력

(가) 횡력(side force) : 조향 또는 외란에 의해 타이어가 옆으로 미끄러질 때 타이어는 노면과의 접촉 면에서 옆방향으로 변형된다. 이 변형에 의해 타이어 회전방향에 대하여 직각방향으로 나타나는 힘을 횡력이라고 한다(슬립율이 0%일 때 최대가 되며 슬립율이 증가하면서 저하된다.).

(나) 항력(drag force) : 타이어의 회전방향과 같은 방향의 힘이며 구름저항, 구동력, 제동력을 의미한다(슬립율이 0일 때는 전혀 발생하지 않으며 구동력은 슬립율에 비례하여 증가하다가 슬립율 15~20% 정도에서 최대가 되며 그 이상 증가하면 구동력은 저하된다.).

(다) 선회력(cornering force) : 마찰력에 대한 분력으로 자동차 진행방향(타이어 진행방향)에 대한 직각방향의 힘이다(선회력은 선회운동을 위한 중요한 힘이다.).

(라) 선회저항(cornering resistance) : 마찰력에 대한 분력으로 바퀴 진행방향과 같은 방향의 힘이며, 이때 마찰력은 선화력과 선회저항의 벡터 합이다.

(마) 마찰력(friction force) : 횡력과 항력에 대한 벡터성분의 힘으로, 자동차의 운동력은 타이어와 노면 사이의 마찰력에 의해 좌우된다.

(바) 복원토크(self aligning torque) : 코너링포스(선회력)의 착력점이 접지중심보다 뒤에 있기 때문에 발생하는 토크이다. 이 복원토크는 선회주행 시 옆미끄럼각을 줄이는 방향으로 발생하기 때문에 조향바퀴에 복원력을 일으키는 힘으로 작용한다.

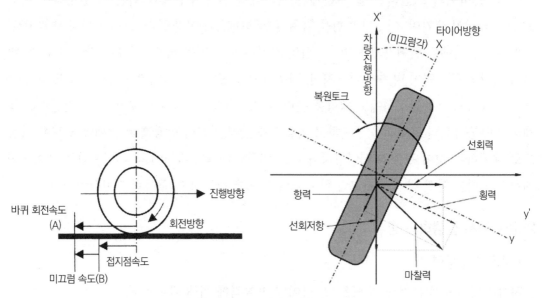

그림 14-2 바퀴에 발생하는 힘

2 바퀴 미끄럼과 구동력

일반적으로 가속 중에 자동차에는 바퀴와 도로 면 사이에 미세한 미끄럼이 발생하여 구동력이 감소하며, 접지 점에서는 바퀴의 회전속도와 차체 주행속도에 차이가 있다. 이 바퀴의 회전속도와 차체 주행속도의 차이를 미끄럼 비율이라 하고 미끄럼 비율 S는 다음의 공식으로 나타낸다.

$$S = \frac{V - V\omega}{V} \times 100$$

여기서, S : 미끄럼 비율 V : 차체 주행속도(구동되지 않는 바퀴)
$V\omega$: 바퀴의 회전속도(구동되는 바퀴)

바퀴의 미끄럼 비율과 구동력의 관계를 보면, 미끄럼 비율이 낮은 범위에서는 미끄럼 비율이 높아짐에 따라 구동력과 비례적으로 커진다. 미끄럼 비율이 어느 정도 증가하면 구동력은 더 이상 커지지 않게 되고, 그 후 조금씩 저하된다.

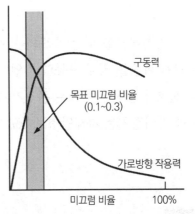

❄ 그림 14-3 바퀴의 미끄럼 비율과 구동력의 관계

3 목표 미끄럼 비율 변경방법

구동력 제어장치의 목적은 가속성능의 향상과 자동차의 자세안정성 향상이다. 그러나 그림 14-4에 나타낸 바와 같이, 가속성능의 향상에 영향을 미치는 구동력과 자세안정성의 향상에 영향을 미치는 코너링 포스는 각각 최댓값의 미끄럼 비율이 일치하지 않는다.

목표 미끄럼 비율을 변경하는 방법은 조향각도를 검출하는 조향핸들 각속도 센서를 설치하고, 그 조향각도에 따라 그림 14-5의 ❷ 그래프에 따르도록 결정된 보정계수 C를 당초 목표

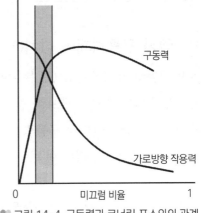

❄ 그림 14-4 구동력과 코너링 포스와의 관계

미끄럼 비율을 새로운 목표 미끄럼 비율로 하는 것이다.

조향핸들의 조향각도가 큰 경우, 즉 자동차가 선회할 때에는 가속성능보다 자동차의 안정성이 요구되는 큰 코너링 포스를 필요로 하는 상황이므로 조향핸들의 조향각도가 클 때에는 목표 미끄럼 비율을 낮게 설정하도록 구성되어 있다(그림 14-5의 ❸).

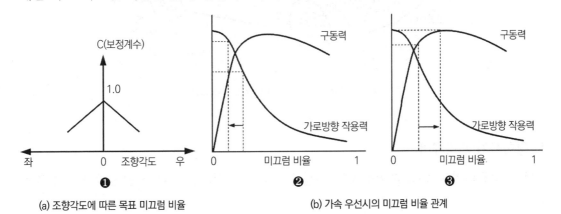

(a) 조향각도에 따른 목표 미끄럼 비율   (b) 가속 우선시의 미끄럼 비율 관계

❄ 그림 14-5 목표 미끄럼 비율 변경방법

또 가속페달을 밟는 속도와 밟은 양을 검출하는 센서에서 신호가 발신될 때에는 목표 미끄럼 비율을 최대 구동력이 얻어지는 값으로 변경하도록 구성되어 있다. 따라서 페달에서 신호가 발신될 때에는 운전자가 신속히 자동차의 가속을 요구하는 것으로 판단하고 구동력 제어장치는 자세안정보다도 가속성능을 우선하는 특성으로 변경된다.

Chapter
02 구동력 제어장치 종류

1 엔진 구동력제어 장치(ETCS, engine traction control system)

엔진 구동력 제어장치(ETCS)는 주행 중 타이어의 슬립이 발생할 때, 엔진의 회전력을 감소시키기 위하여 스로틀 밸브를 닫거나 또는 스로틀 밸브 후면에 보조 스로틀 밸브를 설치하여 흡입공기량을 줄여서 구동력을 제한하는 형식이다. 이 장치는 구동력 제어장치와 미끄럼 방지 제동장치가 분리된 형식으로 브레이크를 제어하기 어려웠던 과거 시스템이다.

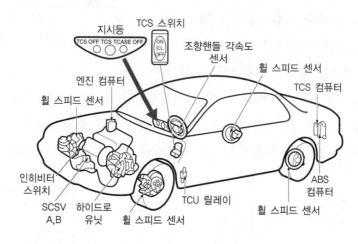

🏵 그림 14-6 구동력 제어장치의 구성부품

1. 점화시기 지각제어

엔진 컴퓨터가 구동력 제어장치와 통신을 통해 점화시기를 늦추어 엔진 회전력을 감소시킨다.

2. 흡입공기량 제한제어

메인 스로틀 밸브(main throttle valve) 제어방식과 보조 스로틀 밸브(sub throttle valve) 제어방식 2가지가 있으며, 엔진으로 유입되는 흡입공기량을 제한하여 엔진 회전력을 감소시켜 구동력 제어기능을 수행한다.

2 브레이크 구동력 제어장치(BTCS; brake traction control system)

브레이크 구동력 제어장치는 과도한 슬립 발생 시 TCS기능이 있는 ABS 하이드롤릭 모듈에 탑재된 펌프에서 발생하는 유압으로 해당 차륜에 제동력을 가하여 과도한 슬립을 방지하는 장치이다. 특징으로는 브레이크에 의한 슬립 저감효과는 매우 빠르며, 엔진제어만으로 불가능한 구동륜 좌·우바퀴의 제어가 가능하고, 기존ABS시스템을 업그레이드하여 이용할 수 있다는 것이다.

3 통합 구동력 제어장치(FTCS ; full traction control system)

통합 구동력 제어장치(FTCS)는 별도의 부품 없이 엔진ECU, 변속기ECU, TCU ECU가 정보를 공유하여 브레이크 제어 및 스로틀 밸브를 제어하여 과도한 슬립을 방지하도록 하는 traction control system을 말한다.

구동바퀴의 슬립을 검출하면 구동력 제어장치의 제어를 실행하게 되는데 이때 브레이크 제어를 수행한다. 동시에, 엔진 컴퓨터와 자동변속기 컴퓨터(TCU)에 구동력 제어장치 제어를 위해 CAN 통신을 하는 BUS 라인에 미끄러지는 양에 따라 엔진 회전력 감소요구 신호, 연료공급을 차단할 실린더 수 및 구동력 제어장치의 제어요구 신호를 전송한다. 이때 엔진 컴퓨터는 바퀴 슬립 방지 제동장치용 컴퓨터가 요구한 실린더 수만큼 연료공급 차단을 실행하며, 또 엔진 회전력 감소요구 신호에 따라 점화시기를 늦춘다.

자동변속기 컴퓨터는 구동력 제어장치 작동신호에 따라 변속위치(shift position)를 구동력 제어장치 제어 시간만큼 고정한다. 이것은 킥다운(kick down)에 의한 저속변속으로 가속하는 힘이 증대되는 것을 방지하기 위함이다.

03 구동력 제어장치 작동

1 구동력 제어장치 기능

① 미끄러운 도로 면에서 출발 및 가속할 때 주행성능을 향상시킨다(미끄럼제어).

② 일반적인 도로에서 선회하면서 가속할 때 주행성능을 향상시킨다(추적(trace)제어).

③ 가속페달의 조작빈도를 감소시켜 선회능력을 향상시킨다(추적제어).

④ 구동력 제어장치를 OFF 모드로 선택하면 구동력 제어장치를 설치하지 않은 자동차와 동일하게 작동하므로, 스포티(sporty)한 운전 및 다양한 운전영역을 제공한다.

2 구동력 제어장치 작동원리

1. 바퀴 슬립과 구동력

(1) 슬립율에 관련되는 힘

(가) 구동력은 바퀴와 도로 면과의 사이에서 슬립현상에 의해 발생되며, 바퀴에 구동력을 전달하여 주행속도를 유지하고 있는 상태에서는 정도 차이는 있지만, 슬립이 발생한다.

(나) 자동차가 주행할 때 바퀴의 회전속도와 도로 접지면의 속도는 서로 약간의 차이(미끄러짐 속도)가 발생한다.

(2) 미끄럼 비율과 구동력, 가로방향 작용력의 관계

(가) 구동력(traction force) : 구동력은 슬립율이 0일 때에는 전혀 발생하지 않으며, 슬립율에 비례하여 증가하다가 미끄럼 비율 15~20% 정도에서 구동력은 최대가 되며, 그 이후 슬립율이 증가하면 반대로 낮아진다.

(나) 횡력(side force) : 횡력은 슬립율이 0일 때 최대가 되며, 슬립율이 증가함에 따라 저하된다.

(다) 슬립율 제어 : 슬립율 제어가 가능하다면 큰 구동력을 얻는 경우는 슬립율이 20% 정도이고 큰 코너링 포스를 얻는 경우는 슬립율이 0%일 때이다. 즉 구동력 제어장치는 엔진출력을 자동으로 제어하는 것으로 슬립율을 최적으로 제어하여 주행 및 선회성능을 높이는 장치이다.

2. 슬립제어의 작동원리

자동차가 주행할 때 바퀴에는 가속으로 인한 구동력과 회전에 의한 횡력이 발생한다. 이때 슬립제어는 ABS의 작동원리와 같이 자동차의 운전상황에 적합하도록 바퀴 슬립율을 최적의 상태로 제어하여, 바퀴의 구동 및 횡력을 제어한다.

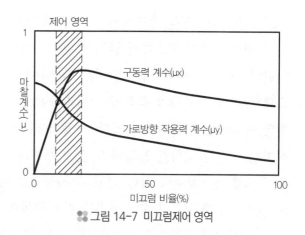

그림 14-7 미끄럼제어 영역

3 구동력 제어장치 제어

1. 슬립 제어(slip control)

구동축 휠 스피드 센서와 피동축 휠 스피드 센서의 상대 비교에 의해, 미끄럼 비율이 적절하도록 엔진의 출력 및 구동바퀴의 제동장치 유압을 제어한다. 일반적으로 자동차가 주행할 때 바퀴에는 가속으로 인한 구동력과 회전에 의한 횡력이 발생하며, 슬립율과의 관계는 그림 14-8과 같다. 이러한 구동력과 횡력이 최고 효율을 얻을 수 있도록 다음과 같이 제어한다.

① **직진할 때** : 미끄럼 비율이 비교적 높은 (Ⅰ)영역으로
② **선회할 때** : 미끄럼 비율이 비교적 낮은 (Ⅱ)영역으로

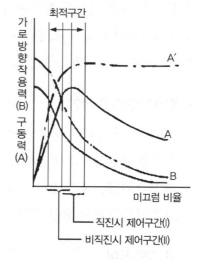

그림 14-8 구동력 제어장치 제어선도

또 자갈길과 같은 험한 도로에서의 구동 특성은 A'와 같이 미끄럼 비율이 증가하여도 비교적 구동력을 큰 상태로 하므로 미끄러운 도로 면에서도 가속성능이 우수하다.

2. 추적제어(trace control)

추적제어는 운전자가 조향핸들을 조작하는 양과 가속페달 밟는 양 및 이때 구동되는 바퀴가 아닌 바퀴의 좌우 회전속도 차이를 검출하여 구동력을 제어하기 때문에, 안정된 선회가 가능하도록 한다. 선회 중 가속하는 경우에는 원심력(자동차에 가로방향으로 가해지는 힘, 가로방향 가속도)이 어느 한계 이상 되면 바퀴의 자국이 바깥쪽을 향하게 된다(언더스티어링 증대). 이런 경향은 원심력이 특정 값을 초과하면 급격히 증가한다.

그리고 조향각도를 증대시켜 나가는 경우에는 선회 반지름이 감소하여 급격히 횡력이 증가한다. 이때 자동차의 움직임에는 지연이 있으므로 미리 자동차의 움직임을 예측하여 적절한 구동력을 얻을 필요가 있다. 구동력 제어 장치는 이러한 상황에 도달하기 전에 운전자의 의지를 센서로부터 입력·연산 후 자동적으

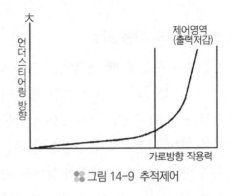

🌼 그림 14-9 추적제어

로 제어하기 때문에, 안정된 선회를 위한 구동력 제어를 위해 엔진 출력을 감소시킨다.

즉, 뒷바퀴의 회전속도 차이로부터 선회 반지름을, 평균값으로부터 차체 주행속도를 연산하여 두 값을 이용한 횡력을 구하여 기준값을 초과할 때에는 구동력을 제어한다. 그리고 조향각센서로 부터 조향각도 증가량을, 스로틀 위치 센서로부터는 운전자의 가속의지를 판단하여 가속페달을 밟은 상태에서도 적절한 조향이 가능하다.

3. 컴퓨터(ECU) 제어

컴퓨터는 휠 스피드 센서, 조향각 센서, 스로틀 위치 센서, 자동변속기 컴퓨터(TCU) 등에서 각종 운전상황을 검출하여 소정의 이론에 기초한 엔진 출력감소 신호 출력 및 경고등, 페일 세이프, 자기 진단 기능을 보유하고 있다. 엔진 컴퓨터 및 자동변속기 컴퓨터로 CAN 통신을 통한 필요한 정보를 교환한다.

(1) 미끄럼 제어

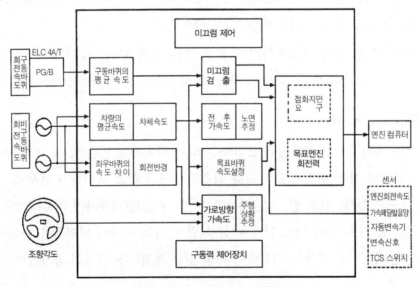

🌼 그림 14-10 기본제어 블록도

(가) 목표 바퀴 회전속도의 산출

① 피동바퀴로부터 앞뒤 가속도를 산출한다.

② 앞뒤 가속도의 최댓값은 그림 14-11의 특성(μ - S)에서 알 수 있듯이 그 도로 면의 마찰 계수 추정 값으로 한다.

③ 다음에 차체 주행속도에 적정 슬립율을 고려하여 목표 바퀴 회전속도를 설정한다. 적정 슬립율은 도로 면 상태 및 조향각도에 따라 다음과 같이 보정해 나간다.

   ㉠ **가속도 보정** : 가속도가 큰 만큼 목표 바퀴 회전속도 및 슬립율을 높게 한다.

   ㉡ **선회보정** : 조향각센서의 신호로 선회의지를 추정하여 선회 중에는 슬립율을 감소시킨다.

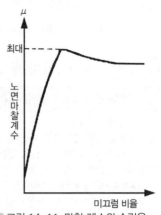

❈ 그림 14-11 마찰 계수와 슬립율

(나) 목표 엔진 회전력 산출

① 목표 바퀴 회전속도를 실현하기 위해 기준이 되는 구동바퀴의 구동력은 목표 바퀴 회전속도로부터 구한 기준 구동바퀴 가속도를 기초로, 미리 설정되어 있는 자동차 무게, 바퀴 반지름 및 그때의 차체 주행속도에 걸리는 주행저항으로부터 결정할 수 있다.

② 엔진 회전력은 기준 구동바퀴 회전력에 가속도 보정 및 선회보정을 더하여 자동변속기 컴퓨터(TCU)로부터 변속단계 신호를 기준으로 산출한다.

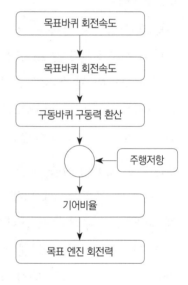

❈ 그림 14-12 목표 엔진 회전력 산출

(다) 점화지연 요구수준의 설정 및 스로틀 밸브 전폐 제어

① 구동바퀴 회전속도 및 차체 주행속도로부터 구동바퀴 미끄러짐 양을 산출한다. 그 변화(미끄럼, 가속도)가 규정 값보다 클 경우 엔진 출력감소의 응답성을 높이기 위해 그림 14-13의 Level 1의 경우와 Level 2와 3의 경우, 점화시기 지연요구 수준을 2단계로 정하여 엔진 컴퓨터로 송신한다.

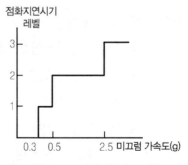

❈ 그림 14-13 점화지연 요구 신호

② 그림 14-13에서 Level 1과 2의 경우는 스로틀 밸브는 목표 엔진 회전력 값에 대응하여 제어되지만, Level 3의 경우는 무조건 완전히 닫힌다(전폐).

(라) 구동력 제어장치의 제어 시작 및 완료 조건

아래 조건의 모드가 성립할 때 제어를 시작한다.	아래 조건 중 하나라도 성립되면 중지한다.
① 구동력 제어장치 모드 ON ② 가속페달 밟은 양과 엔진 회전속도로부터 추정한 운전자의 가속의지가 규정 값 이상이 되었을 때 ③ 구동바퀴의 회전속도가 증가 상태일 때 ④ 자동변속기의 인히비터 스위치가 P, N 레인지 이외일 때 ⑤ 구동력 제어장치가 정상 작동 중일 때	① 공전스위치가 OFF에서 ON으로 될 때 ② 운전자의 가속의지가 규정 값 이하이고 구동바퀴의 미끄럼 비율이 규정 값 이하로 떨어졌을 때 ③ 구동력 제어장치 계통의 고장을 검출하여 기능 정지 조건이 성립하였을 때

(2) 추적제어

(가) 요구 횡방향 가속도 산출

바퀴의 회전각도는 조향각센서의 출력 변화로부터 구한 조향각도와 뒤 휠 스피드 센서의 평균값으로부터 구한 관계를 바탕으로 데이터 map으로부터 운전자의 선회의지에 적합한 횡방향 가속도를 산출한다.

(나) 엔진 회전력 산출

운전자의 조향각도에 의해 구한 요구 횡방향 가속도와 차체 주행속도로부터 목표 앞뒤 가속도를 추정하여, 이것을 회전력으로 변화시켜 목표 엔진 회전력을 결정한다. 그다음에 가속페달을 밟은 양과 엔진 회전속도로부터 추정한 운전자의 가속의지(요구 회전력)를 첨가하여 엔진 컴퓨터로부터의 요구 회전력을 결정한다.

(다) 제어 시작 조건

다음의 조건이 성립하였을 때 제어를 시작한다.

㉮ 구동력 제어장치 모드 ON

㉯ 추적제어 모드 ON

㉰ 가속페달을 밟은 양과 엔진 회전속도로부터 추정한 운전자의 가속의지(회전력)가 목표 엔진 회전력보다 클 때

㉱ 구동력 제어장치가 정상적으로 작동 중일 때

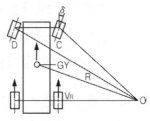

GY : 횡방향 가속도 G
V : 주행속도[= (VL + VR)/2]
S : 바퀴 벌림 각도[= So/PST]
R : 회전반지름
VL : 뒤 왼쪽바퀴 회전속도
VR : 뒤 오른쪽바퀴 회전속도
So : 조향각도
VST : 조향 기어비율

그림 14-14 추적제어

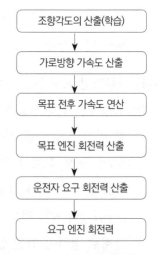

조향각도의 산출(학습)

가로방향 가속도 산출

목표 전후 가속도 연산

목표 엔진 회전력 산출

운전자 요구 회전력 산출

요구 엔진 회전력

그림 14-15 추적제어 조건

(라) 제어완료 조건

다음의 조건 중 한 가지만 성립하면 제어를 완료한다.

① 가속페달을 밟은 양과 엔진 회전속도로부터 추정한 운전자의 가속의지(회전력)보다
목표 엔진 회전력이 클 때.

② 구동력 제어장치의 고장을 검출하였을 때.

Chapter 04 **구동력 제어장치의 제어방식**

---

1 멜코(MELCO) 엔진 제어 방식(EMS)

이 방식은 엔진 점화시기 지각제어와 흡입공기량 제한방식을 이용하는 것이다. 구동력
제어장치 작동영역에서 스로틀 밸브를 닫아 흡입공기량을 제한하여, 엔진의 회전력을 감
소시켜 구동력을 제어한다.

1. 멜코 엔진운용장치 방식 구성회로도

엔진 컴퓨터와 자동변속기 컴퓨터가 서로 통신을 하여 엔진 컴퓨터는 점화시기 지각요
구를 하고, 자동변속기 컴퓨터에는 현재 변속단계 고정을 요구한다.

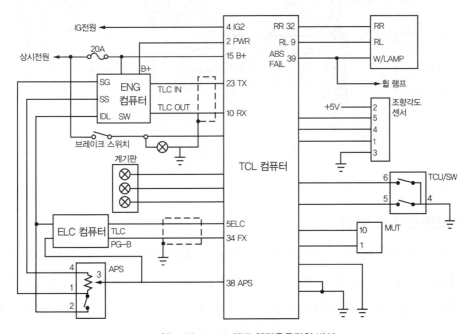

🟤 그림 14-16 멜코 엔진운용장치 방식

2. 멜코 엔진운용장치 방식의 작동원리

이 방식은 엔진 컴퓨터가 구동력 제어장치를 작동시키는 구조이다. 구동력 제어장치 컴퓨터가 각종 센서로부터 받은 정보를 연산하여 최종적으로 엔진 컴퓨터로 전달하면, 엔진 컴퓨터는 진공 솔레노이드 밸브와 대기 솔레노이드 밸브를 작동시켜 구동력 제어장치기능을 수행한다.

엔진 서지탱크에서 공급받는 진공을 진공 솔레노이드 밸브에 의해 진공 액추에이터로 전달하면 진공 액추에이터가 작동한다. 제어할 때에는 진공 솔레노이드 밸브와 대기 솔레노이드 밸브가 동시에 작동하는데, 대기 솔레노이드 밸브를 설치한 목적은 원활한 작동을 유도하기 위함이다. 한편 구동력 제어장치 컴퓨터는 가속페달 위치 센서값(APS)과 스로틀 위치센서(TPS)값을 비교하여, 현재 제어가 정상적으로 이루어지는가를 피드백 받는다.

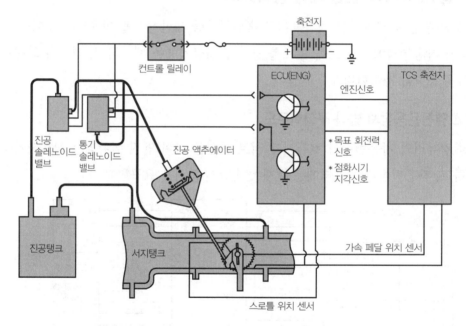

그림 14-17 멜코 EMS 방식의 구성부품

2 헬라(HELLA) 방식

멜코 엔진운용장치 방식의 경우는 흡입공기량을 제한하기 위해 스로틀 밸브를 직접 구동하여 흡입공기량을 제어한다. 하지만 헬라방식은 메인 스로틀 밸브 이외에 별도의 보조 스로틀 밸브를 설치하여 TCS제어 시 보조 스로틀 밸브를 닫아서 흡입공기량을 제어한다.

1. 헬라방식의 입·출력계통

입력부분은 구동력 제어장치 ON/OFF 스위치가 입력되면 브레이크 신호를 통해 현재 제동상태인지 여부를 확인한다. 또 4개의 휠 스피드 센서 신호를 받아 미끄럼 비율을 연산한다. 스로틀 위치 센서(TPS)값을 입력받아 구동력 제어장치 밸브위치 값과 비교하여 현재의 제어 상태를 피드백 받는다. 출력부분은 엔진 비동기분사 신호를 컴퓨터로 보내어 제어 시점을 알려주고, 보조 스로틀 밸브로 (+)와 (-)를 각각 듀티 제어신호를 출력한다.

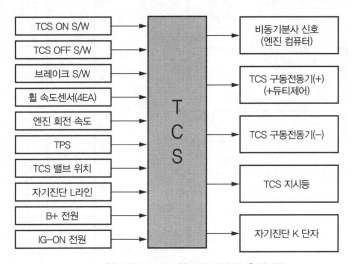

그림 14-18 헬라 방식의 입·출력계통

2. 헬라방식의 구성회로도

이 방식은 보조 스로틀 밸브 제어 방식이다. 멜코 엔진운용장치 방식은 엔진과 자동변속기 사이의 통신이 유기적으로 이루어진다. 반면 헬라방식은 엔진과 미끄럼 방지 제동장치(ABS)로부터 일부 정보를 직접라인을 통해 입력받고, 모든 제어를 구동력 제어장치용 컴퓨터가 단독적으로 수행한다. 엔진으로부터 스로틀 위치 센서(TPS)값과 부하 금지신호와 엔진 회전속도 신호를 입력받고, 미끄럼 방지 제동장치로부터는 4바퀴의 회전속도 신호를 받는다.

3 통합 구동력 제어장치(FTCS)

엔진 제어와 브레이크 제어를 동시에 수행하는 통합 구동력 제어장치는 자동차 정보를 분석하여, 구동력 제어영역으로 판단되면 통신을 통해 엔진 컴퓨터로 점화시기 지각을 요구하고 자동변속기 쪽에는 현재의 변속단계 고정을 CAN 통신을 통해 요구한다.

한편 TCS모듈은 전동기와 솔레노이드 밸브를 구동하여, 미끄러지는 바퀴에 제동유압을
공급하여 슬립을 예방한다. 또한 운전자가 구동력 제어장치 스위치를 OFF하면 구동력 제
어장치 기능은 정지되고 ABS기능과 그 밖의 기능만 실행된다.

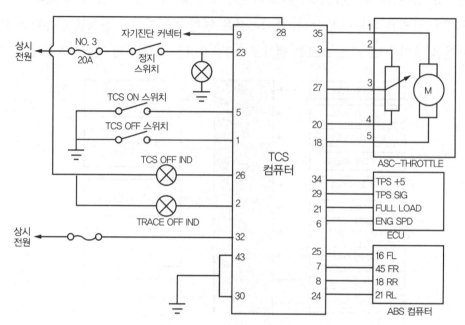

그림 14-19 헬라방식의 회로도

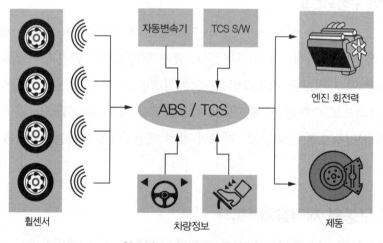

그림 14-20 FTCS 구성도

통합 구동력 제어장치의 구성요소

1 통합 구동력 제어장치 입·출력 계통

입력신호는 전원이 공급되고 4바퀴로부터 휠 스피드 센서가 입력되어, 슬립율을 연산하는 데이터로 쓰인다. 또 운전자의 구동력 제어장치 스위치 ON-OFF 여부를 구동력 제어장치 OFF 스위치로부터 입력받고, 제동장치가 작동 상태인지 여부를 브레이크 스위치를 통해 입력받는다. 출력부분은 하이드롤릭 유닛 전동기와 구동력 제어장치 관련 솔레노이드 밸브, 구동력 제어장치 관련 지시등, CAN 통신으로 구성된다.

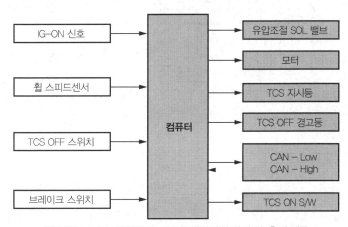

그림 14-21 통합제어 구동력 제어장치 관련 입·출력 계통

2 통합제어 구동력 제어장치 구성요소

1. 휠 스피드 센서

휠 스피드 센서는 미끄럼 방지 제동장치(ABS). 전자 제동력 분배장치(EBD), 구동력 제어장치(TCS) 제어의 핵심신호이다. 구동휠과 피동휠의 회전속도를 정밀 연산하여 구동력 제어장치 기능을 수행한다.

2. 구동력 제어장치 스위치

운전자가 구동력 제어장치 기능을 선택할 수 있도록 하는 스위치이다. 스위치를 누를 때마다 ON과 OFF가 반복된다. 구동력 제어장치의 OFF를 선택한 경우에는 ABS와 전자 제동력 분배장치(EBD)가 정상 작동한다.

그림 14-22 구동력 제어장치 스위치

3. 하이드롤릭 유닛

(1) 하이드롤릭 유닛 내부 유압회로도

일반적인 ABS 모듈과는 달리 구동력 제어(traction control)밸브가 설치되어 있으며, 구동력 제어밸브가 작동할 때 유압은 펌프에서 고압 어큐뮬레이터를 거쳐 바퀴로 공급된다.

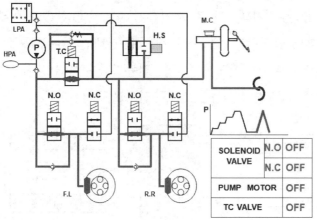

그림 14-23 하이드롤릭 유닛 내부 유압회로도

(2) 압력증가 모드 유압회로도

구동바퀴에서 미끄럼 신호가 휠 스피드 센서로부터 입력되면 구동력 제어장치는 구동력 제어밸브(TC)를 ON하고, 구동바퀴 쪽 상시 닫힘(NC)와 상시 열림(NO) 솔레노이드 밸브를 OFF 제어한다. 이때 마스터 실린더의 유압은 전동기를 거쳐 고압 어큐뮬레이터에 저장된 후 미끄러지는 바퀴로 전달된다. 이때는 유압이 증가하므로 미끄러지는 바퀴에 제동을 가할 수가 있다. 또 마스터 실린더에서 유압이 X자 형태로 공급되므로 피동바퀴인 뒷바퀴는 상시 열림 밸브를 ON으로 하여 차단한다.

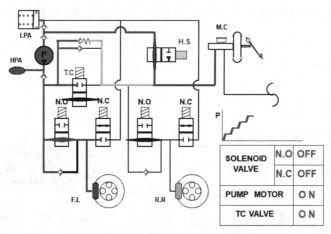

그림 14-24 압력증가 모드 유압회로도

(3) 유지모드 유압회로도

구동력 제어장치는 미끄럼 정도가 완화되어 현재 공급되고 있는 유압으로 충분히 구동력을 제어할 수 있다고 판단되면 유지모드로 진입한다. 이때 펌프와 구동력 제어밸브를 계속해서 ON하고 상시 열림 솔레노이드 밸브도 ON하여 고압 어큐뮬레이터로부터의 유압을 차단한다. 상시 닫힘 솔레노이드 밸브는 OFF하여 현재의 유압이 계속해서 해당 바퀴에 공급되도록 유도한다.

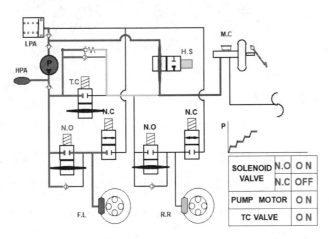

SOLENOID	N.O	O N
VALVE	N.C	OFF
PUMP MOTOR		O N
TC VALVE		O N

❈ 그림 14-25 유지모드 유압회로도

(4) 압력감소 모드 유압회로도

구동력 제어장치는 바퀴 회전속도를 증가시켜야 한다고 판단하면, 다시 유압을 감압하여 유압을 낮추어 준다. 이때 바퀴에 가해지는 유압을 해제하여 저압 어큐뮬레이터 쪽으로 순환시키기 때문에, 바퀴에 가해지던 유압이 해제되면서 바퀴의 회전속도가 증가한다. 이때는 구동력 제어장치 해제모드라고 보면 된다.

이때 펌프와 구동력 제어밸브는 각각 ON이 되어 오일을 순환시키는 작용을 한다. 상시 닫힘 솔레노이드 밸브와 상시 열림 솔레노이드 밸브도 각각 ON이 된다. 그러므로 바퀴로 유압을 공급하는 쪽과 해제하는 쪽의 두 곳으로부터 각각 분리되어 유압이 전혀 작용하지 못한다.

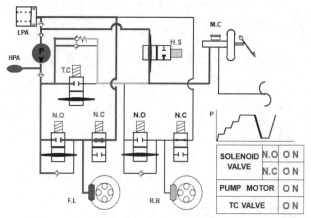

🌼 그림 14-26 압력감소 모드 유압회로도

4. 구동력 제어장치 경고등 제어

(1) 경고등 기능

구동력 제어장치 작동등과 구동력 제어장치 OFF등이 있다. 구동력 제어장치 작동등은 구동력 제어장치가 작동할 때 점등되는 지시등이다. 구동력 제어장치 OFF등은 운전자가 구동력 제어장치 OFF를 선택하거나 구동력 제어장치 계통에 문제가 발생하면 운전자에게 경고하기 위하여 점등한다.

🌼 그림 14-27 구동력 제어장치 경고등

(2) 경고등 점등 조건

① 구동력 제어장치를 제어할 때 때 3Hz로 점멸된다.

② 점화스위치를 ON 후 3초간 점등된다.

③ 구동력 제어장치에 고장이 발생하였을 때 점등된다.

④ 구동력 제어장치 스위치 OFF때 점등(구동력 제어장치는 스위치 OFF때 구동력 제어장치 OFF 경고등 점등)된다.

⑤ 위 사항 이외에는 소등된다.

(3) 구동력 제어장치 경고등 제어방법

그림 14-28은 컴퓨터 내부의 구동력 제어장치 경고등 점등회로이다. 스위치를 ON하면 전압이 낮아져 제너다이오드를 구동할 수 없으므로 경고등은 소등된다. 반대로 스위치를 OFF하면 전압이 높아져 제너다이오드를 작동시켜 구동력 제어장치 경고등을 점등시킨다.

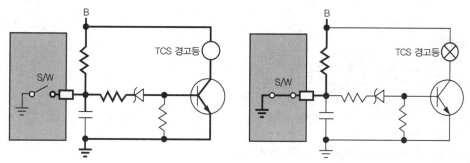

그림 14-28 구동력 제어장치 경고등 제어방법

5. CAN 통신정보

CAN 정보는 엔진 컴퓨터와 자동변속기 컴퓨터, 그리고 구동력 제어장치 컴퓨터가 각각 수행한다. 구동력 제어장치 기능을 수행하기 위해서는 엔진과 자동변속기가 서로 보조를 맞추어 실행하여야 한다.

엔진 회전력 감소요구 신호는 구동력 제어장치가 엔진 컴퓨터로, 변속단계 고정요구 신호는 구동력 제어장치가 자동변속기 컴퓨터에게 요구한다. 반면 자동변속기 컴퓨터에서도 변속의 원활을 기하기 위해 엔진 컴퓨터에 회전력 감소요구 신호를 보낸다.

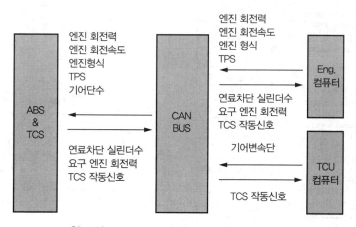

그림 14-29 구동력 제어장치 관련 CAN 통신

차체자세 제어장치
(ESP: electronic stability program)

🔆 **학습목표**

1. 차체자세 제어장치의 필요성을 설명할 수 있다.
2. 자동차가 주행할 때 발생하는 진동 4가지를 설명할 수 있다.
3. 자동차가 선회할 때 바퀴에 발생하는 힘을 설명할 수 있다.
4. 차체자세 제어장치의 제어 3가지를 설명할 수 있다.
5. 진공 부스터 방식 차체자세 제어장치의 구성 및 작동원리를 설명할 수 있다.
6. 차체자세 제어장치(ESP) 입력센서의 기능을 설명할 수 있다.

Chapter 01 차체자세 제어장치의 개요

차체자세 제어장치(EPS)는 VDC(vehicle dynamic control)라고도 부른다. 이 장치가 설치된 경우에는 미끄럼 방지 제동장치(ABS)와 구동력 제어장치(TCS)제어 뿐만 아니라, 전자 제동력 분배장치(EBD) 제어, 요 모멘트 제어(yaw moment control)와 자동감속 제어를 포함한 자동차 주행 중의 자세를 제어한다.

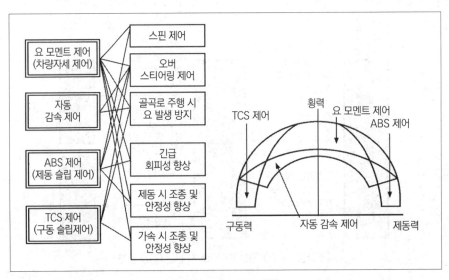

💥 그림 15-1 ESP 제어

전자제어 현가장치(ECS)는 자동차의 롤링(rolling)·피칭(pitching) 및 바운싱 (bouncing)제어를 통해 자동차 주행 중 발생하는 진동을 억제하여 안전을 확보한다. 하지만 선회할 때 발생하는 언더스티어링(under steering)과 오버스티어링 (over steering)의 제어는 어렵다.

차체자세 제어장치는 차량의 미끄럼 발생상황을 초기에 감지하여 각 바퀴를 적당히 제동하여 차량의 자세를 제어한다. 이로써 차량은 ABS와 연계제어로 안

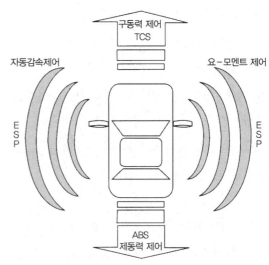

🎀 그림 15-2 차체자세 제어장치의 구성도

정된 상태를 유지하며, TCS와 연계제어로 스핀한계 직전에 자동으로 감속제어 한다. 미끄럼이 발생한 경우에는 각 휠에 각각의 제동력을 가하여, 단시간에 자세를 안정화하여 안정된 주행성능을 확보할 수 있다. ESP(VDC)는 요 모멘트제어, 자동감속제어, ABS제어, TCS제어 등에 의해 언더스티어 제어, 오버스티어 제어, 굴곡로 주행 시 요잉발생방지, 제동 시 조종안정성 향상, 가속 시 조종안정성 향상 등의 효과가 있다.

이 시스템은 브레이크 제어방식 TCS시스템에 요레이트 및 횡가속도센서, 마스터 실린더 압력센서를 추가하였다. 차속, 조향각센서, 마스터 실린더 압력센서로부터 운전자의 조종의도를 판단하고 요레이트 및 횡가속도센서로부터 차체의 자세를 계산한다. 얻어진 정보를 바탕으로 각 바퀴를 자동 제어함으로써 차량의 자세를 바로잡고, 전 방향(앞, 뒤, 옆 방향)에 대한 안정성을 확보한다.

Chapter 02 차체자세 제어장치 제어 이론

자동차가 주행할 때 발생하는 스프링 위질량의 운동은 크게 롤링(rolling), 피칭 (pitching), 바운싱(bouncing), 요잉(yawing) 등 4가지가 있으며 롤링, 피칭, 바운싱은 전자제어 현가장치(ECS)에서 제어하고 있으나 차량이 선회 시 또는 주행 중 차체의 옆방향 미끄럼(요: yawing 또는 횡력: drift out), 즉, 요잉은 제어하지 못한다.

그러므로 차체자세 제어장치인 ESP는 제동력과 코너링포스의 관계를 이용하여 차체에 발생한 요 모멘트에 대하여 4륜 각각의 내륜 또는 외륜에 역방향 요 모멘트를 발생시킨다. 그래서 자동차의 중심을 기준으로 앞·뒷부분이 좌우로 이동하려는 요 모멘트를 제어한다.

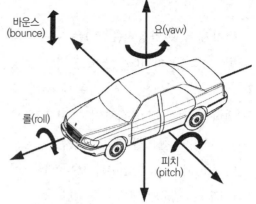

🎰 그림 15-3 자동차에서 발생하는 진동

1 요 모멘트(yaw moment)

요 모멘트란 자동차가 선회할 때 안쪽 또는 바깥쪽 바퀴 방향으로 이동하려는 힘을 말한다. 요 모멘트로 인하여 언더스티어링, 오버스티어링, 가로방향 작용력(drift out) 등이 발생한다.

이로 인하여 주행 및 선회할 때 자동차의 주행 안정성이 저하된다. 차체자세 제어장치는 주행 안정성을 저해하는 요 모멘트가 발생하면, 브레이크를 제어하여 반대 방향에 요 모멘트를 발생시켜 서로 상쇄되도록 하여 자동차의 주행 및 선회안정성을 향상시킨다. 또 필요에 따라서 엔진의 출력을 제어하여 선회안정성을 향상시키기도 한다.

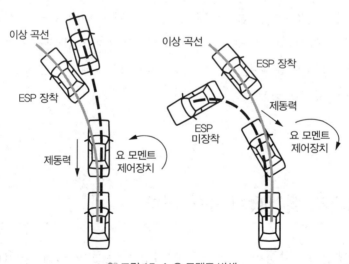

🎰 그림 15-4 요 모멘트 발생

1. 오버스티어 제어

오버스티어링은 자동차가 일정한 조향각도로 선회하는 도중에 뒷바퀴에 원심력이 작용하여 바깥쪽으로 미끄러져 나가 접지력을 잃었을 때, 운전자가 의도한 목표라인보다 안쪽으로 선회하는 것을 말한다. 뒷바퀴가 미끄러진 상태이므로 스핀 현상으로 이어지기 쉽고, 가속할 때에는 엔진의 출력이 도로 면에 충분히 전달되지 않아 출력도 떨어진다. 보편적으로 배기량이 큰 RR(리어엔진 리어드라이브 차)에서 발생할 수 있는 현상이다. 오버스티어가 발생하는 자동차는 스티어링휠의 조작에 민감한 반응을 보이며 샤프하지만, 절대속도는 낮을 수 있다.

자동차의 주행 중 전륜 대비 후륜의 타이어와 노면 사이의 접지력이 한계 상황에 도달하면, 차량에 반시계방향 요 모멘트가 생겨 오버스티어가 발생한다. 이때 전륜 외측 차륜에 제동을 가해 시계방향의 요 모멘트를 발생시키면 서로 상쇄하게 되어 차량을 안정된 상태로 유지할 수 있다.

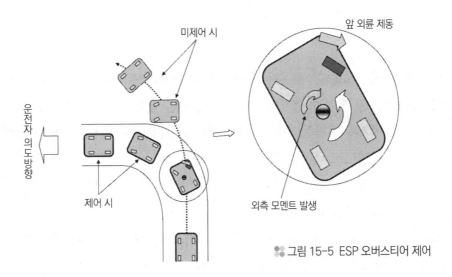

미제어 시

앞 외륜 제동

운전자 의도방향

제어 시

외측 모멘트 발생

🎞 그림 15-5 ESP 오버스티어 제어

2. 언더스티어 제어

언더스티어링(under steering)이란 일정한 조향각으로 선회하며 속도를 높였을 때 조향핸들을 지나치게 조작하거나 과속, 브레이크 잠김 등의 원인으로 전륜에 미끄럼이 발생하면, 전륜의 횡력보다 원심력이 커지면서 앞바퀴의 슬립각이 뒷바퀴의 슬립각보다 커진다. 따라서 선회반경이 커지는 현상으로 FF 구동차량에서 Under Steer의 경향이 많이 나타난다.

자동차가 주행 중 후륜대비 전륜의 타이어와 노면사이의 접지력이 한계 상황에 도달하면 언더스티어가 발생하여 차량에 시계방향의 요 모멘트가 발생한다. 이때에는 후륜 안쪽 차륜에 제동을 가해 반시계방향의 요 모멘트를 발생시켜 서로 상쇄되게 하여 차량의 자세를 제어함으로써, 이로 인하여 차량을 안정된 상태로 유지한다.

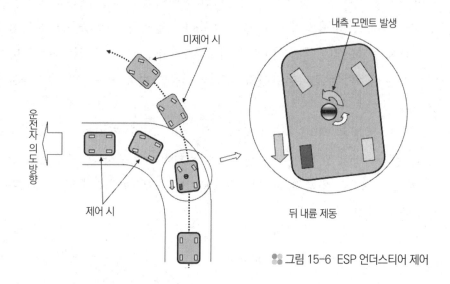

🔩 그림 15-6 ESP 언더스티어 제어

일반적인 자동차는 직진성능을 향상시키기 위해 약간의 언더스티어링으로 설정되어 있다. 그 이유는 주행 중 후미가 급격히 미끄러지는 것을 컨트롤하는 것은 일반적인 운전기술로는 어렵다고 여겨지기 때문이다. 언더 스티어링 현상이 나타난 자동차는 프런트가 코너링라인 밖으로 밀려도 스티어링 휠을 코너링 안쪽으로 돌리면 다시 본래의 코너링 라인 안으로 되돌아갈 수 있다. 하지만 이때, 핸들을 많이 돌리면 스티어링이 둔감한 차로 느껴지며 스포티함을 잃어버릴 수도 있다.

또한 주행속도를 높여도 차량은 운전자의 의지와 같이 주행하는 성질을 뉴트럴 스티어링(neutral steering)라 부른다. 또 처음에는 언더스티어링이였던 것이 나중에 오버스티어링으로 바뀌거나, 처음에는 오버스티어링이였던 것이 언더스티어링으로 바뀌는 것을 리버스 스티어링(revers steering)이라 한다.

3. 토크 스티어

자이로 스코프 원리에 의해서 전륜 구동차량에서 좌우 구동축의 굴절각이 다른 상태에서 타이어에 작용하는 전후 방향의 힘(구동력 또는 제동력)의 변화가 발생할 때 바퀴가 조향되는 현상이다. 하체의 연결부와 스티어링 계통의 공차 체결 상태가 불량하거나 좌우 차고의 편차가 발생하는 경우 구동축의 굴절각의 차이를 유발해 토크 스티어 현상이 발생할 수 있다.

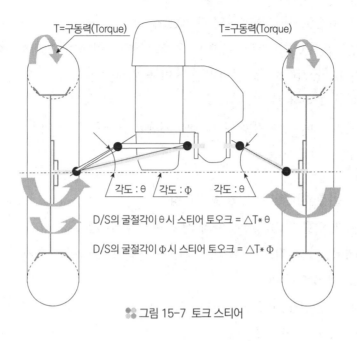

그림 15-7 토크 스티어

1 요 모멘트 제어(yaw moment control)

1. 요 모멘트 제어의 개요

차체자세 제어장치 컴퓨터에서는 요 모멘트와 선회방향을 각 센서들의 입력 값을 기초로 각 바퀴의 제동유압 제어모드(압력증가 또는 압력감소)를 연산한다. 그 후 필요한 마스터 실린더 포트(차단, 압력증가, 유지)와 펌프 전동기 릴레이를 구동하여 발생한 요 모멘트에 대하여 역 방향의 모멘트를 발생시킨다. 그래서 스핀 또는 옆방향 쏠림 등의 위험한 상황을 회피한다.

2. 요 모멘트 제어 조건

① 주행속도가 15km/h 이상 되어야 한다.

② 점화스위치 ON 후 2초가 지나야 한다.

③ 요 모멘트가 일정값 이상 발생하면 제어한다.

④ 제동이나 출발할 때 언더스티어링이나 오버스티어링이 발생하면 제어한다.

⑤ 주행속도가 10km/h 이하로 낮아지면 제어를 중지한다.

⑥ 후진할 때에는 제어를 하지 않는다.

⑦ 자기진단 기기 등에 의해 강제 구동 중일 때에는 제어를 하지 않는다.

3. 제동유압 제어

① 요 모멘트를 기초로 제어 여부를 결정한다.

② 미끄럼 비율에 의한 자세제어에 따라 제어 여부를 결정한다.

③ 제동유압 제어는 기본적으로 미끄럼 비율 증가 쪽에는 압력을 증가시키고, 감소 쪽에는 압력감소 제어를 한다.

④ 1회 작동할 때 $5kgf/cm^2$을 기준(최초에는 $10kgf/cm^2$)으로 제어한다.

⑤ 작동은 8mS 주기로 제어를 한다.

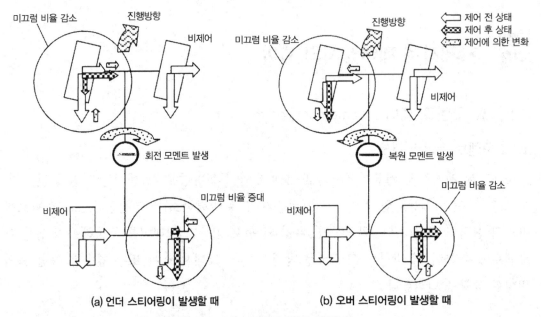

그림 15-8 우회전을 할 때 제어의 예

1. ABS 관련 제어의 개요

ABS 관련 제어는 요 모멘트 신호 값과 각 바퀴의 슬립율을 판단하여 각각의 휠을 독립 제어한다. 더불어 언더스티어링이나 오버스티어링을 제어할 경우에는 ABS 제동유압의 증가·감소를 추가하여 응답성을 향상시킨다.

2. ABS 관련 제어

ABS 제어 중에 제동력이 최대의 위치에 있으면 슬립율을 증대시키더라도 제동력은 증대되지 않는다. 따라서 일반적으로 복원 제어의 효과가 높은 앞 바깥쪽 바퀴에 제동을 가하더라도 미끄럼 비율 증대 효과가 작아진다. 따라서 뒤 안쪽 바퀴에 제동유압을 가하여 뒤 바깥쪽 바퀴의 미끄럼 비율이 낮아지도록 제어를 한다.

3. 미끄럼 방지 제동장치 제어의 해제 조건

① 제동등 스위치 신호가 ON → OFF가 된 경우 해제된다.

② 주행속도가 3km/h 미만에서는 해제된다.

③ 다음의 조건에서는 뒷바퀴는 미끄럼 방지 제동장치 제어를 하지 않는다.

　⑦ 차체자세 제어장치가 제어 중일 때

　⑭ 제동등 스위치 신호가 OFF일 때

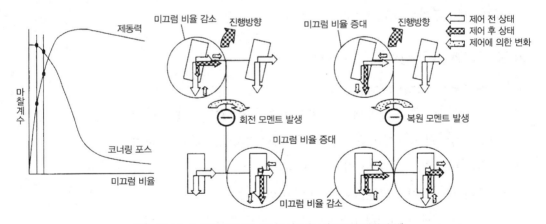

🔹 그림 15-9 제동력과 코너링 포스의 특성(우회전 제어의 예)

3   자동감속 제어(브레이크 제어)

1. 자동감속 제어의 개요

선회할 때 G값에 대하여 엔진의 가속을 제한하는 제어를 실행함으로써 과속에서는 브레이크 제어를 포함하여 선회안정성을 향상시킨다. 목표 감속도와 실제 감속도의 차이가 발생하면 뒤 바깥쪽 바퀴를 제외한 3바퀴에 제동유압을 가하여 감속제어를 실행한다. 자동감속 제어를 하려면 아래의 조건을 충족하여야 한다.

① G값은 −0.08G 미만이어야 한다.

② 주행속도는 15km/h를 초과해야 한다.

③ 점화스위치 ON 후 2초가 경과하여야 한다.

또 다음과 같은 경우에는 제어를 종료한다.

① G값이 −0.06G 보다 크면 해제된다.

② 주행속도가 10km/h 미만이 되면 해제된다.

2. 구동력 제어장치 관련 제어

(1) 구동력 제어장치 관련 제어의 개요

미끄럼 제어(slip control)는 브레이크 제어에 의해 자동제한 차동장치(LSD ; limited slip differential) 기능으로 미끄러운 도로에서의 가속성능을 향상시키며, 추적(trace)제어는 운전상황에 대하여 엔진의 출력을 감소시킨다. 또 자동감속 제어는 엔진의 출력을 제어하며, 제어주기는 16mS이다.

(2) 구동력 제어장치 관련 제어의 조건

① 주행속도가 2km/h 이상일 것

② 후진 또는 제1속의 경우에는 차체의 G값이 0.5G를 초과하여야 한다.

③ 제2속 이상의 경우에는 차체의 G값이 0.7G를 초과하여야 한다.

④ 변속위치는 P, N 이외의 경우이어야 한다.

⑤ 구동력 제어장치 OFF 스위치는 ON이어야 한다.

⑥ 위의 조건에서 엔진 컴퓨터는 점화시기 지각 명령을 실행한다.

⑦ 주행속도가 5km/h 미만이고 G값이 0G 미만으로 떨어지면 해제된다.

3. 구동력 제어장치 관련제어

① 엔진 컴퓨터와의 통신으로 스로틀 밸브 구동과 점화시기 지각을 실행한다.

② 15km/h 이상일 때에는 자동변속기 컴퓨터와의 통신으로 현재의 변속패턴을 유지한 다(킥 다운에 의한 가속력 증대 방지).

③ 4바퀴가 미끄럼 방지 제동장치를 제어 중이며, 브레이크 페달을 밟고 있는 상태이면, 운전자에 의한 제동은 마찰한계에 도달하였다고 판단하여 미끄럼 방지 제동장치 제 어만 실행한다.

④ 그 밖의 경우 브레이크 페달을 밟았을 때에는 제동이 우선되어야 하므로 제어는 미끄 럼 방지 제동장치 → 차체자세 제어장치 → 자동감속 제어 순서로 제어한다.

⑤ 밸브 릴레이가 OFF일 때에는 제어하지 않는다.

⑥ 실제 제동감속 제어는 추적(trace)제어만 된다.

4. 타이어 공기압력 저하 경보

① 타이어 공기압력이 부족하면 타이어 지름이 작아진다.

② 차체자세 제어장치 컴퓨터는 휠 스피드 센서의 신호를 분석하여 타이어 지름의 변화 를 검출한다.

③ 타이어 지름의 변화를 검출하면 TPW(tire pressure warning) 경고등을 점등하여 운전자에게 경보한다.

Chapter 04 진공 부스터 방식 차체자세 제어장치 구성

차량자세 제어장치(ESP/VDC)는 전기모터로 제동유압을 고압으로 유지시켜 작동하는 유압부스터 방식과 진공으로 작동하는 진공부스터 방식이 있다. 근래에는 진공부스터 방식을 주로 사용하며 입력요소에는 전원, 휠스피드센서, 조향휠각속도센서, 요레이트 & 횡 가속도센서, 마스터 실린더 압력센서, 브레이크 스위치, ESP(VDC) OFF스위치 등이 있다. 출력요소에는 하이드로닉 유닛, 경고등 및 지시등, CAN BUS 통신, 자기진단 K라인 등이 있다.

현재 대부분의 자동차에서 사용하는 것으로 브레이크 배력작용은 진공 부스터를 이용

한다. 차체자세 제어장치 제어는 ABS의 하이드롤릭 유닛에 차체자세 제어장치를 업그레이드 한 구조이다. 마스터 실린더에 장착된 유압센서로 제동유압을 검출하여 ESP제어 또는 제동력 배력장치(BAS)를 제어할 때 이용한다.

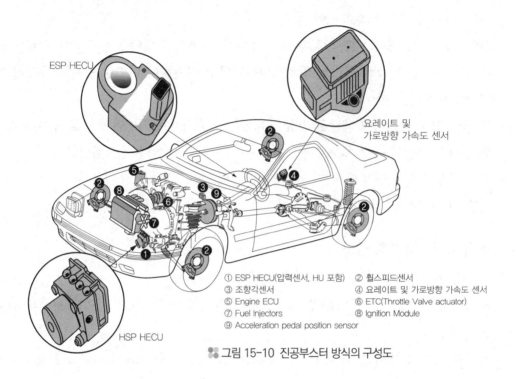

ESP HECU

요레이트 및
가로방향 가속도 센서

① ESP HECU(압력센서, HU 포함) ② 휠스피드센서
③ 조향각센서 ④ 요레이트 및 가로방향 가속도 센서
⑤ Engine ECU ⑥ ETC(Throttle Valve actuator)
⑦ Fuel Injectors ⑧ Ignition Module
⑨ Acceleration pedal position sensor

HSP HECU

그림 15-10 진공부스터 방식의 구성도

1. 진공부스터 방식 ESP의 제어 원리

차체자세 제어장치(ESP or VDC) ESP(VDC)시스템은 ABS/EBD제어, 트랙션 컨트롤(TCS), 요 컨트롤(AYC) 기능을 포함하며 ESP컨트롤 유닛(HECU)은 4개의 휠스피드센서에서 나오는 구형파 전류신호를 이용하여 차속 및 각 휠의 가·감속을 산출한 후 ABS/EBD가 작동해야 할지 아닐지를 판단한다. 트랙션 컨트롤 기능은 브레이크 압력제어 및 CAN통신을 통해 엔진토크를 저감시켜서 구동방향의 휠슬립을 방지한다.

요 컨트롤 기능은 요레이트센서, 횡가속도센서, 마스터 실린더 압력센서, 조향휠각속도센서, 휠스피드센서 등의 입력신호를 연산하여, 자세제어의 기준이 되는 요모먼트(yaw moment)와 자동감속제어의 기준이 되는 목표감속도를 산출하여 이를 기초로 4륜 각각의 제동압력 및 엔진의 출력을 제어함으로써 차량의 안정성을 확보한다.

만약 차량의 자세가 불안정하다면(오버스티어, 언더스티어) 요 컨트롤(AYC) 기능은 특정 휠에 브레이크 압력을 주고 CAN통신으로 엔진토크 저감신호를 보낸다.

차체자세 제어장치 OFF 스위치를 누르면 차체자세 제어장치 OFF 경고등이 들어오는데 이때는 구동력 제어장치 기능이 정지된다. 출력부분은 유압을 발생시키는 펌프 전동기가 있으며 최고 150bar까지 형성할 수 있다.

또한 하이드롤릭 유닛의 각종 솔레노이드 밸브, 각종 경고등 및 지시등, CAN 통신 등으로 구성되어 있다. 시동 ON 이후에는 ESP HECU는 지속적으로 시스템 고장을 자기진단하며, 만약 시스템 고장이 감지되면 ABS 및 ESP(VDC) 경고등을 통해 시스템 고장을 운전자에게 알려준다.

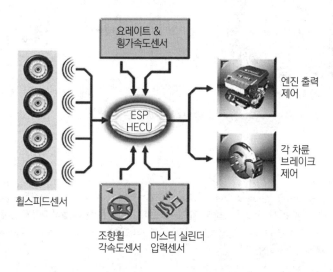

그림 15-11 ESP제어

2. ESP 입력부품의 기능

(1) 휠 스피드 센서

휠 스피드 센서는 액티브 방식의 홀 센서를 이용하며, 2개의 배선으로 되어 있다. 1개의 배선은 전원공급 배선으로 12V(허용 값 4.5~20Vdc)가 공급되고, 나머지 배선은 출력배선으로 출력 특성은 약 14 +2.8/-2.2 mA(11.8~16.8mA) 또는 7 +1.4/-1.1 mA(5.9~8.4mA)의 ON/OFF 변화신호가 출력된다. 에어갭은 0.2~2.0mm, 듀티사이클은 50±10%이다.

액티브 방식은 바퀴 회전속도와 에어 갭(air-gap) 변화에 따른 출력신호의 크기 변화가 작은 장점이 있다. 또 저속 운전영역에서도 바퀴의 회전속도를 검출할 수 있어 0rpm까지 검출이 가능하고, 외부 전자계통 간섭이 적다. 패시브(passive)방식의 센서에 비해 40~50% 소형으로 설계할 수 있으며, 온도특성 및 노이즈(noise) 내구성이 우수하다.

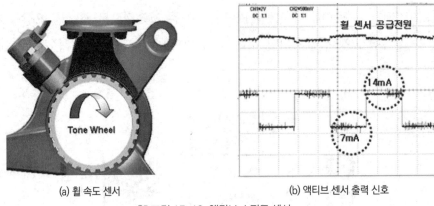

(a) 휠 속도 센서 (b) 액티브 센서 출력 신호

그림 15-12 액티브 스피드 센서

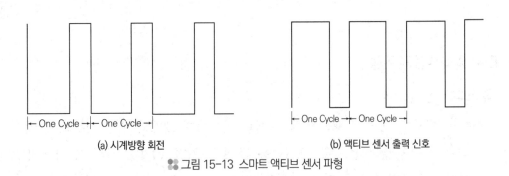

(a) 시계방향 회전 (b) 액티브 센서 출력 신호

그림 15-13 스마트 액티브 센서 파형

(2) 조향각 센서

조향각 센서는 비접촉 방식이며 조향휠의 절대각도와 휠의 회전속도를 감지한다. 그림과 같이 출력시그널을 CAN 통신을 통해 조향속도, 조향방향 및 조향각을 ECU에 전달하며, 지속적인 자기진단 기능을 가지고 있으며 이상 시 고장코드를 즉시 출력한다. 또한 조향각센서는 CAN interface를 통한 영점 조정을 필요로 하며 베리언트 코딩(variant coding)을 하여야 한다.

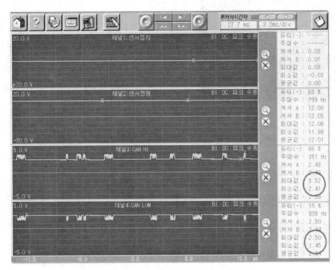

그림 15-14 조향각센서 출력 파형

(가) 스티어링각 초기화의 목적은 다음과 같다.
　① 차량 제어 시 ESP는 운전자의 의도를 파악해야 함.
　② 운전자가 회전 시킨 조향각을 조향각센서를 통해 ESP가 인식함.
　③ ESP에 사용하는 SAS는 절대각센서로 조향휠의 0˚setting을 해주어야 함.
　④ K-line 또는 CAN 통신을 통해 0˚setting.

(나) 스티어링각 초기화 방법
　① 조향휠을 직진상태로 정렬하기 위하여, 운전자는 조향휠을 잡지 않은 상태에서 약 5m 정도를 2~3회 전진과 후진하여 그림과 같이 일직선이 되도록 조향휠을 정렬(조향휠을 ±5˚ 이내로 정렬) 한다.

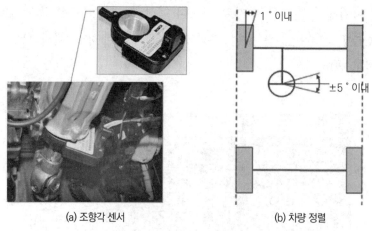

(a) 조향각 센서   (b) 차량 정렬

그림 15-15 조향각 센서

② 스캐너를 차량에 연결한다.

③ 스캐너 진단모드중 제동제어 항목 선택한다.

④ 스티어링각 초기화 항목으로 들어간다.

⑤ 스티어링각 초기화 수행한다.

⑥ 스캐너 Off 한다.

⑦ 스캐너를 차량에서 탈거한다.

⑧ 주행하여 SAS calibration 확인(좌회전 1회, 우회전 1회)한다.

(3) 요 – 레이트(Yaw – rate)센서

요 – 레이트센서는 하나의 케이스 내부에 요레이트센서, 횡가속도센서, 마이크로 컨트롤러로 구성되며, 센터 크래쉬패드 하부 플로어에 장착되어 있다.

그림 15-16 요-레이트 센서 방향성

센서 자체적으로 자기진단기능을 가지고 있으며 ECU로 CAN 통신을 통해 신호를 출력한다. 이 신호는 ESP의 부가기능인 경사로 저속주행 시스템(DBC)과 경사로 밀림방지 시스템(HAC)의 신호로 이용한다.

 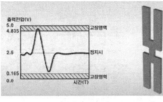 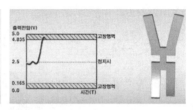

(a) 장착 위치   (b) 정지 시   (c) 변형 시

🎇 그림 15-17 요-레이트 및 횡가속도 센서

차량이 수직축을 기준으로 회전할 때, 즉, Z축 방향을 기준으로 회전할 때 요레이트 센서 내부의 플레이트 포크가 진동 변화를 일으키며, 전자적으로 차량의 요모먼트를 감지하는 센서이다. 차량이 주행 중 회전을 할 때 센서 내부의 셀슘 크리스탈 소자 자체가 회전을 하면서 차량의 요모먼트값을 감지하여 전압을 발생시키는 구조로 되어 있다.

그 변화량이 일정속도(4°/s)에 도달하면 ESP(VDC)제어를 실행한다. 센서의 공급전압은 4.75~5.25V이며, 정지 시 출력기준전압 2.5±0.1V, 변형에 따른 전기적 출력범위는 0.5~4.5V이다.

(4) G센서(횡 및 종가속도 센서)

G센서는 자동차의 가로방향 작용력(drift out)을 판단하여 차체자세 제어장치 컴퓨터로 입력한다. 즉, 센서는 주행 중 차량의 횡방향 가속도를 감지하는 역할을 하는 센서이다.

센서 내부에는 작은 엘리먼트가 횡가속도에 의해 편향이 가능한 레버암에 부착되어 있다. 그리고 동일한 극성을 가지는 2개의 고정된 충전판 사이에 반대 극성을 가지는 실리콘 엘리먼트가 레버암의 끝에 장착되어 있다.

G센서의 구조는 검출부분은 이동전극과 고정전극으로 되어 있으며, 같은 극성을 가진 두개의 자화된 정지 평판 사이에 다른 극성을 가진 실리콘 원소가 외팔보의 끝에 다가가면, 이들 사이에 있는 두개의 전기장 C1, C2가 횡 가속에 상응하여 변화한다. 이 변화를 통하여 차량에 작동하는 횡/종 가속의 양과 방향을 계산할 수 있다.

ESP 시스템의 센서 클러스터는 하나의 모듈 개념으로 볼 수 있다. 내부의 요레이트 센서와 횡 가속도 센서, 그리고 종 가속도 센서를 이용하여 측정값을 두개의 CAN 라인을 통하여 ESP 유닛으로 전달한다. 시동키 ON 상태에서 ESP 유닛으로부터의 공급전원은 약 12V, 가속도 범위 -14.7~14.7㎨이다. 측정 G Range는 -2G~+2G까지 측정하며, 출력 전압 범위는 0.5 ~4.5V이다.

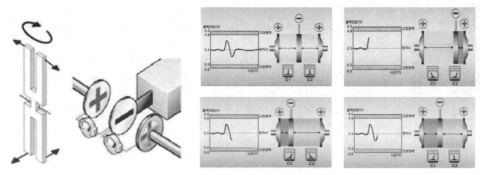

그림 15-18 가속도 센서 구조 및 출력 특성

요레이트 & 횡가속도센서와 관련한 작업 시 주의사항은 다음과 같다.
① 1m 이상 높이에서 딱딱한 바닥에 떨어뜨리지 않을 것.
② 임펙트 렌치를 사용하지 않을 것.
③ 30g 이하의 렌치를 사용할 것 (전자 제어 렌치 사용 권장)
④ 센서 체결 / 탈거시 전원 OFF상태에서 실시할 것.
⑤ 차량에 조립 시 센서 윗면에 있는 화살표 방향이 차량 정면으로 향할 것.

(5) 전방 레이더(front radar)

차량 진행방향의 물체를 감지하기 위한 용도이며 감지거리는 50~200m, 감지각도는 20~60°, 감지 상하 각도는 약 5° 정도이다.

그림 15-19 전방 레이더

(6) 전방 카메라(front view camera)

자동차 주행 전방의 물체 고유의 형상을 인식하여 유형을 판단한다. 차량 주변의 영상을 분석하여 차선과 전방 차량을 인식하고 조도를 감지하여 각 기능 제어에 사용한다.

그림 15-20 전방 카메라

(7) 후측방 레이더(rear corner radar)

자동차 주행 중 시야에 들어오지 않는 사각지대를 감지하는 기능이며 전방레이더와 유사한 구조이다.

그림 15-21 후측방 레이더

(8) 마스터 실린더 압력센서

마스터 실린더 압력센서는 ESP(VDC)가 작동할 때, 운전자의 제동의지를 감지하여 작동하는 브레이크 압력을 제어하기 위한 장치이다. 장착위치는 HECU 어큐뮬레이터 내부에 장착하는 타입과 마스터 실린더에 장착하는 타입이 있으며 작동원리는 다음과 같다.

㉮ 센서는 두 개의 세라믹 디스크로 구성되어 있다. 디스크 하나는 고정되어 있고, 마스터 실린더 측의 세라믹 디스크는 움직일 수 있게 되어 있다. 이들 디스크 사이의 거리는 압력이 적용될 때 변화한다.

㉯ 두 디스크 사이의 거리(s)는 제동 작동에 의해 마스터 실린더 측의 디스크에 압력이

가해질 때 충전용량 C1이 선형적으로 변화하며 이 변화량으로 압력값을 인식한다.

ⓓ 마스터 실린더에 브레이크 압력이 생성되면, 마스터 실린더 측의 세라믹 디스크가 고정된 세라믹 디스크 쪽으로 움직이게 되고 두 세라믹 디스크 사이의 전하량은 변화한다.

🎱 그림 15-22 브레이크 압력센서

HECU는 압력 센서의 두 신호를 비교하여 만약 규정 값의 범위와 다르면, 센서의 고장으로 감지한다. 센서 출력은 공급 전압에 비례하는 아날로그 신호이며, HECU는 공급전압 대비 신호값의 비율에 의해 압력 값을 인식한다.

① 공급전압 : 4.75~5.25V

② 출력범위 : 0.25~4.75V

③ 비작동 시 출력전압 : 0.5V

④ 작동압력범위 : 0 ~170bar

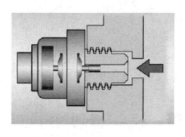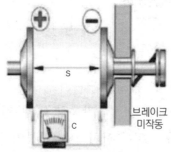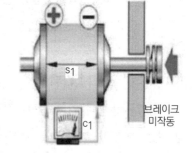

🎱 그림 15-23 압력 스위치 작동 원리

9) 브레이크 스위치

브레이크 상태를 차체자세 제어장치 컴퓨터에 전달하여 ABS, ESP(VDC) 제어의 판단 여부를 결정하는 기본제어 신호로 이용한다.

10) 차체자세 제어장치 OFF 스위치

ESP(VDC) 제어를 금지할 때 작동시키며 스위치 선택 시 ESP(VDC) OFF 지시등이 점 등되며, 운전석 측 크래쉬패드 스위치 플레이트에 장착되어 있다.

그림 15-24 ESP 스위치

ESP(VDC) OFF 스위치 선택 시 제어되는 기능이 제조사에 따라 고유의 특성이 있어 아래와 같이 약간의 차이점이 있으며, ABS기능은 정상 작동한다.

- 콘티넨탈 테베스(CTC)사의 경우, ESP(VDC) OFF 스위치에 의해 ESP의 기능이 차단된 경우에라도 운전자의 제동상황에 따른 차량이 안정성을 잃으면 ESP의 기능은 작동한다.
- 만도, 보쉬사의 경우에는 ESP(VDC) OFF 스위치에 의해 ESP의 기능이 차단되면 점화스위치 OFF시까지 ESP 기능을 중지시킨다.

3. ESP 출력부품의 기능

(1) HCu(hydraulic control unit)

ESP 유압조절장치는 모터펌프와 12개의 밸브가 내장된 밸브블록으로 구성되어 있다.

HCU는 각 바퀴로 전달되는 유압을 제어하는 부품들의 집합체로, ECU의 제어로직에 의해 밸브와 모터펌프가 작동하면서 증압, 감압, 유지모드 및 모터펌핑등이 제어된다.

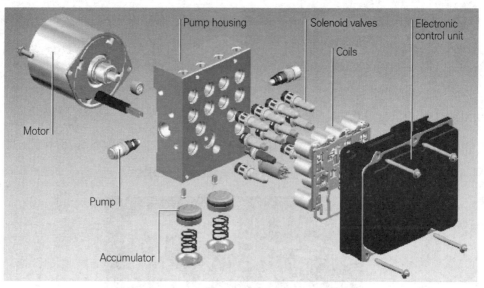

그림 15-25 ESP HCU (hydraulic control unit)

(2) 모터 펌프

모터는 펌프를 구동시키는 전기모터로 니들베어링, 펌프피스톤, 석션밸브, 압력밸브등으로 구성된다. ABS / TCS / ESP(VDC) 제어 시 ECU의 구동신호에 의해 모터가 회전하고, 축과 베어링에 의해 회전운동을 직선왕복운동으로 변화시켜 준다.

펌프는 유압모터에 의해 작동하며 LPA(low pressure accumulator)로 감압되어 저장된 브레이크액량을 마스터 실린더 쪽으로 퍼내어 순환시키는 기능을 수행한다.

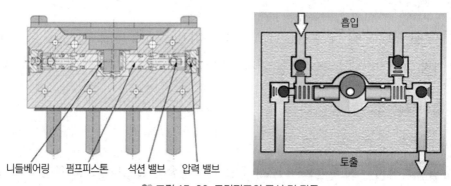

니들베어링   펌프피스톤   석션 밸브   압력 밸브

그림 15-26 모터펌프의 구성 및 작동

(3) 밸브 블록

밸브블록은 인렛밸브 4개, 아웃렛밸브 4개, TCS밸브 2개, 셔틀밸브 2개 등이 내장되어 있으며 블록 내부에는 두 개의 체임버가 설치되어 있다.

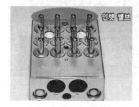

그림 15-27 밸브 블록

(가) 인렛밸브(inlet valve)

인렛밸브는 NO(normal open) 솔레노이드 밸브로 통전되기 전에는 밸브유로가 열려 있는 상태를 유지한다. 마스터 실린더와 휠 실린더 사이의 유로가 연결된 상태에서 통전이 되면 유로를 차단한다.

(나) 아웃렛밸브(outlet valve)

아웃렛밸브는 NC(normal close) 솔레노이드 밸브로 통전되기 전에는 밸브유로가 닫혀있는 상태를 유지한다. 휠 실린더와 LPA사이의 유로가 차단된 상태에서 통전이 되면 유로를 연결한다.

(다) TCS밸브(traction control solenoid valve)

TCS밸브는 TCS나 ESP(VDC) 제어 시 유압모터의 펌핑압을 형성하기 위해 닫혀서 휠 실린더의 폐회로를 구성하는 밸브이다.

(라) ESV(electric shuttle valve)

ESV는 TCS나 ESP(VDC) 제어 시 열려서 마스터 실린더와 펌프의 유로를 형성시키는 밸브이다.

(마) LPA(low pressure accumulator)

LPA는 제동압이 과다하여 감압하는 경우에 휠 실린더의 압력 즉, 감압된 액량을 아웃렛 밸브를 통하여 저장하는 체임버이다.

(바) HPA(highpressure accumulator)

HPA는 모터펌프에 의해 압송되는 오일의 노이즈 및 맥동을 감소시키는 동시에, 감압모드 시 발생하는 페달의 킥백(kick back)을 방지하기 위한 체임버이다.

(4) 경고등 및 지시등

차체자세 제어장치 컴퓨터는 운전자가 차체자세 제어장치 OFF스위치를 선택하면 경고등을 점등하고, 긴급한 상황에서 차체자세 제어장치를 작동할 때에는 지시등을 점멸시켜 ESP(VDC)시스템의 작동여부와 고장 여부를 운전자에게 알려준다.

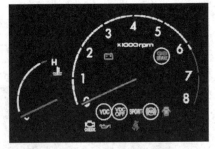

🌸 그림 15-28 ESP 경고등

(가) ABS 경고등 제어

① 점화스위치 ON후 3초간 초기점검 중에 점등된다.

② ABS관련 고장발생 시에 점등된다.

③ 진단장비를 사용하여 고장진단 시 점등된다.

④ EBD제어불능 시 점등된다.

⑤ 브레이크패드의 과다마모 시에 점등된다.

⑥ 주차브레이크 스위치 ON 시 또는 브레이크오일 부족 시 점등된다.

(나) ESP(VDC) 경고등 및 작동등 제어

① 점화스위치 ON후 3초간 초기점검 중에 ESP OFF(VDC OFF) 경고등이 점등된다.

② ESP(VDC) 관련 고장 시에 ESP OFF(VDC OFF) 경고등이 점등된다.

③ ESP OFF(VDC OFF) 스위치 조작 시에 ESP OFF(VDC OFF) 경고등이 점등된다.

④ 진단장비를 사용하여 고장 진단 시 ESP OFF(VDC OFF) 경고등이 점등된다.

⑤ ESP(VDC) 작동 시에는 ESP(VDC) 작동등이 점멸한다.

(5) CAN 통신

차체자세 제어장치 컴퓨터는 엔진 컴퓨터와 자동변속기 컴퓨터 사이에서 CAN 통신을 통해 서로의 정보를 교환한다. 차체자세 제어장치 쪽에서는 구동력 제어장치 차체자세 제어장치를 제어할 때, CAN통신라인을 통해 토크저감이나 증가 요구신호 및 변속금지 요구신호 등을 엔진ECU 및 TCU로 전송하여 구동력 제어장치 및 차체자세 제어장치 효과를 극대화하도록 한다.

또 자동변속기에 현재 구동력 제어장치나 차체자세 제어장치의 요레이트 및 횡가속도 센서, 조향각센서 등의 데이터를 CAN통신을 통해 작동상황을 알려 현재 변속단계를 유지하도록 요구한다. 엔진에서는 현재 엔진에 데이터, 엔진 회전력, 형식, 스로틀 위치 센서(TPS)값 등의 정보를 전달하여 차체자세 제어장치 제어를 극대화하도록 한다. CAN 방식에는 고속(high speed)과 저속(low speed) CAN이 사용되는데 고속 CAN은 동력전달 계통에서 사용하고 저속 CAN은 차체(body) 전장계통에서 사용한다.

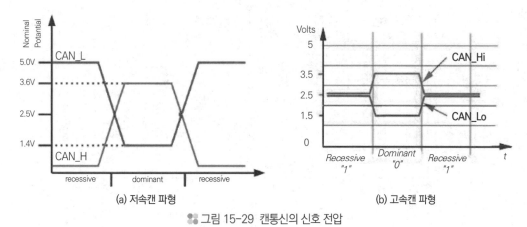

(a) 저속캔 파형   (b) 고속캔 파형

그림 15-29 캔통신의 신호 전압

(6) 자기진단 K라인

자기진단 K라인은 진단장비에 의한 자기진단 및 센서출력, 엑추에이터 검사 등을 수행할 수 있도록 통신을 열어주는 기능을 수행한다.

4. 하이드롤릭 유닛 작동

하이드롤릭 유닛에는 미끄럼 방지 제동장치, 구동력 제어장치, 차체자세 제어장치의 기능을 수행하기 위한 솔레노이드 밸브들이 설치되어 있다. 차체자세 제어장치의 압력조절장치(HCU)는 각각의 솔레노이드 밸브를 작동시켜 일반제동모드, 감압모드, 유지모드, 증압모드 등의 4가지 작동모드를 수행한다.

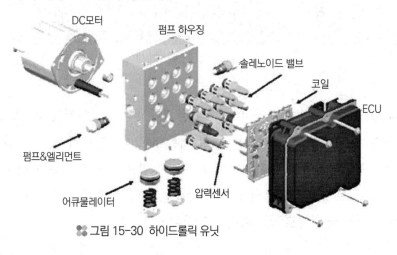

그림 15-30 하이드롤릭 유닛

(1) 하이드롤릭 유닛의 유압회로도

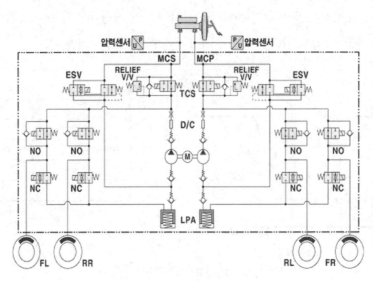

그림 15-31 유압회로도

(2) 평상 모드(normal braking mode)

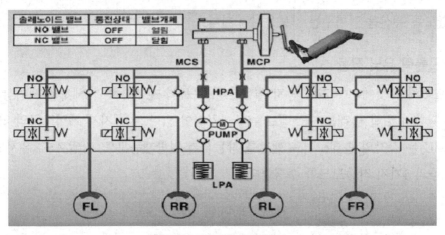

그림 15-32 일반 제동모드

　운전자가 ABS가 장착된 차량에서 바퀴의 잠김현상이 발생하지 않을 정도로 브레이크 압력을 가하면 마스터 실린더에서 발생한 압력은 NO밸브를 통해서 각 바퀴의 휠 실린더로 전달되어 제동작용을 일으킨다. 더 이상 제동이 필요 없을 때에는 운전자가 마스터 실린더를 밟고 있던 브레이크 페달의 답력을 감소시키면, 각 바퀴의 휠 실린더에 있던 브레이크 오일이 마스터 실린더로 복귀하면서 압력이 감소한다.

(3) 감압 모드(dump mode)

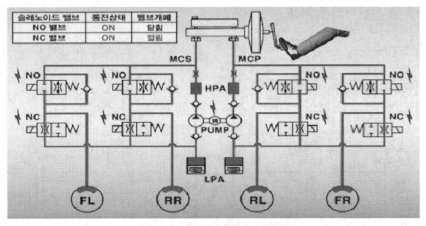

솔레노이드 밸브	통전상태	밸브개폐
NO 밸브	ON	닫힘
NC 밸브	ON	열림

그림 15-33 감압 모드(Dump Mode)

ABS가 장착된 차량에서 바퀴의 잠김 현상이 발생할 정도로 브레이크 압력을 가하면 차량의 바퀴는 차량속도에 비해 속도가 급격히 감소하고 결국은 바퀴의 잠김 현상이 발생하려 한다.

이런 상태에 이르면 ECU에서는 HCU로 차량바퀴의 압력을 감소시키라는 명령에 따라 NO밸브는 유로를 차단시키고, NC밸브의 유로는 열어서 휠 실린더의 압력을 낮춘다. 이때 휠 실린더에서 방출된 브레이크오일은 저압축적장치인 LPA에 임시로 저장되며LPA에 저장된 브레이크오일은 모터펌프가 작동함에 따라 마스터 실린더로 다시 복귀한다.

(4) 유지 모드(hold mode)

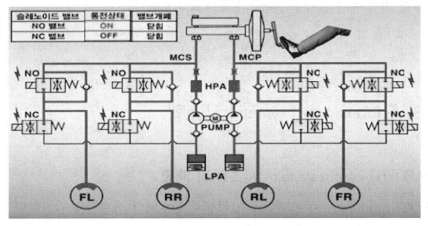

솔레노이드 밸브	통전상태	밸브개폐
NO 밸브	ON	닫힘
NC 밸브	OFF	닫힘

그림 15-34 유지 모드(Hold Mode)

감압모드 및 증압모드를 통하여 휠 실린더에 적정압력이 작용할 때에는 NC밸브 및 NO 밸브를 닫아 휠 실린더의 압력을 유지한다.

(5) 증압 모드(reapply mode)

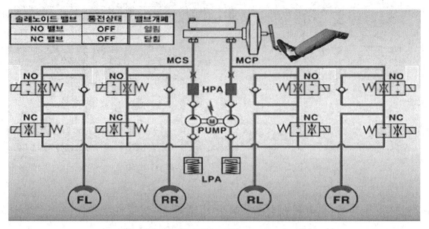

🔧 그림 15-35 증압 모드(reapply mode)

차량의 바퀴와 노면 사이의 마찰계수가 증가하거나 감압모드에 의해 너무 많은 브레이크오일을 제거했을 경우, 해당하는 바퀴의 압력을 증가시켜야 한다. 이런 상태에서 ECU는 HCU로 차량바퀴의 압력을 증가시키라는 명령을 전달하게 된다. 즉, NO밸브는 유로를 열고 NC밸브는 유로를 닫아서 휠 실린더의 압력을 증가한다.

한편 감압모드를 수행해서 LPA에 저장되어 있던 브레이크오일은 증압상태에서도 계속 모터펌프를 작동시켜 브레이크오일을 토출시킨다. 이때의 브레이크오일은 마스터 실린더 및 NO밸브를 거쳐 제어되는 바퀴의 휠 실린더로 공급된다.

Chapter
05 **BAS** (brake assist system) **시스템**

🔲 1 　BAS (brake assist system) 시스템의 개요

ESP (VDC) modulator는 브레이크 압력센서에서 액압 상승률을 감지하여 차량의 상태가 비상제동상태임을 파악하면 motor pump를 구동하여 4개의 휠에 가할 수 있는 최대압력을 가하여 최적의 제동력을 구현하는 시스템이다.

2 BAS (brake assist system) 시스템의 구성

BAS 시스템은 일반부스터와 BAS 제어로직이 추가된 ESP(VDC) 시스템으로 ESP시스템의 부가기능이다. BAS 작동을 위한 입력요소는 제동압력센서, 휠스피드센서, 브레이크 신호를 입력받아서 작동하는 HBA(hydraulic brake assist) 시스템이다.

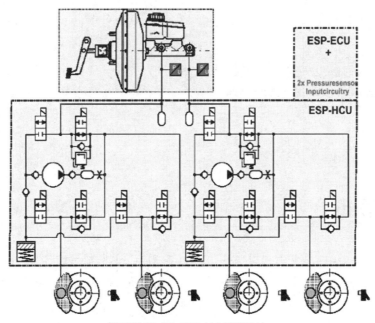

❋ 그림 15-36 BAS 시스템의 구성

3 BAS 시스템의 기능

BAS 시스템은 브레이크 스위치 ON시 14ms (ECU의 신호처리 작동 두 주기) 동안 올라가는 압력센서의 압력기울기가 1200bar/sec로 되면, 비상제동상황으로 판단하여 BAS작동모드가 된다. 브레이크 보조장치(BAS)가 차량의 상태가 비상제동 시임을 파악하면, 모터펌프를 구동하여 4개의 휠에 가할 수 있는 최대압력을 가하여 ABS작동상황까지 증압시킨다.

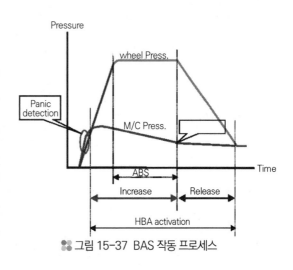

❋ 그림 15-37 BAS 작동 프로세스

비상제동상황 시 BAS(브레이크 조력장치)의 로직작동에 의해 최고의 감속효과를 얻을 수 있으며 작은 답력으로 최저 제동거리를 확보할 수 있다.

Part 16 제동성능

🔅 학습목표

1. 제동거리 산출 공식을 설명할 수 있다.
2. 제동경과 요소를 설명할 수 있다.
3. 제동성능에 영향을 주는 요소를 설명할 수 있다.

Chapter 01 제동거리

제동장치의 능력이 아무리 크다 해도 얻을 수 있는 최대 제동력은 타이어와 도로 면과의 마찰력에 의해 결정되며, 모든 바퀴가 고착되었을 때 제동거리에 대하여 다음 공식이 성립한다.

$$\frac{W}{g} = \frac{V^2}{2} \mu WL \quad\text{-----------------------------} \quad ①$$

여기서, W : 차량총중량(kgf)　　g : 중력가속도 (9.8m/s²)　　V : 제동초속도(m/s)
L : 정지거리(m)　　μ : 타이어와 도로면과의 마찰 계수

① 공식에서

$$L = \frac{V^2}{2\mu g} \quad\text{-------------------------------------} \quad ②$$

을 얻을 수 있다.

마찰 계수 μ의 값은 포장도로에서는 0.5~0.7이며, 타이어가 회전하면서 제동되는 경우와 완전히 고착되었을 때에는 그 값이 달라져 그림 16-1과 같이 된다.

그림 16-1의 미끄럼 비율은 다음 공식에 따라 구한 것이다.

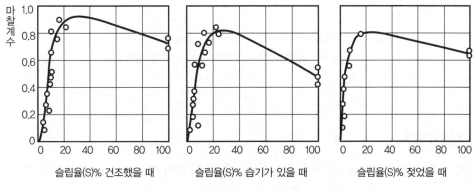

그림 16-1 도로 면과 타이어와의 마찰 계수

$$\text{미끄럼 비율} = \frac{V - WR}{V} \times 100 \quad\text{-- ③}$$

여기서, V : 자동차의 주행속도 W : 타이어의 회전 각속도
R : 타이어의 반지름 WR : 타이어의 주속도

마찰 계수 μ는 미끄럼 비율이 30~40% 부근에서 최대가 되고, 그 이후에는 급격히 감소하는 경향이 있다. 또 마찰 계수는 타이어를 고착시켰을 때보다도 어느 정도 회전 시키면서 제동하였을 때 감속도가 커지고 제동거리도 단축되는 것을 알 수 있다. 제동된 브레이크 드럼에 발생하는 제동 회전력(brake torque)은 다음 공식으로 근사하게 표시한다.

$$T_B = \mu \mathrm{P} r \quad\text{-- ④}$$

여기서, T_B : 제동 회전력 μ : 브레이크 드럼과 라이닝의 마찰 계수
r : 브레이크 드럼의 반지름 P : 브레이크 드럼에 걸리는 전 제동력

$$\text{제동력} = \frac{T_B}{R} = \frac{\mu \mathrm{P} r}{R} \quad\text{-- ⑤}$$

위 공식에서 P는 라이닝의 면적과 휠 실린더를 압착하는 힘에 비례하는 것이고, 휠 실린더에서 발생하는 힘은 페달을 밟는 힘과 페달의 지렛대 비율, 마스터 실린더와 휠 실린더의 면적 비율 등에 따라 결정된다. 구조상 페달 밟는 힘, 지렛대 비율은 그렇게 크게 할 수 없다. 제동거리는 공식 ②와 같이 표시하나 실제 측정에 의한 측정값이 있으면 다음의 공식으로 각 속도에 있어서의 제동거리를 비교적 정확하게 구할 수 있다.

$$Ls = Lo\left(\frac{Vs}{Vo}\right)^2 \text{-----------------------------} ⑥$$

여기서, Ls : Vs km/h에서의 제동거리 Lo : 실제 측정값

Vo : 실제 측정할 때의 주행속도 Vs : Ls를 산출하려고 하는 주행속도

1 제동경과

운전자가 위험을 느끼고 브레이크 페달을 밟아 자동차가 정지할 때까지의 경과는 다음과 같이 나누어 생각할 수 있다.

1. 반응시간

운전자가 브레이크 페달을 밟지 않으면 안 될 위험한 상태 또는 신호를 눈 또는 귀로 느끼고 실제로 동작을 시작할 때까지 소요되는 시간이다. 일반적으로 0.4~0.5초 정도이다.

2. 페달 바꿔 밟기 시간

운전자의 발이 가속페달에서 브레이크 페달로 이동할 때까지 소요되는 시간이며, 페달의 위치에 따라 영향을 받으나 일반적으로 0.2~0.3초 정도이다.

3. 페달 밟기 시간

브레이크 페달에 운전자의 발이 이동하면서부터 제동계통 내의 유압이 상승하기 시작할 때까지의 소요 시간이며 페달 간극, 브레이크 슈와 드럼의 간극 등에 영향을 받으나 일반적으로 0.1~0.2초 정도라 한다.

4. 과도제동 및 주요제동

제동계통 내의 유압이 상승하기 시작하여 제동력이 발생하면 감속도가 생긴다. 이 제동력이 최댓값에 도달할 때까지는 어느 정도 시간이 필요하며, 이때의 상태를 과도제동이라 하고, 제동력이 최대가 되어서부터 자동차가 정지할 때까지 사이를 주요제동이라 한다. 그림 16-2는 위의 관계를 나타낸 것이다.

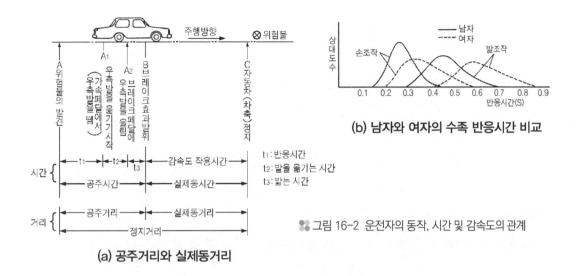

(a) 공주거리와 실제동거리

(b) 남자와 여자의 수족 반응시간 비교

❧ 그림 16-2 운전자의 동작, 시간 및 감속도의 관계

t₁ : 반응시간
t₂ : 발을 옮기는 시간
t₃ : 밟는 시간

가속페달을 놓고서부터 제동력이 발생할 때까지의 시간을 공주시간(空走時間), 이 사이에 주행한 거리를 공주거리라 한다. 또 주요제동에서는 브레이크 페달을 일정한 힘으로 밟고 있을 때에도 그림 16-2에 나타낸 것과 같이 제동력이 다소 변화한다. 즉, 중간에는 브레이크 라이닝이나 드럼의 열 발생 때문에 제동력이 저하되고, 정지 직전에는 열 발생량이 감소하기 때문에 제동력이 회복된다. 정지거리는 공주거리와 제동거리를 더한 것이며, 반응시간은 운전자에 따라 개인 차이가 있으므로 주의하여야 한다.

2 제동거리의 산출 공식

지금 주행속도 V(km/h)의 자동차가 제동력 F(kgf)의 작용으로 운동거리 S(m)에서 정지하였다고 하면, 그때의 일은 다음과 같다.

$$\text{자동차가 한 일} = F \times S \quad\text{⑦}$$

또 질량 m의 자동차가 주행속도 v (m/sec)로 운동을 하고 있을 때의 에너지는 다음과 같다.

$$\text{자동차가 가지는 에너지} = \frac{1}{2}mv^2 \quad\text{⑧}$$

그런데 질량 m은 지구의 중력가속도 g (9.8m/s²)가 작용하여 자동차의 중량 W(kgf)가 되므로

$$자동차의 \; 질량 \; m = \frac{W}{g} \quad\text{------------------------------------}\quad ⑨$$

가 된다. 따라서 공식 ⑨를 공식 ⑦에 대입하면

$$자동차가 \; 가지는 \; 에너지 = \frac{1}{2}mv^2$$
$$= \frac{1}{2} \times \frac{W}{g} \times v^2 \quad\text{-------------------------}\quad ⑩$$

이 된다.

자동차가 한 일과 운동 에너지는 같은 것이므로 공식 ⑦과 공식 ⑩은 같다. 즉

$$F \times S = \frac{1}{2} \times \frac{W}{g} \times v^2 \quad\text{---------------------}\quad ⑪$$

여기서, F : 제동력(kgf)　S : 제동거리(m)　W : 자동차의 총중량(kgf)
g : 중력가속도 (9.8m/s²)　v : 자동차의 주행속도(m/sec)

여기서 주행속도 V (km/h)와 v (m/sec) 사이에는 다음의 관계가 있다. 즉

1km = 1,000m

1h = 60sec×60 = 3,600sec

그러므로 Vkm/h = $\frac{1000}{3600} V$ m/sec

$$= \frac{V}{3\,6} \text{m/sec} \quad\text{----------------------------------}\quad ⑫$$

가 된다.

운동 에너지는 주행속도의 제곱에 비례하므로 단위를 V로 고치기 위해 공식 ⑪을 공식 ⑫에 대입하면

$$F \times S = \frac{1}{2} \times \frac{W}{g} \times \left(\frac{V}{3.6}\right)^2 = \frac{1}{2} \times \frac{W}{9.8} \times \frac{V^2}{12.96}$$

이 된다. 이것을 간단히 하면

$$F \times S = \frac{W \times V^2}{254} \quad\text{-----------------------------}\quad ⑬$$

공식 ⑬을 변형시키면

$$S = \frac{V^2}{254} \times \frac{W}{F} \quad\text{---} ⑭$$

공식 ⑭를 제동거리의 산출 공식이라 한다. 이외에 브레이크 페달을 밟으면 자동차 자체의 운동을 정지 시키고 동시에 동력전달 장치들을 정지켜야 한다. 이들을 회전부분 상당중량(W')이라 한다. 이것을 차량중량에 더하여 산출되는 것이 제동거리이며, 다음과 같이 나타낸다.

$$\text{제동거리 } S_1 = \frac{V^2}{254} \times \frac{(W+W')}{F} \quad\text{--} ⑮$$

회전부분 상당중량(W')의 값은 다음과 같다.
•승용 자동차 : 차량중량의 5%(0.05W)
•승합 및 화물자동차 : 차량중량의 7%(0.07W)

3 공주거리 산출 공식

주행속도 Vkm/h, 즉 $\frac{V}{3.6}$ m/sec의 자동차가 공주시간에 주행한 거리는

거리=속도×시간이므로

$$\text{공주거리 } S_2 = \frac{V}{3.6}t \qquad\qquad\qquad \text{여기서, } t : \text{공주시간}$$

이 된다. 지금 공주시간을 0.1sec라 하면

$$\text{공주거리 } S_2 = \frac{V}{3.6} \times 0.1 = \frac{V}{36} \quad\text{--} ⑯$$

가 된다.

4 정지거리 산출 공식

정지거리는 제동거리에 공주거리를 더한 것이므로

$$정지거리 \ S_3 = \frac{V}{254} \times \frac{(W+W')}{F} + \frac{V}{36} \ \text{------------------------} \ ⑰$$

가 된다.

Chapter 02 제동성능에 영향을 주는 요소

일반적으로 제동성능의 좋고 나쁨은 제동거리의 길고 짧음으로 비교되며, 제동능력에 큰 영향을 주는 요소에는 차량총중량, 제동초속도, 바퀴 미끄러짐 등이 있다.

1 차량 총중량의 영향

어느 자동차에서 앞·뒷바퀴의 제동력을 같게 하고 적재량만을 증감시킬 경우 제동거리의 변화는 그림 16-3의 a곡선과 같다. 또 차량총중량에 비해 앞·뒤 브레이크의 제동력이 충분할 때에는 b곡선과 같이 차량총중량에는 관계가 없다. 그러나 차량총중량에 비해 앞·뒤 브레이크의 제동력이 작을 때에는 c곡선과 같이 차량총중량 증가와 함께 거의 직선으로 제동거리가 증가한다.

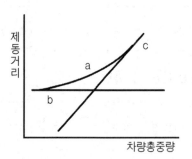

❈ 그림 16-3 차량총중량과 제동거리의 관계

2 제동초속도의 영향

그림 16-4는 어느 자동차에서 앞·뒤 브레이크의 제동력을 같게 하고 여러 가지 시험 속도로 시험한 결과이다. 그림에서 알 수 있듯이 제동 초속도 25km/h에서 제동하였을 경우 시간 t=1.59초에서 b=5m/s²의 감속도를 얻었고, 또 제동초속도 55km/h에서는 b=5m/s²의 감속도를 얻기 위해 3.3초가 필요하다. 이와 같이 제동 초속도가 클수록 일정한 감속도를 얻는데 요구하는 시간이 길어져 제동거리가 길어진다.

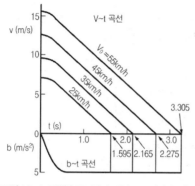

그림 16-4 주행속도-시간, 감속도-시간 곡선

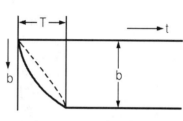

그림 16-5 감속도-시간 곡선

지금 제동 초속도에서의 제동거리를 측정할 수 있다면 감속도의 시간적 변화는 그림 16-5와 같으며, 곡선을 직선으로 가정하여

$$ b = \frac{Vo}{2\left(So - \dfrac{Vo}{2} \times T\right)} \quad\cdots\cdots\quad \text{⑱} $$

여기서, b : 감속도가 일정하게 될 때의 최댓값
T : 감속도가 일정하게 될 때까지의 시간

따라서 임의의 초속도에 대한 제동거리 S는

$$ S = \left(\frac{V}{Vo}\right)^2 \times \left(So - \frac{Vo}{2} \times T\right) + \frac{V}{2} \times T \quad\text{------------------------}\quad \text{⑲} $$

이 공식에 의해 매우 정확한 제동거리를 산출할 수 있다. 또 공식 ⑲에서 $T=0$으로 하면

$$ S = \left(\frac{V}{Vo}\right)^2 \times So \quad\text{---}\quad \text{⑳} $$

가 되며 간단하게 제동거리를 구할 수 있다.

3 바퀴의 미끄럼 비율

브레이크 작동 중 바퀴와 도로 면 사이의 마찰 계수를 브레이크 저항계수라 하며, 이 값은 그림 16-6에서 미끄럼 비율 = 0.2~0.3일 때 최대가 된다. 이것은 브레이크 페달을 완전히 밟아 바퀴를 고착시키는 것보다 바퀴를 어느 정도 회전 시키면서 브레이크를 작동시키는 것이 브레이크 효과가 좋으며, 제동거리도 단축된다는 것을 의미한다.

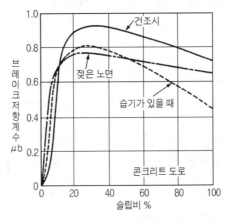

그림 16-6 브레이크 저항계수와 미끄럼 비율

이와 같이 제동효과를 향상시키기 위해서는 그림 16-7과 같이 가능한 빨리 제동력 최대 위치까지 브레이크 페달을 밟은 후 밟는 힘을 약간 늦추는 것이 적당하다. 하지만 이렇게 페달 밟는 힘을 가감시키는 것(이것을 펌핑 브레이크라 함)은 매우 어렵다. 이상적인 미끄럼 비율을 얻는 것은 브레이크 페달을 초당 여러 번 작동시킬 수 있다면, 즉, 펌핑 브레이크 작용과 같은 페달 밟는 힘을 가감시키면 가능하다. 그러나 인간의 능력으로는 불가능하므로 미끄럼 방지 제동장치(ABS)와 같은 장치들이 실용화되어 있다.

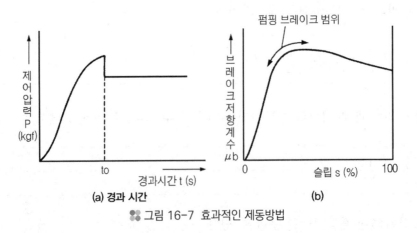

그림 16-7 효과적인 제동방법

친환경자동차 섀시문화

초 판 인 쇄 | 2022년 1월 10일
초 판 발 행 | 2022년 1월 20일

저　　　자 | 이진구, 박경택, 이상근
발 행 인 | 김길현
발 행 처 | (주) 골든벨
등　　　록 | 제 1987-000018호　© 2022 GoldenBell Corp.
I S B N | 979-11-5806-558-4
가　　　격 | 23,000원

교정 | 권여준
편집 및 디자인 | 조경미 · 김선아 · 남동우
웹매니지먼트 | 안재명 · 서수진 · 김경희
공급관리 | 오민석 · 정복순 · 김봉식

제작 진행 | 최병석
오프 마케팅 | 우병춘 · 이대권 · 이강연
회계관리 | 문경임 · 김경아

(우)04316 서울특별시 용산구 원효로 245(원효로 1가 53-1) 골든벨 빌딩 5∼6F

- 도서 주문 및 발송 02-713-4135 / 회계 경리 02-713-4137
  해외 오퍼 및 광고 02-713-7453
- FAX : 02-718-5510　　• http : //www.gbbook.co.kr　　• E-mail : 7134135@naver.com